Besondere Seiten befassen sich vertieft mit einem interessanten Thema.

Auf einen Blick: Der Stoff des Kapitels ist jetzt komplett. Die erste Seite enthält das **Grundwissen** des Kapitels in kompakter Form. Auf den nächsten drei Seiten kannst du dein Wissen und Können mit **abwechslungsreichen Aufgaben** auf **unterschiedlichen Anforderungsstufen festigen** und **vertiefen**.

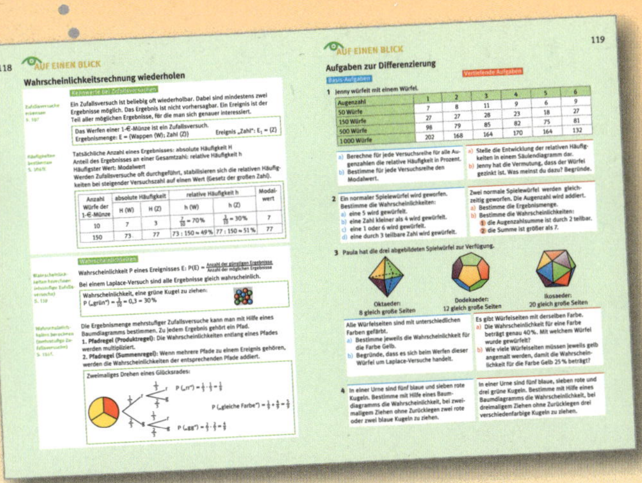

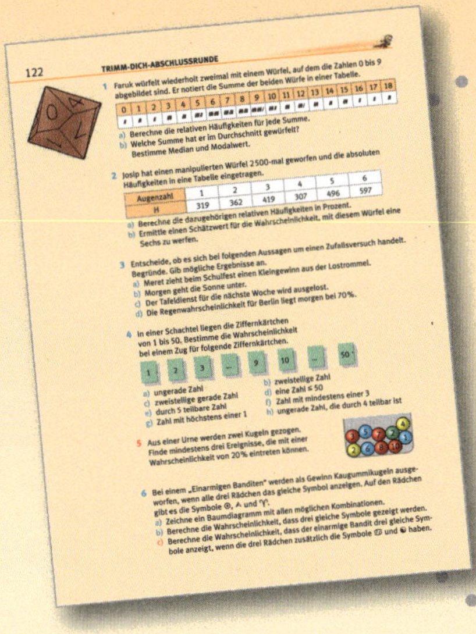

Das Kapitel ist abgeschlossen. Bist du fit? In den **Trimm-dich-Abschlussrunden** kannst du es testen.

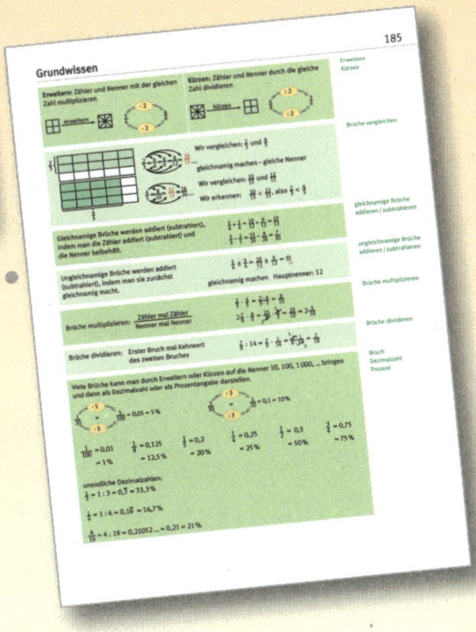

Im **Grundwissen** ab Seite 185 ist das komplette Merkwissen zusammengetragen.

FORMEL 8

Mathematik

Herausgegeben von Martina Liebchen

Bearbeitet von Grit Ehlert, Katrin Haugk, Carola Hoppe, Martina Liebchen, Magdalena Matthies, Julia Müßig, Gretel Ost, Klára Schultz und Elke Skrip

C.C.Buchner

FORMEL 8

Mathematik

Herausgegeben von Martina Liebchen

Bearbeitet von Grit Ehlert, Katrin Haugk, Carola Hoppe, Martina Liebchen, Magdalena Matthies, Julia Müßig, Gretel Ost, Klára Schultz und Elke Skrip unter Mitarbeit der Verlagsredaktion

Formel 8 wurde erarbeitet auf Basis der Lehrwerksreihe „Formel – neu", herausgegeben von Karl Haubner, Walter Sailer, Engelbert Vollath und Simon Weidner.

Bitte beachten: An keiner Stelle im Schülerbuch dürfen Eintragungen vorgenommen werden. Das gilt besonders für die Lösungswörter und die Leerstellen in Aufgaben und Tabellen.

Dieser Titel ist auch als digitale Ausgabe **click & study** unter www.ccbuchner.de erhältlich.

1. Auflage, 2. Druck 2018
Alle Drucke dieser Auflage sind, weil untereinander unverändert, nebeneinander benutzbar.

Dieses Werk folgt der reformierten Rechtschreibung und Zeichensetzung. Ausnahmen bilden Texte, bei denen künstlerische und lizenzrechtliche Gründe einer Änderung entgegenstehen.

Redaktion: Sonja Krause
Grafische Gestaltung: ARTBOX Grafik und Satz GmbH, Bremen
Illustrationen: Nils Sprenger, sprengpunkt.de, Bremen
Druck- und Bindearbeiten: creo Druck & Medienservice GmbH, Bamberg

www.ccbuchner.de

ISBN 978-3-661-**60038**-3

Berechnungen an
Kreisen und Zylindern

Lineare Funktionen

Größen und Sachrechnen

Liebe Schülerinnen und Schüler,

wir hoffen, ihr habt das letzte Schuljahr gut beendet und auch im Fach Mathematik viel Erfolg gehabt. Auch die Schülerinnen und Schüler auf den Fotos sind ein Jahr älter geworden und haben weiter gelernt.
Wir wollen euch weiter bis an euren Schulabschluss begleiten. Unser Schulbuch kennt ihr vermutlich schon und wisst, wie ihr damit arbeiten könnt.
Auch im neuen Schuljahr haben wir ein Kapitel mit grundlegendem Wissen vor die eigentlichen Themen der 8. Jahrgangsstufe gesetzt. Einiges werdet ihr vermutlich schon kennen, einiges vergessen haben und einiges wird für euch neu sein. Löst deshalb zunächst die Aufgaben des Basiswissenchecks so gut ihr könnt und besprecht dann mit euren Lehrerinnen und Lehrern, welche Seiten des Kapitels „Größen und Sachrechnen“ ihr bearbeitet. Ihr werdet sehen, dass euch dann der Einstieg in die neuen Themen der 8. Klasse leicht fällt.

Viel Erfolg wünscht euch das Autorenteam von Formel 8

Inhaltsverzeichnis

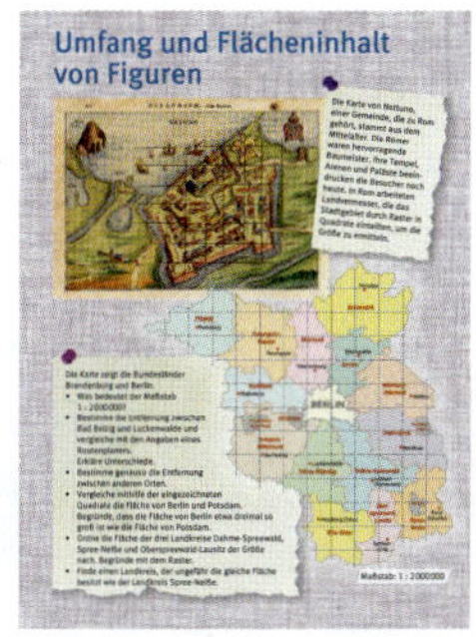

Timo Grünwald 8.M

Terme und Gleichungen 79

Wahrscheinlichkeitsrechnung 103

Satz des Pythagoras 123

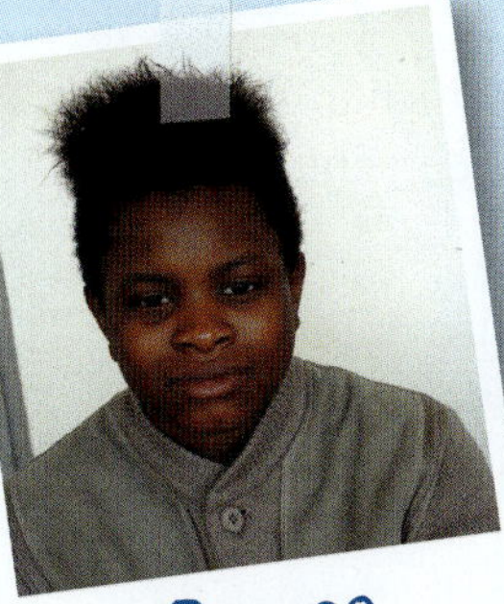

Romeo

Tarkan

Max

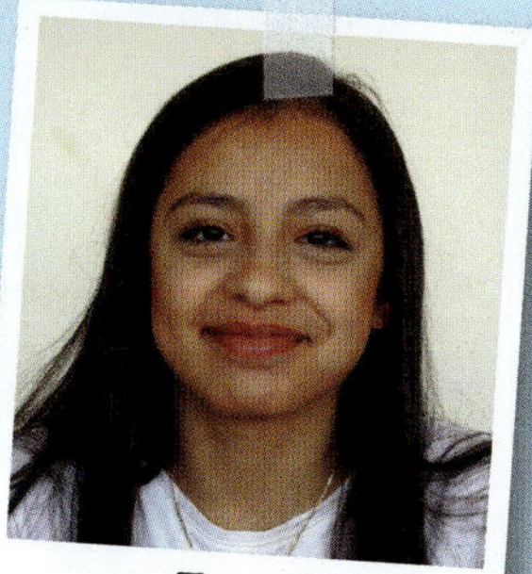

Farah

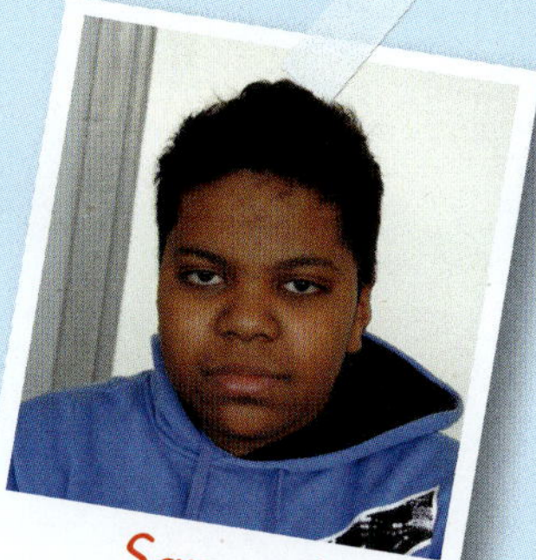

Samuel

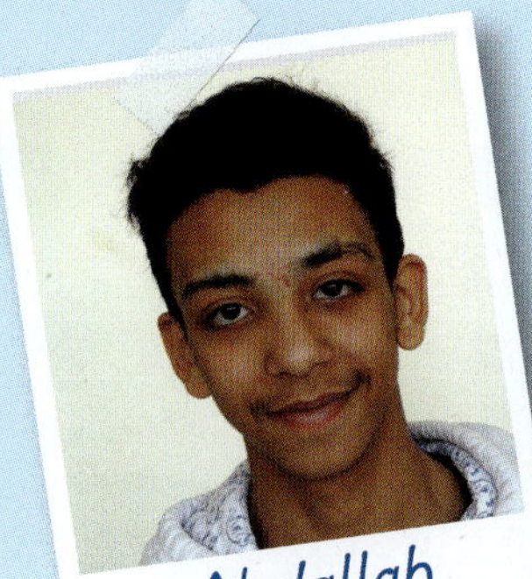

Abdallah

Sorim

Zakaria

Julya

Hakan

Ersin

Rechnen mit Dezimalzahlen

Man rechnet mit Dezimalzahlen zunächst genauso wie mit natürlichen Zahlen. Klammern werden zuerst berechnet, danach gilt Punkt- vor Strichrechnung.

Folgende Besonderheiten muss man beachten:
Bei der Addition und Subtraktion werden die Zahlen stellenweise untereinander geschrieben, Komma unter Komma. Fehlende Endnullen kann man ergänzen.
Bei der Multiplikation werden im Ergebnis so viele Stellen von rechts abgestrichen wie beide Faktoren zusammen haben.
Bei der Division wird im Ergebnis ein Komma gesetzt, wenn im Dividenden das Komma überschritten wird.

28,170 + 13 + 4,057	17,35 − 9,4 − 2	7,128 · 3,12	32,6 : 20
28,170 13,000 + 4,057 1 1 45,227	17,35 9,40 − 2,00 5,95	3 Stellen (+) 2 Stellen 7,128 · 3,12 21384 7128 14256 22,23936 5 Stellen	32,6 : 20 = 1,63 − 20 126 − 120 60 − 60 −−

Mit Dezimalzahlen rechnen

1 Berechne.
a) 15,7 + 9,17 b) 8,41 − 0,3 c) 4,19 + 7 d) 13,45 − 7,2 e) 4 + 0,87
f) 1,2 · 10 g) 4 · 0,2 h) 9,54 : 9 i) 94,28 : 4 j) 1,1 · 1,1

2 Berechne.
a) 0,3 + 0,23 + 0,016 − 0,09 b) 10,125 − 3,45 − 2,55 + 0,005
c) 1,5 : 2 + 1,75 · 4,5 d) 0,18 · (2,03 + 1,8)
e) (0,64 − 0,08) : 4 f) (8,09 + 3,71) · (8,09 − 3,79)

Maßsysteme

Rund um unser Leben wird mit den verschiedensten Maßen gemessen. Einst war das Leben einfacher. Der Bauer tauschte seine Produkte gegen Werkzeuge oder Kleidung ein. Man brauchte kaum zu zählen. Heute wird sehr viel gemessen und gezählt: das Geld, der Benzinverbrauch, die Geschwindigkeit, die Entfernung zu den Sternen und vieles anderes mehr.

Maßsysteme unterscheiden

3 Schreibe zusammengehörende Angaben auf.

Dauer einer Unterrichtsstunde | Höhe einer Tür | Inhalt einer Flasche
Länge eines Schulwegs | Gewicht einer Tomate | Kochzeit für ein Ei
Inhalt eines Eimers | Länge eines Radiergummis | Gewicht einer Mehlpackung

1 kg | 2 m | 75 g | 5 min | 800 m | 0,5 l | 45 min | 5 cm | 10 l

Rechnen mit Größen

Teste dich selbst. Die Lösungen findest du auf S. 194.

4 Berechne das Wechselgeld.
a) Kaufpreis: 17,38 € Gegeben: 20 € b) Kaufpreis: 67,73 € Gegeben: 100 €

Geld
S. 10/11

5 Gib die Zeitspanne zwischen den Uhrzeiten an.
a) 9:15 Uhr und 10:40 Uhr b) 13:35 Uhr und 20:15 Uhr

Zeit
S. 12/13

6 Wandle die Zeitangaben in die angegebene Einheit um.
a) $2\frac{1}{2}$ min (s) b) 3,5 h (min) c) 5 d 7 h (h)

7 Wandle die Massenangaben in die nächstkleinere Einheit um.
a) 0,8 kg b) 2,25 t c) 835 g

Masse
S. 14/15

8 Wandle die Längenangaben in die nächstgrößere Einheit um.
a) 6,4 mm b) 60,4 dm c) 350 m

Längen
S. 18/19

9 Wandle die Flächenangaben um ...
a) in cm^2: 5 dm^2 155 mm^2 1,45 m^2
b) in m^2: 55,5 dm^2 23 400 cm^2 101,1 cm^2

Flächen
S. 22/23

10 Wandle die Volumenangaben um ...
a) in cm^3: 3000 mm^3 0,77 dm^3 250 mm^3
b) in mm^3: 7 cm^3 33 dm^3 95,4 cm^3

Volumen
S. 26/27

11 Wandle in Liter um und berechne.
a) 1,5 m^3 + 3500 cm^3 + 15 dm^3 b) 370 cm^3 + 0,095 m^3 + 1,2 dm^3

12 Wie viele Meter legt ein Fahrzeug mit diesen Geschwindigkeiten in einer Sekunde jeweils zurück?
a) 54 $\frac{km}{h}$ b) 198 $\frac{km}{h}$

zusammengesetzte Größen
S. 28/29

13 An der Anlegestelle einer großen Fähre findet sich diese Preistabelle:

Sachzusammenhänge
S. 30

Einzelkarte	1 Person	50 €
Blockkarte	8 Personen	380 €
Blockkarte	20 Personen	800 €

a) Berechne den günstigsten Preis für 16 Personen.
b) Welchen Preisnachlass erhält Josif, wenn er statt 20 Einzelkarten die entsprechende Blockkarte kauft?
c) Für eine Gruppe aus 24 Personen rechnet Philip einen Preis von 1140 € aus. Maike meint, dass die Gruppe günstiger fahren kann. Hat sie Recht?

14 Wie viele Gläser Mineralwasser zu je 0,4 l erhält man aus einem Kasten mit 12 Flaschen zu je 0,7 l?

Mit Geldbeträgen rechnen

Eintrittspreise ermäßigt für Kinder und Jugendliche:

Preisgruppe 1	22 €
Preisgruppe 2	17 €
Preisgruppe 3	12 €

Hallenplan mit Preisgruppen

Frage:
Welche Karten für das Basketballspiel können die Jungen kaufen?

Rechnung und Antwort:
Die Jungen können Karten aus der Preisgruppe 3 wählen.
Diese kosten $3 \cdot 12$ € = 36 €.
Die nächsthöhere Preisgruppe würde $3 \cdot 17$ € = 51 € kosten.

1 Vor dem Stadion treffen die drei Jungen noch ihre Freunde Manu und Ozan, die beide jeweils 20 € dabei haben. Welche Karten kann die Gruppe jetzt kaufen, wenn alle zusammen in einem Block sitzen wollen?

Euro und Cent

In Deutschland und vielen anderen Ländern der Europäischen Union werden Geldbeträge in Euro (€) und Cent (Ct) angegeben.
Geldbeträge werden mit einer Maßzahl und einer Maßeinheit dargestellt: 12,35 €.
Links vom Komma steht der Euro-Betrag, rechts vom Komma der Cent-Betrag.
Diese Euroscheine und Euromünzen gibt es:

2 Bezahle die Geldbeträge mit möglichst wenigen Scheinen und Münzen.
a) 29 € b) 190 € c) 41,21 € d) 0,99 € e) 888,88 €

3 Schreibe fünf verschiedene Möglichkeiten auf, wie du 246 € (1,63 €) bezahlen könntest.

4 Wechsle 100 € in andere Scheine um. Es gibt 49 Möglichkeiten.
Wie viele findest du?

Verbindung mit den Grundrechenarten

5 Berechne. Es gelten die bekannten Rechenregeln.

a) 6,23 € + 12,24 € b) 0,35 € + 1,20 € + 0,16 € c) 24,65 € – 2,55 €
d) 5 € – 2,75 € e) 82 · 6,10 € f) ■ · 1,5 € = 30 €
g) 40,80 € : 8 h) 12,24 € : ■ = 3,06 € i) 0,75 € + 4,55 € · 5

6 Rechne in Sachsituationen.

a) Toni kauft eine Zeitschrift für 2,90 €, ein Buch für 9,90 € und zwei Sticker für zusammen 1,25 €. Er bezahlt mit einem 20 €-Schein.
b) Yannis hat für die Spielkonsole, die 150 € kostet, schon 67 € gespart.
c) Ein Fahrrad kostet 350 €, ein Paar Inlineskates kosten 125 €. Bei einem Ausverkauf werden die Preise halbiert.

7 Berechne die Preise für ein Heft und ein Geodreieck.

8 a) Schätze: welche Bestellung kostet am meisten?

2 x Pizza, 1 x Salat, 3 x Apfelsaftschorle

2 x Pizza, 1 x Lasagne, 1 x Cola

3 x Lasagne, 3 x Cola

1 x Spagetti, 1 x Pizza, 1 x Salat, 1 x Lasagne

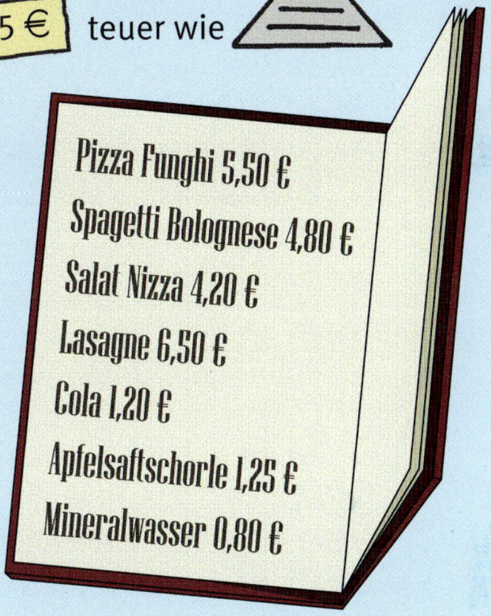

b) Berechne die Preise nun genau. Gehe geschickt vor.

Umrechnen von Geldbeträgen

Bei der Umrechnung von Geldbeträgen gelten folgende Zusammenhänge:
1 Euro = 100 Cent 1 € = 100 Ct Umrechnungszahl: 100

248 Ct = 2,48 € = 2 € 48 Ct 10 € 5 Ct = 10,05 € = 1005 Ct

Wenn man Geldwerte von Euro in Cent umrechnen will, muss man mit 100 multiplizieren. Umgekehrt von Cent in Euro muss man durch 100 dividieren.

9 Stelle die Geldbeträge in den verschiedenen Schreibweisen dar.

a) 722 Cent b) 17 € 4 Ct c) 6,3 € d) 90 Ct e) 0,01 €

10 Ordne die Geldbeträge der Größe nach. Beginne mit dem größten. Die Buchstaben ergeben in der richtigen Reihenfolge drei Städte in Brandenburg.

a) 4,01 € (F) 76 Ct (T) 4 € (O) 1,33 € (S) 243 Ct (R)
b) 10 € (B) 5 € (N) 6,25 € (B) 10,11 € (L) 622 Ct (E) 1010 ct (Ü)
c) 10 Ct (A) 1000 Ct (R) 1 Ct (U) 100 € (B) 1010 Ct (E) 1 € (N)

11 Berechne. Achte auf gleiche Maßeinheiten.

a) 1001 Ct – 3 € 1 Ct – 2,58 € b) 4 € 65 Ct + 86 Ct + 11 Ct + 0,10 €

Mit Zeitspannen rechnen

Günül soll mich am Berliner Hauptbahnhof abholen. Ob sie wohl pünktlich ist? Mein Zug fährt um 16:30 Uhr aus Wittenberg los. Die Bahnfahrt dauert eine Stunde und 10 Minuten.

Frage:
Wann kommt der Zug in Berlin an?

Rechnung und Antwort:
Um 16:30 Uhr fährt der Zug in Wittenberg los. Eine Stunde und zehn Minuten später ist es 17:40 Uhr.
Vielleicht sollte Günül schon um 17:30 Uhr am Bahnhof sein, damit sie den richtigen Bahnsteig findet.

1 a) Günül hört eine Verspätungsanzeige: „Der Zug aus Wittenberg kommt voraussichtlich 40 Minuten später an.“ Wann wird der Zug ankommen?
b) Wann sind sie zu Hause, wenn sie für den Heimweg noch 30 Minuten brauchen?

Zeitpunkt und verschiedene Einheiten für Zeitspannen

Ein Zeitpunkt entspricht einer Uhrzeit (Datum). Der Abstand zwischen zwei Zeitpunkten heißt Zeitspanne oder auch Zeitdauer. Zeitspannen werden durch eine Maßzahl und eine Maßeinheit dargestellt: 5 Minuten
Man unterscheidet folgende Einheiten für Zeitspannen:
Sekunde (s), Minute (min), Stunde (h), Tag (d), Woche, Monat, Jahr

*Zeitpunkt (Wann?)
7:20 Uhr,
8:50 Uhr, …
Zeitspanne
(Wie lange?)
Von 7:20 Uhr bis 8:50 Uhr dauert es 90 min.*

2 Gib eine sinnvolle Einheit für folgende Zeitspannen an.
a) Spieldauer eines Kinofilms
b) Zeit seit dem Aussterben der Dinosaurier
c) Zeitspanne zwischen Blitz und Donner
d) Kochzeit von Kartoffeln

3 Ordne die Zeitspannen zu, zwei Angaben bleiben übrig. Das Lösungswort ist ein Bezirk von Berlin.

- Weg der Nahrung durch den Körper
- Wachstum der Haare um 1 Zentimeter
- 1 Kilometer spazieren
- 1 Ei weich kochen
- Sprung von einem 5-m-Turm
- 1 Jahr
- Wachstum einer Tanne um 2 Meter
- durchschnittliche Schlafzeit eines Menschen im Jahr

1 h (A) 2 s (Ö) 90 h (N) 15 min (U) 52 Wochen (L) 1 d (G) 1 Monat (E) 5 min (K) 8 Jahre (L) 5 Monate (N)

4 Die Prager Rathausuhr ertönt zu jeder vollen Stunde. Dann erwachen in einem Glockenspiel mehrere Figuren. Wie lange müssen die Menschen warten?
a) Meret kommt um 10:05 Uhr an.
b) Familie Paschke kommt um 14:28 Uhr.

5 Gib die Zeitspanne zwischen den folgenden Uhrzeiten an.
a) 9:15 Uhr und 9:40 Uhr b) 7:45 Uhr und 13:05 Uhr
c) 15:43 Uhr und 18:17 Uhr d) 21:13 Uhr und 1:30 Uhr

6 Übertrage die Tabelle und berechne die fehlenden Angaben.

Abfahrtszeit	6:30 Uhr	7:15 Uhr	■	17:29 Uhr	8:30 Uhr	■
Fahrtzeit	17 min	■	53 min	2,5 h	■	1 h 43 min
Ankunftszeit	■	8:02 Uhr	15:15 Uhr	■	17:25 Uhr	0:03 Uhr

Oftmals ist es günstig, Zeitspannen so zu zerlegen, dass man auf ganze Stunden kommt.

7:00 Uhr ↓ 4h 11:00 Uhr ↓ 35 min 11:35 Uhr

Verbindung mit den Grundrechenarten

7 Berechne. Es gelten die bekannten Rechenregeln.
a) 4 h 45 min + 6 h 10 min b) 3 h 35 min + 15 min c) 2 h 30 min – 1 h 10 min
d) 23 h – ■ = 8 h e) $6 \cdot \frac{1}{2}$ h f) ■ $\cdot 3\frac{1}{2}$ h = 21 h
g) 328 d : 8 h) 24 h : ■ = $\frac{1}{2}$ h i) (23 s + 15 s) · 20

8 Rechne in Sachsituationen.
a) Beim 50-m-Staffellauf haben Ali, Esin, Karin, Anke und Murat folgende Ergebnisse erzielt: 8,2 s; 8,5 s; 10,1 s; 11,5 s und 7,9 s. Können sie die Mannschaft ihrer Parallelklasse schlagen, die 35,5 s gelaufen ist?
b) Greta darf jeden Tag $\frac{1}{2}$ h fernsehen. Wie lange sieht sie in einer Woche?
c) Ein Jogger läuft jeden Tag dieselbe Strecke. Letzte Woche ist er insgesamt 7 h 49 min gelaufen. Wie lange ist er durchschnittlich an jedem Tag gelaufen?

Umrechnen von Zeitspannen

Bei der Umrechnung von Zeitspannen gelten folgende Zusammenhänge:
1 h = 60 min 1 min = 60 s Umrechnungszahl: 60
Zusätzlich gilt: 1 d = 24 h 1 Woche = 7 Tage 1 Jahr = 52 Wochen

4 min = 4 · 60 s = 240 s 9 h 40 min = 9 · 60 min + 40 min = 580 min

Wenn man Zeitspannen von einer größeren Einheit in eine kleinere umrechnen will, muss man mit 60 multiplizieren. Umgekehrt muss man durch 60 dividieren.

9 Wandle in die in Klammern angegebene Zeiteinheit um.
a) 3 min (s) b) 2 h (min) c) 3 d (h) d) 5 h (s) e) 27 min (s)
f) $2\frac{1}{4}$ h (min) g) $2\frac{1}{2}$ d (h) h) 1 d 3 h (h) i) 3 min 12 s (s) j) 4 h 23 min (min)

10 Ordne die Zeitspannen in ihrer Dauer von kurz nach lang.
a) 1 min; 2 h; 33 s; 75 min; 300 s b) 5 h; 79 min; 600 s; 1,5 h; 50 min

11 Berechne. Achte auf gleiche Maßeinheiten.
a) 10 d + 600 h + 0,5 d b) 460 s – 77 s – 3 min – 50 s

Mit Masseangaben rechnen

Verpackung	maximales Gewicht
Päckchen	1 kg
Paket klein	2 kg
Paket groß	5 kg

Tasse	480 g
Tafel Schokolade	100 g
Packung Kekse	220 g
Buch	950 g
Packung Stifte	90 g
Teddybär	125 g
Mütze	115 g
Haarspange	18 g
leerer Karton	200 g

Frage:
Welche Verpackung für den Versand müssen die Freundinnen wählen?

Rechnung und Antwort:
Zwei Tafeln Schokolade wiegen 200 g, das Buch 950 g und der leere Karton 200 g. 200 g + 950 g + 200 g = 1350 g. Alles zusammen wiegt über 1000 g oder einem 1 kg und kann nur als Paket verschickt werden.

1 a) Verschicke ein Päckchen mit möglichst vielen verschiedenen Gegenständen.
b) Verschicke ein Paket mit möglichst wenigen Gegenständen.

Verschiedene Einheiten für Massen

Masseangaben werden durch eine Maßzahl und eine Maßeinheit dargestellt: 3 kg.
Man unterscheidet folgende Einheiten für die Masse:
Milligramm (mg), Gramm (g), Kilogramm (kg) und Tonne (t)

2 Gib eine sinnvolle Einheit für die Masse folgender Dinge an.
a) ein Brief b) ein Hase c) ein LKW d) ein Wal e) eine Tablette

3 Ordne die Masseangaben zu, zwei Angaben bleiben übrig. Das Lösungswort ist ein Bezirk von Berlin.

- ein kleines Auto
- ein DIN-A4-Blatt
- ein Sandkorn
- ein erwachsener Mann
- ein 10-l-Eimer mit Wasser
- eine Packung Butter
- ein Fußball

12 kg (D) 5 g (P) 430 g (U) 50 kg (G) 1 mg (A) 5 kg (E) 250 g (A) 1 t (S) 75 kg (N)

Verbindung mit den Grundrechenarten

4 Berechne. Es gelten die bekannten Rechenregeln.

a) 250 g + 360 g   b) 13 t + 4,7 t + 0,35 t   c) 450 g – 52 g
d) 970 g – 10,2 g – 0,45 g   e) 23 kg · 25   f) ■ · 15 g = 75 g
g) 560 t : 40   h) 51 kg : ■ = 17 kg   i) 12 · (77 kg – 15 kg)

5 Rechne in Sachsituationen.

a) Frau Berger kauft vier Brote zu je $1\frac{1}{2}$ kg.
b) Beate hat zwei Kleinkinder auf den Arm. Eines wiegt 8 kg, das andere 9 kg.
c) Von einem Laster mit 13 t Kies wird die Hälfte abgeladen.

6 Rechne mit dem Dreisatz.

a) Acht Bauplatten wiegen zusammen 12 t. Wie viel wiegen fünf Bauplatten?
b) Fünf Packungen Kekse wiegen 625 g. Wie viel wiegen sieben Packungen?
c) 15 Apfelsinen in einem Netz wiegen 4,5 kg. Wie viel wiegen sechs Apfelsinen?

Umrechnen von Masseangaben

Bei der Umrechnung von Masseangaben gelten folgende Zusammenhänge:
1 t = 1000 kg   1 kg = 1000 g   1 g = 1000 mg   Umrechnungszahl: 1000

9000 g = 9 · 1000 g = 9 kg   7 t 100 kg = 7 · 1000 kg + 100 kg = 7100 kg

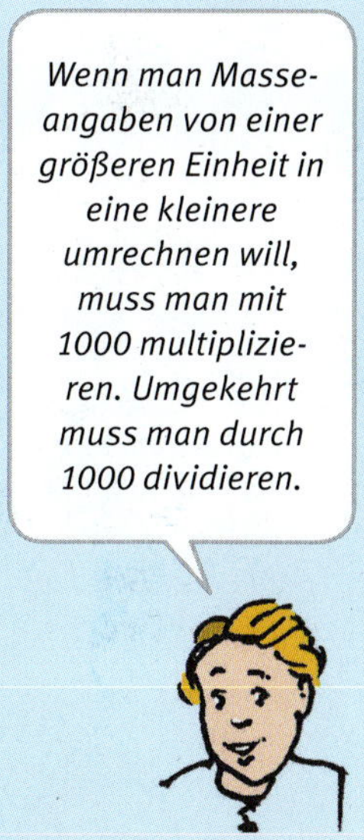

7 Wie viel Gramm fehlen noch bis zu einem Kilogramm?

a) 365 g   b) 743 g   c) 123 g   d) 90 g   e) 6 g   f) 505 g

8 Wandle in die in Klammern stehende Einheit um.

a) 3 kg (g)   b) 1 g (mg)   c) 4000 kg (t)   d) 2000 mg (g)
e) 1 kg 200 g (g)   f) 15 t 20 kg (kg)   g) $2\frac{1}{4}$ t (kg)   h) $3\frac{3}{4}$ kg (g)

9 Trage die Masseangaben wie im Beispiel in eine Tabelle ein und wandle in die verschiedenen Schreibweisen um.

t		kg			g			mg			Schreibweisen
Z	E	H	Z	E	H	Z	E	H	Z	E	
3	5	7	0	0							35 t 700 kg = 35,7 t = 35 700 kg
				6	4	6	6				6 kg 466 g = 6,466 kg = 6466 g
							8	0	8	0	8 g 80 mg = 8,080 g = 8080 mg

a) 5,007 kg
5,07 kg
5,7 kg

b) 12,03 kg
12,3 kg
12,003 kg

c) 8 t 300 kg
80 t 3 kg
8 t 33 kg

d) 1 g 205 mg
12 g 50 mg
120 g 500 mg

10 Wandle schrittweise in die in Klammern stehende Einheit um.
Beispiel: 50,55 kg = 50 550 g = 50 550 000 mg

a) 46 500 000 mg (kg)   b) 23,5 kg (mg)   c) 100 mg (kg)

11 Berechne. Achte auf gleiche Maßeinheiten.

a) 350 kg + 7 t – 19 kg   b) 432 mg + 0,3 g   c) 45 kg – 0,02 t

Frage:
Wie kann man Längen mit Hilfe von Körpermaßen messen?

Antwort:
Man schätzt zuerst die Länge des Körpermaßes, z. B. die Schritt- oder Fußlänge. Dann prüft man, wie oft der Schritt oder der Fuß in die gesuchte Länge, z. B. die des Klassenzimmers, passt.

1 Beim Messen vergleicht man die gesuchte Länge mit einer bekannten Einheit, z.B. einem Körpermaß. Längen, die man mit der gleichen Anzahl von Einheiten legen kann, sind gleich lang.

a) Miss mit Körpermaßen und einem Holzstab, der ungefähr 1 m lang ist, verschiedene Gegenstände aus. Übertrage die Tabelle und fülle sie aus.

	Köpermaße (Fuß, Schritt, Klafter, Elle, Spanne)	Holzstab
Breite der Tafel	■	■
Breite des Klassenzimmers	■	■
Länge des Tisches	■	■
Höhe der Tür	■	■
Breite des Mathematikbuches	■	■

b) Konntest du Längen ohne Rest auslegen?

c) Vergleiche deine Ergebnisse mit denen eines Partners. Wo habt ihr gleiche Ergebnisse? Beurteile die Genauigkeit der Messinstrumente.

2 Um genau zu messen, werden heute verschiedene Messinstrumente benutzt. Mit welchem Messinstrument misst du die Länge deines Schulwegs, die Dicke einer Schraube, deinen Brustumfang, die Entfernung Berlin – Paris, die Bleistiftlänge, die Resultate beim Weitsprung, die Breite der Tür?

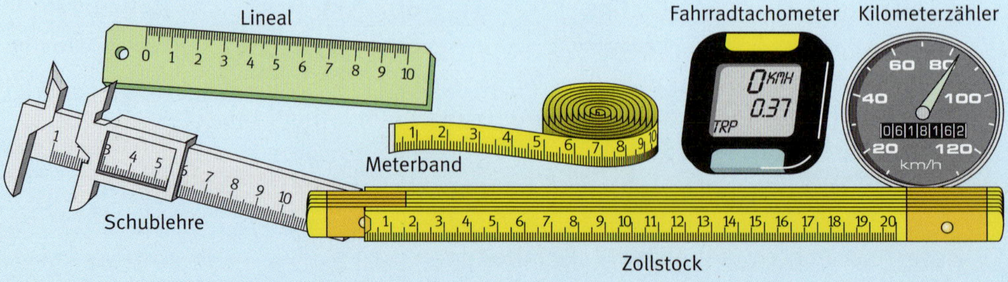

Verschiedene Einheiten für Längen

Längenmaße werden durch eine Maßzahl und eine Maßeinheit dargestellt: 3 cm.

Man unterscheidet folgende Längeneinheiten:
Millimeter (mm), Zentimeter (cm), Dezimeter (dm), Meter (m), Kilometer (km)

3 Gib eine sinnvolle Einheit für die Länge folgender Dinge an.
a) deine Haarlänge
b) die Höhe des Fernsehturms
c) die Entfernung Berlin – München
d) die Dicke einer Glasscheibe

4 Ordne die Längenangaben zu, zwei Angaben bleiben übrig. Das Lösungswort ist ein Bezirk von Berlin.

- Daumenbreite
- Länge des Ellenbogens (mit Unterarm)
- Größe eines Mannes
- Berliner Fernsehturm
- Entfernung Berlin – Warnemünde
- Breite eines Stecknadelkopfes
- Länge eines Fußballfeldes

1500 km (U) · 240 km (A) · 368 m (Z) · 180 cm (R) · 1 cm (M) · 90 cm (G) · 105 m (N) · 30 cm (A) · 1 mm (H)

Verbindung mit den Grundrechenarten

5 Berechne. Es gelten die bekannten Rechenregeln.
a) 4,3 km + 7,5 km
b) 8,9 km + 10,24 km + 6 km
c) 235,47 m – 24,55 m
d) 1,25 km – 0,09 km
e) 55 cm · 5
f) ■ · 12 cm = 96 cm
g) 820 km : 4
h) 504 mm : ■ = 72 mm
i) (22,2 km + 10,25 km) · 4

6 Rechne in Sachsituationen.
a) Ein Flugzeug fliegt fünfmal die Strecke Berlin – Istanbul (800 km).
b) Die Kilometerzahl in einem Auto zeigt 31213 km an. Frau Orhan fährt am Montag 30 km, am Dienstag 200 km und am Mittwoch 4 km.
c) Die Hälfte der Fahrradstrecke von 85 km haben Aygül und Jacqueline schon geschafft.

7 Die Schüler zerschneiden für eine Bastelarbeit einen 1 m langen Pappstreifen.
a) Saana zerschneidet den Streifen in vier gleich lange Teile, Alexa in acht. Wie lang ist jeweils jedes Teil?
b) Sybels Teile sind jeweils 5 cm lang. In wie viele Teile hat sie den Pappstreifen zerschnitten?

8 Thomas springt beim Weitspringen folgende Weiten:
4,81 m; 3,34 m; 4,65 m; 2,89 m; 5,07 m.
a) Wie weit springt er durchschnittlich?
b) Bestimme die Spannweite.

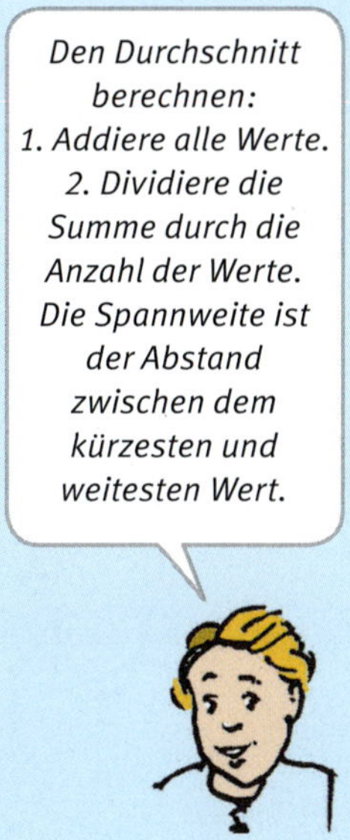

Längenmaße umrechnen

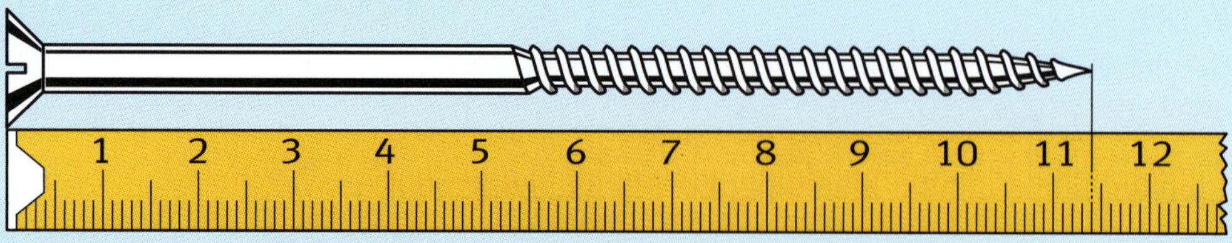

- (A) 114 mm
- (B) 11 cm 4 mm
- (C) 1 dm 14 mm
- (D) 1 dm 1 cm 4 mm

Welche Längenangabe stimmt? Begründe.

Frage:
Welche Zusammenhänge gibt es zwischen Längeneinheiten?

Antwort:
Am Lineal kann man erkennen, dass 1 cm 10 mm und 1 dm 10 cm hat.
Alle Längenangaben sind richtig.

1 Miss die Längen der sechs vorkommenden Strecken und gib sie in verschiedenen Einheiten an.

$\overline{AB}$ = 4,8 cm = 4 cm 8 mm = 40 mm + 8 mm = 48 mm

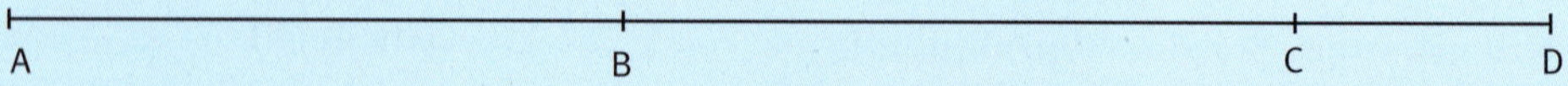

2 a) Zeichne Strecken mit den angegebenen Längen.
6 mm   6 cm   2 cm 4 mm   30 mm
b) Verdopple die Längen und zeichne diese Strecken. Gib die Längen in verschiedenen Einheiten an.
c) Kann man die Strecken aus a) so kombinieren, dass sie eine Strecke der Länge 9 cm ergeben? Findest du mehrere Lösungen?

Umrechnen von Längenmaßen

Bei der Umrechnung von Längenmaßen gelten folgende Zusammenhänge:

1 cm = 10 mm
1 dm = 10 cm = 100 mm
1 m = 10 dm = 100 cm = 1000 mm

Die Umrechnungszahl ist 10.
Zusätzlich gilt: 1 km = 1000 m

4000 m = 4 · 1000 m = 4 km   5 m 5 dm = 5 · 10 dm + 5 dm = 55 dm

3 Wieviel fehlt zur nächstgrößeren Einheit?
a) 8 dm   b) 897 m   c) 0,5 cm   d) 7,5 mm

4 Wandle 2 km in möglichst viele andere Einheiten um.

5 Ordne die Längenangaben der Größe nach. Beginne mit der kleinsten Länge.
185 cm   144 km   324 m   30 cm   20 dm   520 cm   450 mm   1850 cm

6 Wandle in die nächstkleinere Einheit um.

a)	10 m	3 dm	21 cm	35 dm
b)	5 m	78 cm	99 cm	14 m
c)	2 dm 2 cm	3 cm 15 mm	5 m 55 cm	8 m 1 dm

7 Wandle in die nächstgrößere Einheit um.

a)	40 mm	30 cm	150 mm	750 cm
b)	130 mm	370 cm	1200 mm	800 m

8 Übertrage und setze <, > oder = ein.

a)	5 dm ■ 500 cm	b)	80 cm ■ 8 dm	c)	4,2 km ■ 4 200 m
	34 mm ■ 340 cm		6 m ■ 60 cm		730 m ■ 73 000 mm
	8 200 m ■ 82 km		5 300 mm ■ 53 cm		0,75 dm ■ 75 cm

9 Trage die Längenangaben wie im Beispiel in eine Tabelle ein und wandle in die verschiedenen Schreibweisen um.

km		m			dm	cm	mm	Schreibweisen
Z	E	H	Z	E				
3	5	7	0	0				35 km 700 m = 35,7 km = 35 700 m
		6	0	4	8			604 m 8 dm = 604,8 m = 6 048 dm
				8	0	6		8 m 6 cm = 8,06 m = 80,6 dm = 806 cm
					9	8	7	9 dm 8 cm 7 mm = 98,7 cm = 987 mm

a) 19 m 2 dm 3 cm	b) 7 m 50 cm	c) 3 200 mm	d) 76,0 cm
8 dm 2 cm 1 mm	35 dm 44 mm	1 410 mm	36,3 dm

10 Wandle schrittweise in die größere Einheit um.
Beispiel: 5 mm = 0,5 cm = 0,05 dm

a) in dm:	2 mm	35 mm	59,6 mm	124 mm	3770 mm
b) im m:	4 cm	10,5 cm	26 cm	752 cm	9840 cm

11 Wandle schrittweise in die kleinere Einheit um.
Beispiel: 3,3 dm = 33 cm = 330 mm

a) in mm:	0,7 dm	4 dm	5,45 dm	8,03 dm	24 dm
b) in cm:	0,01 m	2,75 m	3,4 m	13,123 m	30 m

12 Schreibe mit Komma.

a) in km:	8 km 200 m	245 km 2 m	9 km 802 m 5 dm
b) in dm:	6 dm 3 cm	6 dm 2 mm	5 dm 2 cm 3 mm

13 Hier haben sich Fehler eingeschlichen. Finde sie und verbessere.

a)
428 mm = 42,8 cm
105 cm = 1,05 dm
62 km = 6 200 m
5 m 3 cm = 5,3 m

b)
3 dm 4 mm = 3,4 dm
29 cm 29 mm = 29,29 cm
300 km 200 m = 300,2 km
4,05 m = 4 m 5 dm

Flächeninhalte bestimmen und berechnen

Frage:
Welche Fläche ist am größten?

Antwort:
Alle Flächen sind gleich groß, da man sie mit der gleichen Anzahl derselben Dreiecke auslegen kann.

1. Flächen, die man mit derselben Anzahl von Flächenstücken auslegen kann, haben den gleichen Flächeninhalt. Nimmt man Quadrate zum Auslegen, ist die Bestimmung des Flächeninhalts einfach.
Gib den Flächeninhalt als Anzahl von Quadraten an. Gehe geschickt vor.

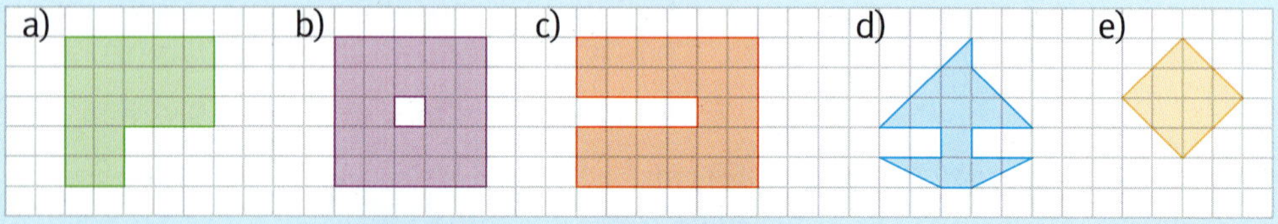

2. Ein Fliesenleger fliest verschiedene Wandflächen.
   a) Welche Fläche ist am größten?
   b) Wie kann man den Flächeninhalt schnell angeben?

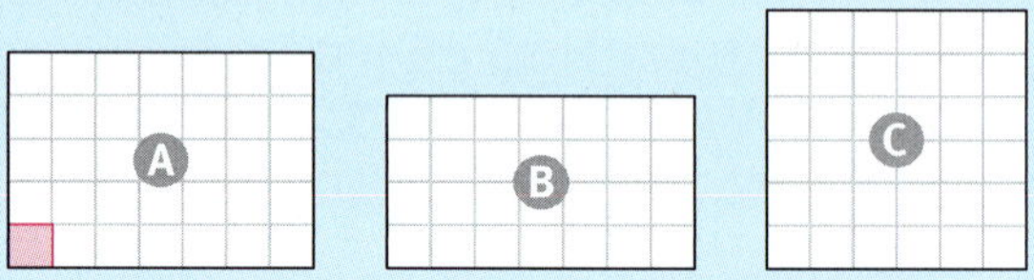

3. Gib den Flächeninhalt der Rechtecke an. Übertrage die Tabelle mit dem Beispiel und vervollständige.

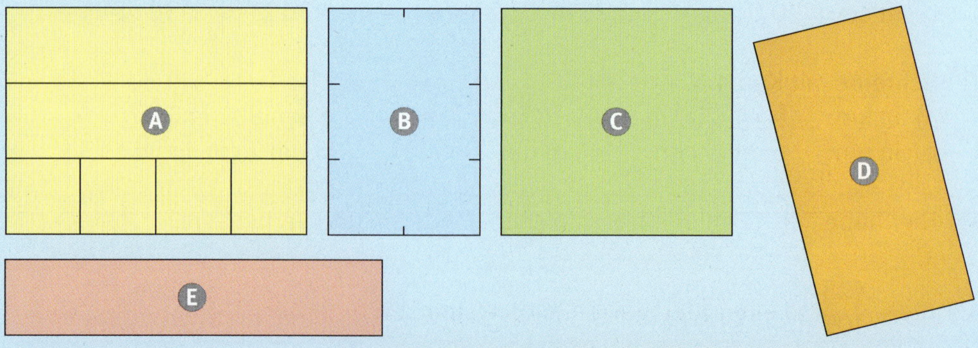

Figur	Flächeninhalt	Länge	Breite
A	12 cm^2	4 cm	3 cm

Verschiedene Einheiten für Flächeninhalte

Zum Messen von Flächeninhalten legt man die Fläche mit Quadraten aus, deren Seitenlängen 1 mm, 1 cm, 1 dm, 1 m oder 1 km betragen.

Seitenlänge des Quadrats	Flächeninhalt des Quadrats	in Worten
1 mm	$A = 1\ mm^2$	ein Quadratmillimeter
1 cm	$A = 1\ cm^2$	ein Quadratzentimeter
1 dm	$A = 1\ dm^2$	ein Quadratdezimeter
1 m	$A = 1\ m^2$	ein Quadratmeter
1 km	$A = 1\ km^2$	ein Quadratkilometer

Flächenmaße werden durch eine Maßzahl und eine Maßeinheit dargestellt: $3\ cm^2$

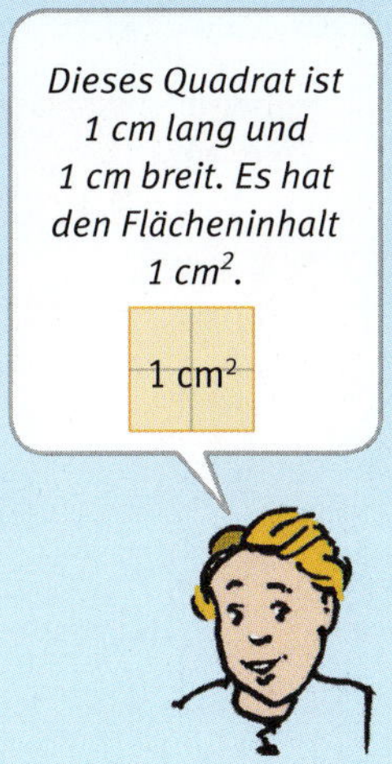

4 Gib eine sinnvolle Einheit für den Flächeninhalt folgender Dinge an.
a) Briefmarke b) Deutschland c) Sportplatz
d) Bilderrahmen e) 5-Euro-Schein f) Berlin

5 Ordne die Flächenangaben zu, zwei Angaben bleiben übrig. Das Lösungswort ist ein Bezirk von Berlin.

- Baugrundstück
- Bankkarte
- Tischtennisplatte
- Mathebuch
- Kinderzimmer
- Laptop-Display
- Brandenburg
- CD-Hülle

$1\ dm^2$ (K) | $15\ m^2$ (N) | $40\ cm^2$ (Ö) | $29\,654\ km^2$ (C) | $51\ mm^2$ (G) | $6\ dm^2$ (I) | $4\ m^2$ (P) | $650\ m^2$ (K) | $1000\ m^2$ (E) | $500\ cm^2$ (E)

Verbindung mit den Grundrechenarten

6 Berechne. Es gelten die bekannten Rechenregeln.
a) $256\ dm^2 + 25648\ dm^2$ b) $584\ mm^2 + 63{,}5\ mm^2$ c) $23\ cm^2 - 10{,}5\ cm^2$
d) $95{,}9\ cm^2 - 12{,}25\ cm^2$ e) $6 \cdot 125\ m^2$ f) $■ \cdot 35\ cm^2 = 280\ cm^2$
g) $6480\ km^2 : 8$ h) $112\ mm^2 : ■ = 16\ mm^2$ i) $9\ cm^2 + 3\ cm^2 \cdot 3$

7 Rechne in Sachsituationen.
a) Die Kepler-Schule erhält 16 neue Klassenräume. Jeder Raum hat $64\ m^2$.
b) Der rechteckige Schulgarten, der 12 m lang und 8 m breit ist, soll zur Hälfte mit Kartoffeln bepflanzt werden.
c) Die Kinder tauschen sich über die Maße ihrer Zimmer aus. Marcos Zimmer ist 5 m lang und $15\ m^2$ groß. Die Breite hat er vergessen.

8 Die Gärten in einer Kleingartenkolonie sind $320\ m^2$, $407\ m^2$, $640\ m^2$ und $550\ m^2$ groß.
a) Berechne die durchschnittliche Größe. Runde geeignet.
b) Bestimme die Spannweite.

Flächenmaße umrechnen

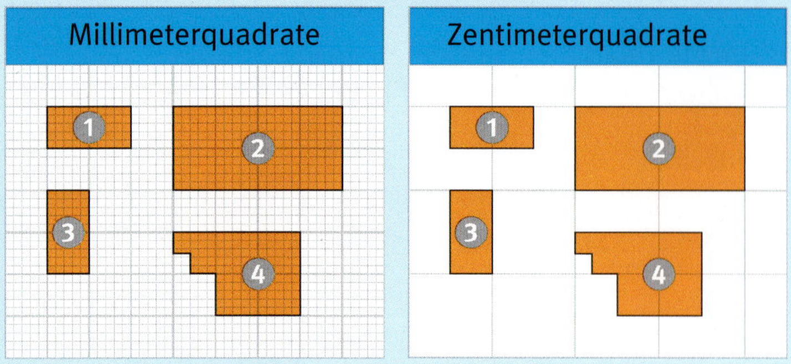

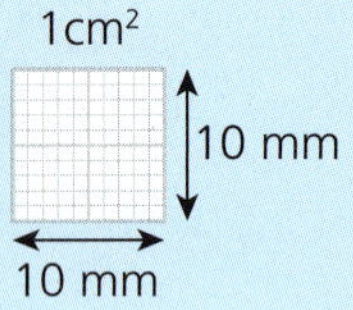

Frage:
Welche Zusammenhänge gibt es zwischen Flächeneinheiten?

Antwort:
Der Flächeninhalt der Figur ② beträgt 2 cm^2 oder 200 mm^2. Der Flächeninhalt aller anderen Figuren lässt sich besser in mm^2 angeben.
In ein Zentimeterquadrat passen in eine Reihe und in eine Spalte jeweils 10 Millimeterquadrate.
Damit gilt: $1\ cm^2 = 1\ cm \cdot 1\ cm = 10\ mm \cdot 10\ mm = 100\ mm^2$

① Gib die Fächeninhalte der Figuren aus dem Einstiegsbeispiel und Aufgabe 2 in verschiedenen Einheiten an.

$4\ cm^2\ 25\ mm^2 = 400\ mm^2 + 25\ mm^2 = 425\ mm^2$

② Wie viele mm^2 fehlen bei den einzelnen Figuren bis zum nächsten vollen cm^2?

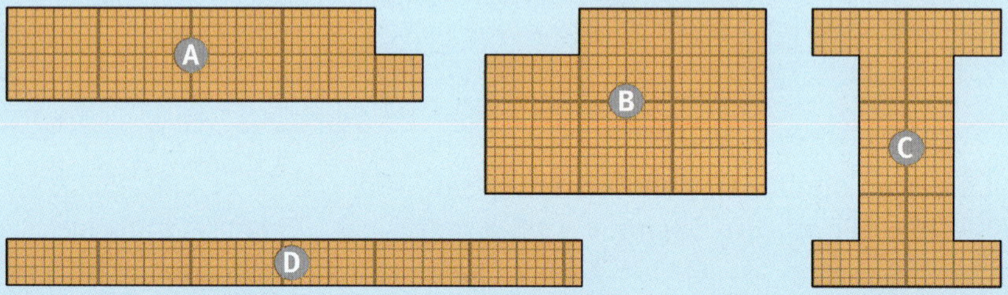

Umrechnen von Flächenmaßen

Bei der Umrechnung von Flächenmaßen gelten folgende Zusammenhänge:

$1\ cm^2 = 100\ mm^2$

$1\ dm^2 = 100\ cm^2 = 10\,000\ mm^2$

$1\ m^2 = 100\ dm^2 = 10\,000\ cm^2 = 1\,000\,000\ mm^2$

Die Umrechnungszahl ist 100.
Zusätzlich gilt:
$1\ km^2 = 1\,000\ m \cdot 1\,000\ m$

$7\ m^2 = 7 \cdot 100\ dm^2 = 700\ dm^2$ $\quad$ $3\ cm^2\ 40\ mm^2 = 3 \cdot 100\ mm^2 + 40\ mm^2 = 340\ mm^2$

③ Wandle 2 km^2 in möglichst viele andere Einheiten um.

4 Wandle in die nächstkleinere Einheit um.

a) 7 dm^2 4 m^2 12 cm^2 35 m^2
b) 60 cm^2 202 dm^2 470 cm^2 505 m^2
c) 2 dm^2 2 cm^2 13 cm^2 15 mm^2 47 cm^2 33 mm^2 7 m^2 14 dm^2

5 Wandle in die nächstgrößere Einheit um.

a) 400 mm^2 7 000 cm^2 500 dm^2
b) 2 500 mm^2 65 000 dm^2 8 500 cm^2

6 Übertrage und setze <, > oder = ein.

a) 25 m^2 ■ 250 cm^2
27 000 cm^2 ■ 27 m^2
38 500 cm^2 ■ 385 dm^2

b) 12 500 cm^2 ■ 12 dm^2 5 cm^2
51 500 dm^2 ■ 51 m^2 50 dm^2
315 050 mm^2 ■ 31 dm^2 50 cm^2

7 Trage die Flächenangaben wie im Beispiel in eine Tabelle ein und wandle in die verschiedenen Schreibweisen um.

m^2		dm^2		cm^2		mm^2		Schreibweisen
Z	E	Z	E	Z	E	Z	E	
					3	5	8	358 mm^2 = 3 cm^2 58 mm^2 = 3,58 cm^2
		2	3	6	5			2365 cm^2 = 23 dm^2 65 cm^2 = 23,65 dm^2
	1	5	0					150 dm^2 = 1 m^2 50 dm^2 = 1,5 m^2

a) 7 dm^2 70 cm^2
65 m^2 29 dm^2
b) 5 cm^2 2 mm^2
7 m^2 7 dm^2 7 cm^2
c) 125 cm^2
287 dm^2
d) 6,30 dm^2
17,03 dm^2

8 Wandle schrittweise in die größere Einheit um.
Beispiel: 10 200 cm^2 = 102 dm^2 = 1,02 m^2

a) in dm^2: 4 000 mm^2 6 200 mm^2 18 500 mm^2 27 566 mm^2 38 550 mm^2
b) in m^2: 1 000 cm^2 4 030 cm^2 15 110 cm^2 40 000 cm^2 52 003 cm^2

9 Wandle schrittweise in die kleinere Einheit um.
Beispiel: 4 m^2 = 400 dm^2 = 40 000 cm^2

a) in mm^2: 0,07 dm^2 0,4 dm^2 1,05 dm^2 1,17 dm^2 4,5 dm^2 8,88 dm^2
b) in cm^2: 0,407 m^2 0,99 m^2 2,2 m^2 3,557 m^2 5,03 m^2 9,2 m^2

10 Schreibe mit Komma.

a) in m^2: 21 m^2 35 dm^2 35 m^2 7 dm^2 5 m^2 5 dm^2 5 cm^2
b) in dm^2: 30 dm^2 50 cm^2 47 dm^2 7 cm^2 8 dm^2 15 cm^2 8 mm^2

11 Hier haben sich Fehler eingeschlichen. Finde sie und verbessere.

a)
780 cm^2 = 78 m^2
635 dm^2 = 63,5 m^2
12,05 dm^2 = 1205 mm^2
15,5 cm^2 = 155 mm^2

b)
16,5 m^2 = 1650 dm^2
16 m^2 15 cm^2 = 16,5 m^2
233 mm^2 = 0,233 cm^2
170 cm^2 = 17 dm^2

Volumen messen und berechnen

Frage:
Welche Möglichkeit gibt es, dass jeder gleich viel Kakao bekommt?

Antwort:
Man füllt die kleinste Tasse und schüttet sie in die anderen um. Christinas Tasse ist bis zum Rand gefüllt. Bei Daniel steht der Kakao am wenigsten hoch.

Zur Bestimmung von Volumen gibt es verschiedene Möglichkeiten:
Schüttet man Wasser von einem Gefäß in einen anderen Körper, dann entspricht das Volumen des Körpers dem Volumen des hineingeflossenen Wassers.

1 Das Volumen eines Körpers kann man auch durch Eintauchen bestimmen. Erkläre. Übertrage den Text und vervollständige ihn.

> Wird der Stein in einen mit Wasser gefüllten Messbecher ___, so ___ der Wasserspiegel. Das Volumen des Steins kann man ablesen. Es entspricht ___ zwischen altem und neuem Wasserstand.

2 Das Volumen eines Körpers kann man durch Auszählen mit kleineren Teilkörpern, z. B. Würfeln bestimmen. Körper, die man mit derselben Anzahl von Würfeln auslegen kann, haben das gleiche Volumen.

a) Welcher Körper hat das größte Volumen? Begründe.

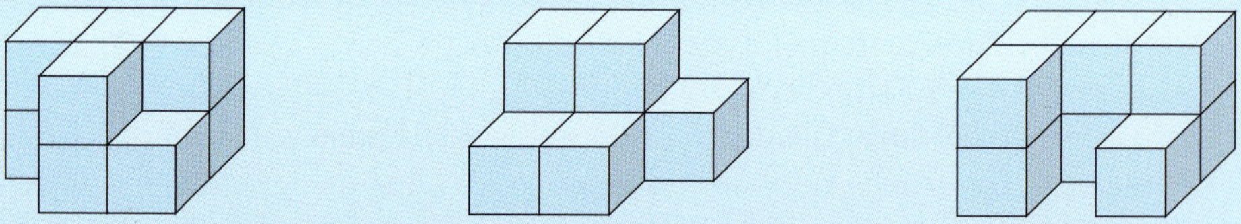

b) Wie viele kleine Würfel fehlen noch, um jeweils einen großen Würfel zu erhalten? Aus wie vielen kleinen Würfeln besteht ein großer Würfel dann?

c) Wie kannst du das Volumen eines großen Würfels schnell bestimmen?

3 Gib das Volumen der Würfel an. Übertrage die Tabelle mit dem Beispiel und vervollständige.

Körper	Volumen	Länge	Breite	Höhe
A	18 cm^3	2 cm	3 cm	3 cm

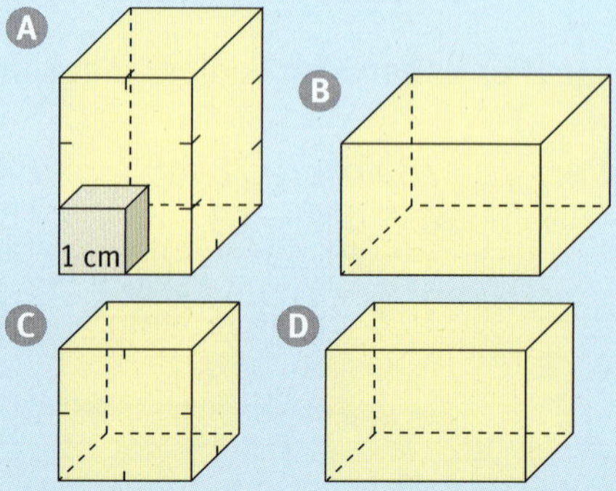

Verschiedene Einheiten für Volumen

Zum Bestimmen von Volumen legt man den Körper mit Würfeln aus, deren Kantenlänge 1 mm, 1 cm, 1 dm oder 1m betragen

Kantenlänge des Würfels	Volumen des Würfels	in Worten
1 mm	$V = 1\ mm^3$	1 Kubikmillimeter
1 cm	$V = 1\ cm^3$	1 Kubikzentimeter
1 dm	$V = 1\ dm^3$	1 Kubikdezimeter
1 m	$V = 1\ m^3$	1 Kubikmeter

Dieser Würfel ist 1 cm lang, 1 cm breit und 1 cm hoch. Er hat das Volumen 1 cm^3.

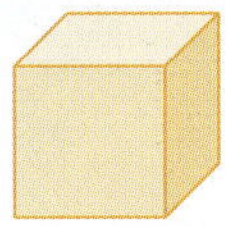

Volumenmaße werden durch eine Maßzahl und eine Maßeinheit dargestellt: $15\ m^3$
Man kann das Volumen auch in Liter (l), Milliliter (ml) und Hektoliter (hl) angeben.

4 Gib eine sinnvolle Einheit für das Volumen folgender Dinge an.
a) Schuhkarton
b) Schwimmbecken
c) Laderaum eines Öltankers
d) Brotdose
e) Schrank
f) Streichholzschachtel
g) Aquarium
h) Müllcontainer
i) Klassenraum

5 Ordne die Volumenangaben zu, zwei Angaben bleiben übrig. Das Lösungswort ist ein Bezirk von Berlin.

- Wassereimer
- Salzkorn
- Getränkedose
- Mülltonne
- kleines Postpaket
- Schiffscontainer

$279\ cm^3$ (O) | 10 l (P) | $1100\ cm^3$ (N) | 75 ml (A) | $4000\ m^3$ (W) | $330\ cm^3$ (N) | $2\ mm^3$ (A) | 120 l (K)

Verbindung mit den Grundrechenarten

6 Berechne. Es gelten die bekannten Rechenregeln.
a) $69\ m^3 + 32\ m^3$
b) $5\frac{1}{2}\ l + 3\frac{3}{4}\ l$
c) $48\ cm^3 - 39\ cm^3$
d) 8 604 l − 5 486 l
e) $12 \cdot \frac{3}{4}\ l$
f) $■ \cdot 125\ cm^3 = 875\ cm^3$
g) $375\ mm^3 : 5$
h) 34 ml : ■ = 2 ml
i) $(44{,}5\ m^3 - 16{,}7\ m^3) \cdot 2$

7 Rechne in Sachsituationen.
a) Victoria gießt das Wasser von drei Flaschen zu je $\frac{3}{4}$ l in einen Eimer.
b) Joe soll acht Gläser Milch zu je $\frac{1}{8}$ l füllen. Reicht ihm ein Beutel mit 1 l Milch?
c) Simon hat Husten. Jeden Tag soll er dreimal einen Löffel Hustensaft trinken. Auf einen Löffel gehen 5 cm^3 Saft. Wie lange reicht die Flasche mit 150 cm^3?

8 Ein drei Monate altes Baby trinkt in 24 Stunden zu sechs verschiedenen Uhrzeiten 126 ml, 80 ml, 145 ml, 122 ml, 210 ml und 75 ml.
a) Um genug zuzunehmen, sollte es insgesamt 760 ml am Tag trinken. Hat das Baby genug getrunken?
b) Berechne die durchschnittliche Trinkmenge. Runde geeignet.
c) Bestimme die Spannweite.

Volumenmaße umrechnen

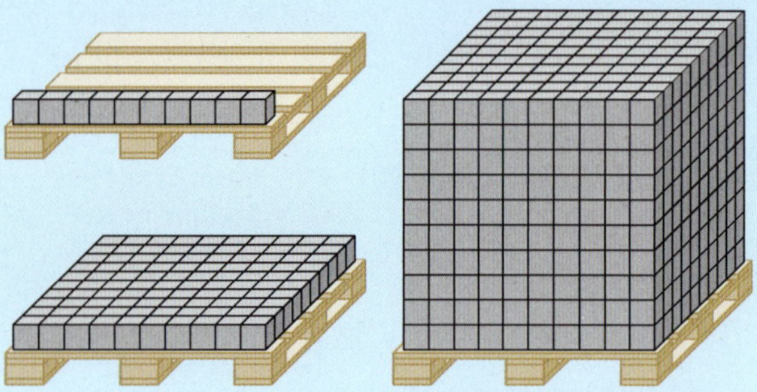

Wie viele Steine stehen auf einer vollen Palette? Welches Volumen hat jeder einzelne Stein? Welches Volumen hat dann der große Würfel?

Frage:
Welche Zusammenhänge gibt es zwischen Volumeneinheiten?

Antwort:
Eine Schicht besteht aus 100 Steinen mit 10 Reihen zu je 10 Steinen.
Ein Würfel besteht aus 10 Schichten zu je 100 Steinen. Insgesamt besteht der Würfel also aus 1 000 Steinen.

Ein Stein hat das Volumen $10\ \text{cm} \cdot 10\ \text{cm} \cdot 10\ \text{cm} = 1\,000\ \text{cm}^3$ bzw.
$1\ \text{dm} \cdot 1\text{dm} \cdot 1\ \text{dm} = 1\ \text{dm}^3$. Damit gilt: $1\ \text{dm}^3 = 1\,000\ \text{cm}^3$

Der große Würfel besteht aus 1000 kleinen dm^3-Würfeln. Er ist 1 m lang, 1 m breit und 1 m hoch und hat das Volumen $1\ \text{m} \cdot 1\ \text{m} \cdot 1\ \text{m} = 1\ \text{m}^3$
Damit gilt: $1\ \text{m}^3 = 1\,000\ \text{dm}^3$

Umrechnen von Volumenmaßen

Bei der Umrechnung von Volumenmaßen gelten folgende Zusammenhänge:

$$1\ \text{cm}^3 = 1\,000\ \text{mm}^3$$
$$1\ \text{dm}^3 = 1\,000\ \text{cm}^3 = 1\,000\,000\ \text{mm}^3$$
$$1\ \text{m}^3 = 1\,000\ \text{dm}^3 = 1\,000\,000\ \text{cm}^3 = 1\,000\,000\,000\ \text{mm}^3$$

Die Umrechnungszahl ist 1 000.

Zusätzlich gilt:
$1\ \text{km}^3 = 1\ \text{km} \cdot 1\ \text{km} \cdot 1\ \text{km} = 1\,000\ \text{m} \cdot 1\,000\ \text{m} \cdot 1\,000\ \text{m} = 1\,000\,000\,000\ \text{m}^3$

Hohlmaße und Volumenmaße sind eng verbunden. Es gilt:
$1\ \text{l} = 1\ \text{dm}^3 = 1\,000\ \text{cm}^3$ und $1\ \text{cm}^3 = 1\ \text{ml}$
$1\ \text{l} = 1000\ \text{ml}$ und $1\ \text{hl} = 100\ \text{l}$

$11\ \text{cm}^3\ 55\ \text{mm}^3 = 11 \cdot 1\,000\ \text{mm}^3 + 55\ \text{mm}^3 = 11\,055\ \text{mm}^3$

1 Übertrage und ergänze die Umrechnungen zwischen Raummaßen und Hohlmaßen.

a) 1 l = ■ dm^3 5 hl = ■ dm^3 1 m^3 = ■ l 25 dm^3 = ■ l

b) 320 ml = ■ cm^3 400 l = ■ m^3 520 cm^3 = ■ l 2,5 dm^3 = ■ l

2 Wandle in die nächstgrößere Einheit um.
a) 2000 cm^3 — 25 000 dm^3 — 47 000 cm^3
b) 68 000 mm^3 — 82 000 cm^3 — 723 000 dm^3

3 Wandle in die nächstkleinere Einheit um.
a) 2 dm^3 — 4 cm^3 — 12 m^3 — 32 dm^3
b) 53 m^3 — 68 cm^3 — 105 m^3 — 220 m^3
c) 2 dm^3 2 cm^3 — 13 dm^3 15 cm^3 — 7 m^3 14 dm^3 — 10 m^3 5 dm^3

4 Übertrage und setze <, > oder = ein.
a) 3 m^3 ■ 3000 l
23 ml ■ 0,023 l
400 ml ■ 400 mm^3
b) 150 ml ■ 0,15 l
750 cm^3 ■ 0,75 l
50 dm^3 ■ 5 l
c) 35 dm^3 ■ 35 l
3,5 hl ■ 350 dm^3
0,75 cm^3 ■ 750 ml

5 Trage die Volumenangaben wie im Beispiel in eine Tabelle ein und wandle in die verschiedenen Schreibweisen um.

m^3			dm^3			cm^3			mm^3			Schreibweisen
H	Z	E	H	Z	E	H	Z	E	H	Z	E	
	1	2	3	2	5							12 m^3 325 dm^3 = 12 325 dm^3
					1	0	3	2				1 dm^3 32 cm^3 = 1 032 cm^3 = 1,032 dm^3
							1	5	3	5	0	15 cm^3 350 mm^3 = 15,35 cm^3

a) 84 m^3 700 dm^3
2 cm^3 333 mm^3
b) 5 cm^3 3 mm^3
16 m^3 7 cm^3
c) 7900 mm^3
15 000 cm^3
d) 225,3 cm^3
0,485 dm^3

6 Wandle schrittweise in die größere Einheit um.
Beispiel: 87 000 mm^3 = 87 cm^3 = 0,087 dm^3
a) in dm^3: 15 150 mm^3 — 44 500 mm^3 — 3 850 200 mm^3
b) im m^3: 5 750 cm^3 — 19 548 cm^3 — 725 000 cm^3

7 Wandle schrittweise in die kleinere Einheit um.
Beispiel: 0,5 m^3 = 500 dm^3 = 500 000 cm^3
a) in mm^3: 0,5 dm^3 — 13,5 dm^3 — 33,08 dm^3 — 115,05 dm^3
b) in cm^3: 0,2575 m^3 — 3,855 m^3 — 17,4 m^3 — 115,01 m^3

8 Schreibe mit Komma.
a) in m^3: 5 m^3 750 dm^3 — 13 m^3 50 dm^3 — 45 m^3 350 cm^3
b) in dm^3: 7 dm^3 240 cm^3 — 39 dm^3 4 cm^3 — 86 cm^3 55 mm^3

9 Hier haben sich Fehler eingeschlichen. Finde sie und verbessere.

a)
4 m^3 = 4000 cm^3
17 cm^3 = 17000 dm^3
45 dm^3 = 450000 cm^3
33 dm^3 = 3000 mm^3

b)
870 m^3 = 870000cm^3
17 ml = 17000 l
2,750 m^3 = 2750 cm^3
88 mm^3 = 0,000088 m^3

Frage:
Wie weit kommt man mit dem Auto in vier Stunden? Wie lange braucht man für eine Strecke von 20 km?

Rechnung und Antwort:
Das Auto fährt pro Stunde 8 km. In vier Stunden kommt man viermal so weit, also 32 km. In zwei Stunden fährt das Auto 16 km. In einer halben Stunde 4 km. Für 20 km braucht man also $2\frac{1}{2}$ Stunden.

1 Welche Zeit braucht man mit dem alten Auto für
a) 12 km b) 40 km c) 120 km d) 200 km?

2 Wie weit kommt man mit dem alten Auto in
a) 3 Stunden b) $5\frac{1}{2}$ Stunden c) 12 Stunden 15 Minuten?

3 a) Was bedeutet dieses Schild?
b) Jans Mutter sagt: „Hier darf man nur 80 fahren." Wie müsste das genau heißen?

Verschiedene Einheiten für die Geschwindigkeit

Die Geschwindigkeit v wird berechnet, indem man den Weg (s) durch die Zeit (t) dividiert.

Geschwindigkeit (v) = $\frac{\text{Weg (s)}}{\text{Zeit (t)}}$

Geschwindigkeiten werden durch eine Maßzahl und eine Maßeinheit dargestellt: $v = 130\,\frac{\text{km}}{\text{h}}$.

Man unterscheidet folgende Einheiten: $\frac{\text{km}}{\text{h}}$ (Kilometer pro Stunde)
$\frac{\text{m}}{\text{s}}$ (Meter pro Sekunde)

Geschwindigkeit bei 420 km in 5 Stunden: $v = \frac{s}{t} = \frac{420\text{ km}}{5\text{ h}} = 84\,\frac{\text{km}}{\text{h}}$

4 Berechne wie im Beispiel die Geschwindigkeit.
a) 640 km in 8 h b) 45 km in 3 h c) 60 km in 30 min
d) 10 km in 15 min e) 1500 m in 125 s f) 300 m in 1 min

5 a) Ein Zug braucht für eine 420 km lange Strecke von Berlin nach Nürnberg drei Stunden. Berechne die Durchschnittsgeschwindigkeit.
b) Frau Hasselmann fährt mit ihrem Auto eine Durchschnittsgeschwindigkeit von $120\,\frac{km}{h}$. Welche Strecke schafft sie in $1\frac{1}{4}$ h?
c) Das Autorennen um den Großen Preis von Spanien geht über eine Renndistanz von 60 Runden zu je 5 km. Wie lange brauchte der Zweitplatzierte, wenn er eine Durchschnittsgeschwindigkeit von $200\,\frac{km}{h}$ erreichte?

Umrechnen von Einheiten für die Geschwindigkeit

Bei der Umrechnung der Einheiten nutzt man folgende Zusammenhänge:
1 Stunde hat 60 Minuten, 1 Minute hat 60 Sekunden.
1 Stunde hat $60 \cdot 60 = 3600$ Sekunden.
1 km hat 1000 m.
Damit ergibt sich eine Umrechnungszahl: $3600 : 1000 = 3{,}6$

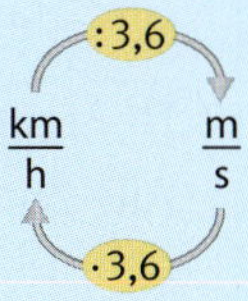

$10\,\frac{m}{s} \cdot 3{,}6 = 36\,\frac{km}{h}$ $\quad$ $72\,\frac{km}{h} : 3{,}6 = 20\,\frac{m}{s}$

6 a) Rechne in $\frac{km}{h}$ um: $5\,\frac{m}{s}$ $\quad$ $15\,\frac{m}{s}$ $\quad$ $25\,\frac{m}{s}$
b) Rechne in $\frac{m}{s}$ um: $5\,\frac{km}{h}$ $\quad$ $10\,\frac{km}{h}$ $\quad$ $45\,\frac{km}{h}$

Rechnen in Sachsituationen

Bei einer Autofahrt wird eine zurückgelegte Strecke einem durchschnittlichen Benzinverbrauch zugeordnet. Diese Zuordnung ist proportional.

Ein Auto braucht für eine Strecke von 100 km 8 l. Für 50 km sind es 4 l, für 25 km 2 l.

7 Ein mittelgroßer PKW hat einen durchschnittlichen Verbrauch von 8 Litern Benzin für 100 km. Berechne den Verbrauch
a) für eine Fahrt zur Ostsee (hin und zurück). Ein Weg ist 250 km lang.
b) für einen Besuch im Tierpark Berlin (einfache Fahrt). Ein Weg ist 75 km lang.
c) für eine Reise nach Polen (einfache Fahrt). Ein Weg ist 450 km lang.
d) für eine Fahrt zum Nordkap (einfache Fahrt). Ein Weg ist 1 600 km lang.
e) für sechs Fahrten zur Arbeit (hin und zurück). Ein Weg ist 25 km lang.

8 Der Tachometer zählt die Geschwindigkeit und die gefahrenen Kilometer. Ein Bus verbraucht auf 100 km ungefähr 18 Liter Diesel-Kraftstoff.
Berechne den Verbrauch mit den gegebenen Tachoständen.
a) Alpenrundfahrt: Beginn 18 600 km / Ende 19 200 km
b) Klassenfahrt: Beginn 36 720 km / Ende 36 920 km
c) Fahrt in den Harz: Beginn 10 200 km / Ende 11 150 km

9 a) Ein Flugzeug braucht von Sofia nach Berlin (1 300 km) vier Stunden. Wie groß ist die Durchschnittsgeschwindigkeit?
b) Ein Rasenmäher verbraucht ca. 1,5 l Benzin in der Stunde. Wie viel Liter verbraucht er in 5 Stunden? Wie viele Stunden kann er mit 19,5 l mähen?

Für den Kindergeburtstag mache ich eine Bowle.

Zutaten für Bowle:
0,5 l Apfelsaft
0,75 l Kirschsaft
1 l Zitronenbrause
0,25 l Himbeersaft

Frage:
Wie viel Gläser von 0,25 l können mit der Bowle gefüllt werden?

Überschlag:
Alle Zutaten ergeben sicherlich mehr als 2 l Bowle. Es können also mindestens acht Gläser gefüllt werden.

Rechnung:
Schritt 1: Herstellung der Bowle
Alle Zutaten werden zusammen in das Gefäß gegeben.
Die Mengen werden also addiert.
Genaue Rechnung (Addition): 0,5 l + 0,75 l + 1 l + 0,25 l = 2,5 l
Schritt 2: Aufteilung auf die Gläser
Die fertige Bowle wird auf die Gläser (je 0,25 l) verteilt. 1 l Bowle reicht für vier Gläser, 2 l Bowle dann für acht Gläser. Mit den restlichen 0,5 l können noch zwei Gläser gefüllt werden. Insgesamt können zehn Gläser gefüllt werden.
Genaue Rechnung (Division): 2,5 l : 0,25 l = 10
Vergleich mit der Schätzung:
Die berechneten zehn Gläser passen zur Schätzung „mindestens acht".

Antwort:
Mit der Bowle können insgesamt zehn Gläser gefüllt werden.

Dieses Schema hilft dir bei Textaufgaben:

- Ich lese den Text mehrmals aufmerksam.
- Ich unterstreiche und notiere die wichtigen Angaben.
- Geg.:
- Ich schreibe die Rechenfrage(n) auf.
- Ges.:
- Ich ermittle durch Überschlagsrechnung das ungefähre Ergebnis.
- Lösung:
- Ich rechne schrittweise mit Teilüberschriften.
- Ich vergleiche das ungefähre Ergebnis mit der Lösung.
- Ich antworte auf die Rechenfrage(n).

Löse die Aufgaben übersichtlich. Verwende, wenn du Hilfe brauchst, das nebenstehende Schema. Formuliere immer einen Antwortsatz.
Aufpassen: Bei drei Textaufgaben fehlen Angaben, dann kannst du nichts berechnen.

1. Beim Pausenverkauf werden Getränke in 0,25-l-Packungen verkauft. Jede Woche bestellt die Cafeteria 80 Packungen Milch, 120 Packungen Bananenmilch und 180 Packungen Kakao.

2. Ein Zug braucht für die Strecke von Frankfurt (Main) nach Berlin (550 km) 4 Stunden und 30 Minuten.
   a) Wie groß ist die Durchschnittsgeschwindigkeit?
   b) Frau Wagner will lieber mit dem Auto fahren. Sie fährt mit 110 $\frac{km}{h}$ Durchschnittsgeschwindigkeit. Wie viel Zeit braucht sie länger als der Zug?

3. Anika trägt Wasser mit einem 6-Liter-Eimer in ein Planschbecken. Nach 8 Minuten ist sie fertig und das Becken gefüllt.

4 Herr Neumann freut sich, dass seine Lieblingsschokolade statt 1 € nur noch 0,75 € kostet. Da er im Monat durchschnittlich fünf Tafeln ist, überlegt er, wie viel er einem Jahr sparen kann.

5 Beim Weitsprung schaffte Hanne 3,45 m. Ihre Freundin Emma kam 23 cm weiter und schließlich gelang es Douaa, noch 17 cm weiter als Emma zu kommen. Wie viel betrug die größte Weite?

6 Bisher hat Betül beim täglichen Zähneputzen jeweils drei Becher zu 100 cm^3 Wasser verbraucht. Nun will sie sparen und nur mit einem Becher auskommen. Sie putzt sich dreimal am Tag die Zähne. Wie viel Wasser spart sie im April?

7 Bei einer Ferientour an der Ostsee legen vier Freunde mit dem Fahrrad folgende Tagesentfernungen zurück: 82 km; 56 km; 76 km; 91 km; 28 km. Wie viele Kilometer müssen sie noch bis nach Hause fahren?

Erwachsene	Berg- und Talfahrt	5,00 €
Erwachsene	Berg- oder Talfahrt	3,50 €
Kinder (4 bis 14 Jahre)	Berg- und Talfahrt	2,50 €
Kinder (4 bis 14 Jahre)	Berg- oder Talfahrt	1,50 €
Gruppen (über 15 Personen)	Berg- und Talfahrt	3,00 €
Gruppen (über 15 Personen)	Berg- oder Talfahrt	2,00 €

8 a) Wie viel müsste deine Klasse für eine Berg- und Talfahrt bezahlen?
b) Ihr wollt den Rückweg zu Fuß zurücklegen und kauft daher nur eine Bergfahrt. Wie viel Geld spart ihr dadurch?
c) Deine Familie möchte eine Berg- und Talfahrt machen. Wie viel Euro müsst ihr bezahlen?

9 Ein Kasten Orangensaft (12 Flaschen zu je einem Liter) wird zu einem Preis von 7,80 € eingekauft. Wie viel Gewinn erzielt die Schülercafeteria, wenn er in 0,2-l-Gläsern zu je 1,60 € verkauft wird?

10 Ein Boot hat ein Volumen von 24 m^3. Es wiegt leer 3 Tonnen. Nun wird es mit Kies befüllt. Wann besteht die Gefahr, dass es sinkt?

11 Herr Kummetz aus Cottbus besucht mit seinen drei Söhnen Berlin. Sie wollen ins Wachsfigurenkabinett. Ob ihr Geld in Höhe von 100 € für die Fahrt mit dem Auto und den Eintritt reicht? Cottbus ist 125 km von Berlin entfernt, ihr Auto hat einen durchschnittlichen Verbrauch von 8 l auf 100 km und das Benzin kostet heute 1,36 € pro Liter.

Wachsfigurenkabinett:

Erwachsene: 21 €
Kinder: 16 €

12 Mehmet und Johannes diskutieren während der Pause über ihre sportliche Leistungsfähigkeit. Mehmet meint, dass er die zwei Kilometer seines Schulwegs in 3 Minuten und 12 Sekunden laufen könnte. Johannes entgegnet: „Das ist ja gar nichts, ich schaffe 5 Kilometer in 8 Minuten." Was meinst du dazu?

13 Die Kinder von Familie Damrau wollen eine rechteckige Umzäunung für ihre Hasen im Garten bauen. Im Baumarkt gibt es einen Restposten Maschendraht von 18 m.

Frage: Welche Maße kann der Hasenstall haben?
Gegeben: Das Gehege ist rechteckig. Der Umfang beträgt 18 m.
Gesucht: Die Länge der Seiten a und b.
Skizze:

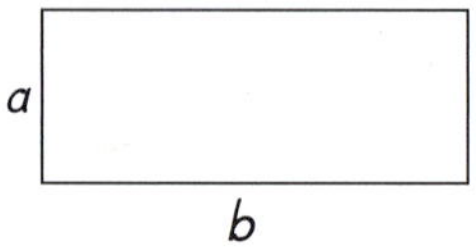

Lösung:
Mögliche Maße: a = 2 m, b = 7 m, weil $2 \cdot 2\ \text{m} + 2 \cdot 7\ \text{m} = 18\ \text{m}$
Antwort: Der Hasenstall kann 2 m breit und 7 m lang sein.

Finde weitere sinnvolle Lösungen.

Eine Skizze verschafft einen groben Überblick und muss nicht maßstabsgetreu sein.

14 Zehn Bäume werden im gleichen Abstand gepflanzt. Wie weit ist es vom ersten bis zum letzten Baum? Erläutere deine Rechnung mit der Skizze.

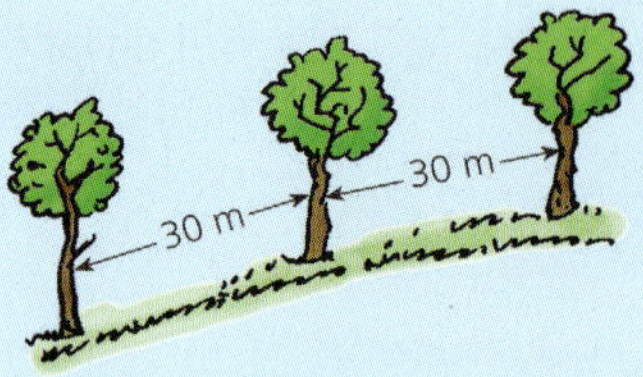

15 Eine Schnecke kriecht einen 30 m hohen Mast hoch. Tagsüber klettert sie 10 m hoch, nachts rutscht sie wieder 5 m herab. Wann erreicht sie die Mastspitze? Setze die Skizze fort.

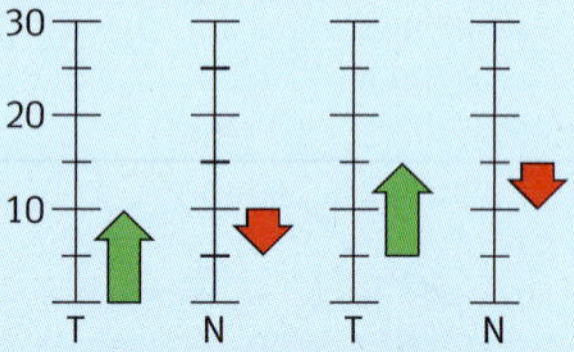

16 Ein Fußballfeld ist üblicherweise 105 m lang und 68 m breit. Fertige eine Skizze an und beschrifte sie.
a) Welche Fläche muss der Platzwart mähen?
b) Zum Aufwärmen muss die Mannschaft dreimal um das Fußballfeld laufen.

17 Familie Kreuzer lässt den 3,5 m langen und 1,5 m breiten Gartenweg mit Steinplatten der Größe 50 cm x 50 cm belegen.
a) Übertrage die Skizze und beschrifte sie.
b) Wie viele Platten werden gebraucht?
c) Wie teuer sind diese, wenn 1 m^2 79 € kostet?

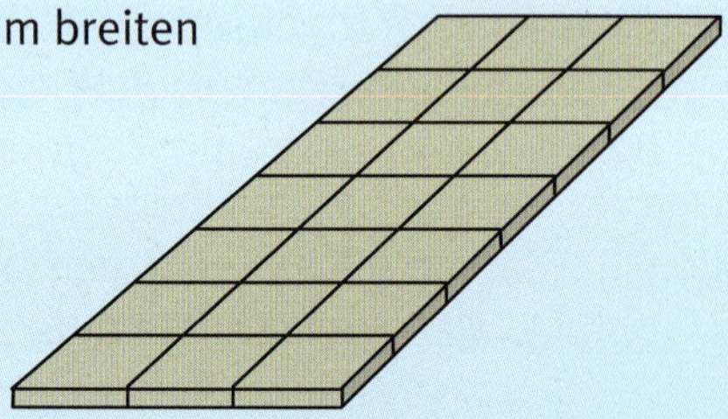

Skizzen helfen dir bei der Lösung von Textaufgaben:

Ich notiere alle wichtigen Angaben und stelle den Sachverhalt in einer Skizze dar.

Ich beschrifte die Skizze.

Ich erkenne den Lösungsweg.

18 Herr Schröder kauft ein rechteckiges Grundstück mit 40 m Länge und 28 m Breite. Für die Straße, die an sein Grundstück gebaut werden soll, muss er einen 4,25 m breiten Streifen an der Längsseite abgeben. Wie verändern sich dadurch der Umfang und die Fläche seines Grundstücks?

19 Eine Baugrube für ein Haus ist 12 m lang und 9,50 m breit. Rund um die Grube wird ein Absperrband gespannt, das aus Sicherheitsgründen einen Abstand von 1,50 m zum Grubenrand haben muss. Wie lang muss das Band mindestens sein?

20 An einem Sonntag bildet sich auf einer zweispurigen Autobahn ein knapp 5 km langer Stau. Wie viele Autos stehen in diesem? Erläutere dein Vorgehen.

Umfang und Flächeninhalt von Figuren

Die Karte von Nettuno, einer Gemeinde, die zu Rom gehört, stammt aus dem Mittelalter. Die Römer waren hervorragende Baumeister. Ihre Tempel, Arenen und Paläste beeindrucken die Besucher noch heute. In Rom arbeiteten Landvermesser, die das Stadtgebiet durch Raster in Quadrate einteilten, um die Größe zu ermitteln.

Maßstab: 1 : 2000000

Die Karte zeigt die Bundesländer Brandenburg und Berlin.

- Was bedeutet der Maßstab 1 : 2000000?
- Bestimme die Entfernung zwischen Bad Belzig und Luckenwalde und vergleiche mit den Angaben eines Routenplaners.
  Erkläre Unterschiede.
- Bestimme genauso die Entfernung zwischen anderen Orten.
- Vergleiche mithilfe der eingezeichneten Quadrate die Fläche von Berlin und Potsdam. Begründe, dass die Fläche von Berlin etwa dreimal so groß ist wie die Fläche von Potsdam.
- Ordne die Fläche der drei Landkreise Dahme-Spreewald, Spree-Neiße und Oberspreewald-Lausitz der Größe nach. Begründe mit dem Raster.
- Finde einen Landkreis, der ungefähr die gleiche Fläche besitzt wie der Landkreis Spree-Neiße.

Strecken, Längen und Flächen

Strecken messen und zeichnen

1 Gib die Länge der Strecken [AB], [AC] und [BC] an.

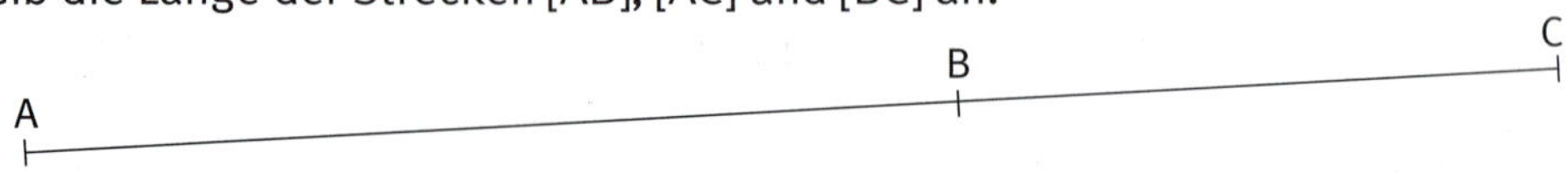

Der Abstand von zwei Punkten heißt die Länge einer Strecke.
Eine Strecke hat einen Anfangs- und einen Endpunkt.

Gerade: ohne Anfangs- und Endpunkt

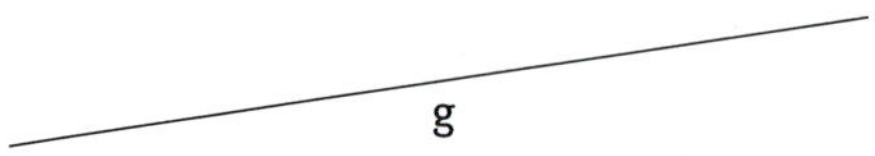

Strecke: mit Anfangs- und Endpunkt

$\overline{AB} = 3{,}5$ cm

Längenmaße umrechnen

2 a) Übertrage die Figuren und zeichne den Umfang farbig nach.
b) Bestimme die Umfänge durch Auszählen oder Messen.

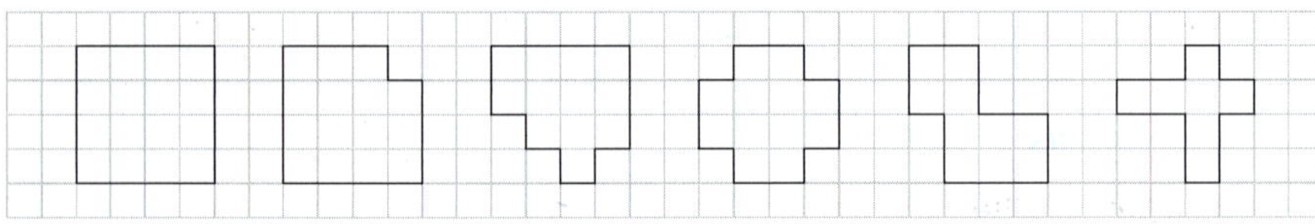

3 Wandle in die angegebenen Maßeinheiten um.

a) 4 cm = ■ mm b) 1,20 m = ■ cm c) 80 mm = ■ cm
d) 500 cm = ■ m e) 70 cm = ■ dm f) 52 mm = ■ cm

Die Länge des Randes von Flächen nennt man Umfang.
Ein Längenmaß kann in verschiedene Einheiten umgewandelt werden.

1 m = 10 dm = 100 cm = 1000 mm Die Umrechnungszahl ist 10.
1 dm = 10 cm = 100 mm
1 cm = 10 mm Zusätzlich gilt: 1 km = 1000 m

Gefühl für Flächenmaße entwickeln

4 Finde die Flächen heraus, die in etwa der angegebenen Fläche entsprechen.

1 mm^2: ein Fingernagel, ein mit einem Filzstift gezeichneter Punkt, ein Buchdeckel, ein Kopf eines Nagels
1 cm^2: ein Fingernagel, eine Fläche eines Würfels, eine Taste deines Taschenrechners, eine Briefmarke
1 dm^2: ein Fingernagel, ein Buchdeckel, eine Handfläche, ein Handtuch
1 m^2: eine Tischtennisplatte, ein Bild, ein Schulhof, eine Fensterscheibe

Flächen werden in folgenden Einheiten angegeben: mm^2, cm^2, dm^2, m^2, km^2

Es gelten folgende Zusammenhänge:

$1\ mm^2 = 1\ mm \cdot 1\ mm$
$1\ cm^2 = 1\ cm \cdot 1\ cm = 10\ mm \cdot 10\ mm = 100\ mm^2$
$1\ dm^2 = 1\ dm \cdot 1\ dm = 10\ cm \cdot 10\ cm = 100\ cm^2$
$1\ m^2 = 1\ m \cdot 1\ m = 10\ dm \cdot 10\ dm = 100\ dm^2$

Senkrecht und parallel

Senkrechte und parallele Geraden unterscheiden

5 Überprüfe mit dem Geodreieck, welche Geraden senkrecht aufeinander stehen bzw. parallel zueinander sind und notiere. Erläutere, wie du das überprüft hast.
Schreibe so: ■ || ■, ■ ⊥ ■

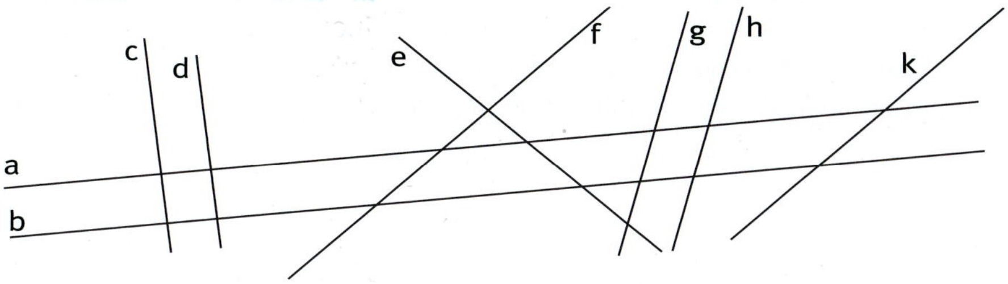

Zwei Geraden oder Strecken stehen senkrecht zueinander, wenn sie sich in einem Winkel von 90° schneiden.
Zwei Geraden oder Strecken sind parallel zueinander, wenn sie an allen Stellen den gleichen Abstand haben.

Achsen- und Punktsymmetrie

Achsen- und punktsymmetrische Figuren untersuchen und zeichnen

6 Überprüfe, ob die Figuren achsen- oder punktsymmetrisch sind.

a) **A** b) **Z** c) **D** d) **X** e) **N**

7 Zeichne die Figuren ab und ergänze sie über die rote Symmetrieachse zu achsensymmetrischen Figuren. Gib die Koordinaten aller Punkte an.

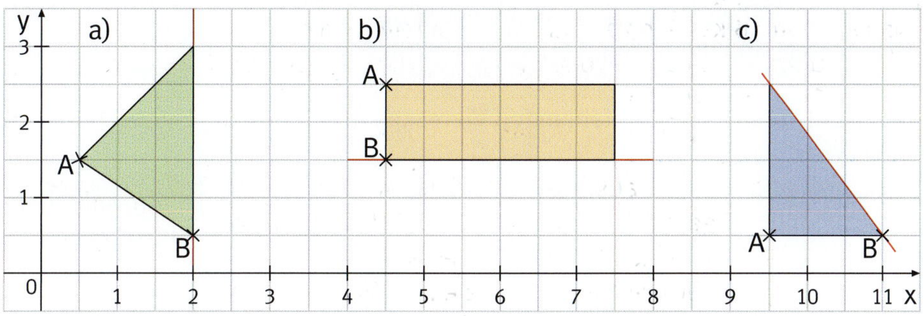

Eine Figur, die man so falten kann, dass beide Teile genau aufeinander liegen, ist achsensymmetrisch. Die Faltlinie heißt Symmetrieachse.

Eine Figur, die bei einer Drehung um einen Punkt Z mit dem Drehwinkel 180° mit sich selbst zur Deckung kommt, ist punktsymmetrisch.

Vierecke kennenlernen

1 Benenne die Figuren mit Parallelogramm, Raute, Rechteck, Quadrat, Drachen, Trapez und Viereck. Überprüfe mithilfe des Merkkastens.

Vierecke

Parallelogramm	**Raute**	**Trapez**	**Drachen**	**Rechteck**	**Quadrat**

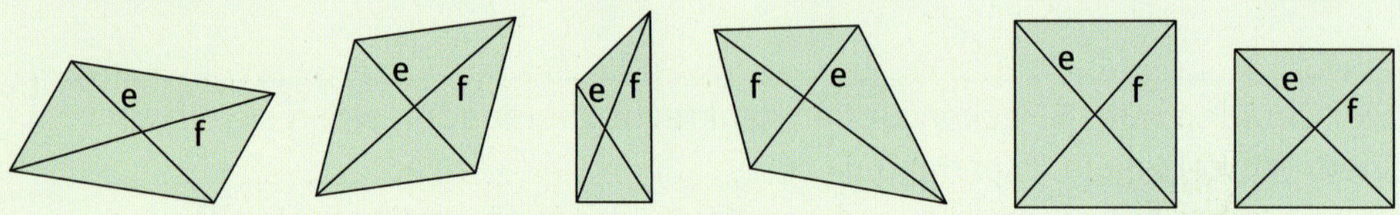

Die **Diagonalen** e und f einer Figur verbinden zwei nicht nebeneinanderliegende Ecken.

2 Gib bei den Figuren von Aufgabe 1 gemeinsame Eigenschaften an.
a) bei 1 und 3 b) bei 2 und 4 c) bei 5 und 7 d) bei 3 und 4

3 Welche Vierecke können das sein?
a) Gegenüberliegende Seiten sind zueinander parallel.
b) Gegenüberliegende Seiten sind gleich lang.
c) Je zwei Nachbarseiten sind gleich lang.
d) Nachbarseiten stehen zueinander senkrecht.
e) Alle Seiten sind gleich lang.

Quadrat:
Symmetrieachsen:

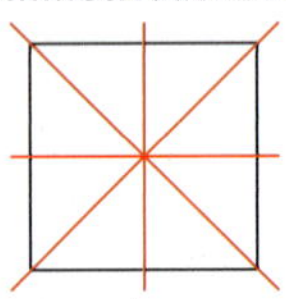

Diagonalen:

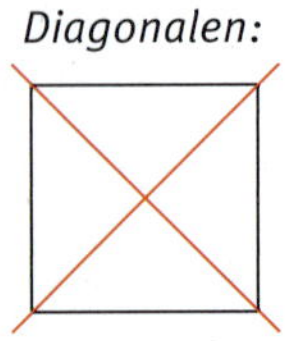

Mittellinien:

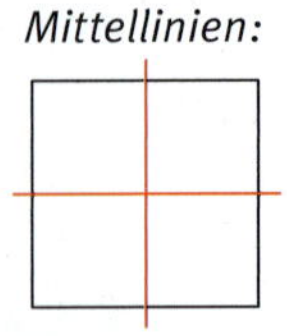

4 Ergänze die Tabelle mit den fehlenden Vierecken und ordne die Eigenschaften den Vierecken zu.

	Seiten	Winkel	Diagonalen	Anzahl Symmetrieachsen
Quadrat	■	■	■	■
Rechteck	■	■		

vier gleich lange Seiten
Diagonalen gleich lang
zwei parallele Seiten
Diagonalen senkrecht zueinander
vier gleich große Winkel
gegenüberliegende Seiten parallel
gegenüberliegende Winkel gleich groß
Diagonalen halbieren sich
zwei gleich lange Seiten
gegenüberliegende Seiten gleich lang

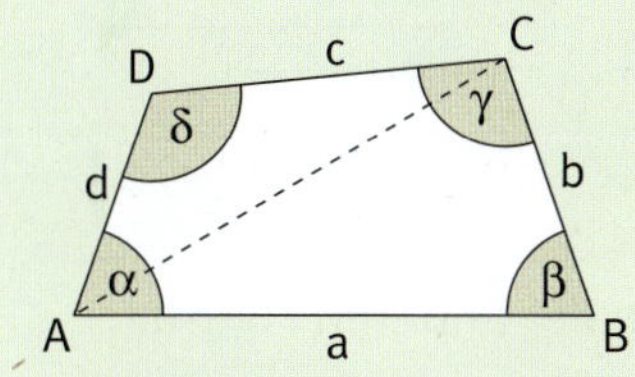

Die **Winkelsumme** beträgt in jedem Viereck 360°.

$\alpha + \beta + \gamma + \delta = 360°$

Winkelsumme in Vierecken

Die Benennung von Eckpunkten, Seiten und Innenwinkeln bei Vierecken erfolgt analog zu Dreiecken.

1 a) Jedes Viereck lässt sich in zwei Dreiecke zerlegen. Erkläre die Winkelsumme.
b) Zeichne ein Viereck auf ein Blatt Papier. Schneide es aus. Markiere die Winkel. Reiße die Ecken ab und lege sie aneinander. Ergeben sie einen Vollwinkel von 360°?

2 a) Berechne die fehlenden Winkelgrößen.
b) Welche Vierecke können Rechtecke, Parallelogramme oder Trapeze sein?

Viereck	1	2	3	4	5	6	7	8	9	10	11	12
α	68°	■	60°	■	70°	100°	90°	120°	75°	80°	■	130°
β	112°	85°	60°	90°	70°	80°	90°	120°	60°	■	75°	50°
γ	68°	95°	120°	90°	110°	100°	■	■	105°	80°	105°	■
δ	■	90°	■	90°	■	■	90°	60°	■	100°	75°	50°

3 Berechne die Größe der Winkel α, β, γ und δ.

a) Rechteck

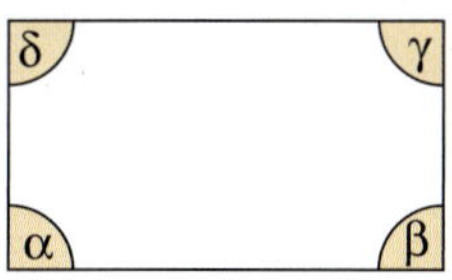

b) Parallelogramm

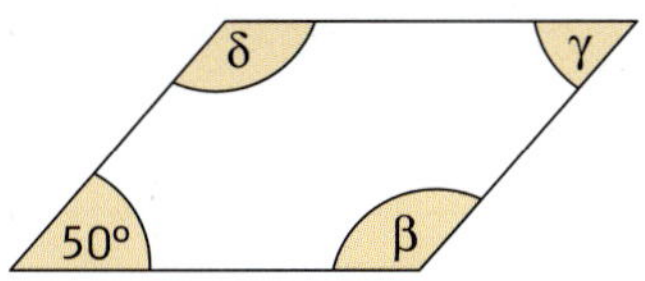

c) Trapez

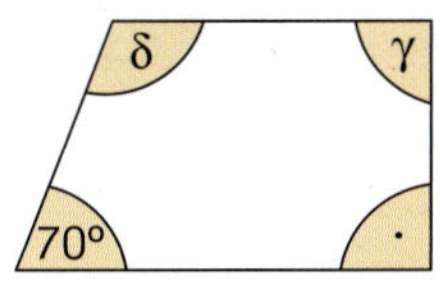

4 Berechne bei den Rechtecken die Winkel der einzelnen Dreiecke.

a)

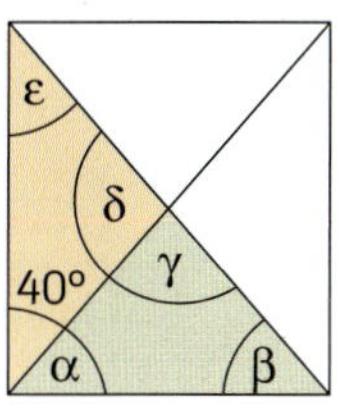

b)

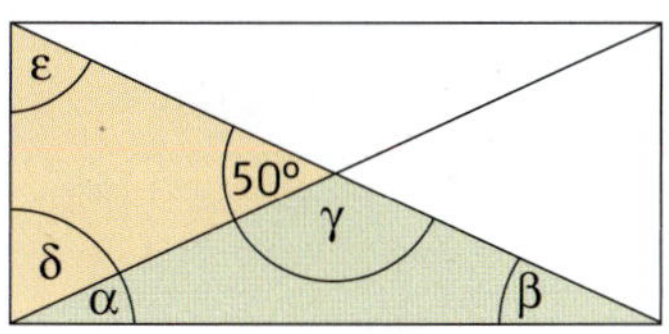

c)

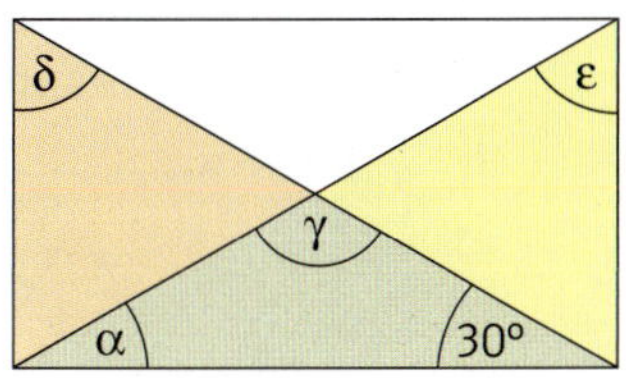

Rechtwinkliges Trapez:

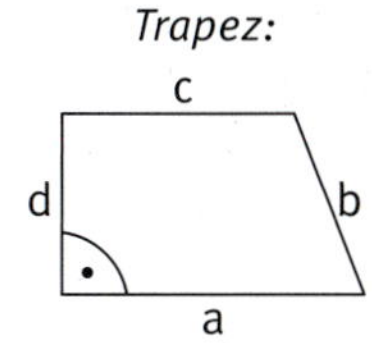

Symmetrisches Trapez: eine Mittellinie ist Symmetrieachse.

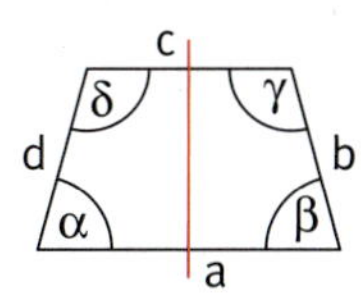

$b = d$, $\alpha = \beta$

5 Welchen Fehler hat Oscar gemacht? Versuche es ihm zu erklären.

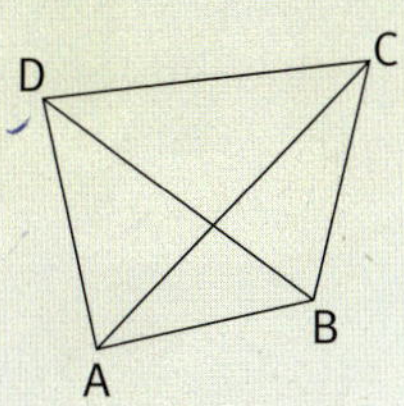

Die Winkelsumme im Dreieck ist 180°.

Ich sehe im Viereck 4 Dreiecke:

4 · 180° = 720°

Also ist die Winkelsumme im Viereck 720°.

Flächeninhaltsgleiche Figuren untersuchen

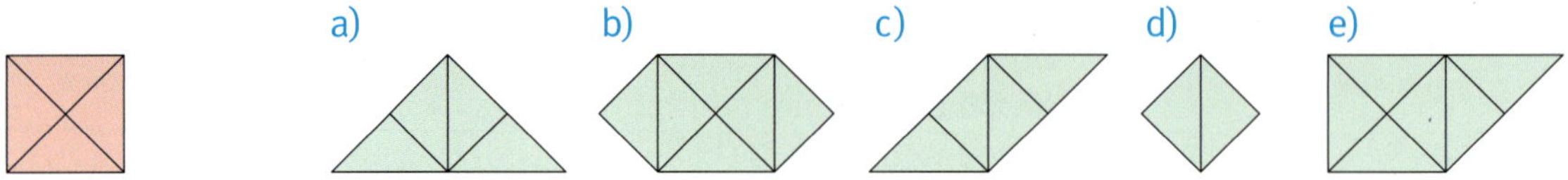

1 Vergleiche den Flächeninhalt der roten Figur mit dem der anderen Figuren.

2 a) Die Flächen lassen sich mit den Legeplättchen auslegen. Übertrage die Figuren und skizziere die Aufteilung wie in 1 bis 3.
b) Die Figuren 1 und 6 bezeichnet man als deckungsgleich, alle anderen als zerlegungsgleich. Erläutere.

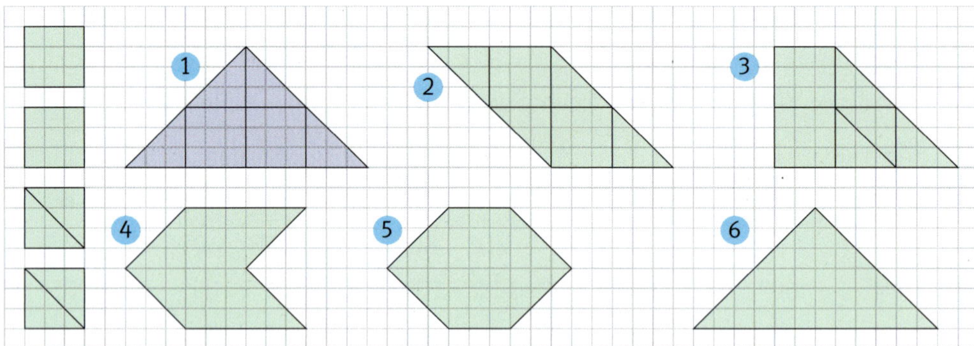

Deckungsgleiche und zerlegungsgleiche Figuren

deckungsgleiche Figuren **zerlegungsgleiche Figuren**

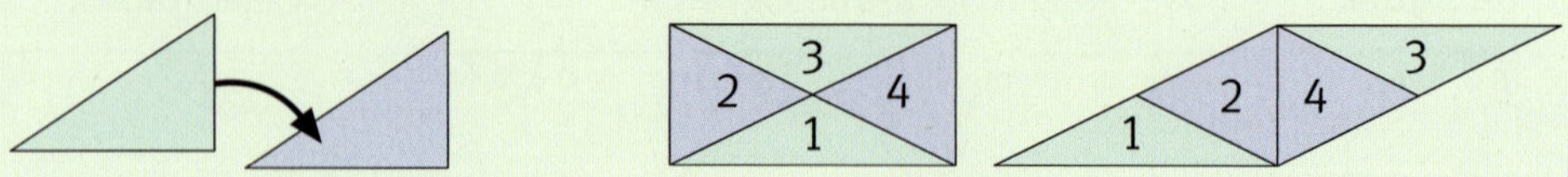

3 a) Zerlegungsgleiche Figuren haben den gleichen Flächeninhalt. Begründe.
b) Weise nach, dass alle Figuren dieser Aufgabe den gleichen Flächeninhalt haben. Übertrage sie dazu, zerlege in die angegebenen Teile und nummeriere entsprechend.

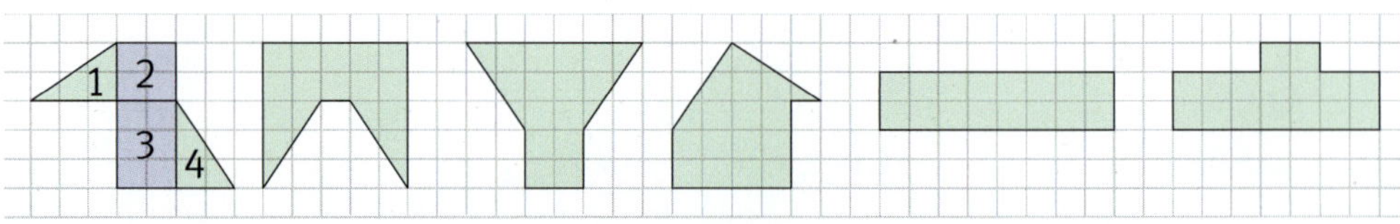

4 Zeichne die Figuren a) bis d) ab und schneide sie aus. Zerschneide sie dann mit möglichst wenigen Schnitten so, dass sie sich zu dem blauen Rechteck zusammensetzen lassen. Vergleiche deine Ergebnisse mit denen deines Nachbarn.

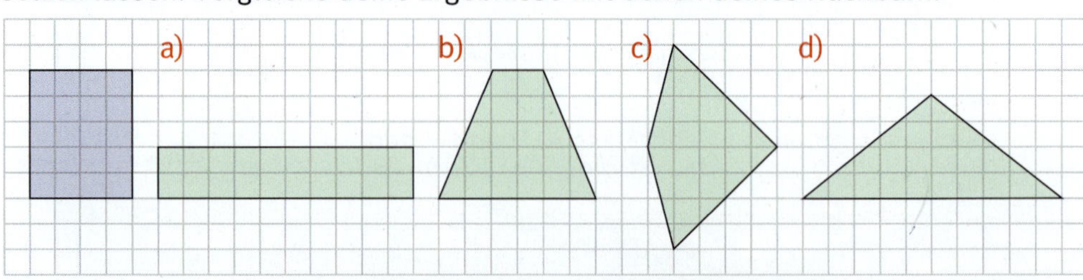

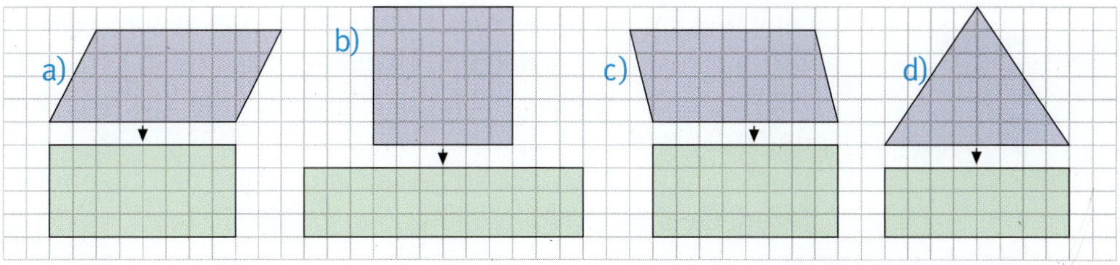

1 Übertrage die blauen Figuren auf Karopapier. Zerschneide sie so, dass sich die entstehenden Teile jeweils zur grünen Figur zusammensetzen lassen. Klebe die Rechtecke der Größe nach geordnet auf. Beginne mit dem größten.

2 Denke dir die Teile der jeweiligen Figuren so umgelegt, dass ein Rechteck entsteht. Bestimme dann den Flächeninhalt.

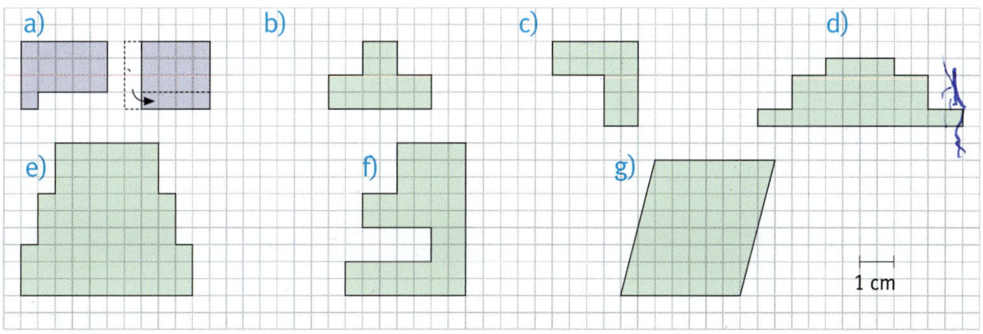

Flächeninhalt von Rechtecken und Quadraten

Flächeninhalt von Rechtecken:

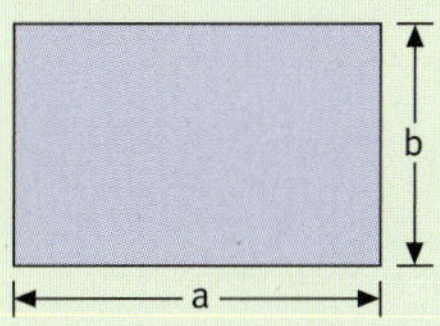

A = Länge · Breite

A = a · b

a = 3 cm; b = 2 cm

A = 3 cm · 2 cm

$A = 6\ cm^2$

Flächeninhalt von Quadraten:

A = Seite · Seite

A = a · a

a = 3 cm

A = 3 cm · 3 cm

$A = 9\ cm^2$

3

a	14 cm	25 m	11 cm	■	0,20 m	■	5 dm	23 dm
b	8 cm	46 m	■	12 dm	■	0,80 m	■	■
A	■	■	$440\ cm^2$	$108\ dm^2$	$2{,}80\ m^2$	$0{,}96\ m^2$	$350\ dm^2$	$1495\ dm^2$

Lösungen zu 3

40	112
1150	9
1,2	70
65	14

4 a) Welche Teile sind flächengleich, weil sie deckungsgleich sind?

b) Welche Teile sind flächengleich, weil sie zerlegungsgleich sind?

c) Wie kann man nachweisen, dass A, D und H den gleichen Flächeninhalt haben?

d) Bestimme die einzelnen Flächeninhalte.

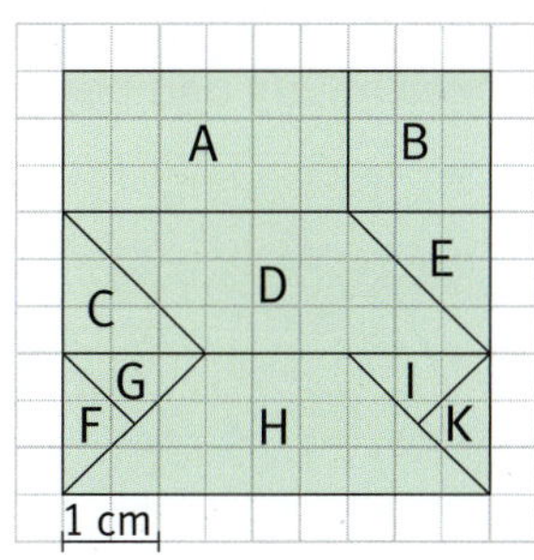

Flächeninhalt von Parallelogrammen berechnen

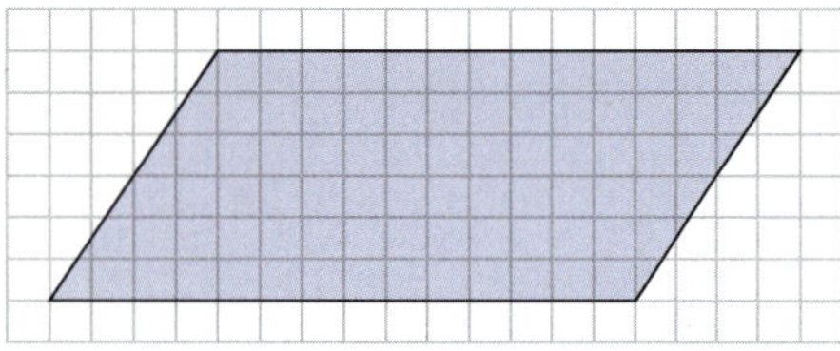

1 Zeichne das Parallelogramm auf Karopapier und schneide es aus.
a) Zerlege es in Teilfiguren und setze diese zu einem Rechteck zusammen. Es gibt verschiedene Möglichkeiten. Zeige sie auf und erläutere.
b) Kannst du ein Rechteck so zerschneiden und neu zusammenlegen, dass du ein Parallelogramm erhältst?

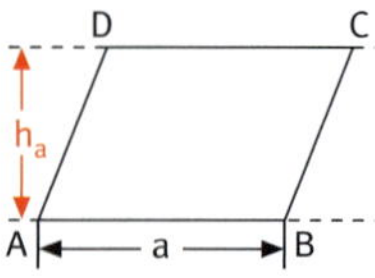

Die Höhe wird immer senkrecht zur entsprechenden Seite gemessen.

2 a) Sind Parallelogramm und Rechteck jeweils zerlegungsgleich? Erläutere.

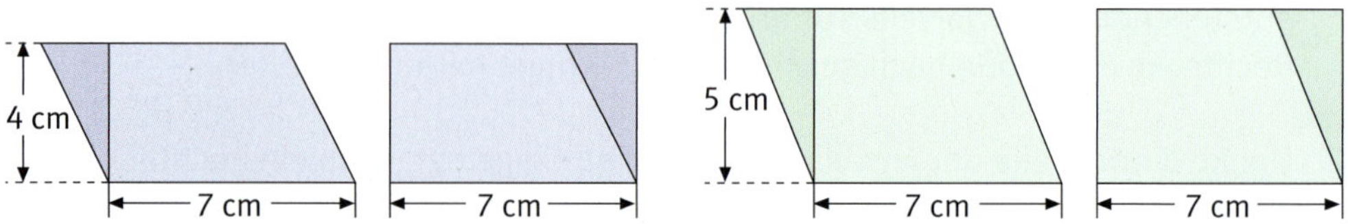

b) Prüfe den folgenden Satz an den Beispielen nach.
Ein Parallelogramm und ein Rechteck haben bei gleicher Grundseite (a) und gleicher Höhe (h_a) den gleichen Flächeninhalt.

3 Welche Parallelogramme haben den gleichen Flächeninhalt wie Rechteck A, welche wie Rechteck B? Begründe.

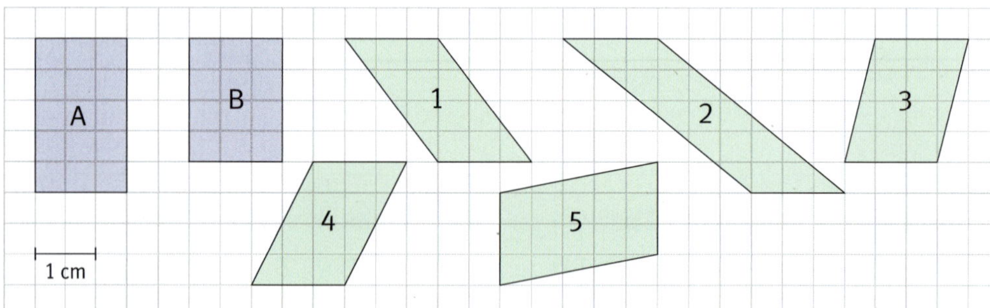

4 Zwischen den Parallelen sind zwei Parallelogramme und ein Rechteck eingezeichnet. Begründe, warum die drei Figuren den gleichen Flächeninhalt haben.

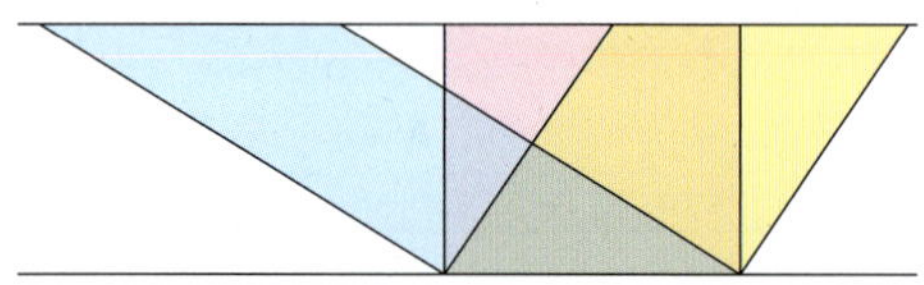

5 Zeichne ein Rechteck mit den Seitenlängen 6 cm und 4 cm (5 cm und 3 cm) und dazu zwei inhaltsgleiche Parallelogramme. Gib den Flächeninhalt an.

Achtung: Manchmal kann die Höhe eines Parallelogramms auch außerhalb der Figur liegen.

6 Über das zugehörige flächeninhaltsgleiche Rechteck lässt sich der Flächeninhalt der jeweiligen Parallelogramme berechnen. Entnimm die notwendigen Maße der Zeichnung und berechne so die Flächeninhalte der abgebildeten Parallelogramme.

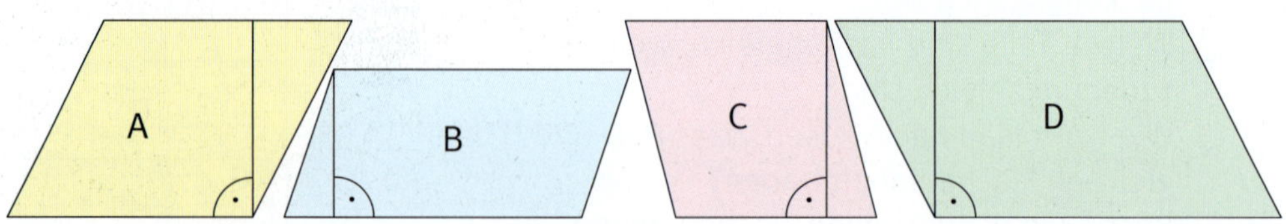

Flächeninhalt von Parallelogrammen:

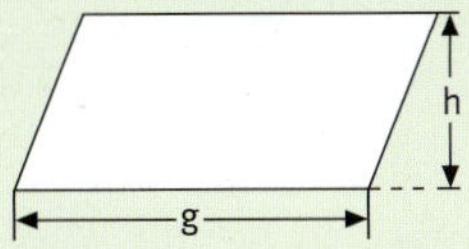

A = g · h oder
A = a · h_a oder A = b · h_b
a = 6 cm; h = 3 cm
A = 6 cm · 3 cm = 18 cm^2

g: Grundseite
h: zugehörige Höhe

Flächeninhalt von Parallelogrammen

1 Zeichne die Parallelogramme (Einheit 1 cm). Miss die Grundseite und die Höhe und berechne die Flächeninhalte.

a) A (2|7) B (2|2) C (7|4) D (7|9)	b) A (1|6) B (6|1) C (9|6) D (4|11)
c) A (2|1) B (10|9) C (11|15) D (3|7)	d) A (2|4) B (14|2) C (19|7) D (7|9)
e) A (5|1) B (14|2) C (10|8) D (■|■)	f) A (2|2) B (14|5) C (20|11) D (■|■)

Lösungen zu 2

0,375	12
13	1,11
9,72	44,1
9,9	

2 Berechne die fehlenden Größen.

g	4,5 cm	9,8 cm	1,8 m	1,5 m	■	12 cm	0,75 m
h	2,2 cm	4,5 cm	5,4 m	74 cm	17 cm	■	0,5 m
A	■	■	■	■	221 cm^2	144 cm^2	■

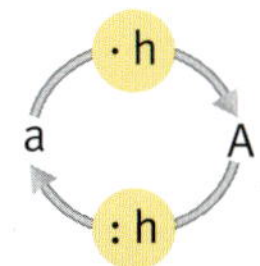

3 Hier ist jeweils eine andere Seite als Grundseite des Parallelogramms genommen. Berechne. Was stellst du fest?

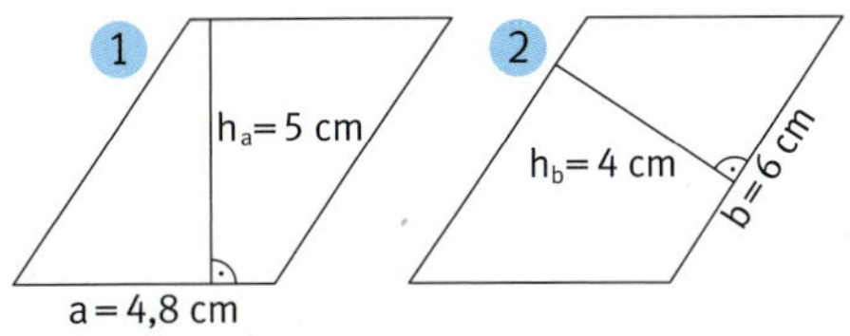

4 Die Auffahrt zum Haus muss neu gepflastert werden.
a) Wie groß ist zu pflasternde Fläche? Entnimm die benötigten Maße der Zeichnung. Der Maßstab beträgt 1 : 200.
b) Familie Yagiz rechnet mit 450 € Kosten. Reicht das Geld, wenn ein Quadratmeter Pflastersteine 25,95 € kostet?

5 Im Hamburger Fischereihafen steht das Dockland. Dieses Gebäude sieht aus wie eine große Yacht, die Fassade erinnert aber stark an ein Parallelogramm. Wie viele Quadratmeter Glas sind wohl für die Fassade verwendet worden? Lege deiner Schätzung zugrunde, dass jedes der fünf Stockwerke ca. 5 m hoch ist.

Flächeninhalt von Dreiecken berechnen

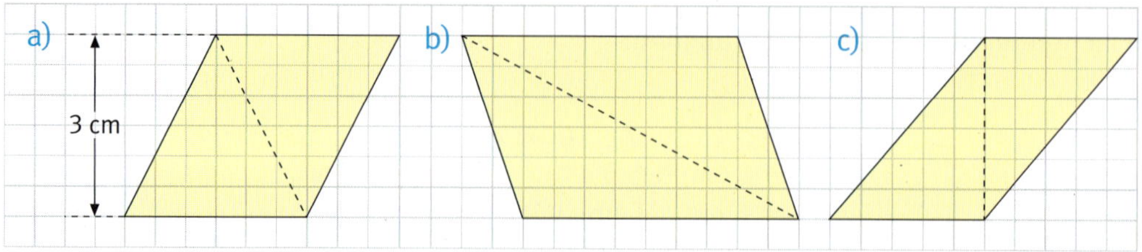

1 Zeichne die Parallelogramme auf ein Blatt Papier. Zerschneide sie dann längs der Diagonalen. Vergleiche jeweils die Fläche des Parallelogramms mit der des Dreiecks.

Flächeninhalt von Dreiecken

Flächeninhalt von Dreiecken:

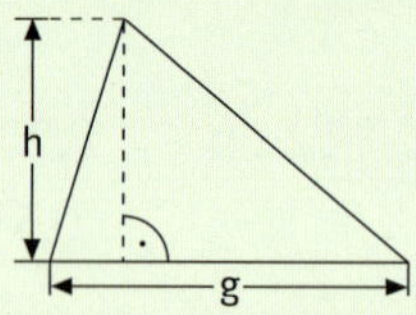

$A = \frac{1}{2} \cdot g \cdot h$ oder $A = \frac{1}{2} \cdot a \cdot h_a$

$A = \frac{1}{2} \cdot c \cdot h_c$ oder $A = \frac{1}{2} \cdot b \cdot h_b$

$c = 5\text{ cm};\ h_c = 3\text{ cm}$

$A = \frac{1}{2} \cdot 5\text{ cm} \cdot 3\text{ cm} = 7{,}5\text{ cm}^2$

g: Grundseite

h: zugehörige Höhe

2 Erkläre am Beispiel im Merkkasten, wie man den Flächeninhalt des Dreiecks berechnet.

3 Berechne den Flächeninhalt der Dreiecke.

	a)	b)	c)	d)	e)	f)
g	14 cm	23 cm	5 dm	7 m	2,8 m	0,35 m
h	6 cm	14 cm	15 cm	0,70 m	3 m	0,40 m

4 Ein Waldstück, das von drei Wegen eingegrenzt wird, soll aufgeforstet werden.
a) Zeichne das Dreieck in einem geeigneten Maßstab. Miss die Höhe.
b) Berechne die Größe der Waldfläche.
c) Ermittle die Kosten für die Forstverwaltung, wenn mit 80 € für die Aufforstung von 1 km² gerechnet werden muss.

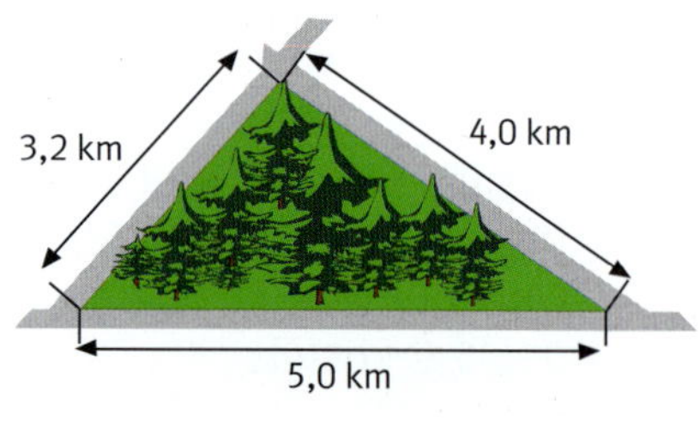

5 Kathrin sagt: „Der Flächeninhalt dieser fünf Dreiecke ist gleich“. Was meinst du?

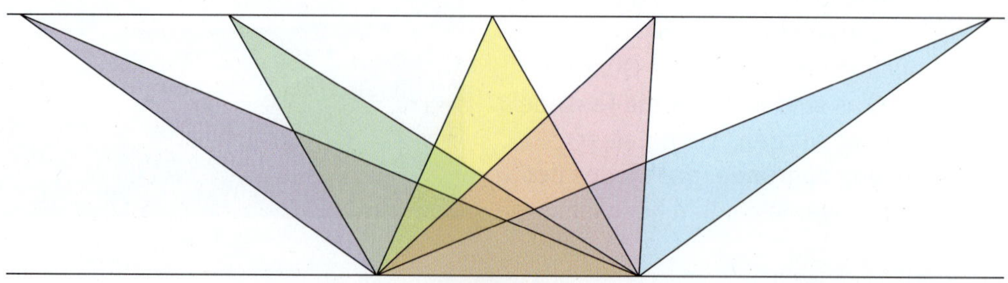

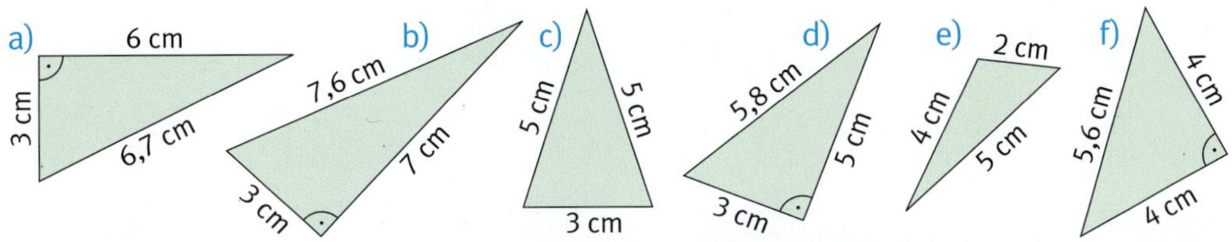

1 Bei vier Dreiecken kann man den Flächeninhalt direkt berechnen.

2 Zeichne die Dreiecke (Einheit 1 cm). Wähle geschickt Grundseite und Höhe und berechne den Flächeninhalt.

a)	A (1|1)	B (8|1)	C (6|7)	b)	A (1|5)	B (6|1)	C (6|7)
c)	A (4|1)	B (6|6)	C (1|6)	d)	A (1|2)	B (6|1)	C (6|6)
e)	A (1|6)	B (6|1)	C (6|6)	f)	A (1|1)	B (7|2)	C (1|6)

Die Einheiten sind weggelassen.

$A = \frac{1}{2} \cdot g \cdot h$

$20 = \frac{4 \cdot h}{2}$

$40 = 4 \cdot h$

$h = 10$ (cm)

3 Ein gleichschenkliges Dreieck hat eine Grundseite c = 6 cm und einen Flächeninhalt von 18 cm^2. Berechne und zeichne.

4 Berechne die fehlenden Größen eines Dreiecks.
a) $A = 138\ cm^2$; $g = 23\ cm$ b) $A = 0{,}42\ m^2$; $h \triangleq 1{,}2\ m$

TRIMM-DICH-ZWISCHENRUNDE

1 Zeichne das Viereck ABCD in ein Koordinatensystem (Einheit 1 cm) und benenne es. Zeichne, falls vorhanden, die Symmetrieachsen ein.
a) A (1|1); B (3|0); C (5|1); D (3|2) b) A (2|3); B (6|3); C (7|6); D (1|6)

2 Berechne die fehlenden Winkel im Viereck.

	α	β	γ	δ
allgemeines Viereck	57°	■	103°	85°
Parallelogramm	70°	■	70°	■

3 Welche Aussagen stimmen?
a) Wenn zwei Figuren den gleichen Flächeninhalt haben, dann sind sie deckungsgleich.
b) Wenn zwei Figuren zerlegungsgleich sind, dann haben sie den gleichen Flächeninhalt.

4 Berechne jeweils den Flächeninhalt (Maße in cm).

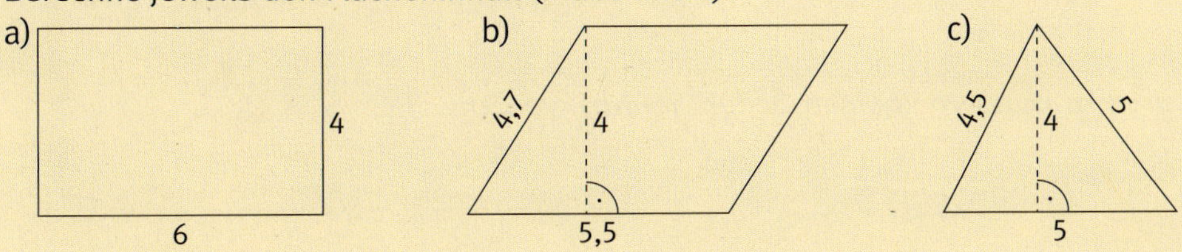

Tangram – ein Weisheitsspiel aus China

Schwan Hund Wal Hase

Alle diese Tiere lassen sich aus denselben sieben Grundelementen legen. Das Legespiel Tangram ist seit über 4000 Jahren bekannt. Es stammt aus China und es heißt, dass Kaiser Napoleon von Frankreich ein eifriger Tangram-Spieler war. Es gibt fast 2000 Möglichkeiten, aus den Grundelementen neue Figuren zu legen. Probiere es auch mal aus!

- Welche geometrischen Grundformen erkennst du im nebenstehenden Tangram?
- Welche sind doppelt vertreten?
- Das Parallelogramm ist eine besondere Form. Untersuche seine Symmetrieeigenschaften.

Ihr könnt das Tangram nachbauen. Das geht auf Fotokarton oder auf Plastikplatten, die so dünn sein müssen, dass man sie mit einem Bastelmesser ritzen kann.
Ihr könnt auch Sperrholz nehmen und sägen.

1 Das Quadrat hat eine Seitenlänge von 16 cm. Übertrage das Quadrat und trage die Schneidelinien ein. Überlege genau, welche Linien du zuerst zeichnest.
2 Schneide dann die einzelnen Teile sehr genau aus.
3 Färbe die einzelnen Elemente. Doppelt vorhandene bekommen die gleiche Farbe.

Das Parallelogramm muss von beiden Seiten gefärbt werden.

Tangram – ein Weisheitsspiel aus China

1 Nun geht es los. Wir üben erst einmal einfache Formen. Überlege, ob du mehrere Lösungen finden kannst.

a) Lege aus den beiden großen Dreiecken
... ein anderes Dreieck.
... ein Quadrat.
... ein Parallelogramm.

b) Lege aus dem Parallelogramm und einem kleinen Dreieck ein Trapez.

c) Nimm noch das zweite kleine Dreieck dazu und lege ein anderes Trapez.

d) Ergänze das Trapez mit den beiden großen Dreiecken zu einem Rechteck.

2 Wir machen es nun etwas schwieriger. Eine Form und nur die Lage eines Teils werden vorgegeben. Wo liegen die anderen Teile?

a) Das Trapez besteht aus einem großen Dreieck, dem mittleren Dreieck und den zwei kleinen Dreiecken. Hier siehst du, wie das große Dreieck liegt.

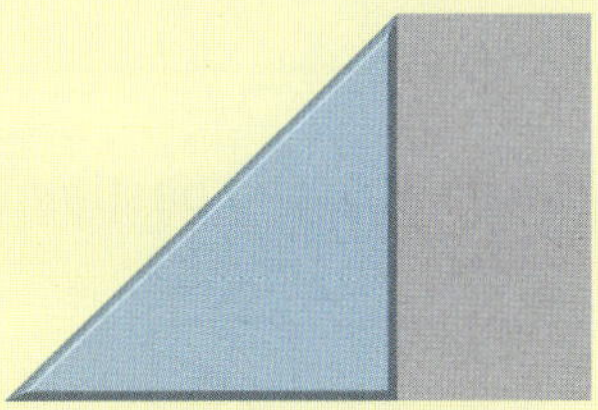

b) Das Trapez besteht aus den zwei großen Dreiecken, dem mittleren Dreieck und den zwei kleinen Dreiecken.

c) Das Trapez besteht aus den zwei großen Dreiecken, den zwei kleinen Dreiecken und dem Parallelogramm.

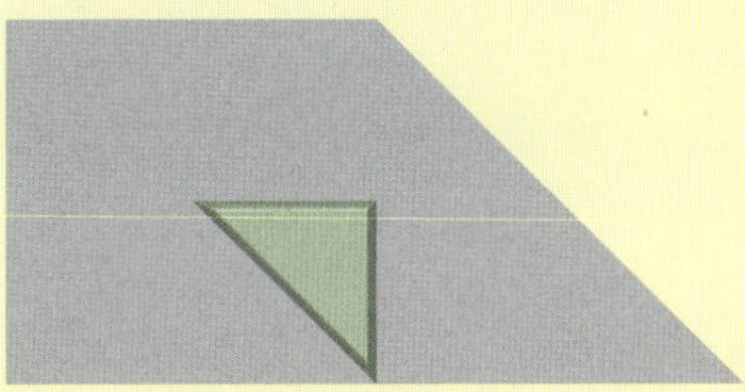

d) Das Quadrat besteht aus einem großen Dreieck, zwei kleinen Dreiecken und dem Parallelogramm.

3 Denkt euch selber ein Rätsel für eure Mitschüler aus. Legt aus allen oder nur einigen Teilen eine Figur auf Papier, zeichnet den Umriss nach und tauscht mit einem anderen Schüler. Kannst du sein Rätsel lösen?

4 Und nun wird es richtig schwer. Wer kann diese Formen mit allen Elementen legen?

1 Familie Glatz möchte dieses Wochenendgrundstück erwerben. Der Preis für 1 m^2 liegt bei 20 €.

a) Wie könntest du die Fläche des Grundstücks ermitteln?

b) Zerlege die Figur geschickt und berechne den Flächeninhalt.

c) Welchen Wert hat das Grundstück?

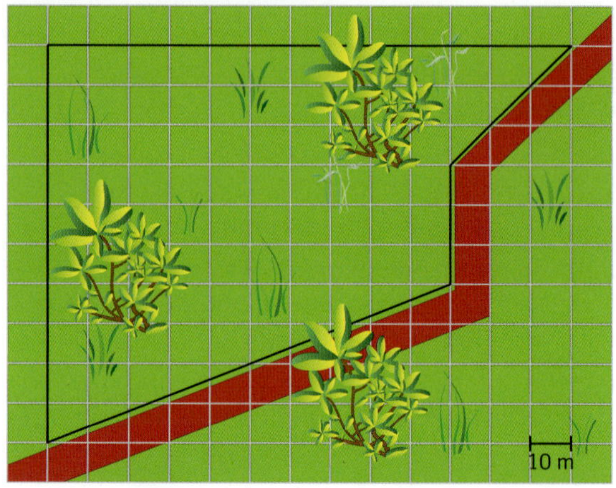

Flächen zerlegen

> Jedes Vieleck lässt sich in Dreiecke oder spezielle Vierecke wie Rechteck, Quadrat oder Parallelogramm zerlegen. Die Summe der Flächeninhalte der einzelnen Teilfiguren entspricht dem Flächeninhalt des Vielecks.

2 a) Übertrage die Figuren. Zerlege in berechenbare Teilflächen und bestimme den Flächeninhalt.

b) Übertrage die Figuren nochmals, zerlege anders und berechne.

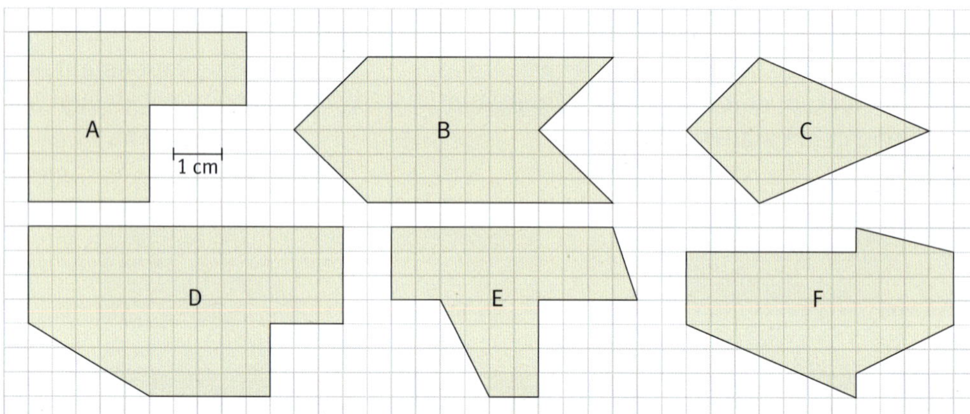

3 Berechne den Flächeninhalt der Trapeze (Maße in Meter).

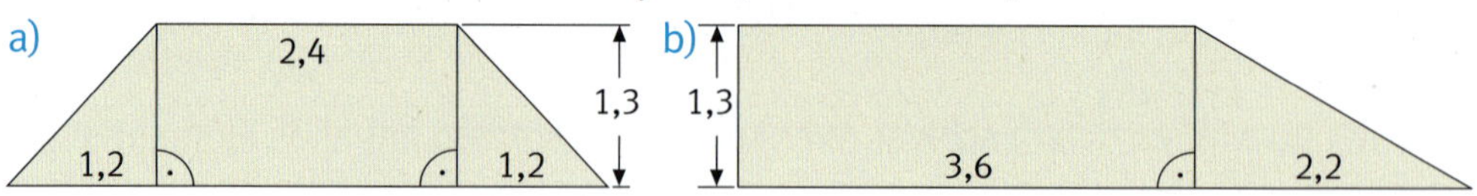

4 Trage die angegebenen Punkte in ein Koordinatensystem (Einheit 1 cm) ein und verbinde zu Vielecken. Zerlege geschickt und berechne die Flächeninhalte.

Vieleck 1	A (2|1)	B (5|1)	C (6|3)	D (5|5)	E (2|5)	F (1|3)
Vieleck 2	A (2|2)	B (6|1)	C (8|3)	D (7|5)	E (3|5)	F (1|3)
Vieleck 3	A (3|2)	B (13|2)	C (10|7)	D (11|11)	E (6|12)	F (1|11)

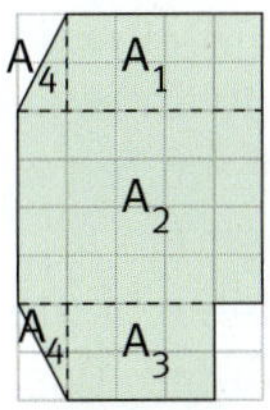

Linda:

$A = A_1 + A_2 + A_3 + 2 \cdot A_4$

$A = 2\,cm \cdot 1\,cm + 2{,}5\,cm \cdot 2\,cm + 1{,}5\,cm \cdot 1\,cm + 2 \cdot \frac{0{,}5\,cm \cdot 1\,cm}{2}$

$= 2\,cm^2 + 5\,cm^2 + 1{,}5\,cm^2 + 0{,}5\,cm^2$

$= \underline{\underline{9\,cm^2}}$

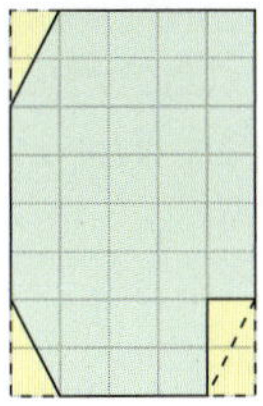

Hannah:

$A = A_{Rechteck} - 4 \cdot A_{Dreieck}$

$= 2{,}5\,cm \cdot 4\,cm - 4 \cdot \frac{0{,}5\,cm \cdot 1\,cm}{2}$

$= 10\,cm^2 - 1\,cm^2$

$= \underline{\underline{9\,cm^2}}$

1 Linda und Hannah haben den Flächeninhalt des Vielecks verschieden berechnet. Erkläre ihre Vorgehensweisen.

Flächen ergänzen

> Der Flächeninhalt eines Vielecks ist manchmal einfacher zu berechnen, wenn man das Vieleck zu einer bekannten Figur ergänzt und die ergänzten Flächeninhalte wieder subtrahiert.

2 Berechne den Flächeninhalt der gelben Figuren, indem du vom Rechteck die Flächen der grün gefärbten Dreiecke abziehst.

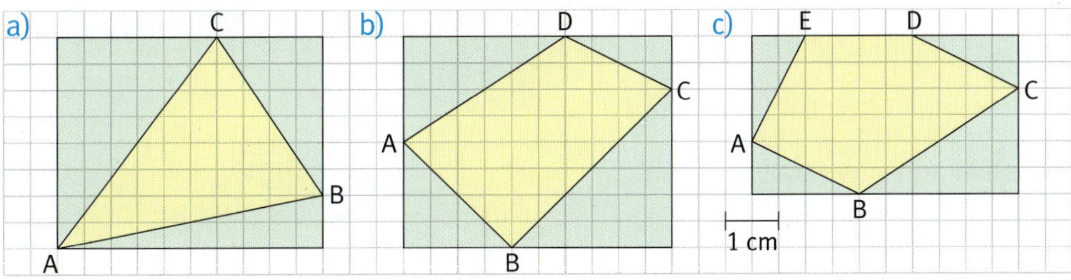

3 Übertrage die Figuren und berechne den Flächeninhalt auf verschiedene Arten.

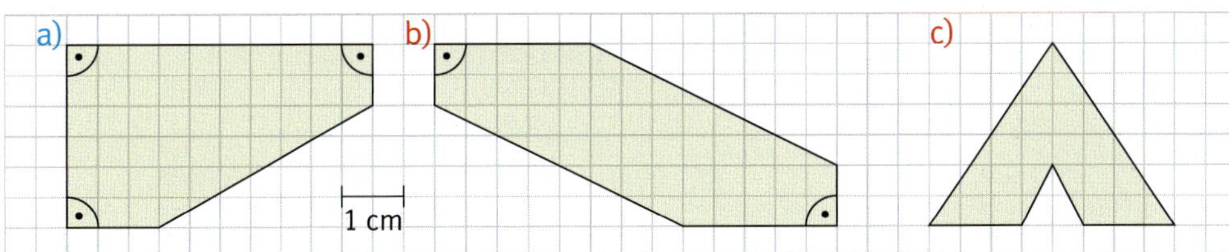

4 Bestimme den Flächeninhalt der gefärbten Figuren (Maße in cm).

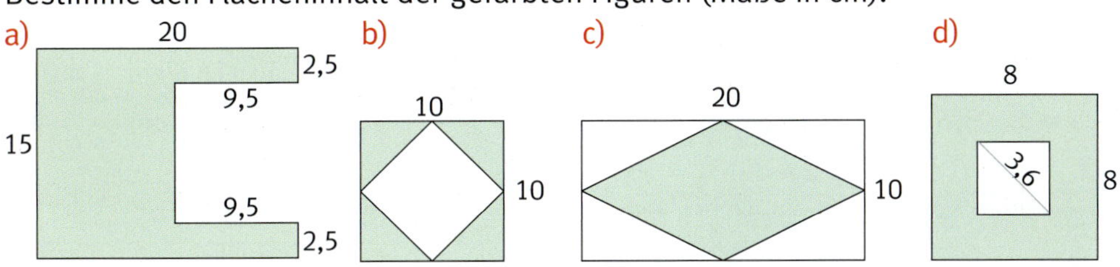

Umfang von Vielecken bestimmen

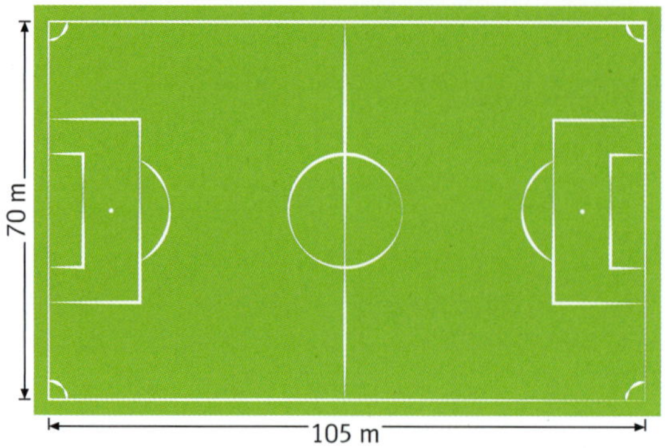

1 a) Nihada trainiert im Fußballverein. Zunächst soll zum Aufwärmen eine Runde um den Platz gelaufen werden. Wie viel m läuft sie?

b) Die Fußballerinnen sollen heute 7 Runden um ihr Feld laufen. Wie viele km sind das?

c) Im nächsten Training sollen sie mindestens 1 km laufen. Wie viele Runden sind das?

Der Umfang ist die Summe aller Seitenlängen.

2 a) Benenne mit: Raute, gleichseitiges Dreieck, symmetrisches Trapez, Parallelogramm, gleichschenkliges Dreieck.

1	2	3	4	5
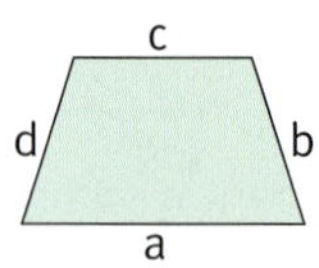 a = 4,2 cm b = d = 2,4 cm c = 2,7 cm	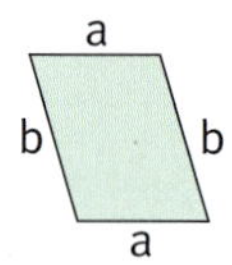 a = 2,4 cm b = 3,6 cm	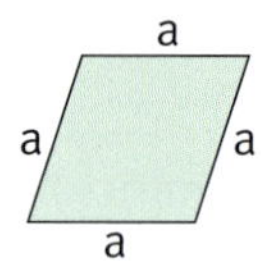 a = 3,6 cm	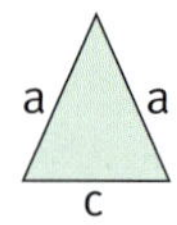 a = 3,4 cm c = 2,7 cm	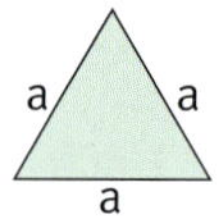 a = 3,8 cm

b) Berechne mit Hilfe der angegebenen Maße jeweils den Umfang.

c) Ordne die folgenden Formeln zur Umfangberechnung richtig zu:

$u = 3 \cdot a$ $u = 2 \cdot a + 2 \cdot b$ $u = 2 \cdot (a + b)$

$u = a + c + 2 \cdot b$ $u = 2 \cdot a + c$ $u = 4 \cdot a$

3 Übertrage die Tabellen und vervollständige sie.

Dreiecke

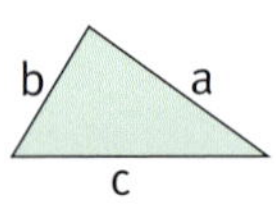

	1	2	3	4	5	6	7
a	7 cm	0,75 cm	51 cm	■	5,4 dm	3,7 m	12,2 m
b	6 cm	0,75 cm	■	6,40 m	■	24 dm	■
c	9 cm	0,75 cm	19 cm	14 dm	34 cm	4 m	4,8 m
u	■	■	111 cm	130 dm	12,2 dm	■	260 dm

Parallelogramm

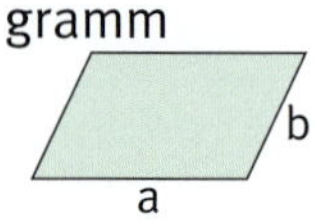

	1	2	3
a	8 cm	■	65 cm
b	3,9 cm	2,4 dm	■
u	■	12 dm	240 cm

Raute

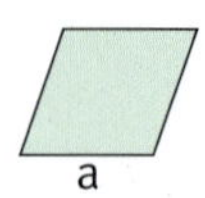

	1	2
a	0,75 m	■
u	■	24,4 m

symmetrisches Trapez

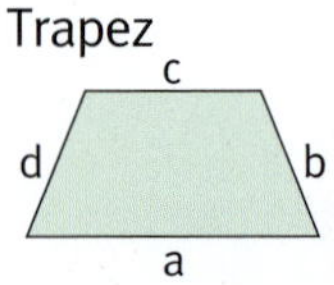

	1	2	3
a	5 cm	■	8,2 m
b = d	3,6 cm	15 cm	■
c	3 cm	2,4 dm	6 m
u	■	70 cm	20 m

Drachen

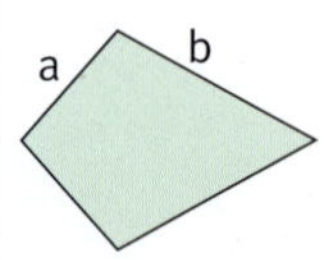

	1	2
a	13,5 cm	4,23 cm
b	22,3 cm	■
u	■	115 mm

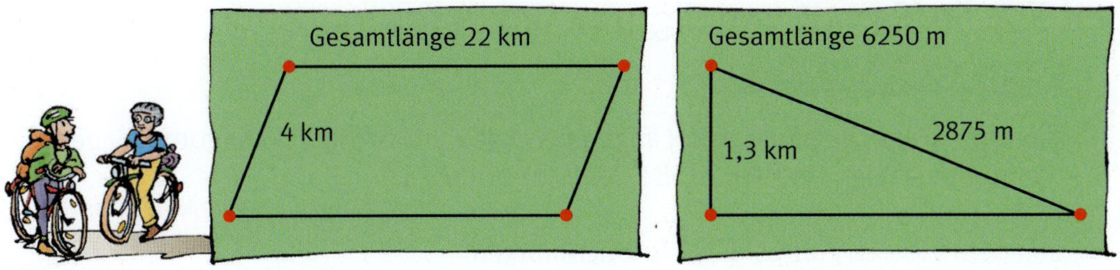

1 Berechne die fehlenden Streckenabschnitte der Fahrradwege.

2 Im Werkstattunterricht sollen aus 24 cm langem Draht Rechtecke gebogen werden. Zeichne verschiedene Lösungen.

3 Bestimme zuerst die fehlenden Längen, dann den Umfang der Figuren.

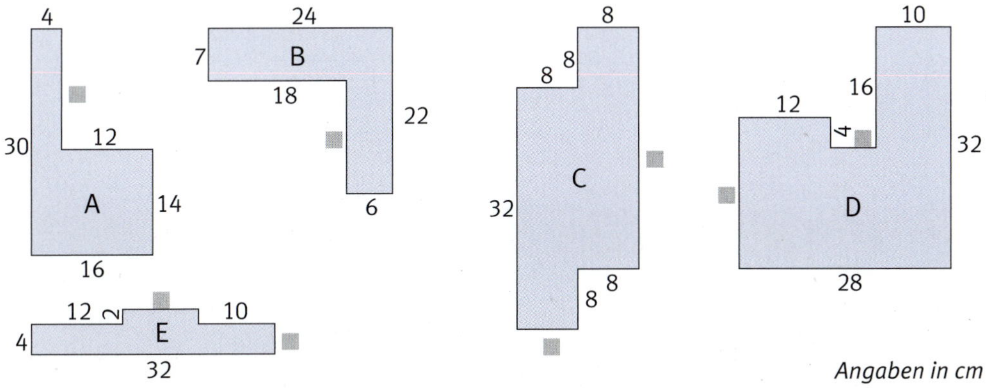

Lösungen zu 3

92	92
76	112
128	

TRIMM-DICH-ZWISCHENRUNDE

1 Übertrage die Figuren. Berechne den Flächeninhalt entweder durch Zerlegen oder Ergänzen.

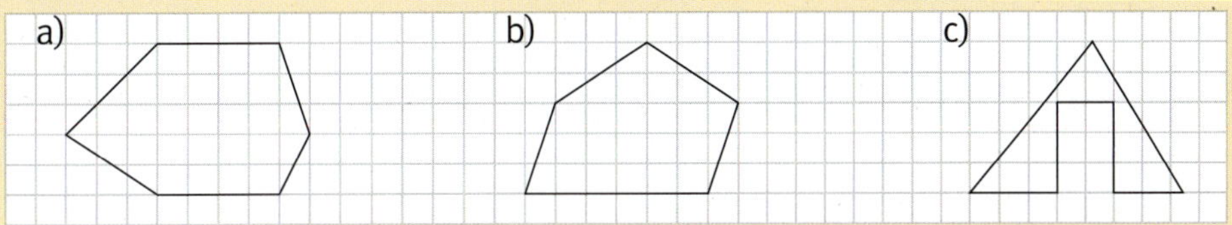

2 Berechne die fehlenden Angaben beim Rechteck.

	a)	b)	c)	d)
a	23 mm	4 cm	■	5 cm
b	8 mm	3,5 cm	6 cm	■
u	■	■	32 cm	140 mm

3 Fatima hat 10,5 cm Silberdraht. Kann sie daraus ein Dreieck mit den Seitenlängen 23 mm, 33 mm und 43 mm biegen?

4 Der Umfang eines gleichseitigen Dreiecks beträgt 18 cm. Zeichne das Dreieck. Berechne dann den Flächeninhalt. Entnimm notwendige Maße der Zeichnung.

Umfang und Flächeninhalt von Figuren wiederholen

Viereckbetrachtungen

Vierecke unterscheiden S. 36

Vierecke lassen sich nach der Länge und Lage der Seiten, der Diagonalen, der Symmetrieachsen und der Größe der Winkel einteilen.

In jedem Viereck gibt es diese Bezeichnungen:
Eckpunkte: A, B, C, D Seiten: a, b, c, d Winkel: α, β, γ, δ

Winkel in Vierecken untersuchen S. 37

Die Winkelsumme beträgt in jedem Viereck 360°: $\alpha + \beta + \gamma + \delta = 360°$

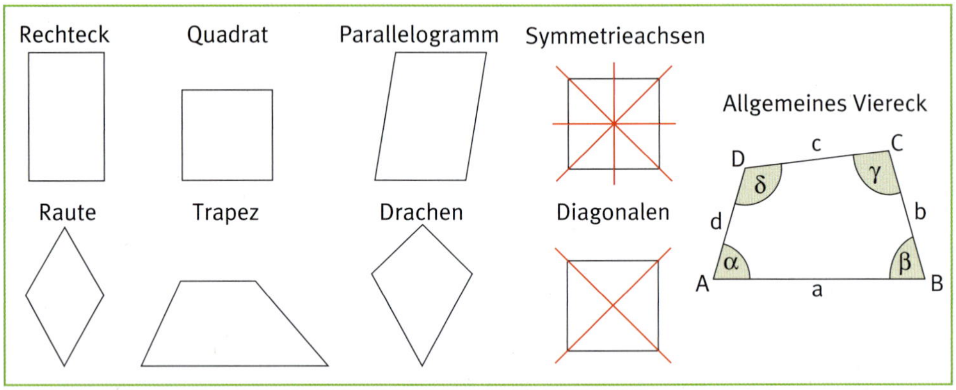

Flächeninhalte und Umfang

Flächeninhalte berechnen S. 39 ff.

Die Flächeninhalte von speziellen Vierecken und Dreiecken lassen sich mit der Formel berechnen. Flächeninhalte allgemeiner Vielecke berechnet man durch Zerlegen oder Ergänzen.

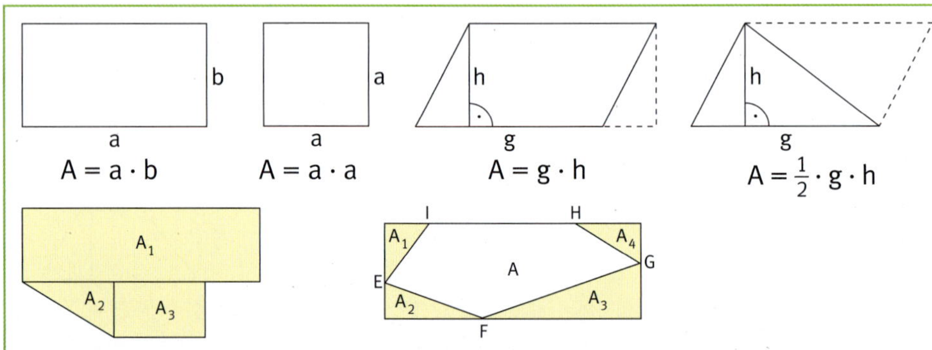

$A = a \cdot b$ $A = a \cdot a$ $A = g \cdot h$ $A = \frac{1}{2} \cdot g \cdot h$

$A = A_1 + A_2 + A_3$ $A = \text{Flächeninhalt Rechteck} - A_1 - A_2 - A_3 - A_4$

Umfänge berechnen S. 48 f.

Der Umfang eines Vielecks ist die Summe aller Seitenlängen.

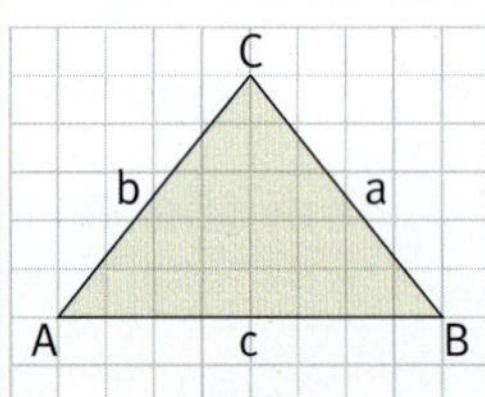

$u = a + b + c$
$= 2a + c$,
weil $a = b$

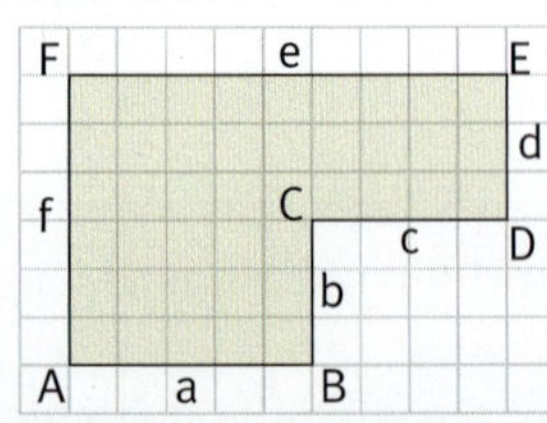

$u = a + b + c + d + e + f$

Aufgaben zur Differenzierung

Basis-Aufgaben | **Vertiefende Aufgaben**

1 Für welches Viereck trifft die Aussage zu? Wo findest du mehrere Namen?

Basis-Aufgaben

a) Es hat genau zwei parallele Seiten.
b) Es hat vier gleich lange Seiten.
c) Es hat genau ein Paar gleich lange Seiten.
d) Es hat zwei Paar gleich lange Seiten.
e) Es hat vier rechte Winkel.

Vertiefende Aufgaben

a) Beide Diagonalen sind Symmetrieachsen und alle Seiten gleich lang.
b) Beide Mittellinien sind Symmetrieachsen.
c) Nur eine Diagonale ist Symmetrieachse.
d) Nur eine Mittellinie ist Symmetrieachse.

2 Bestimme die fehlenden Winkel im Viereck.

Basis-Aufgaben

	a)	b)	c)
α	40°	■	112°
β	50°	30°	130°
γ	80°	150°	■
δ	■	30°	27°

Vertiefende Aufgaben

a)
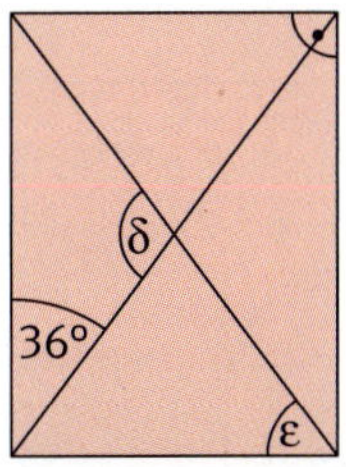

b)
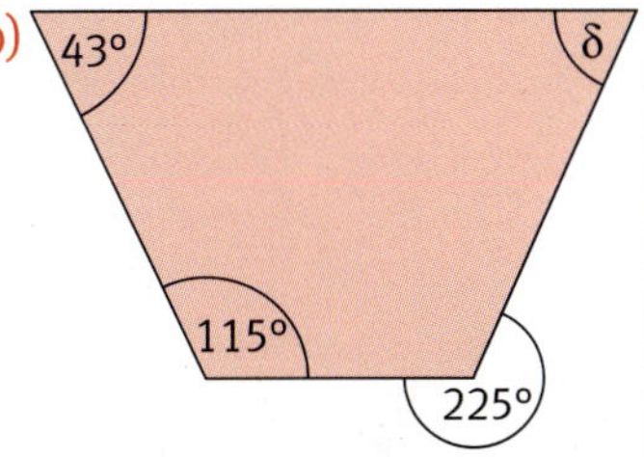

3 Übertrage die Figuren und berechne den Flächeninhalt und den Umfang. Entnimm notwendige Maße der Zeichnung.

Basis-Aufgaben

a)
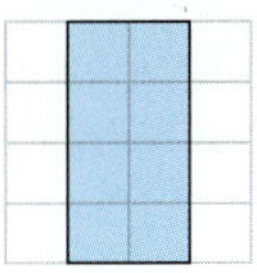

b)
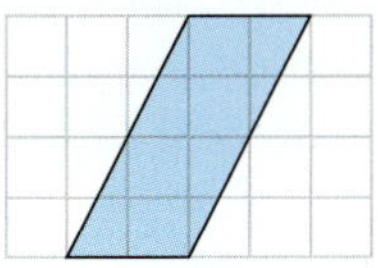

Vertiefende Aufgaben

a)
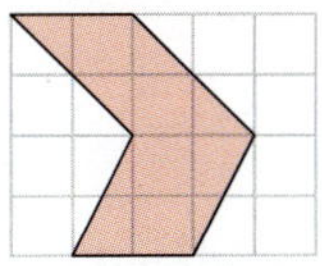

b)
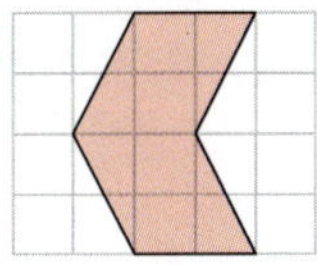

4 Die Schablonen sind im Maßstab 1 : 10 gezeichnet. Berechne den Flächeninhalt der farbigen Fläche. Entnimm notwendige Maße der Zeichnung.

Basis-Aufgaben

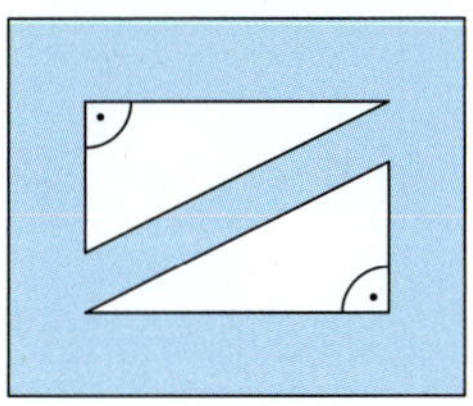

Vertiefende Aufgaben

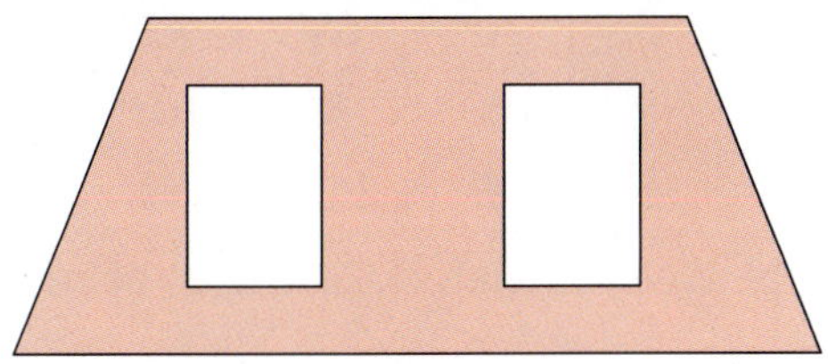

5

Basis-Aufgaben

a) Zeichne ein rechtwinkliges Dreieck ABC mit a = 5 cm und b = 2,5 cm.
b) Bestimme den Flächeninhalt des Dreiecks.

Vertiefende Aufgaben

Zeichne ein gleichschenkliges Dreieck mit der Grundseite c = 8 cm und einem Flächeninhalt von 16 cm^2. Beschreibe dein Vorgehen.

6 Berechne den Flächeninhalt durch Zerlegen oder Ergänzen.

Basis-Aufgaben

a)
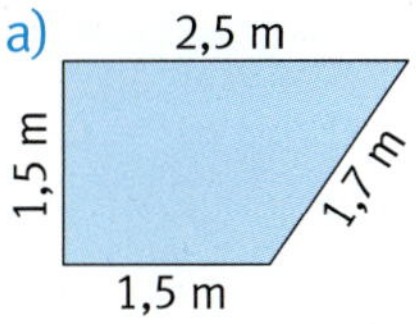

b)
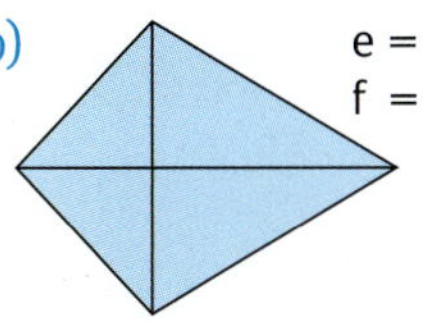

e = 3,5 m
f = 4,5 m

Vertiefende Aufgaben

a)
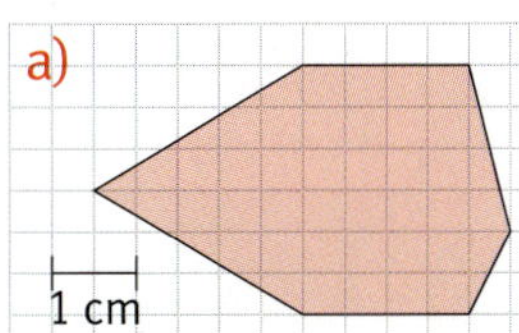

b)
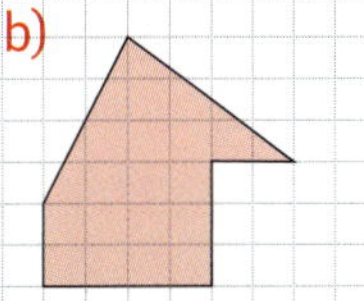

1 a) Übertrage die Figuren und benenne sie.
b) Zeichne die Symmetrieachsen ein.
c) Berechne bei den Figuren 1 bis 5 Flächeninhalt und Umfang.

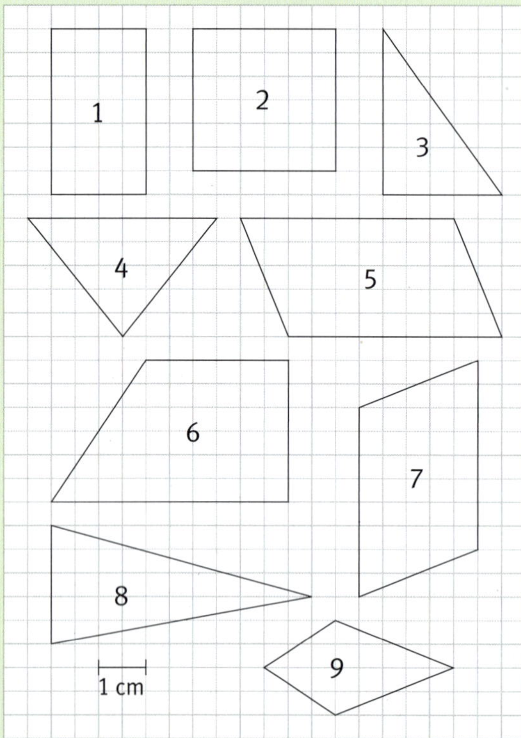

2 a) Berechne die fehlenden Winkelgrößen.

	1	2	3	4
α	125°	65°	103°	■
β	70°	65°	77°	90°
γ	100°	■	103°	90°
δ	■	115°	■	90°

b) Welches Viereck könnte es sein?

3 Vergleiche Umfang und Flächeninhalt der Rechtecke. Rechne im Kopf.
Welche Maße hat das Rechteck, welches bei gleichem Umfang den größten Flächeninhalt hat?

	a)	b)	c)	d)
Länge	16 cm	14 cm	12 cm	10 cm
Breite	4 cm	6 cm	8 cm	10 cm

4 Übertrage die jeweils zusammengehörigen Figuren. Weise nach, dass sie den gleichen Flächeninhalt haben. Zerlege und nummeriere entsprechend.

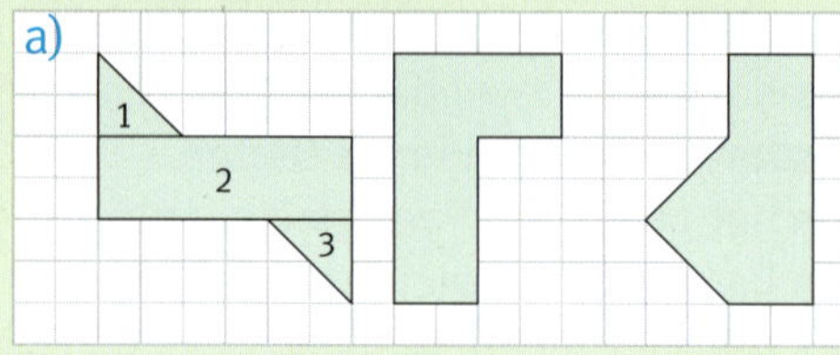

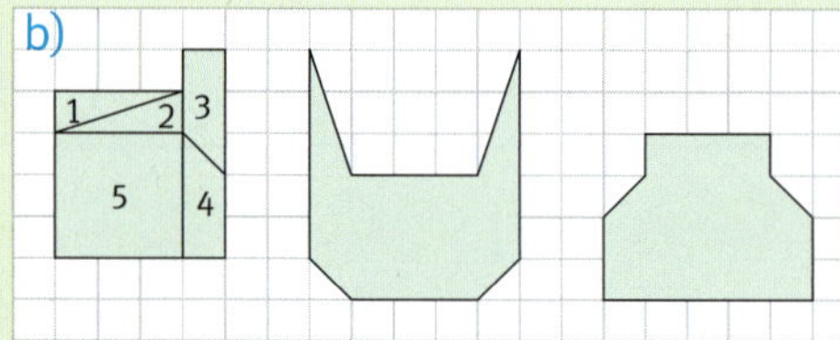

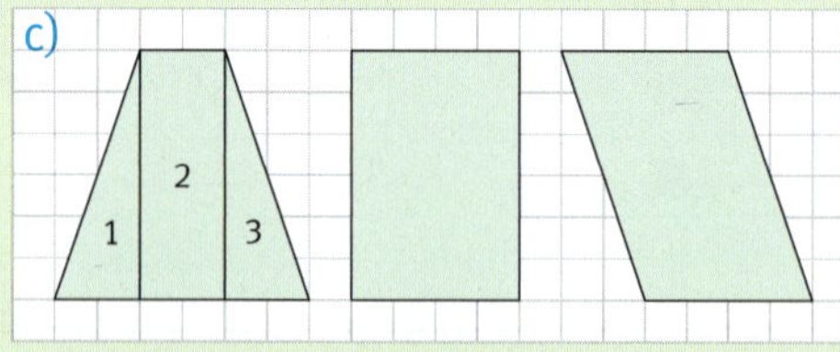

5 Übertrage die Dreiecke.
Berechne den Flächeninhalt jeweils über eine andere Grundseite und die dazugehörige Höhe. Entnimm die Maße der Zeichnung.

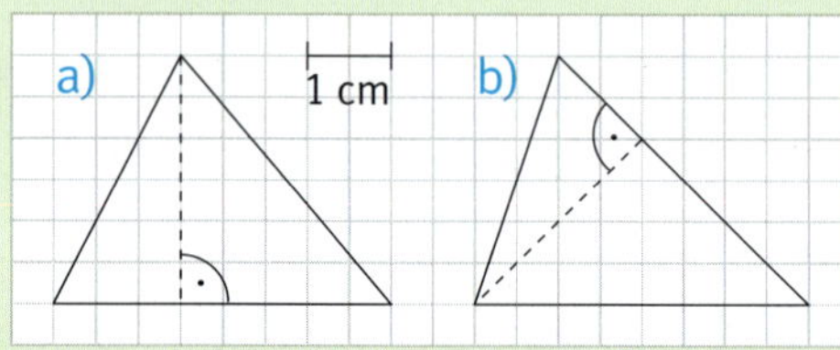

6 Übertrage die Figuren und berechne den Flächeninhalt. Ergänze zunächst zu einem Quadrat und einem Rechteck.

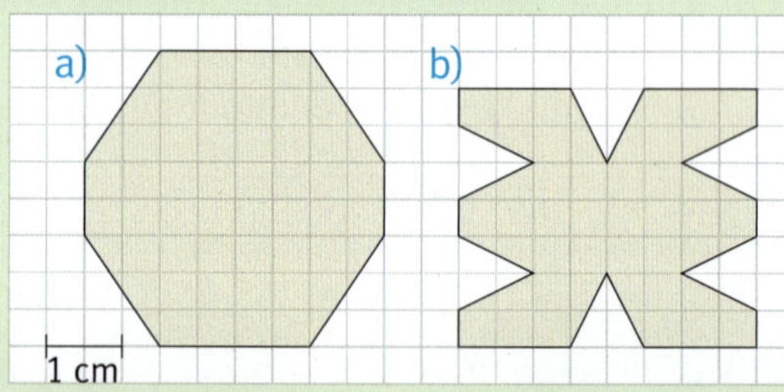

7 Ein rechteckiges Grundstück ist 32,5 m lang und 14,3 m breit. Im Baumarkt gibt es Maschendraht in Rollen zu je 25 m. Reichen fünf Rollen zum Umzäunen des Grundstücks?

8 Berechne den Flächeninhalt einmal durch Zerlegen und einmal durch Ergänzen.

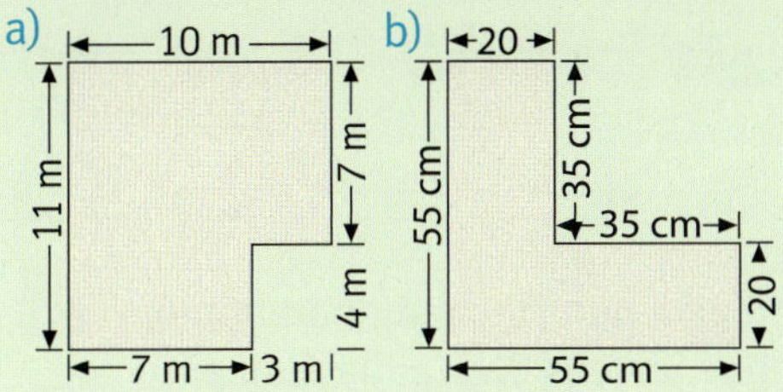

9 Berechne jeweils die Größe der Winkel α, β, γ und δ.

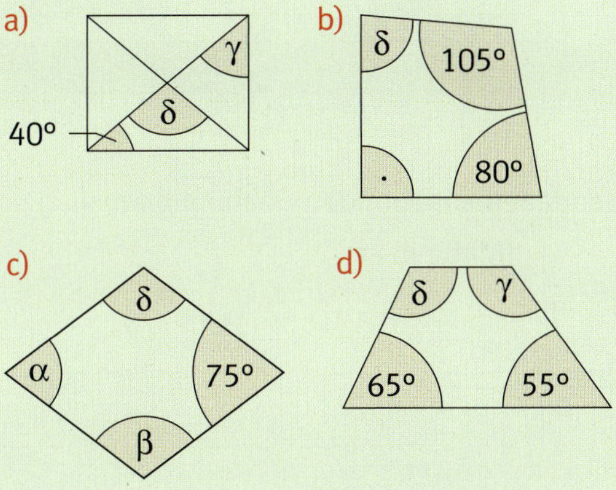

10 Zeichne die Vielecke je zweimal in ein Koordinatensystem (Einheit cm). Berechne ihren Flächeninhalt, indem du das Vieleck einmal in Teilflächen zerlegst, einmal zu Rechtecken ergänzt.

a) A (1|2) B (7|0) C (9|4) D (9|6) E (3|6)

b) A (0|0) B (7|0) C (12|3) D (7|5) E (2|5)

11 Herrn Müllers Bauplatz ist 42 m lang und 25 m breit. Der Bauplatz von Herrn Schulze hat den gleichen Umfang, ist aber 30 m breit. Beide Flächen haben die Form von Rechtecken. Wer hat den größeren Platz? Vermute zuerst.

12 Berechne den Flächeninhalt der Vielecke (Maße in Meter).

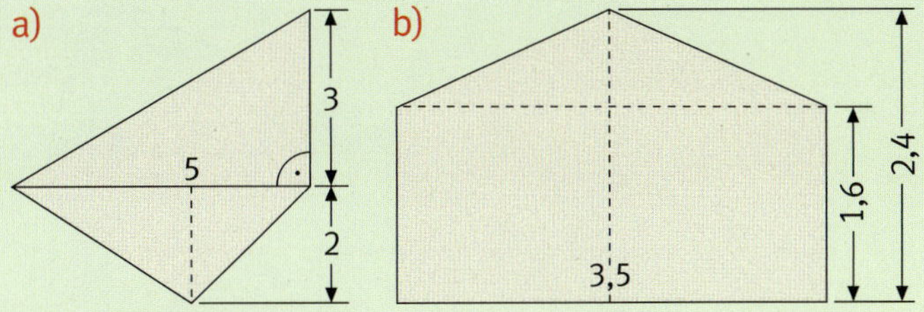

13 Ein Hersteller bietet Tische in Form gleichseitiger Dreiecke an.
Ein Tagungszentrum kauft acht Tische. Der Küchenchef möchte sie für ein Küchenbüfett entlang einer Wand in Form eines Parallelogramms aneinanderreihen.

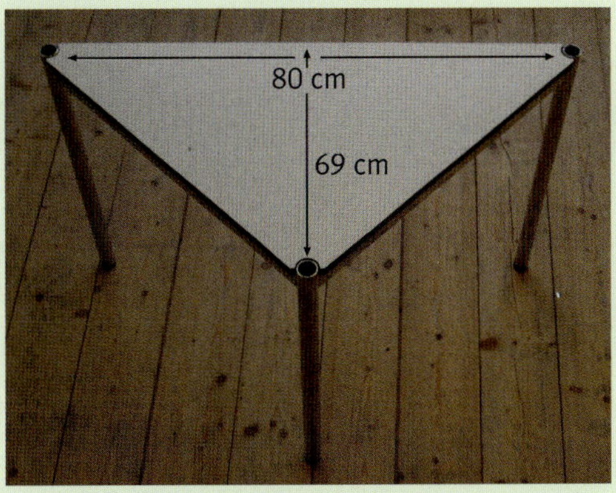

a) Wie viele Quadratmeter stehen für das Büfett zur Verfügung?
b) Wie lang ist eine Grundseite dieser Tischreihe?
c) Reicht eine Wandlänge von 3,50 m für die Tischreihe aus?

14 Sind die Aussagen wahr oder falsch? Begründe.
a) Das Quadrat ist zugleich Rechteck, Parallelogramm und Raute.
b) Wenn jedes Quadrat ein Rechteck ist und jedes Quadrat eine Raute, dann ist auch jedes Rechteck eine Raute.
c) Figuren mit gleichem Umfang haben auch den gleichen Flächeninhalt.
d) Figuren mit gleichem Flächeninhalt haben auch den gleichen Umfang.

1 Übertrage jede Figur zwei Mal. Ergänze jeweils zu Drachen und Parallelogramm.

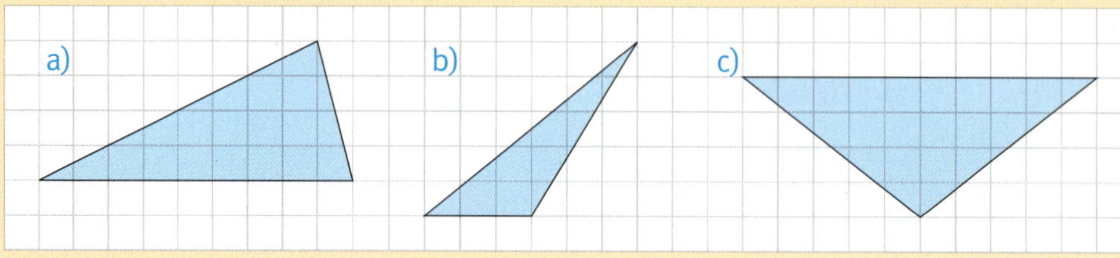

2 Gib jeweils die Größe der gesuchten Winkel in Rechteck und Parallelogramm an.

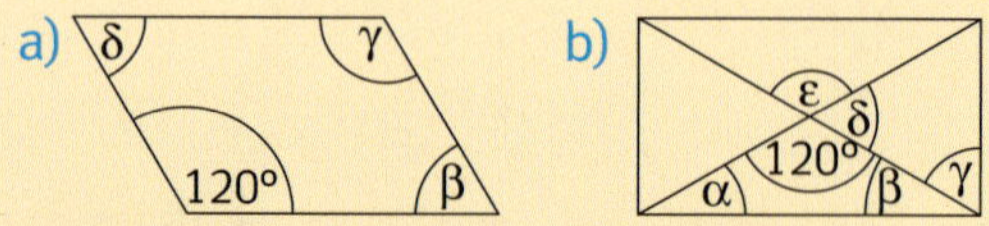

3 Weise nach, dass die Figuren b) mit e) den gleichen Flächeninhalt haben wie Figur a). Übertrage dazu die Figuren, zeichne jeweils die Teilflächen ein und nummeriere entsprechend.

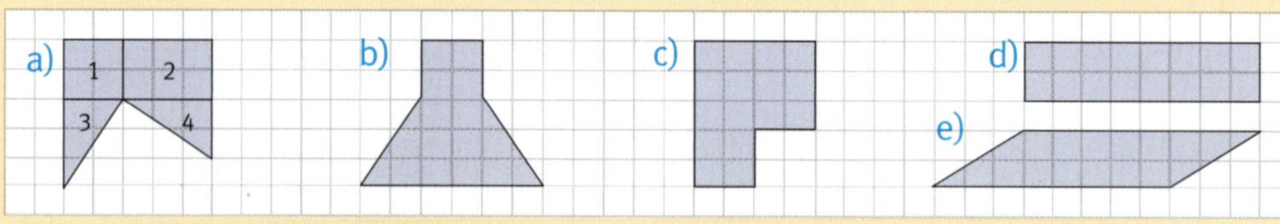

4 Bei zwei Dreiecken reichen die Maßangaben aus, um den Flächeninhalt zu berechnen.

(Maße in cm)

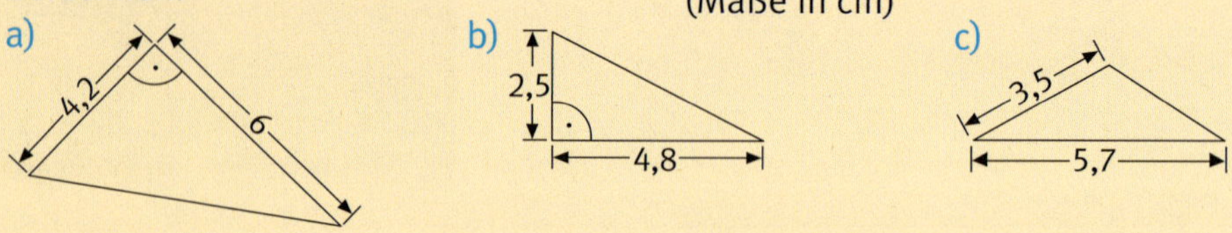

5

Rechtecke	a	b	u	A
	■	4,6 cm	32,4 cm	■
	4,5 m	■	■	16,2 m²

Parallelogramme	a	h	A
	■	2,3 m	28,75 m²
	4,5 m	■	27,9 m²

6 Nimm als Einheit Karokästchen und zeichne das Viereck A (3|1), B (12|1), C (11|8) und D (7|8).
Benenne die Figur und berechne Flächeninhalt und Umfang.

7 Zeichne die Figuren und berechne den Flächeninhalt.

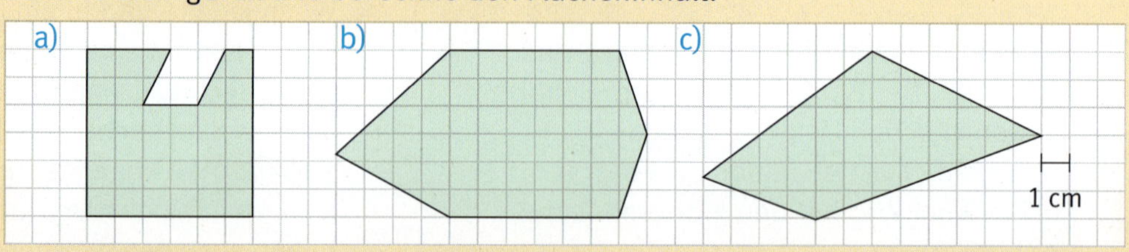

Berechnungen an Quadern und Prismen

Für Dinge, die man verschicken will, kann man unterschiedliche Pakete auswählen.

- Welchen mathematischen Körper erkennst du?
- Aus welchen Flächen bestehen die Pakete? Beschreibe.
- Vergleiche das kleinste Paket mit dem größten. Beschreibe die Unterschiede.

Geschenke werden oft kunstvoll verpackt.

- Welche mathematischen Körper erkennst du?
- Welche Körper kannst du nicht einfach zuordnen?
- Aus welchen Flächen bestehen die Verpackungen? Vergleiche bei jeder Verpackung den Deckel und den Boden.

Körper

Geometrische Grundkörper unterscheiden

❶ a) Welche Arten von Körpern kannst du erkennen?
b) Finde zu jedem Körper weitere Beispiele aus deiner Umgebung.

Man unterscheidet folgende geometrische Grundkörper:

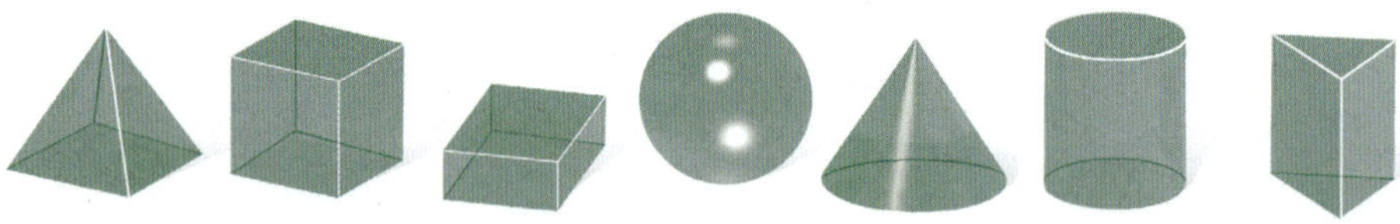

Pyramide | Würfel | Quader | Kugel | Kegel | Zylinder | dreiseitiges Prisma

Fachbegriffe bei Körpern kennen

❷ a) Übertrage die Tabelle und fülle sie für die Körper 1 bis 9 aus.

Körper	Anzahl der Ecken	Anzahl der Kanten	Anzahl der Flächen	Art der Flächen
① Würfel	8	12	6	nur Quadrate

b) Bei welchem Körper besteht die Mantelfläche aus Rechtecken?

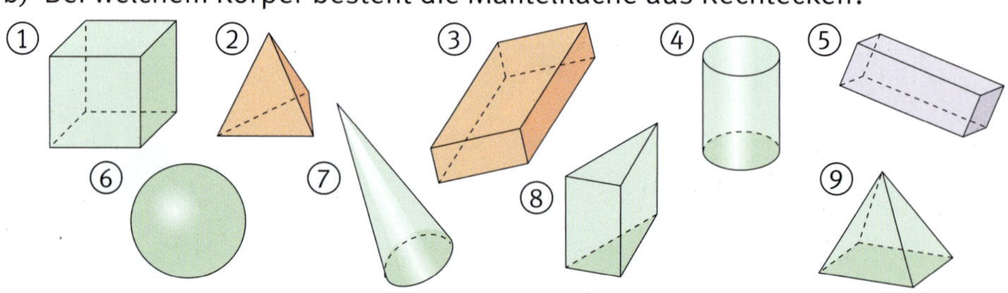

Körper werden von ebenen oder gekrümmten Flächen begrenzt.
Zwei Flächen bilden jeweils eine Kante, aufeinanderstoßende Kanten bilden eine Ecke. Alle Seitenflächen zusammen bilden die Mantelfläche.

Volumen (Rauminhalt)

❸ Entscheide, in welchen Körper mehr Inhalt hineinpasst. Begründe.

a)

b)

Abhängigkeit des Volumens erkennen

Je größer die Höhe des Körpers (bei gleicher Grundfläche), umso größer ist sein Volumen. Je größer die Grundfläche des Körpers (bei gleicher Höhe), umso größer ist sein Volumen.

Maßeinheiten

❹ Wandle in die in Klammern angegebene Einheit um.

Maßeinheiten umrechnen

a)	b)	c)
50 dm (m)	720 cm^2 (dm^2)	8 m^3 (dm^3)
140 dm (cm)	37 m^2 (dm^2)	200 mm^3 (cm^3)
58 dm (mm)	15 dm^2 (mm^2)	42 m^3 (cm^3)
620 cm (m)	45 000 cm^2 (m^2)	5 400 000 mm^3 (dm^3)

Die Umrechnungszahl bei Längenmaßen ist 10.
Zusätzlich gilt: 1 km = 1 000 m

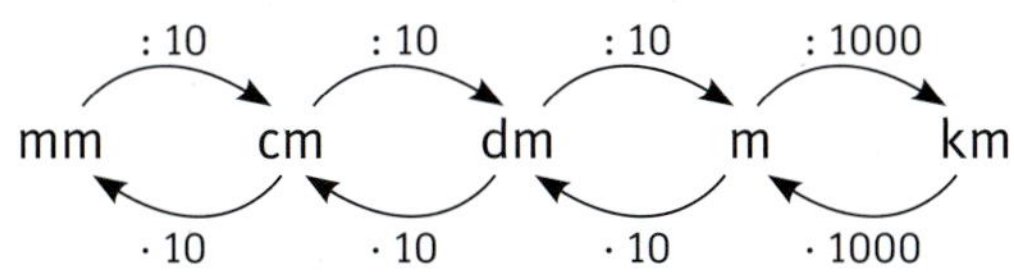

Längenmaße

Die Umrechnungszahl bei Flächenmaßen ist 100.
Zusätzlich gilt: $1\,km^2 = 1\,km \cdot 1\,km = 1\,000\,m \cdot 1\,000\,m = 1\,000\,000\,m^2$

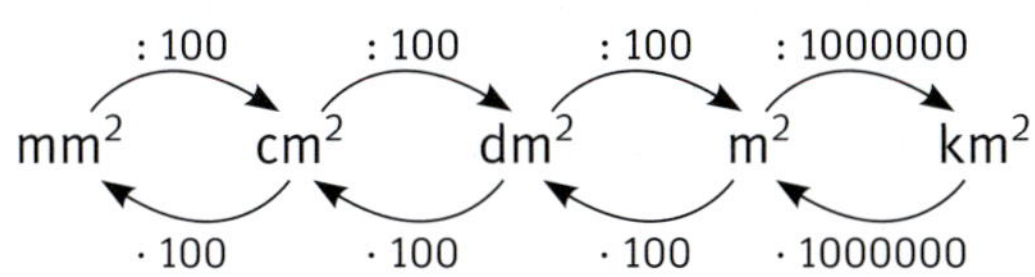

Flächenmaße

Die Umrechnungszahl bei Volumenmaßen ist 1000. Zusätzlich gilt:
$1\,km^3 = 1\,km \cdot 1\,km \cdot 1\,km = 1\,000\,m \cdot 1\,000\,m \cdot 1\,000\,m = 1\,000\,000\,000\,m^3$

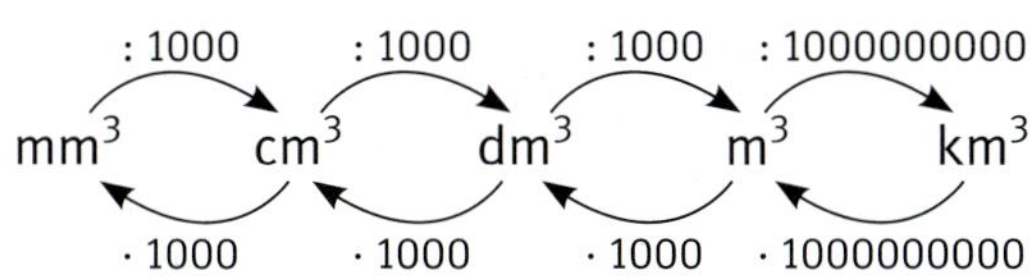

Volumenmaße

Hohlmaße und Volumenmaße sind eng verbunden. Es gilt:

$1\,l = 1\,dm^3 = 1\,000\,cm^3$ und $1\,cm^3 = 1\,ml$

$1\,l = 1\,000\,ml$ und $1\,hl = 100\,l$

Würfel und Quader bauen

Kantenmodell

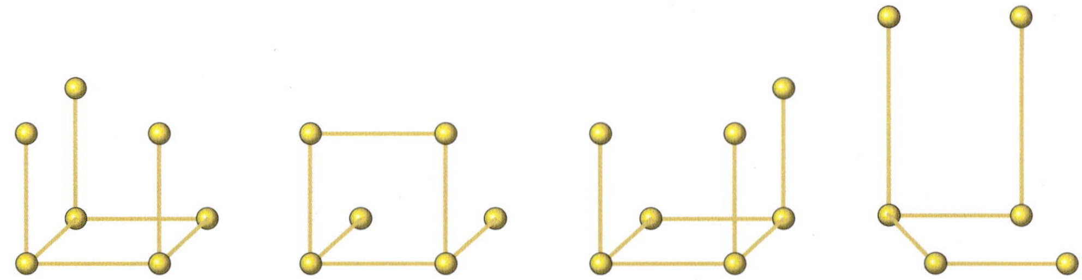

1 Wie viele Holzstäbe bzw. Kügelchen fehlen noch zum fertigen Kantenmodell?

2 Stelle aus Holzstäbchen und Knetkugeln das Kantenmodell eines Würfels und eines Quaders her. Überlege vorher, wie viele du davon jeweils brauchst. Wie viele Holzstäbchen müssen jeweils gleich lang sein?

3 a) Löse eine kleine Pappschachtel vorsichtig entlang der Klebestellen auf und lege sie flach auf den Tisch. Übertrage die ausgebreitete Schachtel ohne Klebelaschen auf Karopapier.
b) Welche Unterschiede erkennst du zum Kantenmodell?

Würfelnetz
Quadernetz

Ein **Netz** eines Quaders oder eines Würfels erhält man, wenn man eine quader- oder würfelförmige Schachtel entlang einiger Kanten aufschneidet und flach ausbreitet. Die einzelnen Flächen hängen dabei noch zusammen. Die Form der Netze hängt davon ab, welche Kanten aufgeschnitten werden.

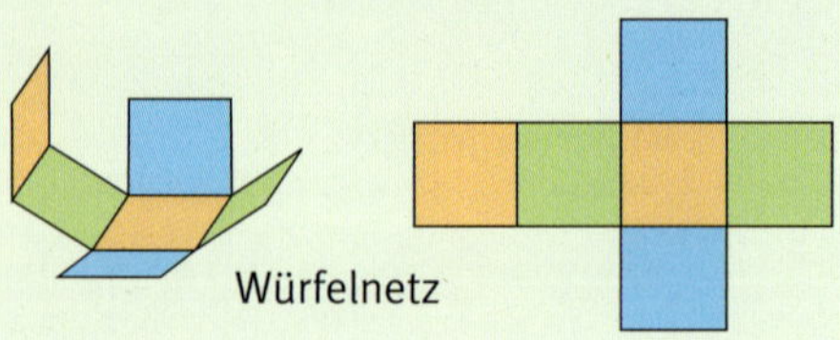

Würfelnetz

Quadernetz

4 Stelle aus den folgenden Flächen möglichst viele verschiedene Würfel und Quader her. Überlege erst, wie viele Flächen du jeweils brauchst und wie du sie anordnest. Verwende kariertes Papier oder Pappe und Klebestreifen.

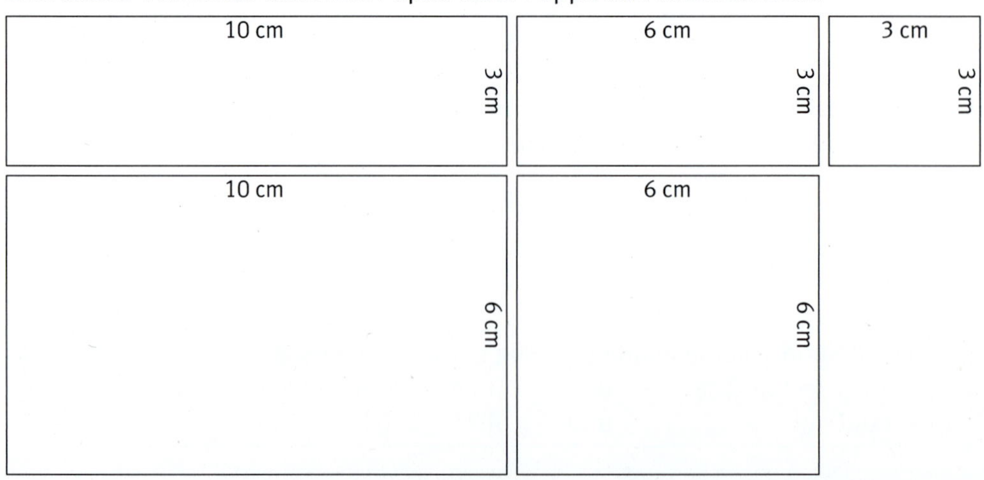

Würfel und Quader bauen

1

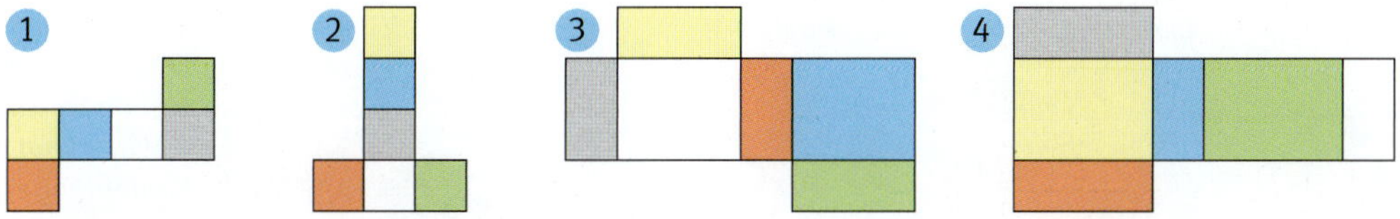

a) Entscheide, um welche Körpernetze es sich hier handelt und begründe.
b) Welche Farben haben die jeweils gegenüberliegenden Flächen?
Wie viele Flächen sind jeweils kongruent?

Zwei Flächen heißen kongruent, wenn sie in Form und Größe übereinstimmen.

2 Die dunkelgrüne Fläche soll unten liegen. Welche Flächen liegen dann am Würfel oben, vorne, hinten, rechts, links? Zeichne (Kantenlänge 2,5 cm), schneide aus und überprüfe.

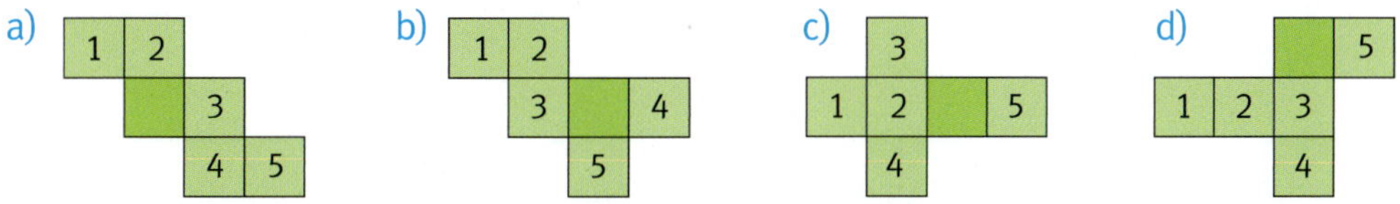

3

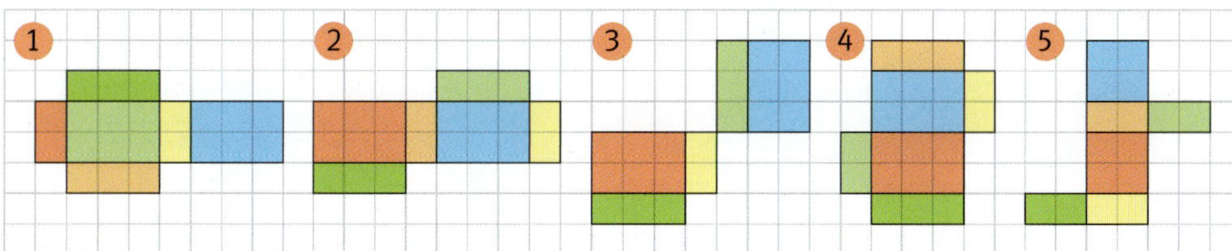

a) Finde richtige Quadernetze heraus. Übertrage auf Karopapier und überprüfe.
b) Die Grundfläche ist rot gefärbt.
Welche Flächen liegen am Quader oben, vorne, hinten, links, rechts?

4

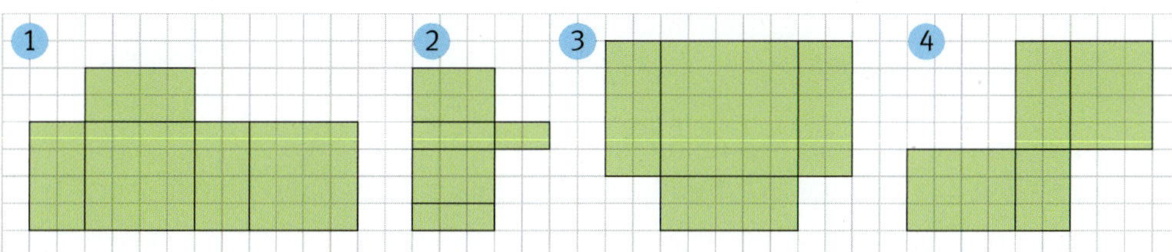

a) Übertrage auf Karopapier und ergänze zu vollständigen Quadernetzen.
b) Färbe die Flächen mit gleicher Farbe, die sich am Körper gegenüberliegen.
Schneide die Netze aus und überprüfe.

5 Hier siehst du die Kantenmodelle eines Würfels und eines Quaders. Zeichne jeweils ein Netz.

a)

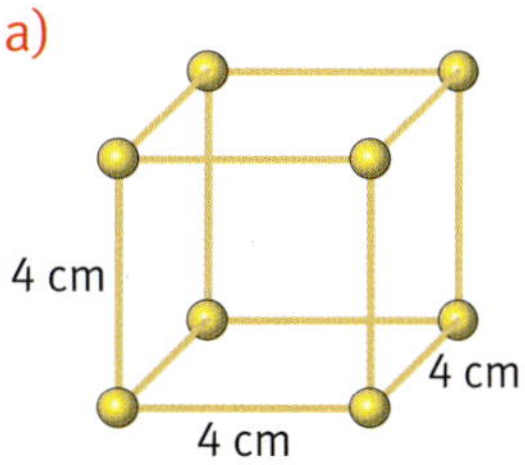

b)

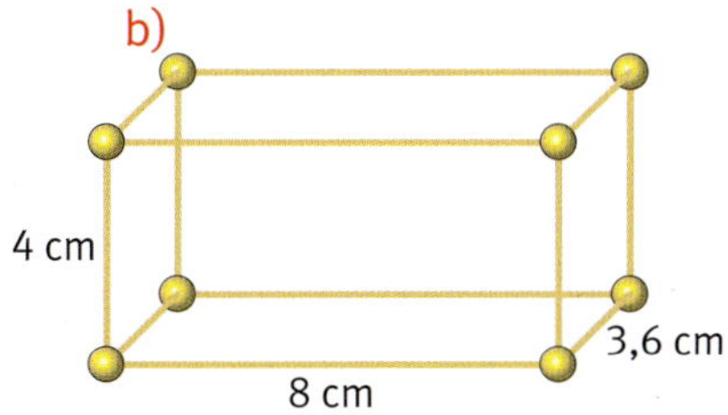

1. Zeichne zuerst die Rechtecke der Mantelfläche.
2. Überlege, wo du die Grund- und die Deckfläche an die Mantelfläche zeichnest.

Schrägbilder von Würfeln und Quadern zeichnen

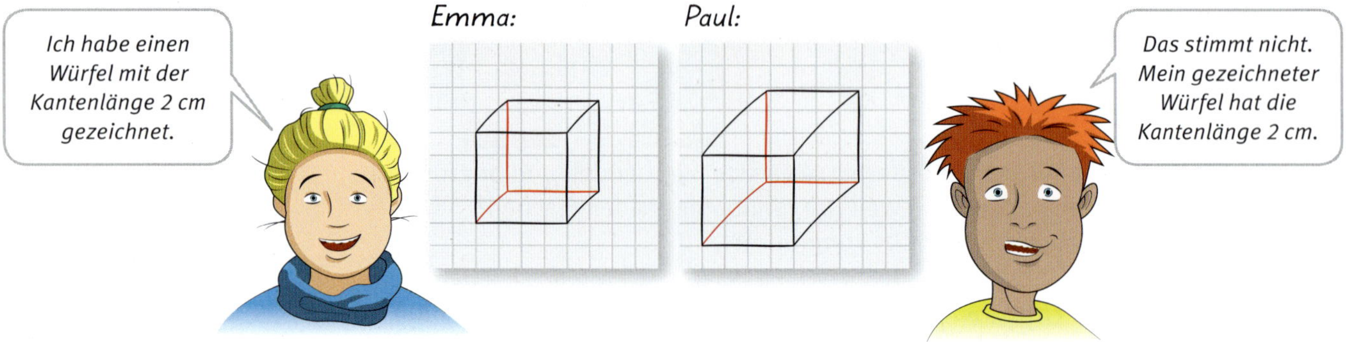

1 Emma und Paul hatten die Aufgabe, Schrägbilder eines Würfels mit der Kantenlänge 2 cm zu zeichnen. Sieh dir die Zeichnungen an, wer hat die Aufgabe richtig gelöst?

Schrägbilder von Quadern

Um einen Quader anschaulich darzustellen und einen räumlichen Eindruck zu erhalten, wird er häufig als **Schrägbild** gezeichnet.

Schrägbild eines Quaders mit der Länge 3 cm, der Breite 4 cm und der Höhe 1 cm.

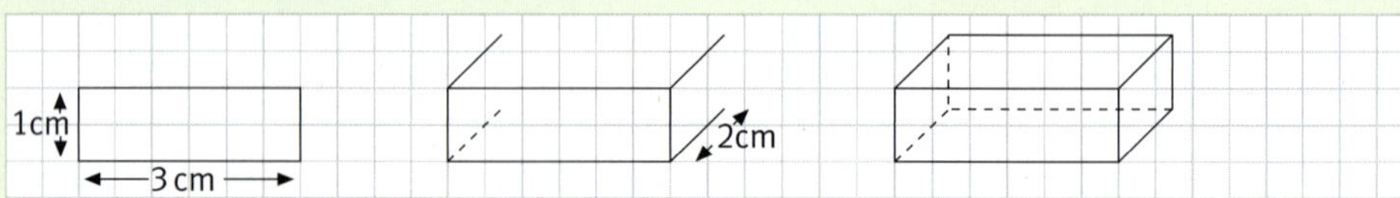

Man zeichnet zuerst die Vorderfläche mit den angegebenen Maßen.

Die nach hinten laufenden Kanten werden im 45° Winkel und in halber Länge gezeichnet.

Die hinteren vier Eckpunkte verbindet man zur Rückfläche. Nicht sichtbare Kanten werden gestrichelt.

2 a) Zeichne den Quader aus dem Merkkasten.
b) Zeichne das richtige Schrägbild des Würfels mit der Kantenlänge 2 cm.

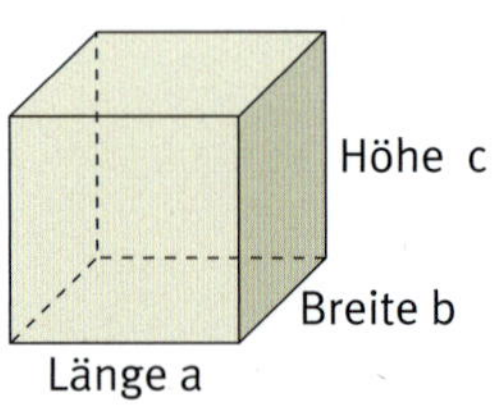

3 Zeichne Schrägbilder von Quadern bzw. Würfeln.

	a)	b)	c)	d)	e)	f)
a	4 cm	6 cm	2,5 cm	55 mm	7,4 cm	47 mm
b	4 cm	4 cm	4,6 cm	40 mm	5,2 cm	38 mm
c	4 cm	5 cm	3,5 cm	35 mm	3,6 cm	53 mm

4 Übertrage und ergänze zum Schrägbild eines Quaders.

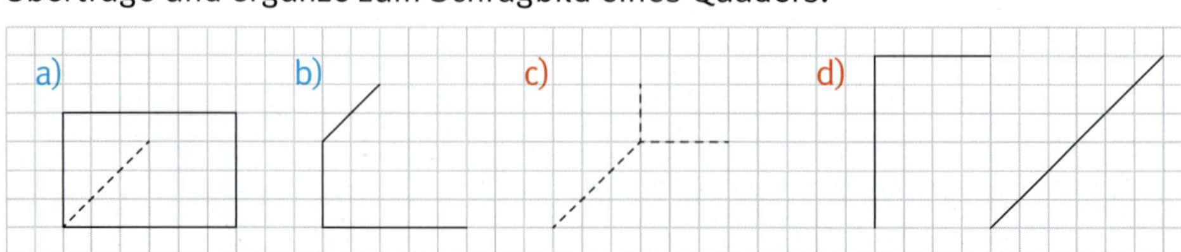

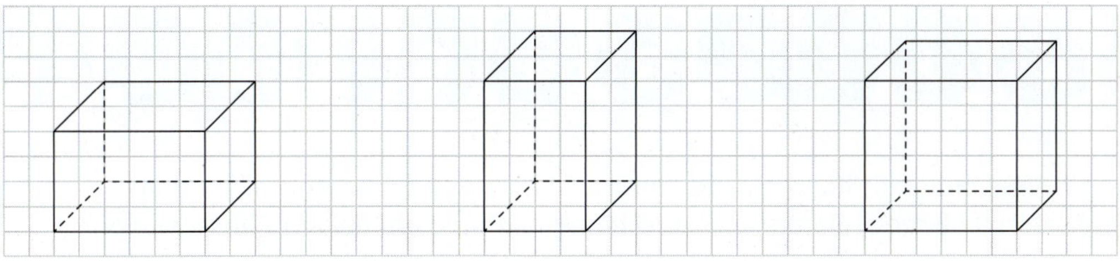

1 a) Sind hier verschiedene Quader abgebildet? Begründe.
b) Zeichne drei verschiedene Schrägbilder eines Quaders mit folgenden Kantenlängen:
(1) 5 cm; 4 cm und 3 cm (2) 6,5 cm; 45 mm und 3,5 cm

2 a) Zeichne wie im Beispiel ein passendes Schrägbild zu den vorgegebenen Netzen. Entnimm die notwendigen Maße dem Netz.

Quader mit den Kantenlängen
a = 3 cm
b = 2 cm
c = 1,5 cm

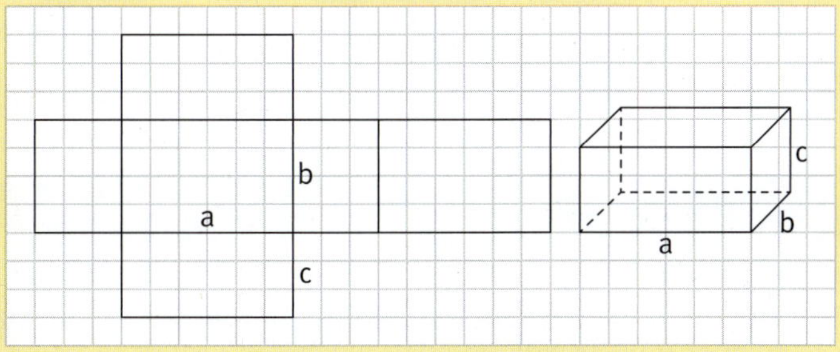

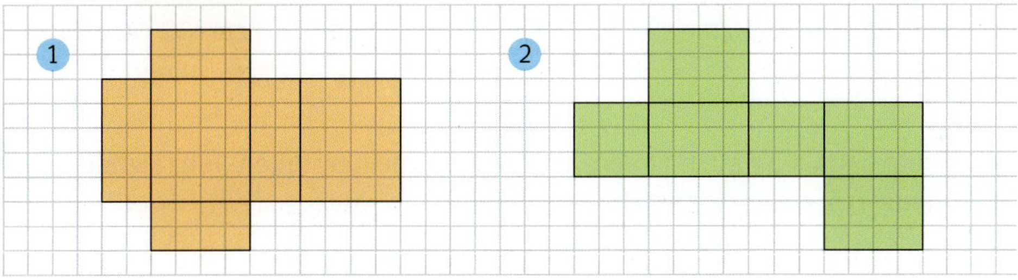

b) Welchen Vorteil bringt die Darstellung des Körpers als Netz, welchen Vorteil das Schrägbild eines Körpers?

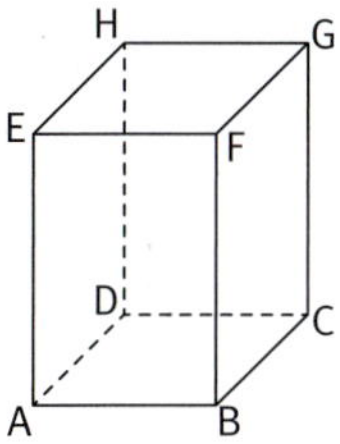

3 Ein Quader ABCDEFGH hat die Länge $\overline{AB} = 5$ cm und die Höhe $\overline{AE} = 6$ cm. Die Punkte A (0,5 | 1), B (5,5 | 1) und C (6,5 | 2) sind bekannt. Zeichne ein Schrägbildes des Quaders in ein Koordinatensystem und bestimme die Koordinaten der anderen Eckpunkte.

4 Aus gleichen Würfeln kannst du Buchstaben legen. Die Abbildung rechts zeigt das Schrägbild des Buchstaben T.
a) Zeichne Schrägbilder der Buchstaben L, U, F, H und E.
b) Kannst du auch deinen Vornamen oder Nachnamen zeichnen? Versuche es.

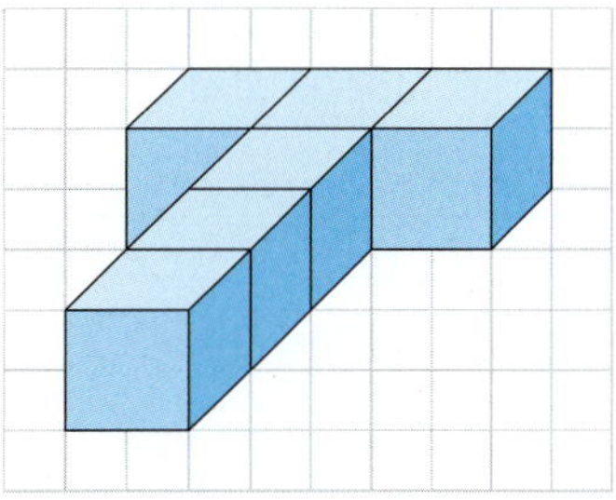

WÜRFELGEBÄUDE

1 Aus kleinen Würfeln mit einer Kantenlänge von 1 cm kann man große Würfel herstellen. Du siehst zwei Darstellungen, einmal auf kariertem Papier und einmal auf Punktepapier.

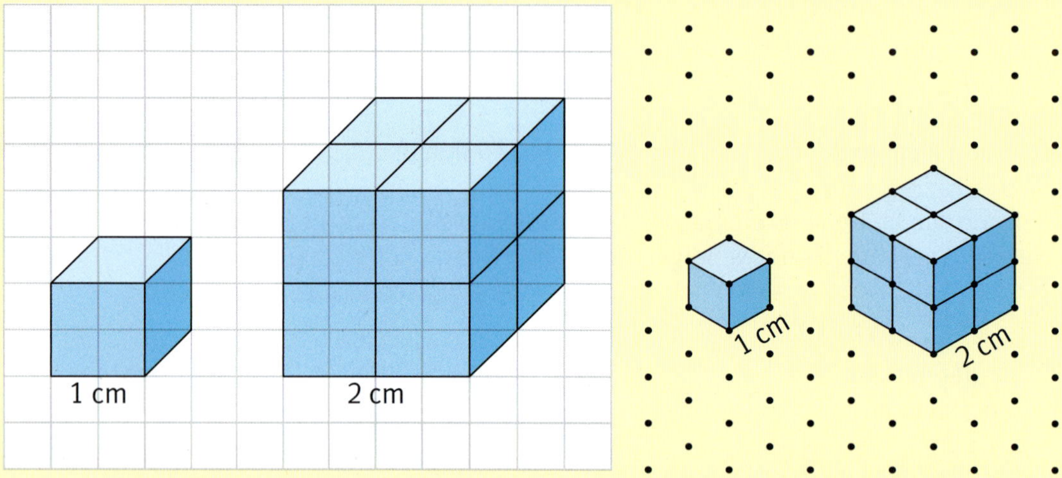

a) Baue aus kleinen Würfeln je einen Würfel mit einer Kantenlänge von 3 cm und 4 cm. Zeichne sie einmal auf kariertem Papier und einmal auf Punktepapier.

b) Übertrage die Tabelle und fülle sie aus.

Länge der Würfelkante	1 cm	2 cm	3 cm	4 cm	5 cm	10 cm	12 cm	20 cm	...
Anzahl der Würfel	1	■	■	■	■	■	■	■	■

2 Aus kleinen Würfeln kann man auch andere Würfelgebäude herstellen. Hier siehst du eine Folge von Würfelmauern, die fortgesetzt werden kann.

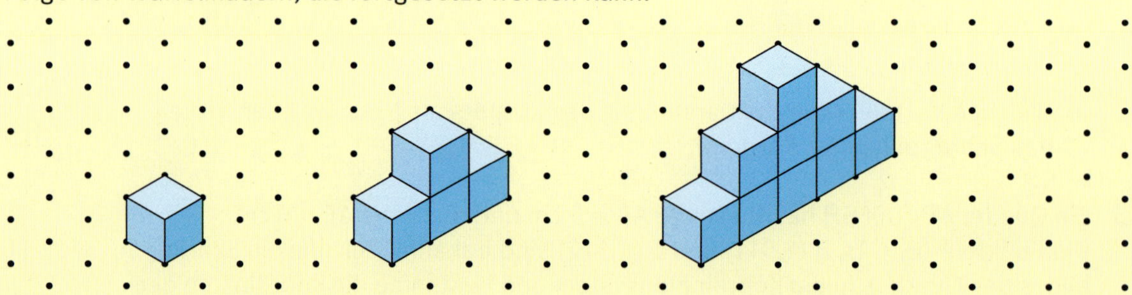

a) Zeichne die zwei folgenden Würfelmauern auf Punktepapier.

b) Übertrage die Tabelle und fülle sie aus.

Höhe der Würfelmauer	1 cm	2 cm	3 cm	4 cm	5 cm	...
Anzahl der Würfel untere Schicht	1	3	5	■	■	■
Gesamtzahl der Würfel	1	4	9	■	■	■

c) Welche Gesetzmäßigkeiten entdeckst du mit der Tabelle? Beschreibe sie in Worten.

3 Vergleiche den Bauplan links mit der Zeichnung rechts. Erkläre.

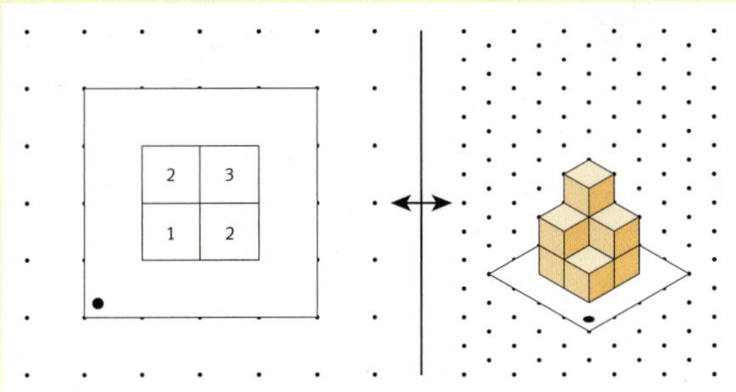

a) Übertrage den gezeichneten Körper in einen Bauplan auf Punktepapier.

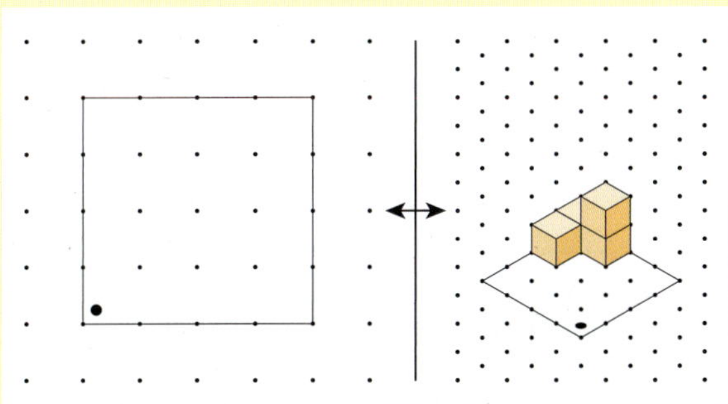

b) Zeichne nach dem Bauplan den Körper auf Punktepapier.

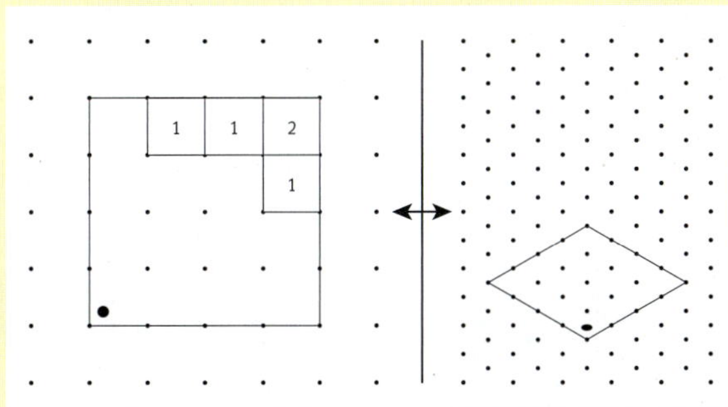

4 Felix hat Würfelgebäude aus zwei verschiedenfarbigen Würfeln gebaut. Zum Würfelgebäude (1) hat er diese Tabelle erstellt. Übertrage die Tabelle und vervollständige sie auch für die Würfelgebäude (2), (3) und (4).

Würfelgebäude	Anzahl der Würfel	Ansicht von vorn	Ansicht von rechts	Ansicht von oben
1	40	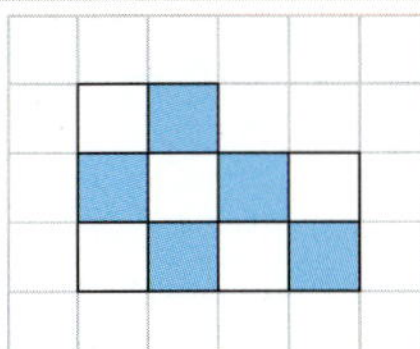	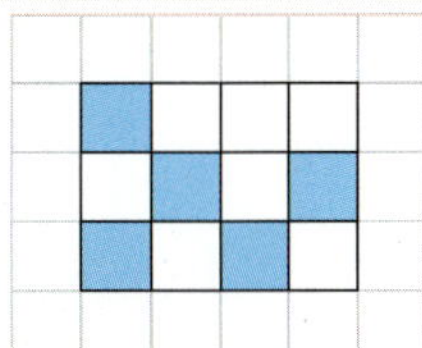	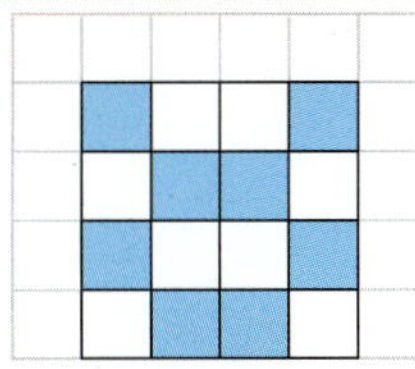

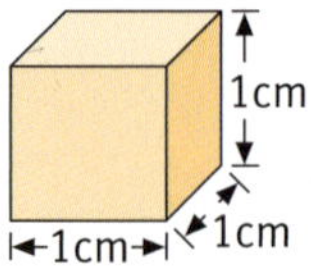

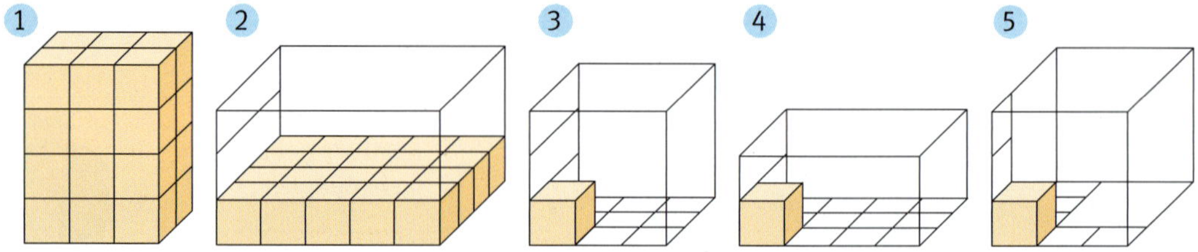

Ein Zentimeterwürfel hat das Volumen 1 cm^3.

1 a) Bestimme das Volumen der Quader, wenn Zentimeterwürfel verwendet werden.
b) Wie kann man jeweils vorteilhaft das Ergebnis bestimmen?

Volumen von Quadern

Das **Volumen von Quadern** kann man berechnen, indem man Länge, Breite und Höhe des Quaders multipliziert.

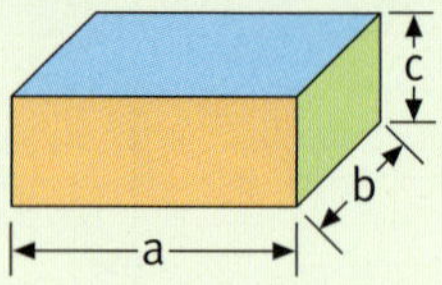

$V = a \cdot b \cdot c$
$a = 7$ cm; $b = 3$ cm; $c = 2$ cm
$V = 7\text{ cm} \cdot 3\text{ cm} \cdot 2\text{ cm} = 42\text{ cm}^3$

2 Berechne das Volumen der Quader (Maße in cm).

a) b) c) d)

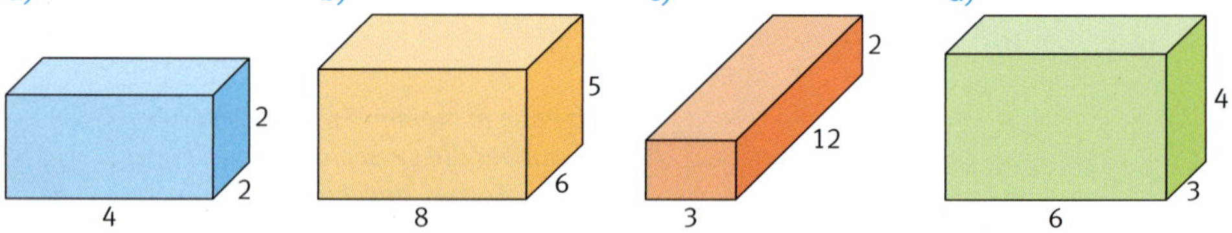

Lösungen zu 3

0,055	0,125	114,75
111,972	60	180000
1125		

3 Berechne das Volumen der Quader.

	a)	b)	c)	d)	e)	f)	g)
a	5 cm	50 cm	25 cm	8,6 m	0,25 m	2,5 mm	1,53 m
b	6 cm	40 cm	20 cm	4,2 m	0,40 m	15 mm	25 dm
c	2 cm	90 cm	1,10 m	3,1 m	1,25 m	30 mm	0,3 dm

4

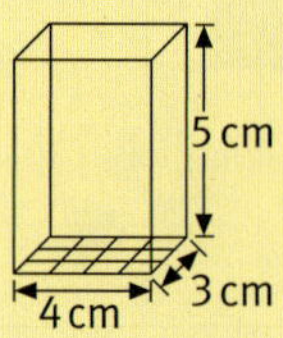

Volumen = Grundfläche mal Höhe
$V = A_G \cdot h_K$
$V = 12\text{ cm}^2 \cdot 5\text{ cm}$
$V = 60\text{ cm}^3$

a) Vergleiche den Lösungsweg mit der Formel $V = a \cdot b \cdot c$.
b) Welche Länge und Breite könnte der Quader bei gleich großer Grundfläche noch haben?

Die Einheiten sind weggelassen.
$V = a \cdot b \cdot c$
$64 = 2 \cdot 4 \cdot c$
$64 = 8 \cdot c$
$c = 8$ (cm)

5 Von einem Quader sind jeweils zwei Seiten und das Volumen gegeben. Berechne jeweils die dritte Seite des Quaders.
a) $a = 5$ cm; $b = 6$ cm; $V = 120\text{ cm}^3$
b) $a = 30$ cm; $c = 2$ dm; $V = 24\text{ dm}^3$
c) $b = 900$ mm; $c = 90$ cm; $V = 729\text{ dm}^3$
d) $a = 0{,}5$ m; $b = 6$ dm; $V = 36\text{ dm}^3$

1

2

1 Schätze das Volumen der Körper. Erkläre, wie du vorgegangen bist.

2 Das quaderförmige Schwimmbecken im Waldbad in Luckenwalde ist 20 m lang, 10 m breit und 2 m tief. Zu Beginn des Sommers soll es neu gefüllt werden.
a) Wie viele Kubikmeter Wasser passen in das Becken?
b) Wie viele Liter sind das?
c) Der Bademeister möchte in drei Stunden Feierabend machen. In einer Minute laufen 60 l Wasser aus der Leitung. Kann er pünktlich nach Hause gehen?

3 a) Frau Siebeck will sich eine neue umweltfreundliche Heizungsanlage in ihr Haus (linke Abbildung) einbauen lassen. Der Heizkessel der Firma Ercan wärmt einen Bruttorauminhalt von 300 m^3. Ist ihr ganzes Haus dann wirklich warm?

Der Bruttorauminhalt ist das Volumen des Hauses mit der Außenmauer.

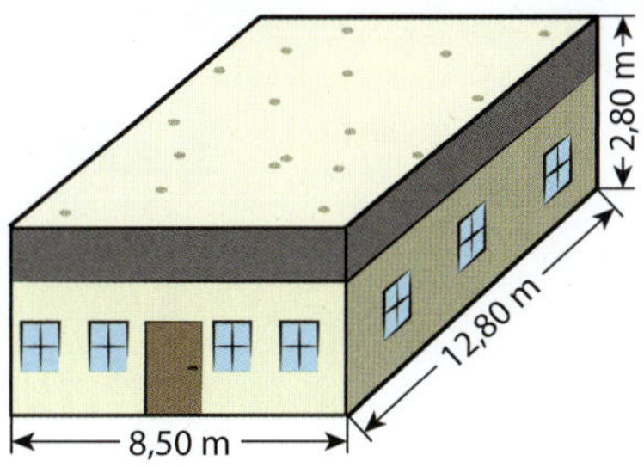

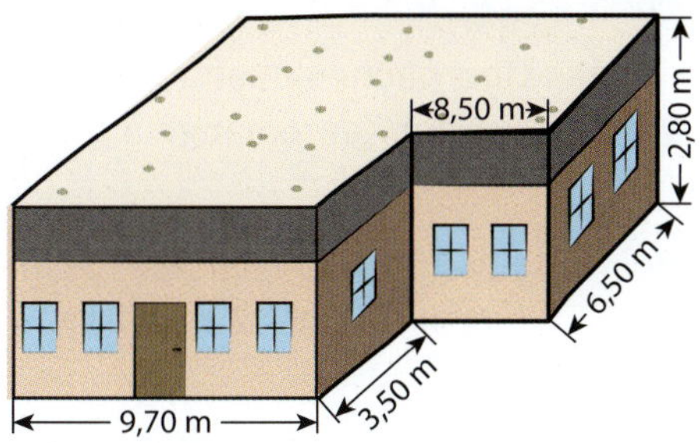

b) Ihre Nachbarn sind ebenfalls interessiert. Berechne ihren Bruttorauminhalt.

4 Ein Container für Luft- und Schienenfracht hat folgende Außenmaße: Länge 3,20 m, Breite und Höhe je 1,60 m.

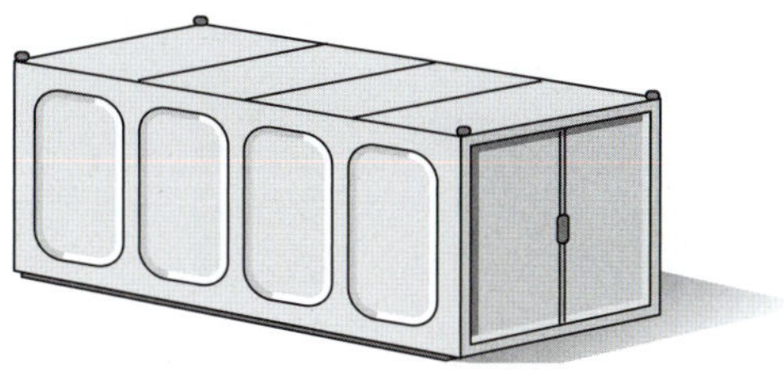

a) Ein Transportflugzeug hat 1900 m^3 Volumen. Wie viele Container passen in das Flugzeug?
b) Die Wände des Containers haben eine Stärke von 10 cm. Berechne den nutzbaren Innenraum. Was könnte man darin transportieren?

5 Der Winter dauert dieses Jahr sehr lang. Herr Degelmann kontrolliert seinen Heizölvorrat. In dem quaderförmigen Tank steht das Öl 30 cm hoch. Die Grundfläche ist 2,50 m breit und 3 m lang.
a) Wie viele Liter sind noch im Tank?
b) Pro Tag verbraucht Herr Degelmann 65 l Heizöl. Wie lange reicht der Vorrat noch?
c) Wie hoch steht das Öl, wenn Herr Degelmann den Tank mit 9000 l befüllt?

Oberflächeninhalt von Quadern berechnen

Kantenlänge: 2 cm

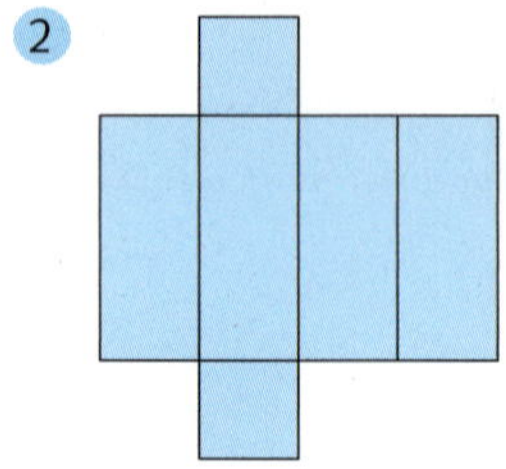

Kantenlängen: 5 cm; 2 cm; 2 cm

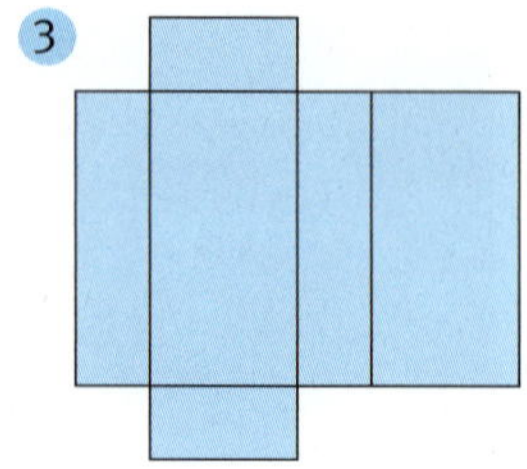

Kantenlängen: 4 cm; 2 cm; 1 cm

1 Zeichne die Quadernetze nach den angegebenen Maßen. Färbe gleich große Flächen mit der gleichen Farbe. Berechne dann vorteilhaft die jeweilige Netzfläche.

Oberflächeninhalt des Quaders

Alle Flächen, die einen Quader bzw. einen Würfel begrenzen, bilden zusammen seine Oberfläche. Die Oberfläche des Quaders besteht aus sechs Rechtecken, von denen jeweils zwei kongruent sind.

Für den Oberflächeninhalt A_O eines Quaders gilt:

$A_O = 2 \cdot A_G + A_M$

$A_O = 2 \cdot a \cdot b + 2 \cdot (b \cdot c + a \cdot c)$

$A_O = 2 \cdot (a \cdot b + b \cdot c + a \cdot c)$

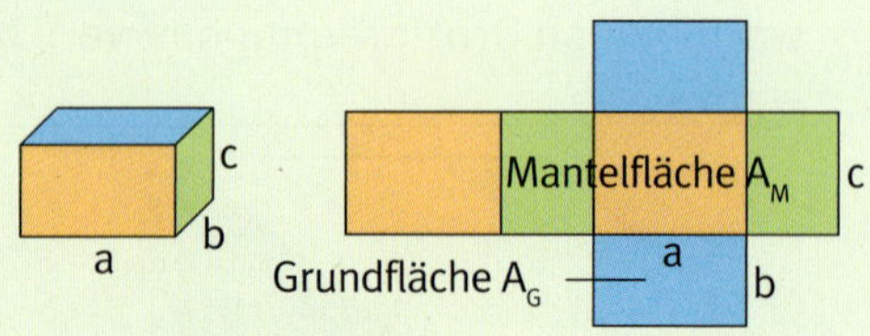

Für den Oberflächeninhalt eines Würfels mit der Kantenlänge a gilt:

$A_O = 6 \cdot a \cdot a = 6 \cdot a^2$

Bei Figur 3 gilt: a = 4 cm; b = 2 cm; c = 1 cm

$A_O = 2 \cdot (4\text{ cm} \cdot 2\text{ cm} + 2\text{ cm} \cdot 1\text{ cm} + 4\text{ cm} \cdot 1\text{ cm}) = 28\text{ cm}^2$

2 Berechne den Oberflächeninhalt der Quader 1 und 2 wie im Merkkasten. Vergleiche dann mit deinen Ergebnissen aus Aufgabe 1.

3 Berechne den Oberflächeninhalt der Quader (Maße in cm).

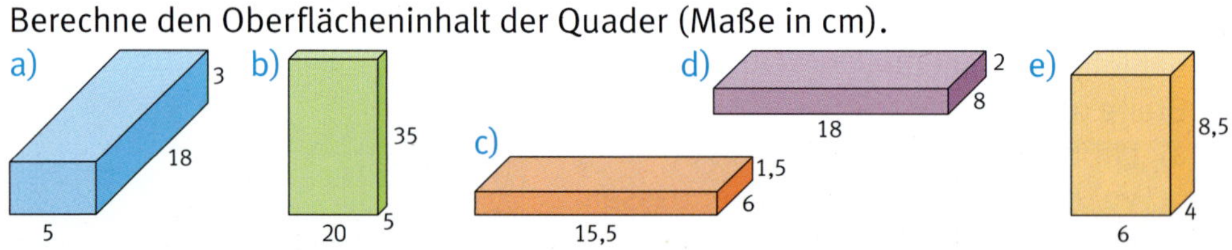

Lösungen zu 4

532	3360	300
142	348	1968
38,8	3,84	

4 Berechne den Oberflächeninhalt der Quader.

	a)	b)	c)	d)	e)	f)	g)	h)
a	7 cm	6 cm	14 cm	24 cm	4,5 dm	2,5 m	2,4 m	0,8 m
b	5 cm	9 cm	8 cm	16 cm	12 cm	20 dm	24 m	0,8 m
c	3 cm	8 cm	7 cm	15 cm	20 cm	32 dm	3,5 m	0,8 m

5 Ein Quader besitzt die Maße a = 10 cm; b = 8 cm; c = 6 cm.
Wie müsstest du die Kantenlängen verändern, damit sich der Oberflächeninhalt des Quaders viertelt (viermal so groß ist)?

Oberflächeninhalt von Quadern berechnen

1 Stefan möchte einen quaderförmigen Geschenkkarton basteln.
Er soll 20 cm lang, 10 cm breit und 5 cm hoch sein. Wie viel Quadratdezimeter Pappe werden gebraucht, wenn man die Klebelaschen vernachlässigt?

2 Container von Transportschiffen besitzen weltweit die gleichen Abmessungen (12,19 m x 2,44 m x 2,59 m).
Um die Container vor Rost zu schützen, werden sie mit einem Schutzanstrich versehen.
a) Berechne den Oberflächeninhalt.
b) Vorder- und Rückseite des Containers sollen mit dem Schriftzug der Firma versehen werden. Der Schriftzug hat einen Platzbedarf von 30 m^2.
Reicht der Platz?

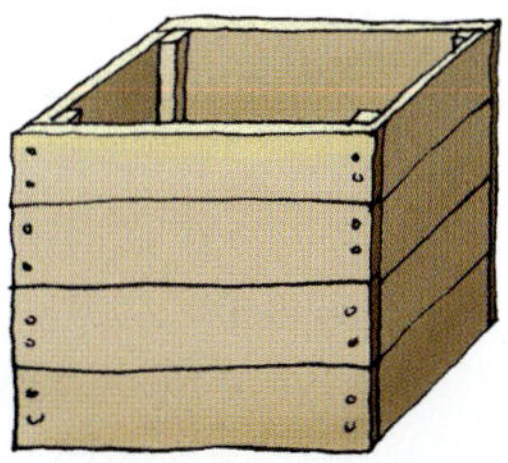

3 Im WAT-Unterricht werden Holzkisten zum Aufbewahren von Spielzeug gebaut. Lucas Kiste hat die Maße 1,5 m x 90 cm x 60 cm. Zu welchem Preis könnte man die Kisten verkaufen, wenn 1 m^2 Buchenholz 15,95 € kostet?

4 Ein Tetrapack für 1 l Milch ist 10 cm lang und 5 cm breit.
a) Wie hoch ist diese Packung?
b) Wie viel Pappe wird für seine Herstellung benötigt, wenn man 10% Verschnitt berücksichtigt?

TRIMM-DICH-ZWISCHENRUNDE

1 Ein Quader ist 2,5 cm lang, 3 cm breit und 2 cm hoch.
a) Zeichne das Schrägbild.
b) Zeichne das Netz.

2 Berechne das Volumen und den Oberflächeninhalt der Quader:

	a)	b)	c)
a	5 cm	35 mm	1,5 m
b	6 cm	55 mm	45 cm
c	7 cm	25 mm	8 dm

3 Ein quadratischer Sandkasten mit der Seitenlänge 1,70 m ist 20 cm hoch mit Sand gefüllt. Berechne das Volumen des Sandes.

4 Paletten mit Steinen zur Hofpflasterung wurden in Folie eingeschweißt. Wie viel Quadratmeter Folie benötigt man für eine Palette mindestens, wenn diese 1,1 m hoch, 1,3 m lang und 0,9 m breit ist?

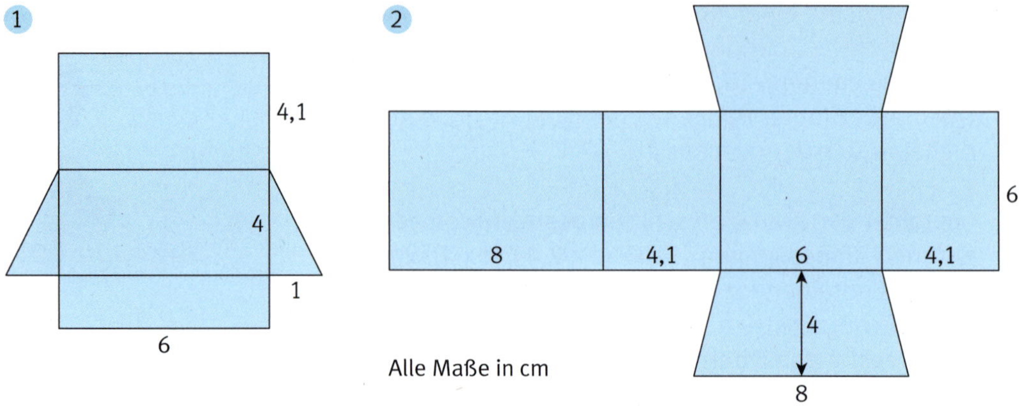

Zwei Flächen heißen kongruent, wenn sie in Form und Größe übereinstimmen.

1 a) Zeichne die Netze auf kariertes Papier, schneide sie aus und falte sie zu einem Körper zusammen.
b) Färbe Grund- und Deckfläche mit derselben Farbe. Was fällt dir auf?
c) Welche Gemeinsamkeit haben die Mantelflächen beider Körper?

Prisma

> Ein Körper, bei dem Grund- und Deckfläche kongruente Vielecke sind und bei dem die Mantelfläche aus Rechtecken besteht, heißt **Prisma**.

2 Welche Körper sind Prismen? Begründe.

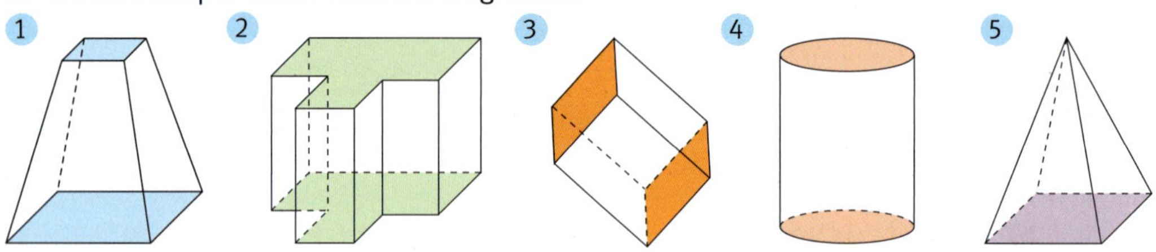

3 Sind folgende Aussagen richtig oder falsch? Begründe und korrigiere die falschen Aussagen.
a) Jeder Quader ist auch ein Prisma.
b) Ein Prisma mit dreieckiger Grundfläche besitzt vier Seitenflächen.
c) Ein Prisma mit fünfeckiger Grundfläche besteht aus fünf Flächen.

4 Welche Körpernetze gehören zu Prismen? Begründe.

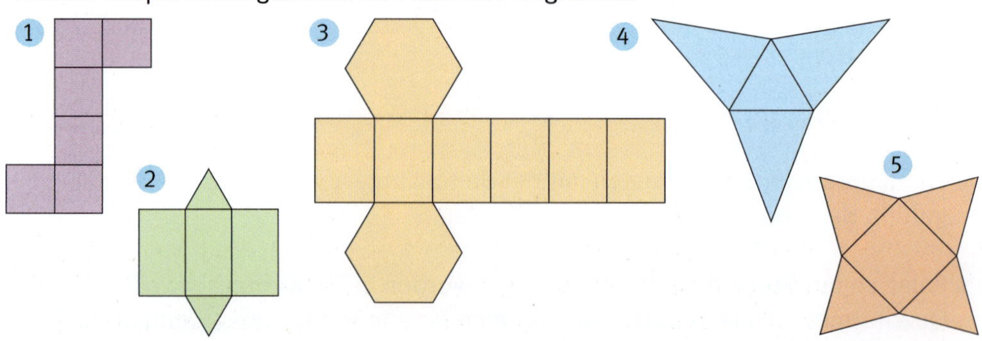

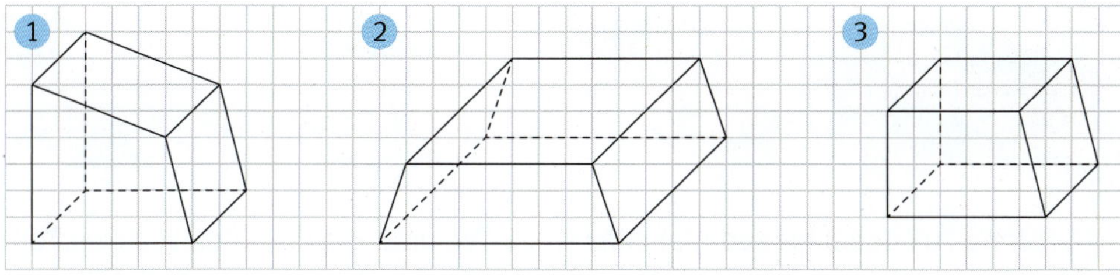

1 Hier sind verschiedene Prismen dargestellt. Zeichne sie ab und färbe die kongruenten Grund- und Deckflächen in derselben Farbe.

Um ein Prisma anschaulich darzustellen und einen räumlichen Eindruck zu erhalten, wird es häufig als **Schrägbild** gezeichnet.

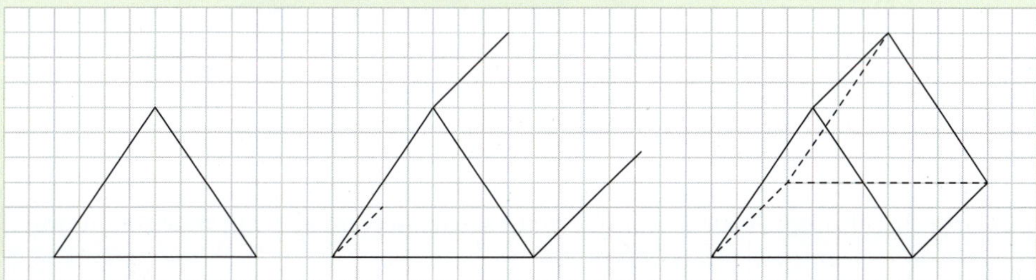

Schrägbilder von Prismen

2 a) Übertrage das Schrägbild des Dreiecksprismas.
b) Schreibe auf, wie du gezeichnet hast. Du kannst folgende Wörter verwenden:

die Vorderfläche — die Hälfte — die Rückfläche — Winkel von 45° — nicht sichtbare Kanten

3 a) Übertrage das Netz des Dreiecksprismas. Entnimm die notwendigen Maße der Zeichnung (Maße in cm).
b) Zeichne ein Schrägbild.

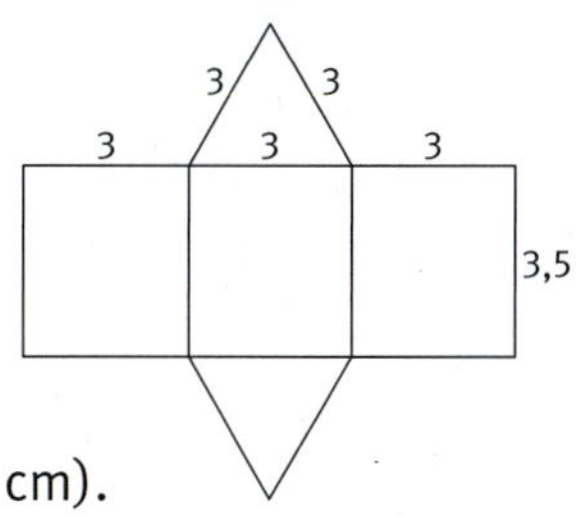

4 Zeichne die Schrägbilder folgender Prismen (alle Maße in cm).

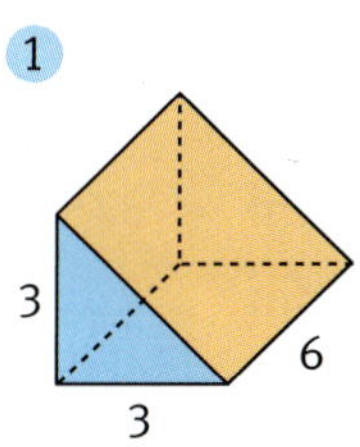

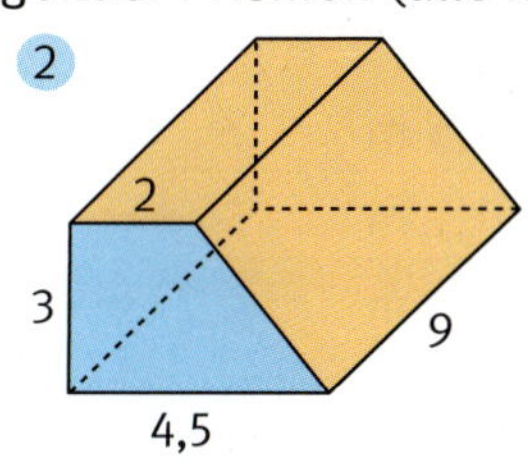

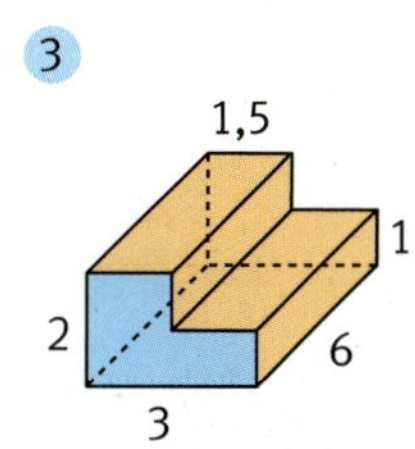

5 Zeichne zu den Prismen der Höhe h_K je ein Schrägbild und ein Netz. Die Grundfläche ist jeweils ein gleichseitiges Dreieck der Seitenlänge a.
a) $a = 3$ cm; $h_K = 7$ cm b) $a = h_K = 5$ cm c) $a = 4$ cm; $h_K = 2$ cm

Volumen von Prismen berechnen

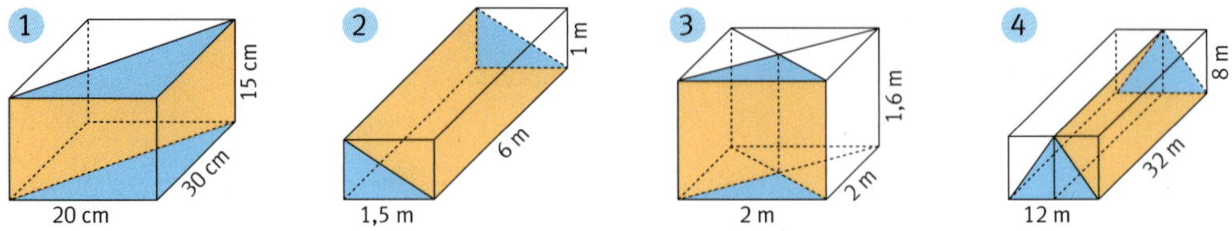

1 Berechne aus den angegebenen Maßen das Volumen der Quader. Welcher Teil davon ist jeweils das Volumen des eingezeichneten Dreiecksprismas? Gib dafür auch das Volumen an.

Volumen von Prismen

Aufpassen! Die Höhe im Dreieck und die Höhe des Körpers sind unterschiedliche Größen.

Das **Volumen von Prismen** ist abhängig vom Flächeninhalt seiner Grundfläche A_G und der Länge seiner Höhe h_k.

Allgemein gilt:

$$V = A_G \cdot h_K$$

Für ein **Dreiecksprisma** gilt:

$$V = \frac{g \cdot h}{2} \cdot h_K$$

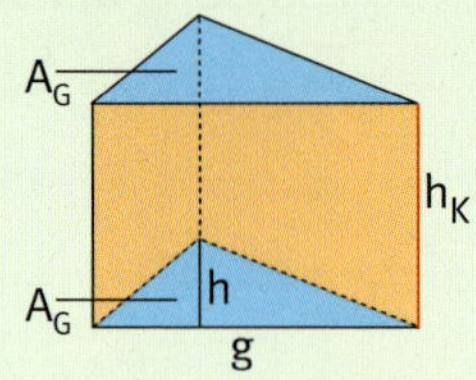

Die Grundfläche bei Figur (1) ist ein rechtwinkliges Dreieck mit a = 20 cm und b = 30 cm. Die Höhe h_K beträgt 15 cm.

$$V = \frac{a \cdot b}{2} \cdot h_K = \frac{20\text{ cm} \cdot 30\text{ cm}}{2} \cdot 15\text{ cm} = 4\,500\text{ cm}^3$$

2 Berechne das Volumen der Dreiecksprismen (2), (3) und (4) aus Aufgabe 1 wie im Merkkasten. Vergleiche mit deinen Ergebnissen aus Aufgabe 1.

Lösungen zu 3 und 4

420,75	9,24
486	64
40,425	60,69
5,4	96
51,84	5,42

3 Berechne das Volumen der Prismen (Maße in cm).

a)

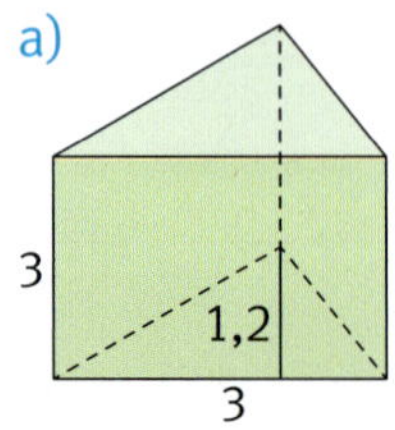

b)

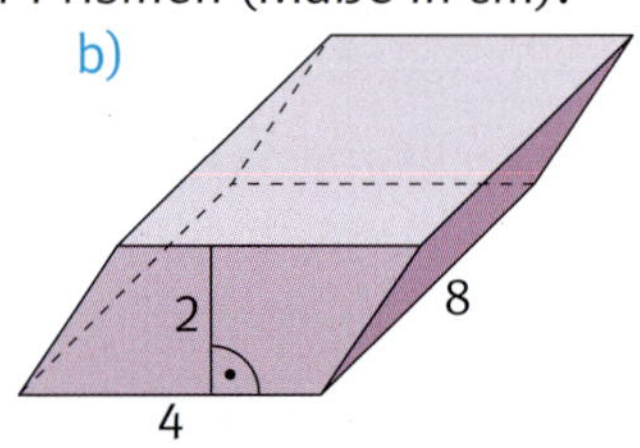

c)

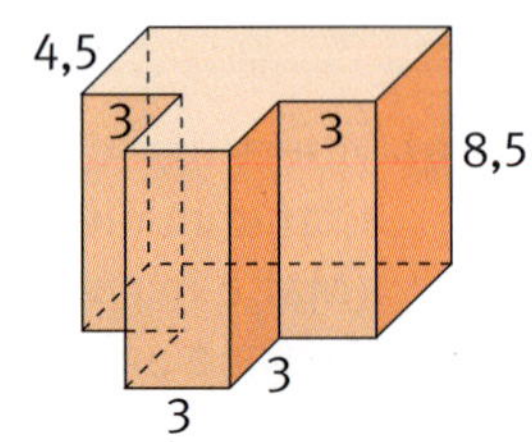

4 Berechne das Volumen der Dreiecksprismen.

	a)	b)	c)	d)	e)	f)	g)
g	8 cm	4,5 cm	3,5 m	$8\frac{1}{2}$ cm	5,25 m	4,25 m	14,4 m
h	4 cm	3,2 cm	1,2 m	34 mm	4,4 m	17 dm	375 cm
h_k	6 cm	7,2 cm	4,4 m	4,2 cm	35 dm	15 dm	18 m

5 Von einem Prisma sind jeweils zwei Größen gegeben. Berechne die fehlende.

a) $A_G = 115\text{ cm}^2$; $h_K = 13\text{ cm}$
b) $h_K = 17{,}5\text{ m}$; $V = 1085\text{ m}^3$
c) $A_G = 8{,}1\text{ dm}^2$; $V = 145{,}8\text{ m}^3$
d) $h_K = 0{,}75\text{ cm}$; $V = 2{,}55\text{ cm}^3$

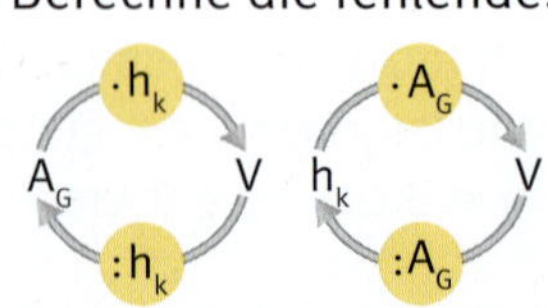

1 Marco will das Volumen dieser Pralinenpackung berechnen.
a) Durch welchen Körper lässt sich die Schachtel beschrieben?
b) Wie würdest du das Volumen mit Hilfe von dreiseitigen Prismen bestimmen?
c) Berechne das Volumen dieser Schachtel mit $h_k = 20$ cm, $g = 6{,}5$ cm und $h = 3$ cm.

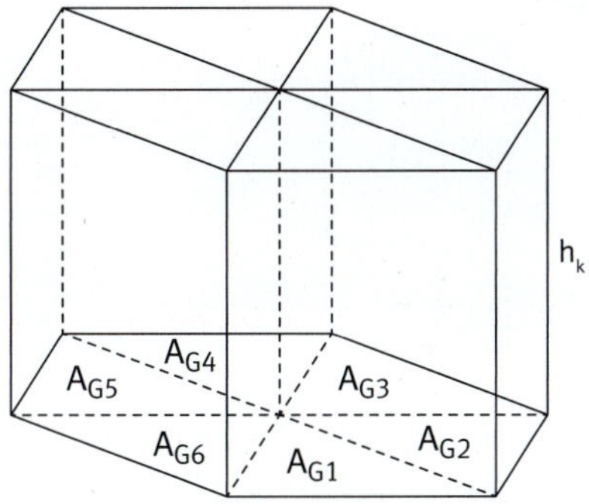

Jedes Prisma lässt sich durch Schnitte in Dreiecksprismen oder Quader zerlegen. Dazu ist es sinnvoll, die Grundfläche A_G in Dreiecke oder Rechtecke zu zerlegen.

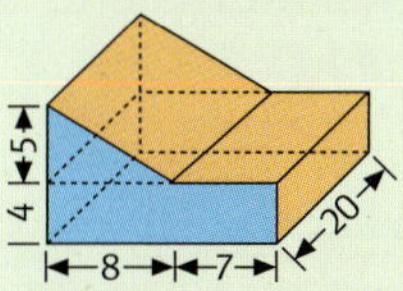

Maße in cm

$A_G = A_{Dreieck} + A_{Rechteck}$
$= \frac{5 \cdot 8}{2}$ cm² $+ 4 \cdot 15$ cm²
$= 80$ cm²

$V = A_G \cdot h_K$
$= 80$ cm² $\cdot 20$ cm
$= 1600$ cm³

Volumen von zusammengesetzten Prismen

2 Berechne das Volumen der Prismen. Zerlege dazu geschickt die Grundfläche.
a) $h_k = 7$ m

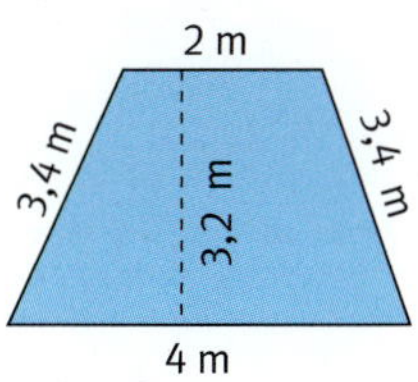

b) $h_k = 15$ cm

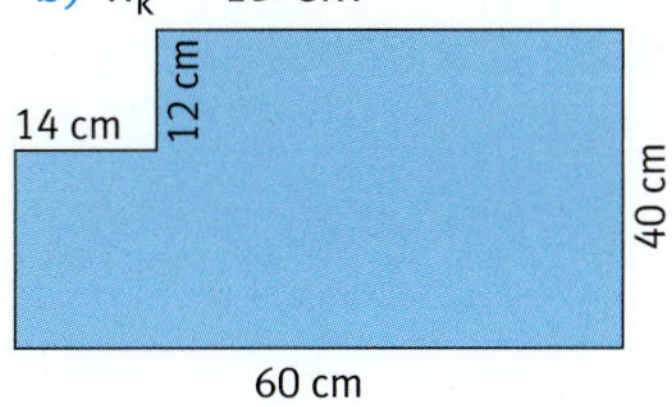

c) $h_k = 6$ cm

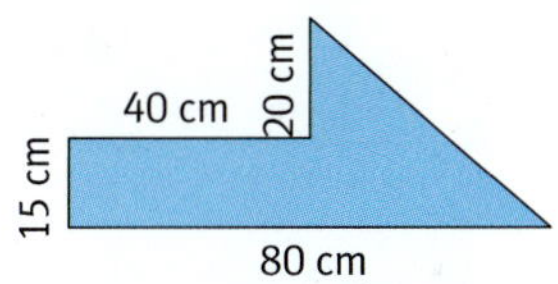

3 Eine Gärtnerei plant den Bau eines neuen Gewächshauses. Berechne das Luftvolumen im Inneren des Gewächshauses (Maße in m).

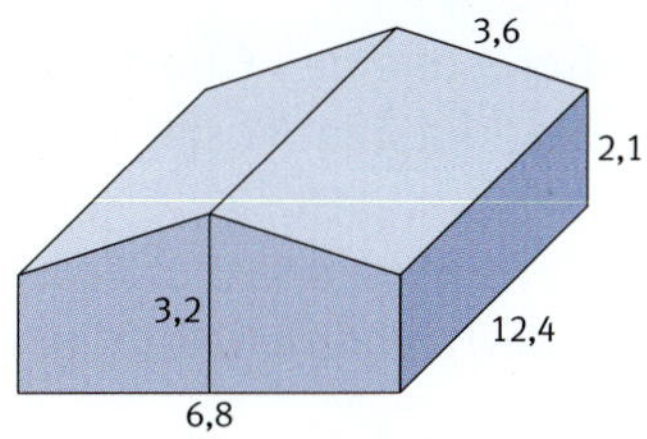

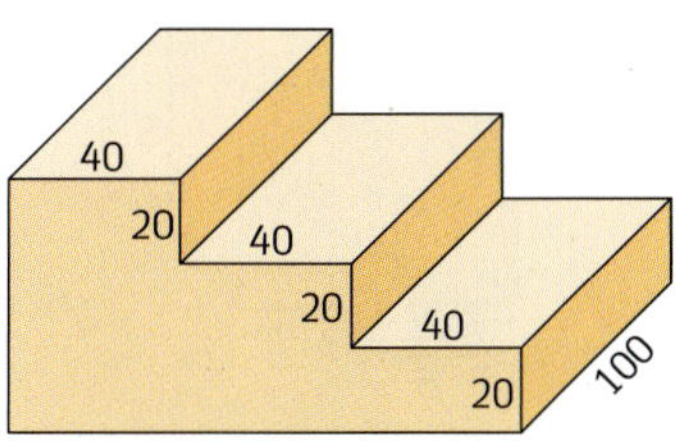

4 Schreinermeister Özdemir hat die dargestellte Holztreppe gebaut (Maße in cm).
a) Berechne das Volumen der Treppe.
b) Kann er sie in seinem Auto transportieren, wenn er maximal 250 kg zuladen kann? 1 cm³ Holz wiegt 0,5 g.

5 Elzbeth hat ihre Ausbildung in der Gärtnerei begonnen. Sie fragt sich, ob fünf Säcke Blumenerde zu je 35 l reichen, um den großen Blumenkasten zu füllen.

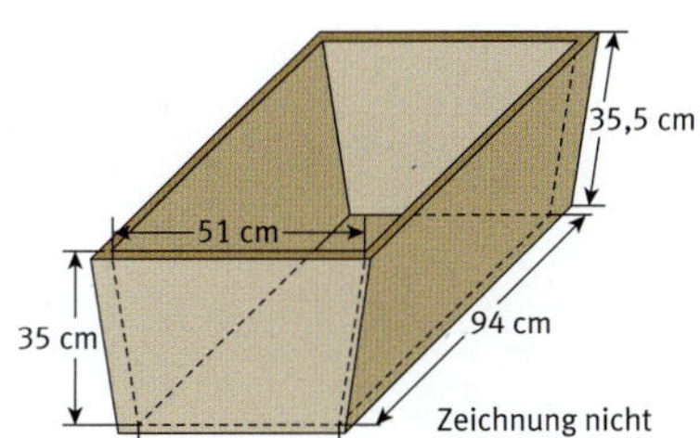

Zeichnung nicht maßstabsgetreu

Oberflächeninhalt von Prismen berechnen

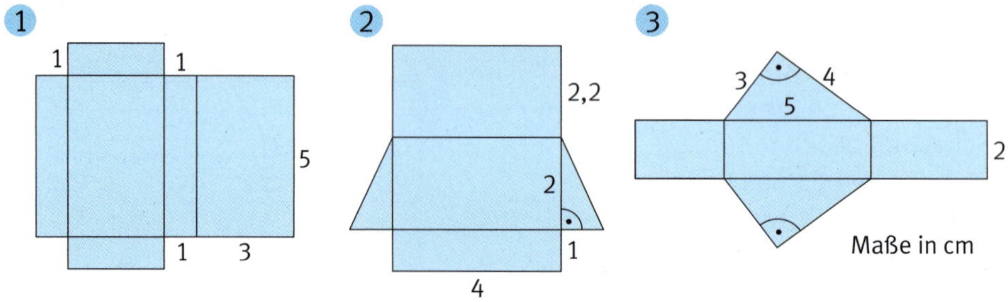

1 a) Welche Prismen entstehen aus den Netzen?
b) Berechne möglichst vorteilhaft zunächst die jeweiligen Flächeninhalte des Mantels und dann den Oberflächeninhalt.

Oberflächeninhalt von Prismen

Den Flächeninhalt der Mantelfläche kann man berechnen, indem man den Umfang der Grundfläche mit der Körperhöhe multipliziert.

Die Oberfläche eines Prismas besteht aus Grund- und Deckfläche, die kongruent sind, und einem Rechteck als Mantelfläche. Die Länge des Rechtecks entspricht dem Umfang der Grundfläche, die Breite der Körperhöhe h_K.

Für den **Oberflächeninhalt von Prismen** gilt:

$A_O = 2 \cdot A_G + A_M$

$A_M = u \cdot h_K$

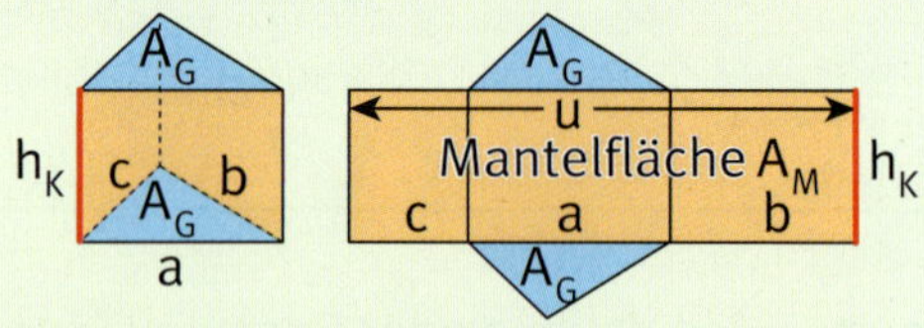

Die Grundfläche bei Figur 2 ist ein rechtwinkliges Dreieck mit a = 2 cm; b = 1 cm und c = 2,2 cm. Die Höhe h_K beträgt 4 cm.

$u = 1\text{ cm} + 2\text{ cm} + 2{,}2\text{ cm} = 5{,}2\text{ cm}$ $\quad A_M = 5{,}2\text{ cm} \cdot 4\text{ cm} = 20{,}8\text{ cm}^2$

$A_G = \frac{2\text{ cm} \cdot 1\text{ cm}}{2} = 1\text{ cm}^2$ $\quad A_O = 20{,}8\text{ cm}^2 + 2\text{ cm}^2 = 22{,}8\text{ cm}^2$

2 Berechne den Oberflächeninhalt der Prismen 1 und 3 aus Aufgabe 1 wie im Merkkasten. Vergleiche dann mit deinen Ergebnissen aus Aufgabe 1.

3 Berechne zunächst den Mantelflächeninhalt der Prismen und dann den Oberflächeninhalt (Maße in cm).

a)

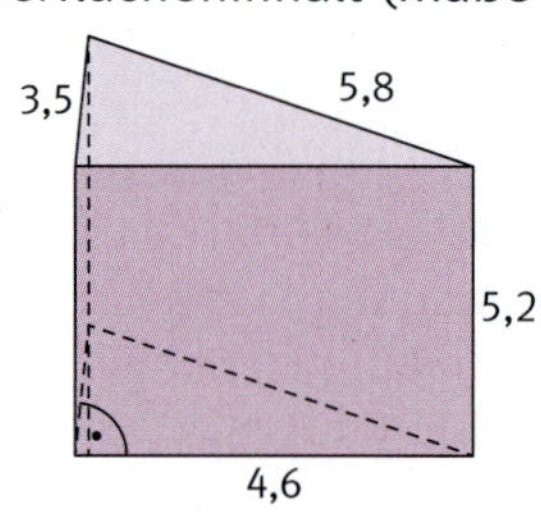

b)

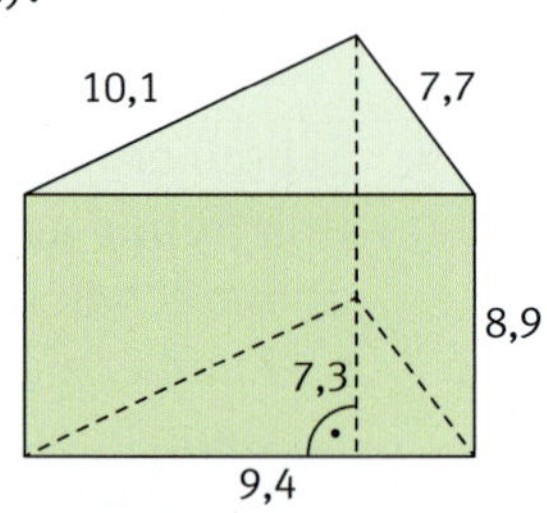

c)

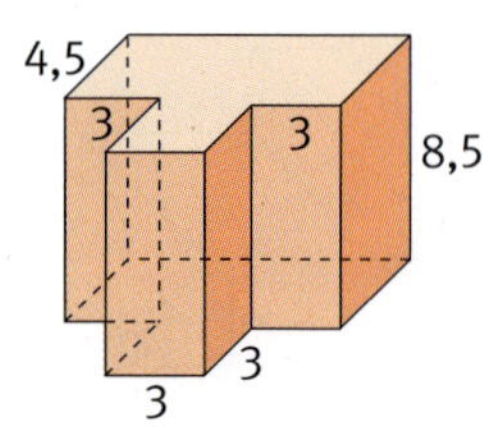

Lösungen zu 4

59,1	86	865
1 172	5,8	330

4 Berechne die fehlenden Größen eines Prismas.

	a)	b)	c)	d)	e)	f)
A_G	28 cm²	254 cm²	■	250 mm²	1,5 m²	■
A_M	30 cm²	■	1075 cm²	■	2,8 m²	1,8 dm²
A_O	■	1680 cm²	2805 cm²	830 mm²	■	1,2 m²

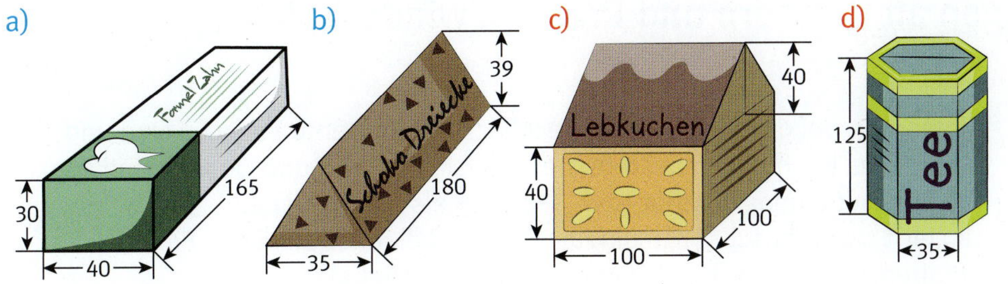

Skizzieren bedeutet, dass man ohne Lineal nur die Form des Netzes zeichnet und die Maßzahlen notiert.

1 Skizziere für die dargestellten Verpackungen das Körpernetz (Maße in mm). Berechne, wie viel Quadratzentimeter Pappe für die Herstellung benötigt werden. Rechne 10 % Verschnitt mit hinzu. Entnimm fehlende Maße den Skizzen.

2 Elzbeth soll in der Gärtnerei zehn Blumenkästen von außen anstreichen. Überlege, welche Flächen gestrichen werden müssen. Reicht ein Farbeimer für 10 m^2?

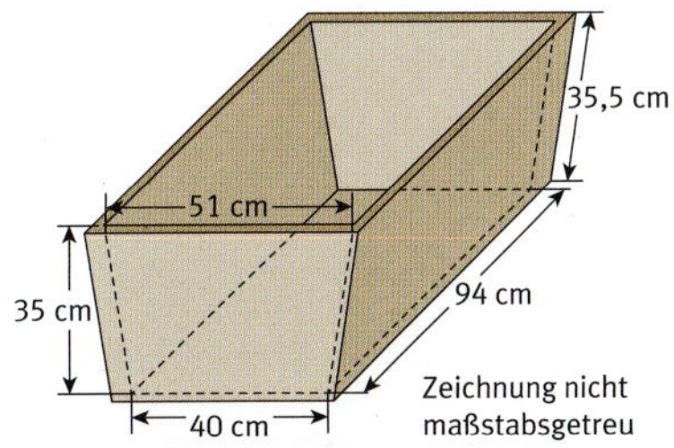

TRIMM-DICH-ZWISCHENRUNDE

1 a) Übertrage die Zeichnungen und ergänze zu einem vollständigen Netz eines Prismas (Maße in cm). Die Körperhöhe beträgt jeweils 4 cm.

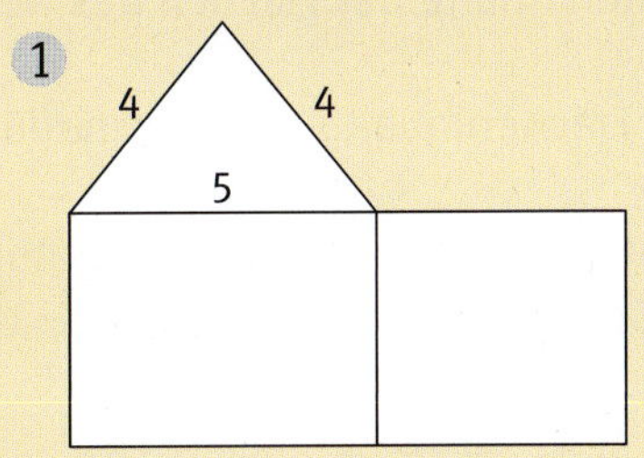

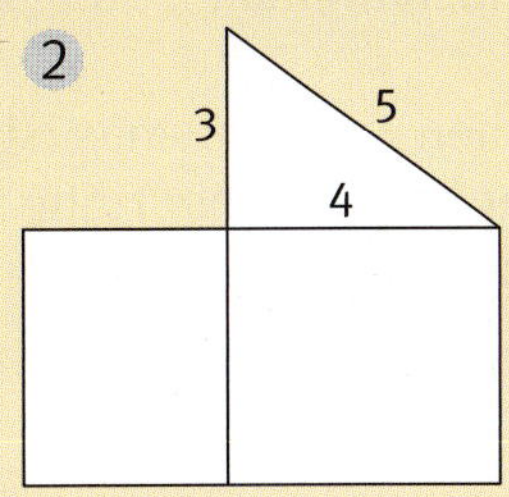

b) Zeichne die Schrägbilder der Prismen.

2 Gegeben sind Grundflächen gerader Prismen mit einer Körperhöhe von 4 cm.

a) Berechne den Mantel- und den Oberflächeninhalt.

b) Wie groß ist jeweils das Volumen?

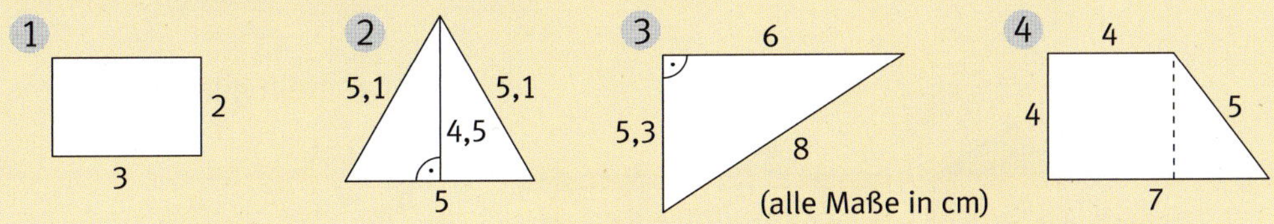

(alle Maße in cm)

3 Wie hoch sind die ungefähren Baukosten dieser Häuser, wenn man für 1 m^3 umbauten Raum 720 € rechnet? Runde auf volle €.

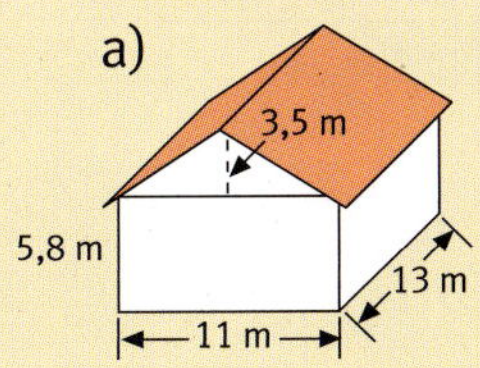

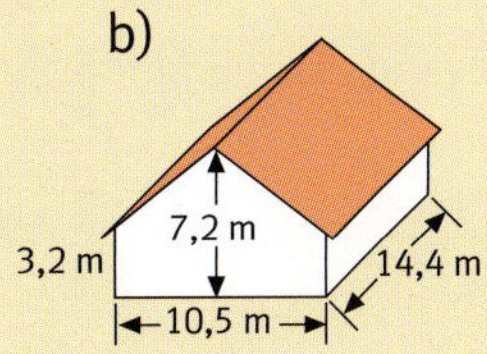

Berechnungen an Quadern und Prismen wiederholen

Prismen

Prismen untersuchen
S. 58 f.
S. 60 f.
S. 68

Ein Körper, bei dem Grund- und Deckfläche kongruente Vielecke sind und der Mantel aus Rechtecken besteht, heißt Prisma. Würfel und Quader sind spezielle Prismen mit einem Quadrat bzw. Rechteck als Grundfläche.
Um ein Prisma anschaulich darzustellen und einen räumlichen Eindruck zu erhalten, wird es häufig als Schrägbild gezeichnet.

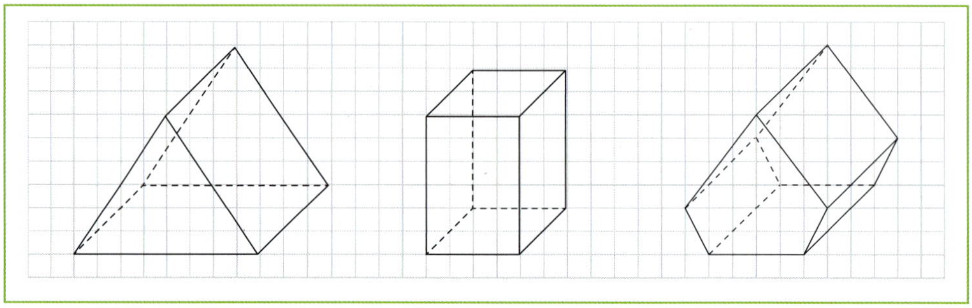

Netze, Oberflächeninhalt und Volumen von Prismen

Oberflächeninhalt und Volumen von Prismen berechnen
S. 64 ff.
S. 70 ff.

Schneidet man ein Prisma entlang seiner Kanten und der Höhe auf, erhält man das Netz. Es besteht aus kongruenten Grund- und Deckflächen und einem Rechteck als Mantelfläche. Die Länge des Rechtecks entspricht dem Umfang der Grundfläche, die Breite der Körperhöhe h_K.
Der Oberflächeninhalt ist die Summe der Flächeninhalte der Flächen des Netzes.

Das Volumen eines Prismas ist abhängig vom Flächeninhalt seiner Grundfläche A_G und der Länge seiner Höhe h_K.
Oberflächeninhalt und Volumen lassen sich mit Hilfe von Formeln berechnen.

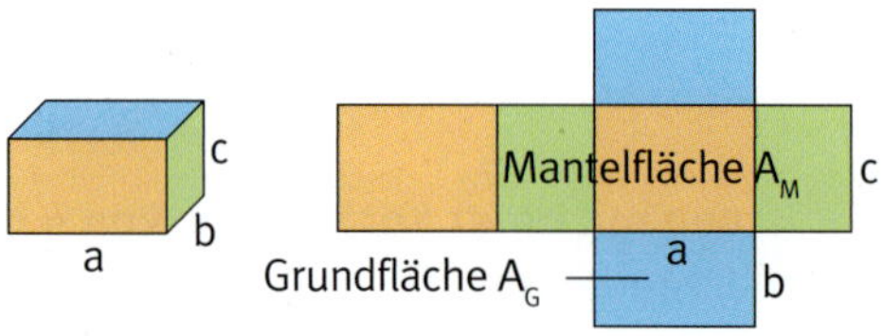

$V = a \cdot b \cdot c$
$A_O = 2 \cdot (a \cdot b + b \cdot c + a \cdot c)$

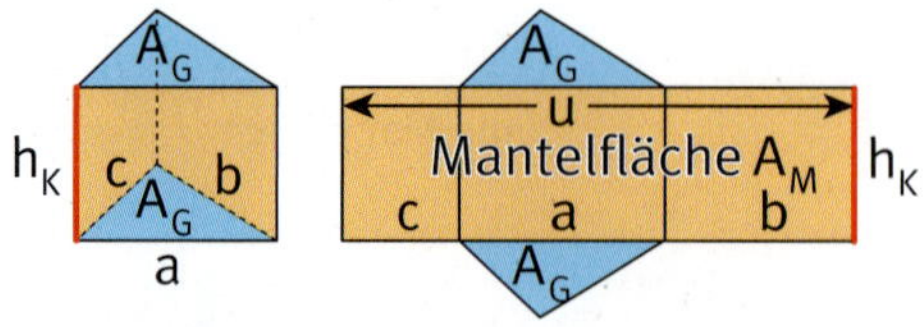

Allgemein gilt:

$V = A_G \cdot h_K$
$A_O = 2 \cdot A_G + A_M$
$A_M = u \cdot h_K$

Für ein Dreiecksprisma gilt:

$V = \frac{g \cdot h}{2} \cdot h_K$

Aufgaben zur Differenzierung

Basis-Aufgaben | **Vertiefende Aufgaben**

1 Sind die Aussagen richtig oder falsch? Korrigiere falsche Aussagen.

Basis-Aufgaben

a) Jeder Würfel ist auch ein Quader.
b) Jedes Prisma ist auch ein Quader.
c) Jeder Quader ist auch ein Prisma.
d) Jeder Quader ist auch ein Würfel.

Vertiefende Aufgaben

a) Ein Prisma kann von sechs deckungsgleichen Quadraten begrenzt werden.
b) Ein fünfseitiges Prisma hat fünf deckungsgleiche Rechtecke als Mantelfläche.
c) Ein dreiseitiges Prisma ist immer die Hälfte eines Quaders mit gleicher Höhe.

2 Übertrage und vervollständige zum Schrägbild eines Quaders.

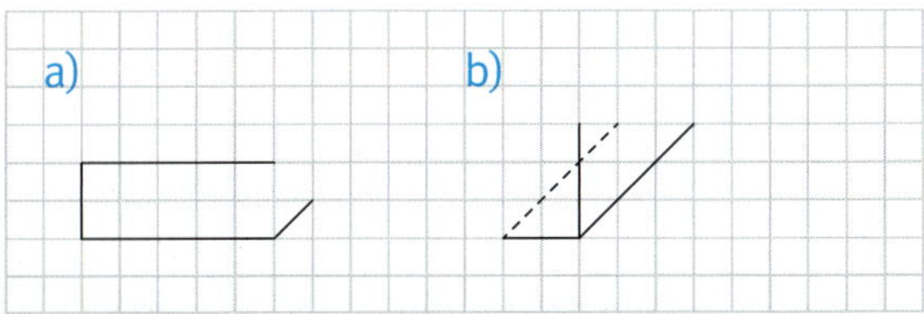

Übertrage und vervollständige die Schrägbilder der Buchstaben U, L, I.

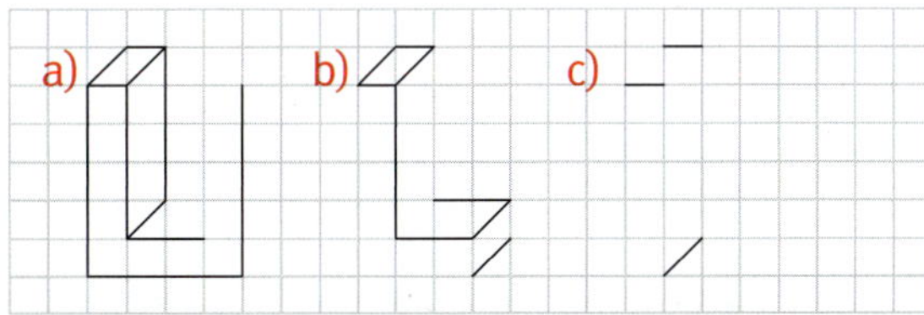

3 Berechne das Volumen und den Oberflächeninhalt des Quaders.

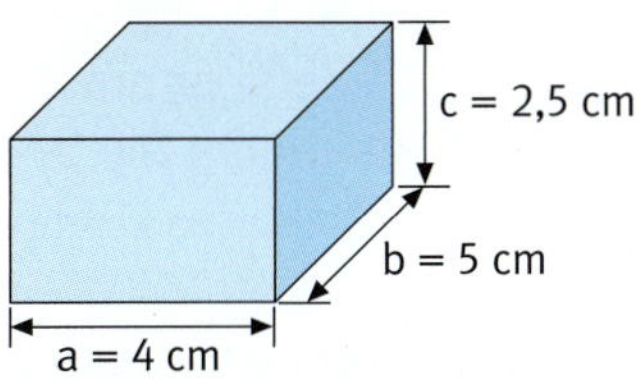

Berechne an den Quadern zuerst die fehlende Seitenlänge, anschließend den Oberflächeninhalt.

a)

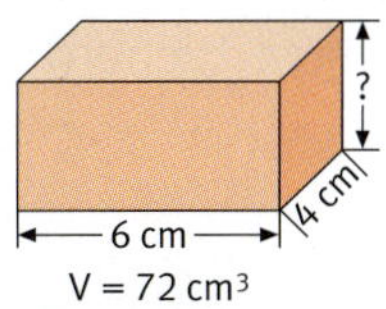

b)

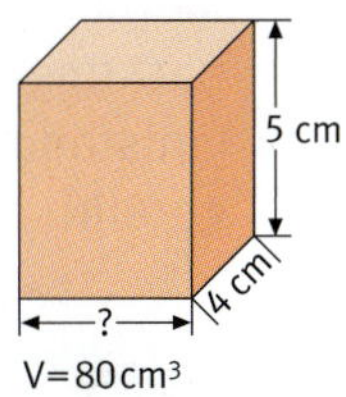

4 Berechne das Volumen und den Oberflächeninhalt der Prismen (Maße in cm).

a)

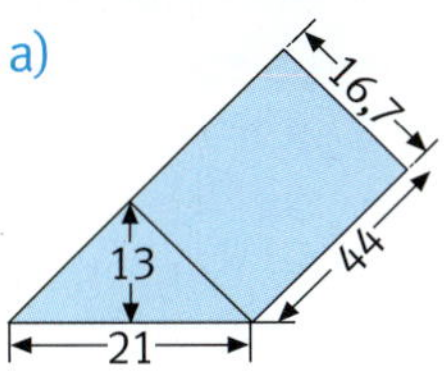

b)

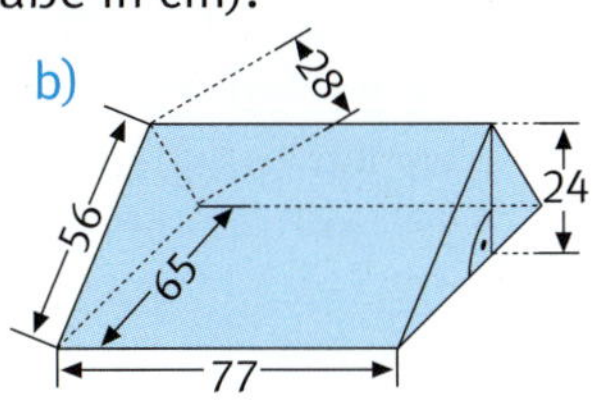

Berechne aus den Grundflächen und Körperhöhen jeweils das Volumen und den Oberflächeninhalt der Prismen (Maße in cm).

a)

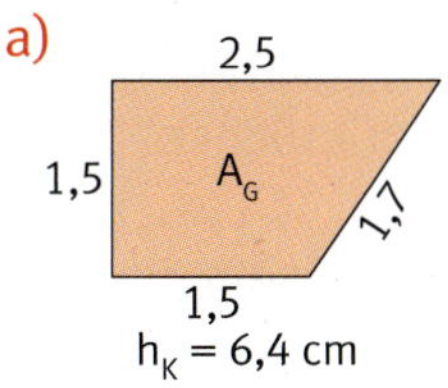

$h_K = 6,4$ cm

b)

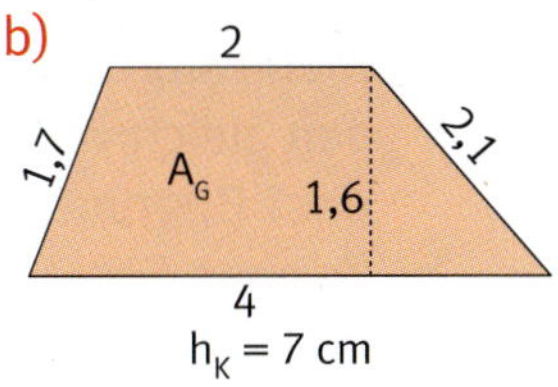

$h_K = 7$ cm

5 Ein Spielfeld von 6 m Länge und 5 m Breite soll 40 cm hoch mit Sand befüllt werden.

a) Wie viel Kubikmeter Sand wird benötigt?
b) Ein LKW kann 4,5 m^3 Sand transportieren. Wie oft muss er fahren?

Ein Aquarium ist 80 cm lang, 50 cm breit und 50 cm hoch. Es ist oben offen.

a) Wie viel Quadratmeter Glas wird benötigt?
b) Das Wasser soll 40 cm hoch stehen. Wie viele Liter Wasser müssen eingefüllt werden?

1 Übertrage die Netze und markiere gegenüberliegende Flächen richtiger Würfel- und Quadernetze in derselben Farbe.

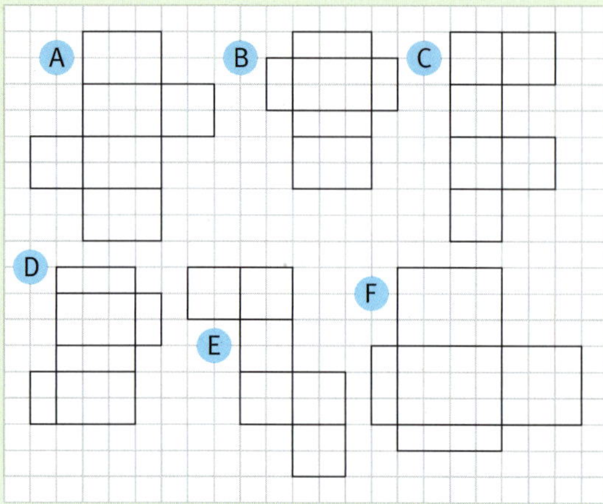

2 a) Zeichne das Schrägbild eines Quaders mit a = 6 cm, b = 4 cm und c = 2 cm.
b) Zeichne den Quader aus Aufgabe a) noch einmal so, dass die lange Kante nach hinten führt.

3 Maria findet zwei verschiedene Verpackungen für Kosmetiktücher. Diese sind vollständig mit gleichartigen Tüchern gefüllt.

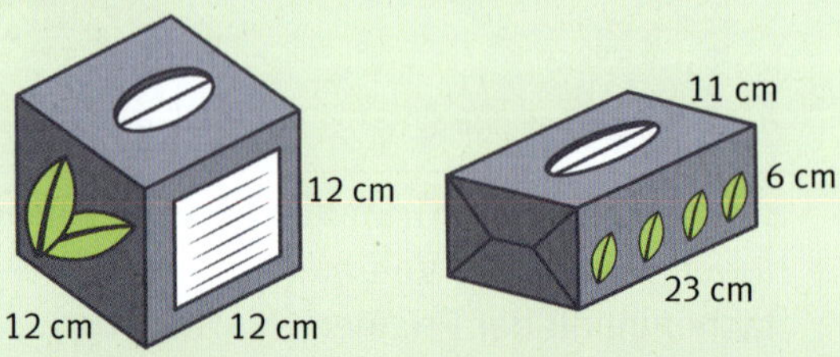

a) Maria sagt: „In beide Verpackungen passen gleich viele Kosmetiktücher." Stimmt das? Begründe.
b) Zeichne Schrägbilder in einem geeigneten Maßstab.

4 Berechne das Volumen und den Oberflächeninhalt dieses Körpers (Maße in cm).

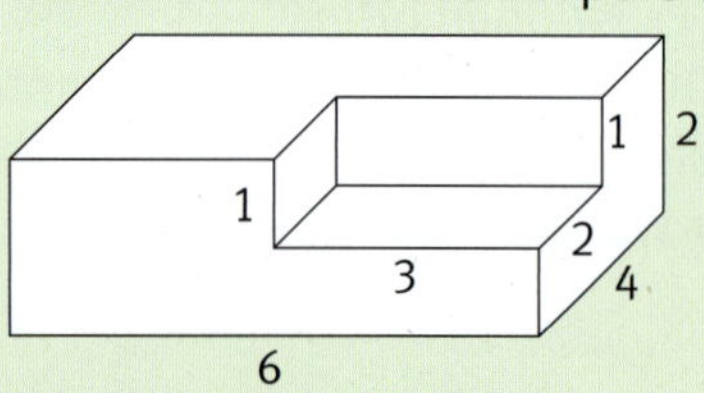

5 Berechne das Volumen der Prismen (Maße in cm).

a)

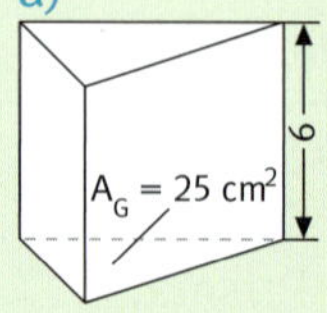

b)

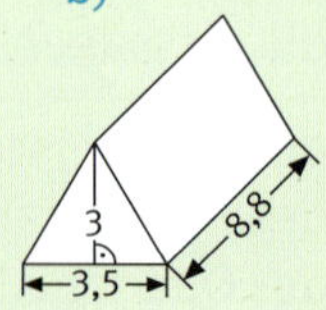

6 Berechne das Volumen und den Oberflächeninhalt der Prismen.

	a)	b)
Grundfläche	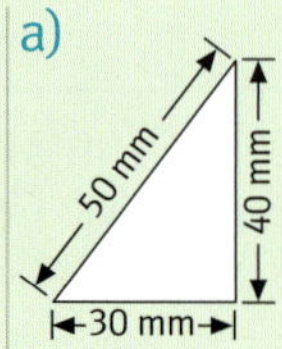	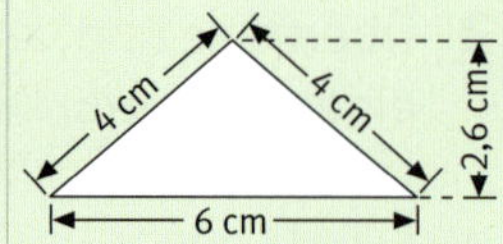
Körperhöhe	60 mm	15 cm

7 In einer Firma werden Zelte in der Form von dreiseitigen Prismen in großer Menge hergestellt. Berechne, wie viel Quadratmeter Material für 500 Zelte gebraucht werden. Das Zelt ist 1,8 m hoch. Die Vorderansicht ist ein gleichschenkliges Dreieck.

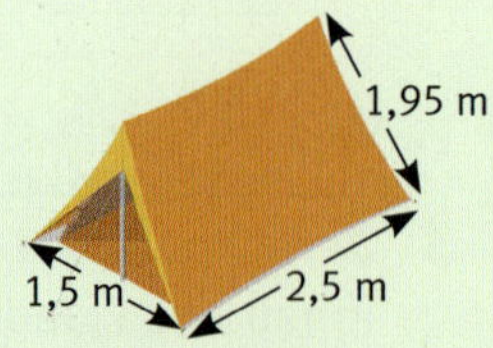

8 Die Firma Süßkram will einen neuen Schokoladenriegel auf den Markt bringen. Die Verpackung hat den Querschnitt eines gleichseitigen Dreiecks mit der Seitenlänge 3 cm und der Höhe 2,6 cm. Die Länge der Verpackung beträgt 15 cm. Es stehen drei Verpackungen mit einem Volumen von 50 cm³, 60 cm³ und 70 cm³ zur Verfügung. Welche soll die Firma wählen? Begründe.

9 Die Firma Holz-Lucke braucht eine neue Lagerhalle (Maße in m).

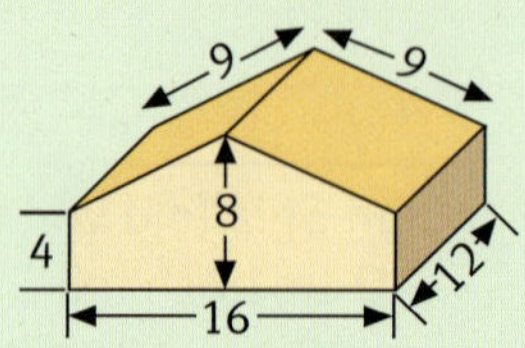

a) Wie viel Metallblech benötigt die Firma für den Bau von Dach und Wänden?
b) Wie viel Lagerraum stehen ihr dann zur Verfügung?

10 Überprüfe, ob die eingezeichneten roten Dreiecke im Würfelnetz zur gefärbten Ecke des Würfels gehören.

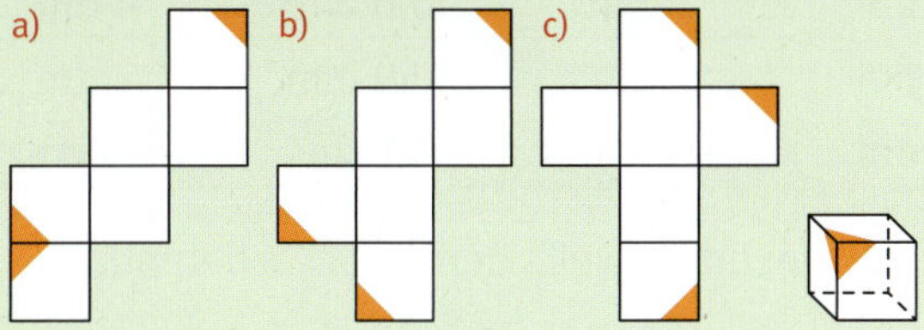

11 Ein Würfel hat eine Kantenlänge von 8 cm. An jeder Ecke wird ein Würfel von 2 cm weggefräst.

a) Zeichne eine ungefähre Schrägbildskizze.
b) Berechne das Volumen.
c) Bestimme geschickt den Oberflächeninhalt.

12 Die Prismen mit der dargestellten Grundfläche haben alle ein Volumen von 12 cm^3.

a) Berechne die Körperhöhe.
b) Zeichne Schrägbilder.

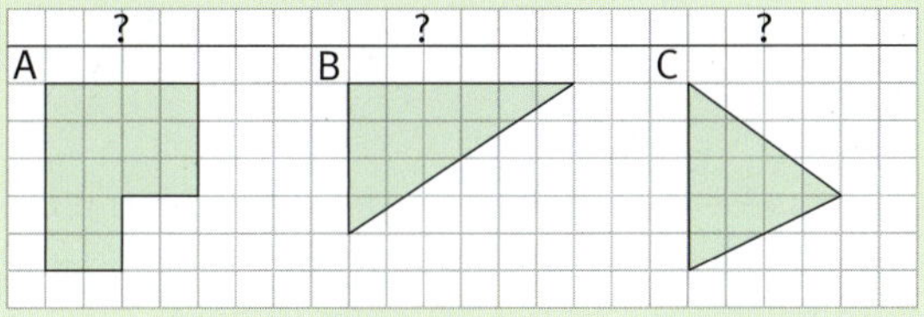

13 Ein Haus hat die Maße a = 15 m, b = 10 m und c = 7 m. Die Höhe h beträgt 12 m. Zeichne ein Schrägbild im Maßstab 1 : 200.

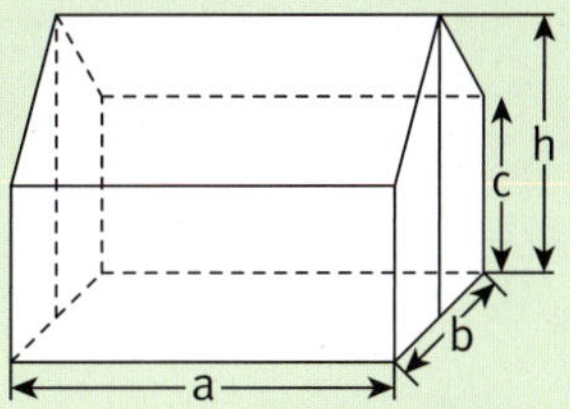

14 Berechne die Masse der Werkstücke aus Aluminium (Dichte: 2,7 $\frac{g}{cm^3}$, Maße in cm).

a) b)

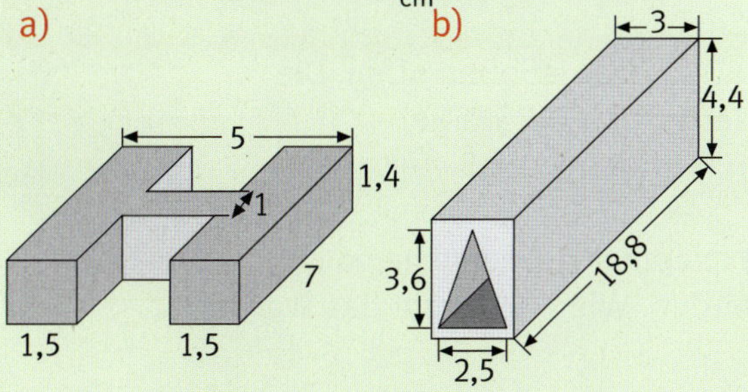

15 Eine Granitsäule mit quadratischer Grundfläche besitzt eine Höhe von 63 cm und eine Mantelfläche von 3 150 cm^2.

a) Berechne das Volumen.
b) Wie groß ist die Masse in kg, wenn 1 cm^3 Granit 7,8 g wiegt? Runde das Endergebnis auf drei Nachkommastellen.

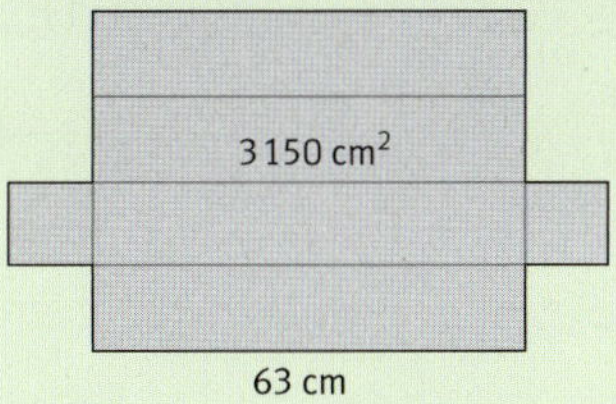

16 Herr Steinreich will die Einfahrt zu seiner Garage neu pflastern. Die Betonsteine haben die Grundfläche eines Parallelogramms (a = 25 cm; h_a = 15 cm) und sind 8 cm hoch. Herr Steinreich braucht 1 500 Steine. Kann ein LKW mit einer zulässigen Ladung von 8 t die Steine transportieren? (Dichte des Betons: 2,2 $\frac{g}{cm^3}$)

17 Beim Hochwasser im letzten Jahr ist die Oder über die Ufer getreten und hat das Umland überflutet. Nun soll der alte Deich, der eine Querschnittsfläche von 100 m^2 hat, erhöht werden. Die Querschnittsflächen des alten Deiches und des neuen Deiches haben die Form eines symmetrischen Trapezes.

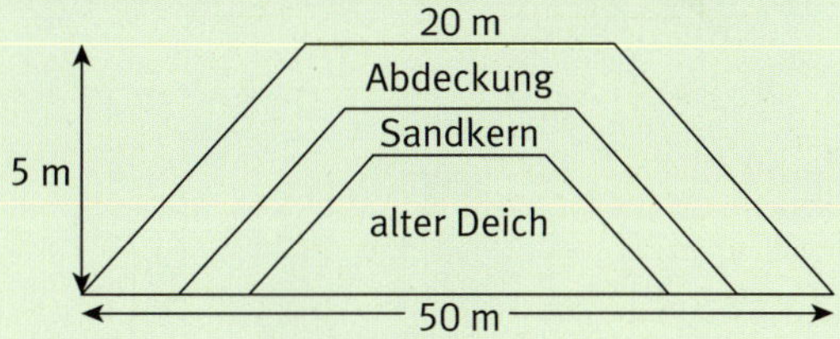

(Zeichnung nicht maßstabsgetreu)

a) Berechne das Volumen des neuen Deiches. Er ist 5 km lang.
b) Wie viel Tonnen Material wurden verwendet? Die Dichte von Sandkern und Abdeckung beträgt 1,6 $\frac{t}{m^3}$.

18 Gulia hat einen Würfel gebastelt und festgestellt, dass Oberflächeninhalt und Volumen gleich sind. Sie glaubt nun, dass das immer so ist. Stimmt ihre Vermutung? Welche Kantenlänge hat ihr Würfel?

1 Berechne das Volumen der Quader.

	a)	b)	c)	d)	e)
Länge	7 cm	45 mm	1,2 m	0,6 dm	4 dm
Breite	9 cm	65 mm	7 dm	150 mm	7 dm
Höhe	4 cm	15 mm	75 cm	11 cm	15 cm

2 a) Gegeben sind zwei Quadernetze. Berechne jeweils den Oberflächeninhalt.

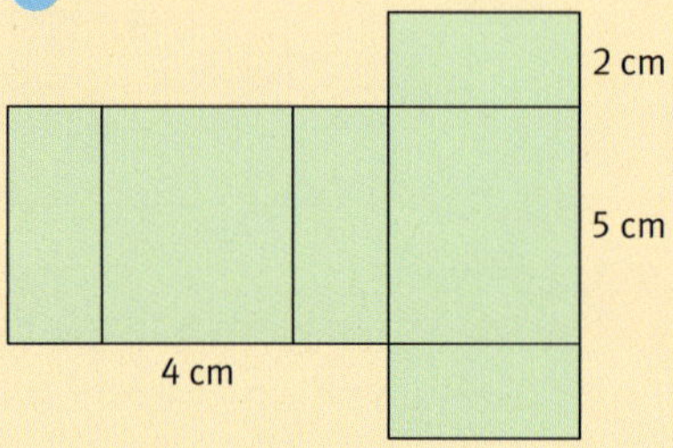

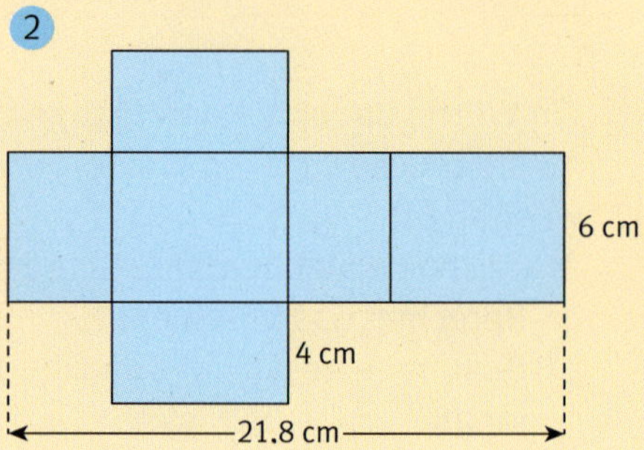

b) Zeichne die Schrägbilder der Quader.

3 a) Das ist die Grundfläche eines dreiseitigen Prismas mit einer Körperhöhe von 6 cm. Übertrage, miss benötigte Längen und berechne Volumen und Oberflächeninhalt.

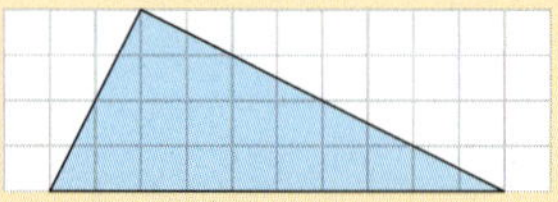

b) Zeichne das Schrägbild des Prismas.

4 Familie Meusel muss das Dach ihres Hauses neu decken lassen. Das Dach ist 6,50 m lang. Die Schrägen haben eine Länge von 3,50 m.
Berechne die Ausgaben, wenn ein Quadratmeter Ziegel 26,25 € kosten.

5 Berechne die Masse der Werkstücke aus Eisen (Dichte: $7{,}8\,\frac{g}{cm^3}$, Maße in cm).

a)

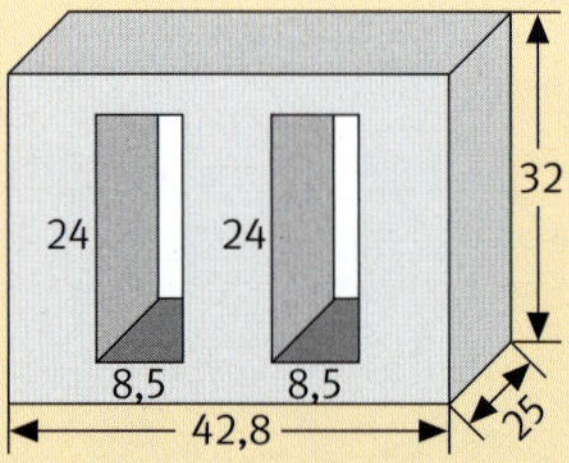

b)

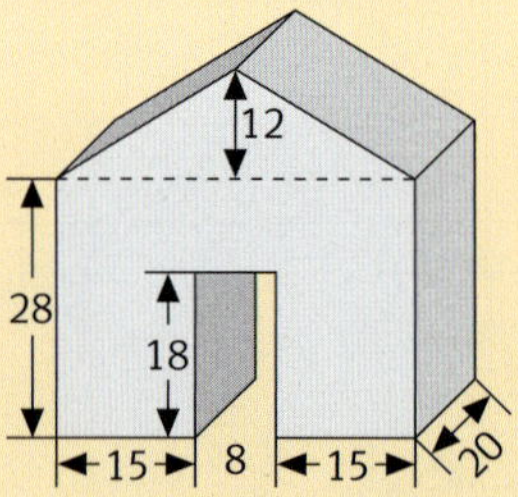

6 Eine Kiste hat folgende Außenmaße:
Länge 80 cm, Breite 50 cm, Höhe 60 cm. Sie ist oben offen. Die Kiste besteht aus Fichtenholzbrettern von 2 cm Stärke.
Welche Masse hat sie? (Dichte von Fichtenholz: $0{,}5\,\frac{g}{cm^3}$)

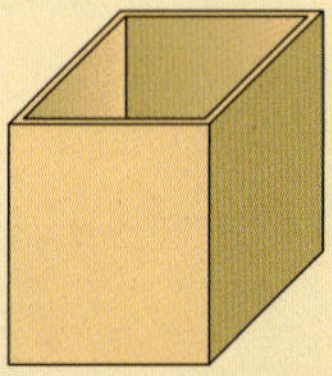

7 In ein prismenförmiges Glasgefäß mit einer Grundfläche von $80\ cm^2$ sollen 2 l Wasser gefüllt werden. Wie hoch steht das Wasser?

Terme und Gleichungen

Eintrittspreise

Tageskarte Erwachsene	3,00 €
Tageskarte Kinder ab 6 Jahre	1,50 €
Fünferkarte Erwachsene	12,00 €
Fünferkarte Kinder	6,00 €
Saison Familienkarte	82,00 €
Saison Erwachsenenkarte	50,00 €
Saison Kinderkarte	24,00 €
Schulklassen pro Kind	1,00 €

Wassertemperaturen

Sportbecken	25 °C
Nichtschwimmerbecken	27 °C
Sprungbecken	21 °C

Öffnungszeiten 9.00 – 20.00 Uhr

$x \cdot 6 + 82 = 88$

$3 \cdot x + 24 = 33$

$x \cdot 3 + y \cdot 1{,}50$

$x + 3$

- Suche zu den Rechenausdrücken auf den Kärtchen Situationen im Schwimmbad. Erkläre die verschiedenen Bedeutungen von x und y.
- Kannst du sagen, wie viele Personen jeweils ins Schwimmbad gehen?
- Bei Rechenausdrücken unterscheidet man zwischen Termen und Gleichungen. Ordne die Rechenausdrücke zu. Finde weitere Terme und Gleichungen und erläutere.
- Der Rand des Beckens muss neu gefliest werden. Eine Seite des Beckens ist 25 m lang. Insgesamt müssen 75 m gefliest werden. Berechne die Breite des Beckens.

BASISWISSENCHECK

Rationale Zahlen

Mit rationalen Zahlen rechnen

1 Berechne ohne Taschenrechner.

a) $24 - 46$ b) $-36{,}4 + 9{,}2$ c) $25 - 18{,}1 - 4{,}5$
d) $-15 \cdot (-2)$ e) $(-0{,}4) : 10$ f) $-4{,}5 : (-9) \cdot (-7{,}2)$

Rechenregeln beachten

2 Berechne unter Beachtung der Rechenregeln ohne Taschenrechner.

a) $5 + 4 \cdot 12$ b) $(13 - 6) \cdot (4 + 3)$ c) $81 : 3 + 5 \cdot 2$
d) $64 - 48 : 6 + 11$ e) $(150 : 5 - 20) - 14 : 2$ f) $(28 - 2 \cdot 32) : 4$
g) $-2{,}5 \cdot (74{,}2 + 25{,}8)$ h) $4 \cdot 4{,}5 - 25 : (1{,}4 + 1{,}1)$ i) $-\frac{1}{4} \cdot (\frac{1}{2} - \frac{1}{4})$

Addition/Subtraktion:

① Bei gleichen Vor- und Rechenzeichen werden die Beträge addiert, das Vorzeichen wird im Ergebnis übernommen.
$-8 - 4 = -12$ $8 + 4 = 12$

② Bei unterschiedlichen Vor- und Rechenzeichen werden die Beträge subtrahiert. Das Vorzeichen der Zahl mit dem größeren Betrag wird im Ergebnis übernommen.
$-8 + 4 = -4$ $8 - 4 = 4$

Multiplikation/Division:

① Bei gleichen Vorzeichen ist das Ergebnis positiv.
$-8 : (-2) = 4$ $-2 \cdot (-4) = 8$

② Bei unterschiedlichen Vorzeichen ist das Ergebnis negativ.
$-8 : 4 = -2$ $(-2) \cdot 4 = -8$

Bei der Verbindung der Grundrechenarten gelten folgende Regeln.
① die Klammern zuerst berechnen ② Punkt-vor-Strich-Rechnung
$-2 \cdot (-56 : 7 + 9 : 3) = -2 \cdot (-8 + 3) = -2 \cdot (-5) = 10$

Terme

Termwerte berechnen

3 Übertrage die Tabelle und vervollständige sie.

x	2	5	0	−7	$\frac{1}{2}$
22 + x	■	■	■	■	■
5 · x	■	■	■	■	■
50 − 7x	■	■	■	■	■
6 : (x − 1)	■	■	■	■	■

Ein Term ist eine Verbindung aus Zahlen, Rechenzeichen und Variablen.
Termwerte berechnet man, indem man für Variablen Zahlen einsetzt.

x	4	6	−5	1,8
18 − x	18 − 4 = 14	18 − 6 = 12	18 − (−5) = 23	18 − 1,8 = 16,2

Terme und Gleichungen

4 Immer vier Kärtchen gehören zusammen. Schreibe zusammen gehörende Begriffe auf.

Fachbegriffe anwenden

x + 3 | der dritte Teil | Summe | Subtraktion | das Dreifache | Quotient | vermindert um 3 | x : 3 | Differenz | Division | Addition | x – 3 | vermehrt um 3 | Produkt | x · 3 | Multiplikation

5 Schreibe als Term mit einer Variablen.

Terme aufstellen

a) Addiere zu einer Zahl 15.
b) Bilde das Produkt aus 7 und einer Zahl.
c) Subtrahiere eine Zahl von 28.
d) Bilde die Summe aus 16 und einer Zahl.
e) Multipliziere eine Zahl mit 12.
f) Bilde die Differenz aus einer Zahl und 2.
g) Dividiere eine Zahl durch 5.
h) Bilde den Quotienten aus einer Zahl und 3.

Addition: *„Ich addiere zu einer Zahl 4.“*	Summand + Summand = Summe $x + 4$
Subtraktion: *„Ich subtrahiere von einer Zahl 4.“*	Minuend – Subtrahend = Differenz $x - 4$
Multiplikation: *„Ich multipliziere eine Zahl mit 4.“*	Faktor · Faktor = Produkt $x \cdot 4$
Division: *„Ich dividiere eine Zahl durch 4.“*	Dividend : Divisor = Quotient $x : 4$

6 Löse das Zahlenrätsel.

Gleichungen aufstellen und lösen

a) Addiert man 14 zu einer Zahl, erhält man 26.
b) Dividiert man eine Zahl durch 3, erhält man 9.
c) Bildet man das Produkt aus 5 und einer Zahl, erhält man 40.
d) Vermindert man eine Zahl um 27, erhält man 20.

Zahlenrätsel kann man lösen, indem man eine Gleichung aufstellt. Gleichungen kann man durch Probieren, über Umkehraufgaben oder wertgleiches Umformen lösen.

Bildet man das Produkt aus 7 und einer Zahl, erhält man 63.

Lösen über die Umkehraufgabe:	Lösen durch wertgleiches Umformen:
$7 \cdot x = 63$	$7 \cdot x = 63 \mid : 7$
$x = 63 : 7$	$7x : 7 = 63 : 7$
$x = 9$	$x = 9$

Terme mit Variablen aufstellen und vereinfachen

1 a) Stelle einen Term für die Berechnung von Leons Gesamtkosten auf.
b) Notiere einen Term für Leons Gesamtkosten, wenn er den Radiergummi und x Hefte kauft.
c) Adelisa braucht Buntstifte. Wie viele Packungen kann sie kaufen und wie viel Geld hat sie noch übrig? Schreibe als Term.
d) Erkläre die Bedeutung von x und y: $x \cdot 0{,}70\,€ + x \cdot 1{,}80\,€ + y \cdot 0{,}65\,€$
Finde Werte für x und y, so dass Adelisas Geld reicht.

2 Notiere die Gesamtlänge der Strecken als Term und vereinfache. Berechne dann die Längen für a = 3 cm und z = 6 cm.

a)

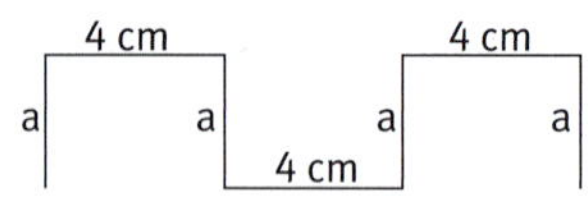

b)

Vereinfachen von Termen

Terme lassen sich durch Zusammenfassen oder Multiplizieren und Dividieren vereinfachen. Zwischen Zahl und Variable darf man den Malpunkt weglassen.

$2 \cdot x + 2 \cdot x - 1 \cdot x$	$12a + 5b - 3a + b$	$24y : 2 - 4 \cdot 5y + 18$
$= 2x + 2x - x$	$= 12a - 3a + 5b + b$	$= 12y - 20y + 18$
$= 3x$	$= 9a + 6b$	$= -8y + 18$

3 Vereinfache die Terme.
a) $m + m + m + m$
b) $7s - 4s + s - 3s$
c) $1{,}5d + 3d + 3{,}5d - 2{,}2d$
d) $2x + 3 + 4{,}5x - 0{,}5$
e) $4y - 12{,}5 + 6y - 7{,}5$
f) $8 + 5q - 12q - 7$
g) $6w \cdot 6 + 5w + 6$
h) $-18g + 15g : 3 + 7$
i) $8 + 24u : 4 - 12 - 8u$

4 Finde die Fehler und korrigiere. Erkläre, was falsch gemacht wurde.
a) $8x - 6 + 2x = 4x$
b) $12a + 4a - b = 15a$
c) $p + q + p - q = 2p + q$
d) $2 \cdot 2r + 5 = 4r + 10$
e) $-4t + 6 + t + 2 = -5t + 8$
f) $7v \cdot 5 - 4v = 3v \cdot 5$

5 Stelle einen Term für den Umfang der Figur auf und vereinfache. Berechne den Umfang für x = 4 cm.

a)

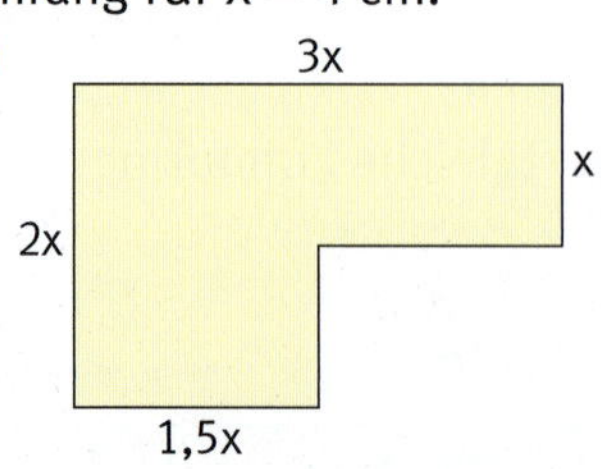

b)

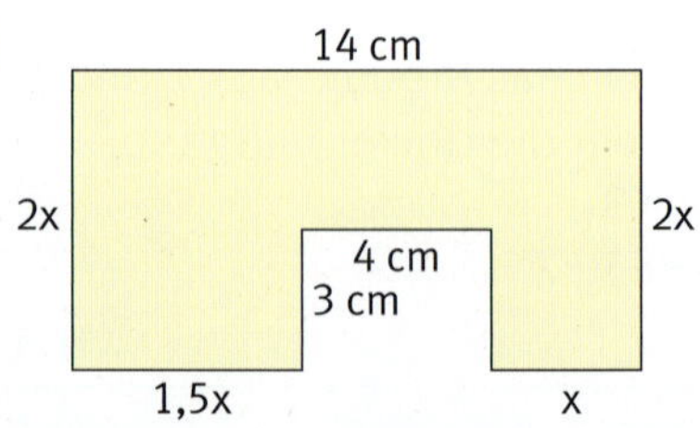

a	b	c	a + (b + c)	a + b + c	a − (b + c)	a − b − c
12	4	2	12 + (4 + 2) = 18			
20	10	9				
38	22	15				

1 a) Übertrage die Tabelle und vervollständige sie.
b) In welchen Spalten stehen dieselben Ergebnisse?

Auflösen von Klammern

Steht vor der Klammer ein +, bleiben beim Auflösen der Klammern alle Vor- und Rechenzeichen in der Klammer unverändert.	Steht vor der Klammer ein −, werden beim Auflösen der Klammern alle Vor- und Rechenzeichen in der Klammer umgedreht.
13 + (7 + 4) = 13 + 7 + 4 = 24 ; 45 + (x − 9) = 45 + x − 9 = 36 + x	13 − (7 + 4) = 13 − 7 − 4 = 2 ; 45 − (x − 9) = 45 − x + 9 = 54 − x

2 Ordne jedem Term mit Klammer einen Term ohne Klammer zu. Die Buchstaben ergeben in der Reihenfolge von 1 bis 6 ein Lösungswort.

1	56 − (20 + 18)	2	56 − (20 − 18)	L	56 + 20 − 18	E	56 − 20 + 18
3	56 + (20 + 18)	4	56 + (20 − 18)	R	56 + 20 + 18	B	56 − 20 − 18
5	56 − (−18 + 20)	6	56 − (−18 − 20)	N	56 + 18 + 20	I	56 + 18 − 20

3 Schreibe ohne Klammern und vereinfache.
a) 3 + (x + 2) b) 3 − (x − 2) c) 9 − (2x + 5) d) 18 − (−7a + 9)
e) (14x + 4,5) − 3 f) x + (8x − 2) g) 39y − (−6 − 2y) h) −(8 + 2y)

4 Immer zwei Kärtchen gehören zusammen. Schreibe so: ■ = ■.

−(8 + 2y)
(−5 − 2y) − 3
y + (8y + 2)
(7y − 5) + y
6y − (−2y + 5)
(2 + 4y) + 5y

5 Finde die Fehler und korrigiere. Erkläre, was falsch gemacht wurde.
a) 16 − (3x + 12) = 16 − 3x + 12 f
b) 8z − (−5 − z) = 8z + 5 − z f
c) (10a + 2) − 4a = −10a − 2 − 4a f

6 Vereinfache ebenso.

Klammern auflösen	13a + (8a − 6) − (5a + 3) = 13a + 8a − 6 − 5a − 3
ordnen	= 13a + 8a − 5a − 6 − 3
zusammenfassen	$= \underbrace{13a + 8a - 5a}_{16a} \underbrace{- 6 - 3}_{-9}$

a) 67 − (3y + 6y − 43) + 10y
b) 82 + (14x − 19) − 18x − 3
c) 55z + (46 − 65z) − 50 − z
d) 3a − (8 + 10a) − (2 − 4a)
e) 100 − (98 − 12x) − 24x
f) $9 - (2{,}5x - 25{,}7) + (6\tfrac{1}{2}x - 85{,}3)$
g) $-15{,}4 - (-\tfrac{3}{4}x + 30{,}1) - (4{,}25x + 9{,}9)$

Mit Würfeln und Streichhölzern kann man Türme und Ketten bauen. Willst du wissen, wie das nächste Kettenglied aussieht, ohne bauen zu müssen, helfen dir Terme.

WÜRFELBAUTEN

1. Beim ersten Turm sind ringsherum und oben 8 Quadrate sichtbar; am Boden und im Inneren sind vier Quadrate verdeckt. Zähle bei Turm 2 und 3 die sichtbaren und die verdeckten Quadrate.

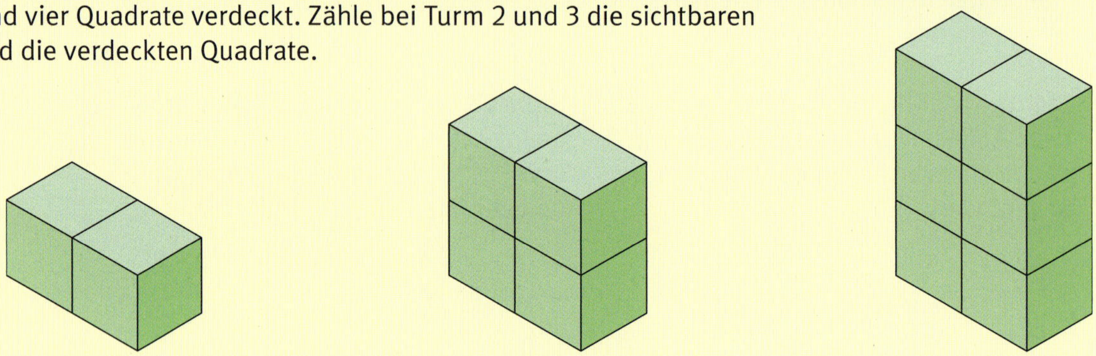

Turm 1 Turm 2 Turm 3

2. Zwischen der Zahl der Stockwerke und der Anzahl der Würfel, der sichtbaren und verdeckten Quadrate besteht jeweils ein Zusammenhang. Übertrage die Tabelle und fülle sie, ohne die Türme zu bauen, bis zum 10. Turm aus.

Turm	1		2		3	...	10
Anzahl Würfel	2	(+2)	4				
Anzahl sichtbare Quadrate	8	(+6)	14				
Anzahl verdeckte Quadrate	4	(+6)	10				

3. Überprüfe diesen Term für drei weitere Türme. Stelle ebenso einen Term für die Anzahl der Würfel und die verdeckten Quadrate auf.

4 Fülle für die folgenden Würfelbauten die Tabelle ebenso aus. Wenn du dir unsicher bist, baue die Türme nach.

Turm	1		2	…	10	x
Anzahl Würfel	2	(+2)	4			
Anzahl sichtbare Quadrate	9	(+5)				
Anzahl verdeckte Quadrate	3	(+7)				7x – 4

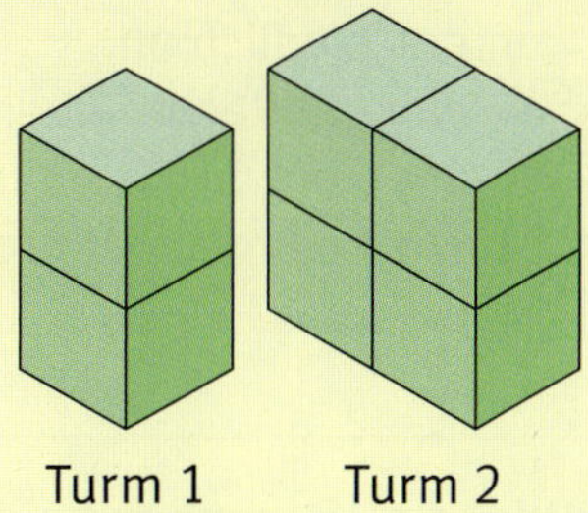

Turm	1		2	…	10	x
Anzahl Würfel	4	(+3)	7			3x + 1
Anzahl sichtbare Quadrate	15	(+10)	25			
Anzahl verdeckte Quadrate	9	(+8)	17			

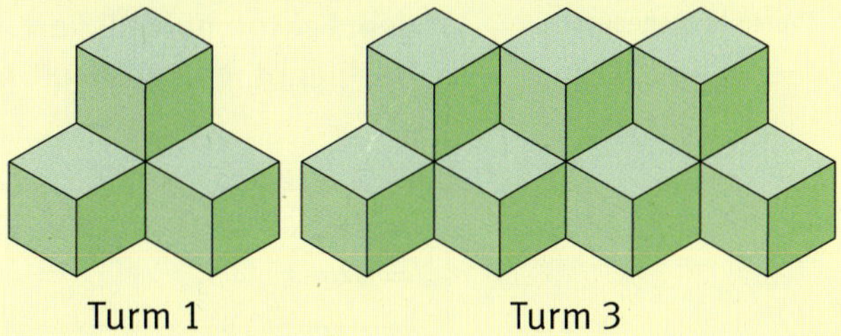

STREICHHOLZKETTEN

1 Zwischen der Anzahl der Kettenglieder und der Anzahl der benötigten Streichhölzer besteht jeweils ein Zusammenhang, den du mit einem Term beschreiben kannst.
Finde den Term und fülle dann die Tabelle vollständig aus.

A

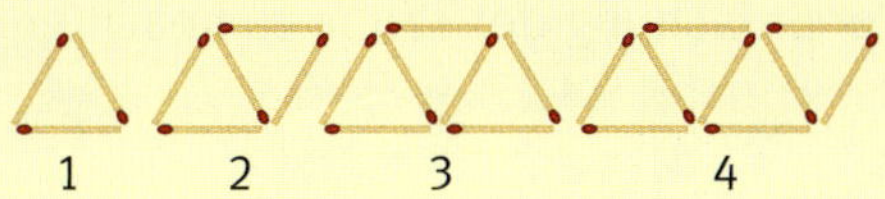

B

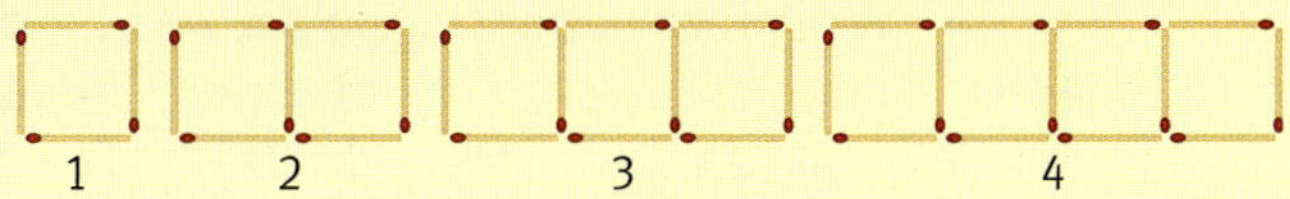

C

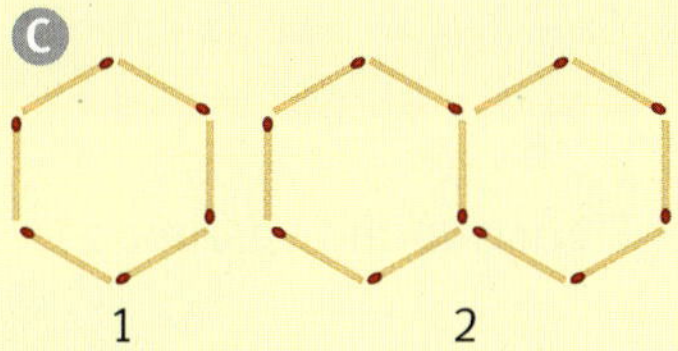

D

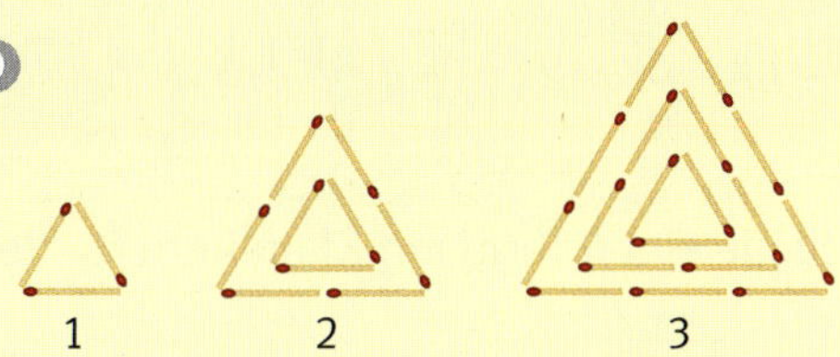

	1		2	3	4	5	10	20	x
A Anzahl	3	(+2)							
B Anzahl	4	(+3)							
C Anzahl	6	(+5)							
D Anzahl	3	(+6)							

2 Baue selbst andere Streichholzketten. Bestimme die Anzahl der Streichhölzer bis zur 4. Figur. Finde einen Term.

Terme mit Klammern vereinfachen

1 Lena und Sarin geben den Flächeninhalt des blau umrahmten Rechtecks unterschiedlich an.
a) Wer hat Recht? Überprüfe für $a = 6$ cm, $b = 3$ cm und $c = 2$ cm.
b) Wie kommen beide zu ihrem Ergebnis?

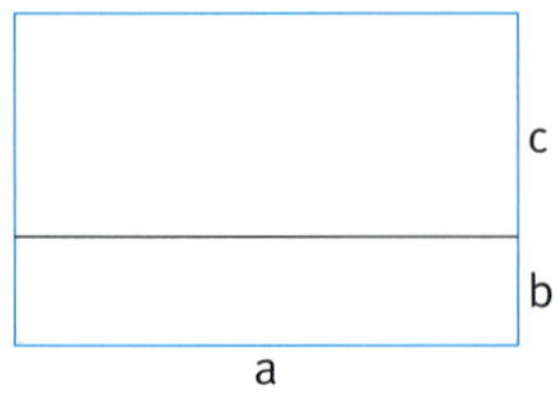

Lena:
$A = a \cdot (b + c)$

Sarin:
$A = a \cdot b + a \cdot c$

Distributivgesetz (Verteilungsgesetz)

$x \cdot \frac{1}{3} = x : 3$

$x : \frac{1}{2} = x \cdot 2$

Wird eine Summe mit einem Faktor multipliziert, dann wird **jeder Summand mit dem Faktor multipliziert**. Das Gleiche gilt für eine Differenz.
Das nennt man **ausmultiplizieren**.

$2 \cdot (2x + 3)$ $= 2 \cdot 2x + 2 \cdot 3$ $= 4x + 6$	$(2x + 3) : \frac{1}{2}$ $= 2x : \frac{1}{2} + 3 : \frac{1}{2}$ $= 4x + 6$	$(3x - 12) : 3$ $= 3x : 3 - 12 : 3$ $= x - 4$	$\frac{1}{3} \cdot (3x - 12)$ $= \frac{1}{3} \cdot 3x - \frac{1}{3} \cdot 12$ $= x - 4$

2 Rechne nach dem Distibutivgesetz.
a) $5 \cdot (2x + 7)$
b) $(22 + 4x) \cdot 3$
c) $4 \cdot (9 - 2x)$
d) $6 \cdot (0{,}5x - 4{,}5)$
e) $(1{,}4x - 3) \cdot 2{,}5$
f) $0{,}25 \cdot (18x + 6)$
g) $(8 - 6x) \cdot \frac{1}{2}$
h) $(18x + 12) \cdot \frac{1}{6}$
i) $(9 + 3x) \cdot \frac{1}{3}$
j) $\frac{3}{4} \cdot (16x + 1)$
k) $(6 - 2x) : \frac{1}{4}$
l) $(1{,}5x + 4) : \frac{1}{2}$

Lösungen zu 2

36 – 8x	3x – 27	3 + x
66 + 12x	3x + 8	10x + 35
24 – 8x	4,5x + 1,5	12x + 0,75
3,5x – 7,5	4 – 3x	3x + 2

3 Finde die fehlenden Zahlen.
a) $2 \cdot (■ + 4) = 2s + 8$
b) $10 \cdot (0{,}1w - ■) = w - 40$
c) $■ \cdot (3 - 7y) = 18 - 42y$
d) $(■ + ■) \cdot 3 = 27p + 33$

4 Vereinfache ebenso. Gib an, was bei der Vereinfachung der Terme zu beachten ist.

$8x - 3 \cdot (2x + 3)$
$= 8x - (6x + 9)$
$= 8x - 6x - 9$
$= 2x - 9$

a) $5x + 3 \cdot (4 - 2x)$
b) $9 + (3x - 7) \cdot 2$
c) $10 - 5 \cdot (x - 2)$
d) $x + 2 \cdot (x + 3) - x$
e) $3 \cdot (-1{,}5x + 2{,}7) - 3{,}5x$
f) $25x - (2x + 3) \cdot 4 - 3 \cdot (5x - 2)$
g) $1{,}2 \cdot (5x + 5) - 4x$
h) $6x - 2 \cdot (5 - x) - (x + 4) \cdot 3$
i) $6x - \frac{1}{2} \cdot (5x - 10)$
j) $2 \cdot (10 - x) - 3 \cdot (x - 5) + 6x$

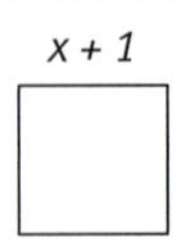

$u = 4 \cdot (x + 1)$
$u = 4x + 4$

5 Stelle einen Term mit Klammern für den Umfang der Figur auf und vereinfache.

a)
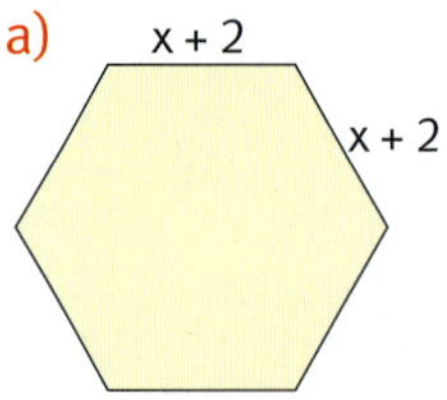

b)
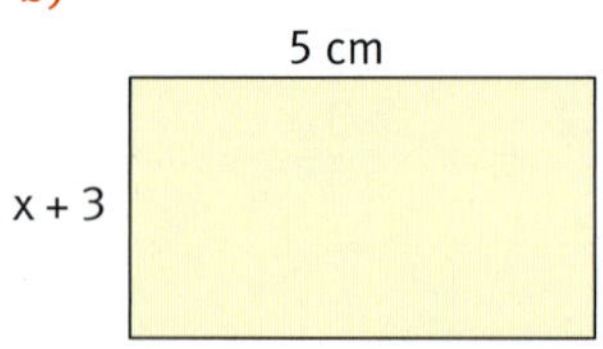

c)
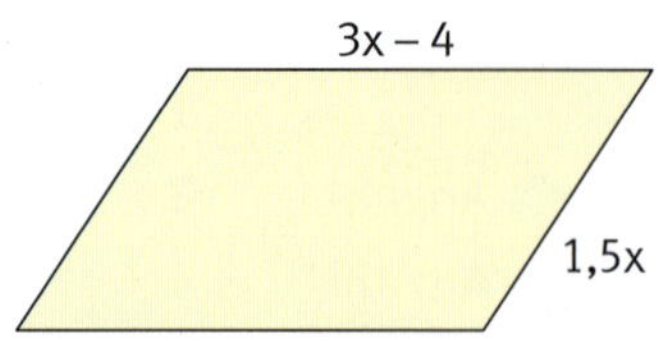

6 Das Distributivgesetz kann man in beide Richtungen anwenden. Klammere gemeinsame Faktoren aus den Summen und Differenzen aus.

$6x + 3$
$= 3 \cdot (2x + 1)$

a) $4x + 12$
b) $7 - 14a$
c) $32z - 16$
d) $21y + 49$
e) $-9 + 15b + 3e$
f) $-36w - 24$
g) $5{,}5h + 2{,}5$
h) $c + ac - 6c$
i) $12xy - 15x$

1 Jeweils zwei Terme ergeben eine Gleichung. Schreibe so: $90 : 2 = 9 \cdot 5$

Eine Gleichung besteht aus zwei Termen, die durch ein Gleichheitszeichen miteinander verbunden sind. Die Terme auf beiden Seiten haben den gleichen Wert.

$3 \cdot 5 = 12 + 3 \qquad 2 \cdot (x + 4) = 2x + 8$

Eine Ungleichung liegt vor, wenn die Terme auf beiden Seiten unterschiedliche Werte haben.

$19 - 7 > 10 \qquad 4x + 2 < 4x + 5$

Gleichung und Ungleichung

2 Finde für die Terme je einen zweiten Term, so dass sich eine Gleichung und eine Ungleichung ergibt.

a) $14 + 10$ b) $67 - 13$ c) $7 \cdot 6$
d) $99 : 9$ e) $5 \cdot (20 + 11)$ f) $(55 - 4) : 3$
g) $20 - 18 : 2$ h) $(19{,}6 - 15{,}2) : 2$ i) $4{,}8 + 3{,}7 - 32 : 8$
j) $-17 - 8$ k) $3{,}5 \cdot (-7{,}3)$ l) $(34\frac{3}{4} - 70{,}25) + 2$

3 Löse die Gleichungen durch Probieren. Vereinfache zuerst.

a) $16 - r = 39 : 3$ b) $19 - 5 \cdot 2 = 18 : s$ c) $4 \cdot (2\frac{1}{2} + 1) = -7 \cdot t$
d) $16 + x = 2 \cdot (-3 + 9)$ e) $2 \cdot (\frac{1}{2}y + 4{,}5) = 36 : 3 + 8$ f) $99 - 5 \cdot 7 = z \cdot z$

Lösungen zu 3

–4	8	–2
11	3	2

4 a) Schreibe Terme mit gleichem Wert auf und verbinde sie mit einem „="-Zeichen.
b) Überprüfe deine Lösung, indem du für x = 4 einsetzt.

$16 - (2x + 3) \cdot 4$ $6x + 16$ $7 + 4 \cdot 2x$ $45 + x - 9$
$45 + (x - 9)$ $7 + 8x$ $2x + 7 + x - 2$ $3x + 5$
$3 \cdot (2x + 6) - 2$ $45 - (x - 9)$ $45 - x + 9$ $4 - 8x$

5 Setze die fehlenden Klammern so, dass eine Gleichung entsteht.

a) $3 \cdot 2x + 5 = 6x + 15$ b) $9x - 21 = 3x - 7 \cdot 3$ c) $18 + 16x = 9 + 8x \cdot 2$
d) $4 \cdot x - 2 = 4x - 8$ e) $x - 5 \cdot 3 = 3x - 15$ f) $3x - 1 \cdot 4 = 12x - 4$

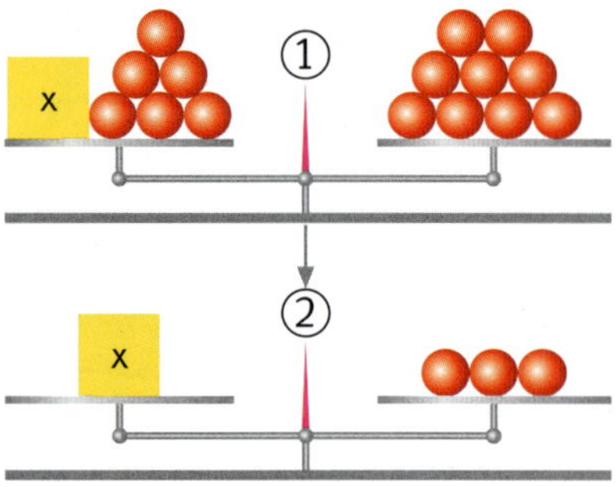

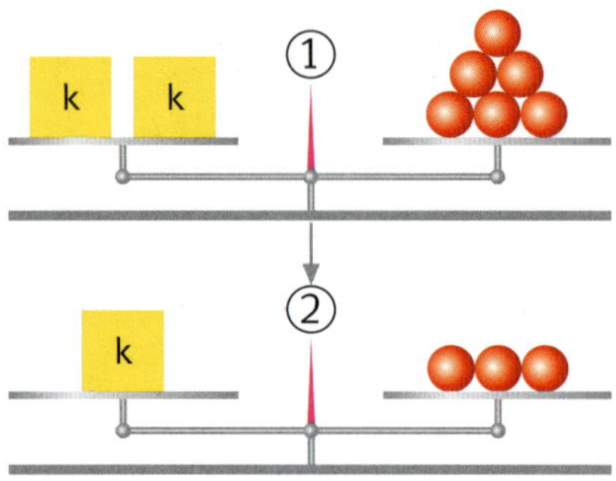

1 a) Beide Waagen befinden sich im Gleichgewicht. Gib jeweils die Art der Umformung von ① nach ② an.
b) Was wurde durch die Umformung erreicht?

äquivalentes Umformung

Oft ist es möglich, eine Gleichung so zu vereinfachen, dass die Variable auf einer Seite der Gleichung alleine steht. Dies nennt man **äquivalentes (wertgleiches) Umformen**: Auf beiden Seiten der Gleichung wird die gleiche Zahl addiert oder subtrahiert, multipliziert oder dividiert.

$28 + x = 31 \mid -28$	$x - 7 = 18 \mid +7$	$64 = 8x \mid :8$	$x : 4 = 12 \mid \cdot 4$
$x = 3$	$x = 25$	$8 = x$	$x = 48$
Probe:	Probe:	Probe:	Probe:
$28 + 3 = 31$ ✓	$25 - 7 = 18$ ✓	$8 \cdot 8 = 64$ ✓	$48 : 4 = 12$ ✓

2 Erkläre die Umformungen.

a) $45 = 9 + c$ → $36 = c$
b) $t - 56 = 30$ → $t = 86$
c) $z \cdot 11 = 66$ → $z = 6$
d) $q : 4 = 16$ → $q = 64$
e) $-24 = 6e$ → $-4 = e$

3 Prüfe, ob das Ergebnis stimmt. Erkläre, was gegebenenfalls falsch gemacht wurde und korrigiere.

a) $67 + d = 115$; $d = 48$
b) $93 = s - 22$; $71 = s$
c) $p : 3 = 15$; $p = 5$
d) $60 = x \cdot 4$; $15 = x$
e) $23{,}7 + 14 = a - 3$; $34{,}7 = a$
f) $v + 10 = -22 - 5 \cdot 2$; $v = -42$
g) $-25 : 5 = 5 \cdot b$; $1 = b$
h) $-12 + 54 = -y : 2$; $y = 21$

Lösungen zu 4

10,5	−6	80
−90	9,9	6
−8,4	3	−175

4 Löse durch äquivalentes Umformen. Prüfe dein Ergebnis mit der Probe.

a) $15{,}5 + x = 18{,}5$
b) $x - 0{,}5 = 10$
c) $\frac{1}{2} \cdot x = 40$
d) $x : 3 = 3{,}3$
e) $72 - 18 = x \cdot 9$
f) $x + 24{,}2 = 15{,}8$
g) $x - 14 = -20$
h) $10 \cdot (-3{,}5) = x : 5$
i) $\frac{1}{5}x = -2 \cdot 10 + 2$

5 Hier siehst du die letzte Umformung der Gleichungen. Gehe „rückwärts" und finde die Ausgangsgleichungen.

a) ___ = ___ $\mid : (-3)$
$x = 6{,}8$

b) ___ = ___ $\mid -\frac{3}{4}$
$x = -\frac{2}{3}$

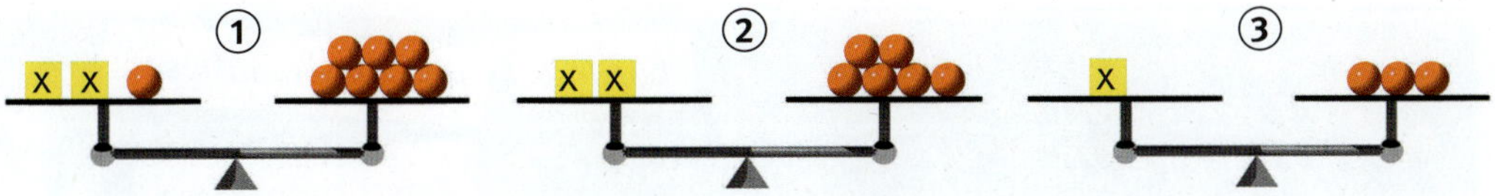

$2 \cdot x + 1 = 7$

$x = 3$

$2 \cdot x = 6$

1 a) Welche Gleichung passt zu den einzelnen Waagen?
b) Erkläre die Umformungen von Waage ① nach ② und von ② nach ③.

Beim schrittweisen Vereinfachen von Gleichungen muss die Reihenfolge beachtet werden: Zuerst wird auf beiden Seiten der Gleichung addiert (subtrahiert), dann multipliziert (dividiert).

$5x - 7 = 13 \quad |+7$
$5x = 20 \quad |:5$
$x = 4$

$x : 5 + 2 = 7 \quad |-2$
$x : 5 = 5 \quad |\cdot 5$
$x = 25$

$26 + 6x = 62 \quad |-26$
$6x = 36 \quad |:6$
$x = 6$

äquivalentes Umformen in zwei Schritten

2 Erkläre die Umformungen.
a) $3x + 9 = 36$; $3x = 27$; $x = 9$
b) $5x - 7 = 13$; $5x = 20$; $x = 4$
c) $x : 5 + 2 = 7$; $x : 5 = 5$; $x = 25$
d) $0{,}4x - 3 = 15$; $0{,}4x = 18$; $x = 45$

3 Notiere zu jeder Waage eine Gleichung und löse.
a)
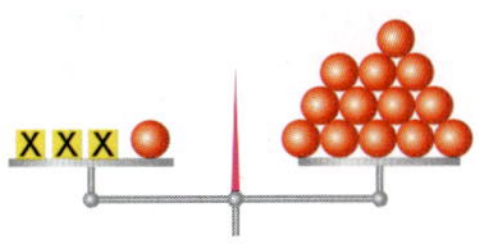

b)
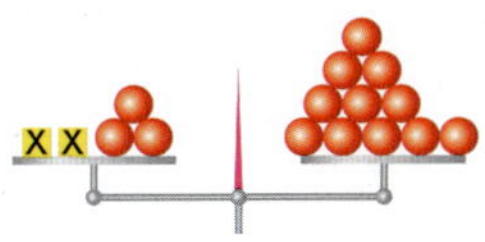

c)
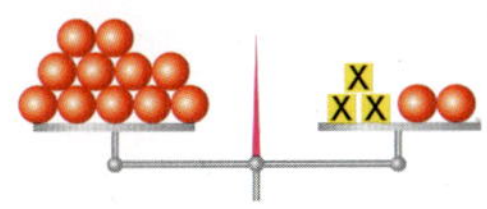

4 Löse in zwei Schritten. Prüfe dein Ergebnis mit der Probe.
a) $4 \cdot y - 7 = 13$
b) $x \cdot 6 + 17 = 47$
c) $x : 3 + 8 = 16$
d) $9 + x : 5 = 13$
e) $49 = y \cdot 8 + 1$
f) $87 = 24 + 9 \cdot x$
g) $-2 = z : 12 + 13$
h) $103 = a \cdot 12 - 41$
i) $48 = -12 - 3 \cdot x$
j) $65 = 5 \cdot x + 90$
k) $26 = x : 1{,}5 - 4$
l) $0{,}5x + 0{,}6 = -1{,}5$
m) $\frac{1}{4}x - \frac{1}{2} = \frac{1}{4}$
n) $\frac{1}{8} = x : 8 - \frac{3}{8}$
o) $\frac{1}{3} = \frac{5}{6}x + \frac{2}{3}$
p) $\frac{2}{3}x = 5{,}5 - \frac{1}{3}x$

5 Finde die Fehler und und korrigiere. Erkläre, was falsch gemacht wurde.
a) $x \cdot 3 + 15 = 9$; $x \cdot 3 = 9 + 15$; $x \cdot 3 = 24$; $x = 8$ ƒ
b) $5 \cdot x + 10 = 40$; $x + 10 = 40 : 5$; $x + 10 = 8$; $x = -2$ ƒ
c) $x : 4 - 7 = 3$; $x : 4 = 3 + 7$; $x : 4 = 10$; $x = 2{,}5$ ƒ

6 Erklӓre das Beispiel und löse ebenso.

$4x - 28 + 23x = 124 + 16x - 9$
$27x - 28 = 115 + 16x \quad |-16x$
$11x - 28 = 115 \quad |+28$
$11x = 143 \quad |:11$
$x = 13$

a) $x + 212 + x = 239 - x$
b) $14x - 28 + 13x - 124 = 16x - 9$
c) $5 + 7x - 10 = 18x + 8 - 19x + 27$
d) $20 - 15x - 17 = 25x - 10 + 1$
e) $7x + 65 - 4x - 75 = 40 - 6x - 5$
f) $2x - 3x - 15 = -2 + 3x - 21$

Lösungen zu 6

0,3	5
13	5
9	2

Gleichungen mit Klammern lösen

Für jeden neuen Rechenschritt eine neue Zeile. „=“-Zeichen untereinander.

$$
\begin{aligned}
7 \cdot (x + 3) &= 70 \\
7 \cdot x + 7 \cdot 3 &= 70 \\
7x + 21 &= 70 \quad /-21 \\
7x &= 49 \quad /:7 \\
x &= 7
\end{aligned}
$$

Lösung

Klammern auflösen

zusammenfassen

äquivalent umformen

1 a) Bringe die Lösungsschritte in die richtige Reihenfolge.
b) Formuliere in Sätzen, wie du schrittweise zur Lösung gelangst.

2 Löse schrittweise.
a) $4 \cdot (3 + x) = 20$
b) $15 + (6x - 4) = 47$
c) $20 - (12 - 5x) = 38$
d) $(-14 + 3x) \cdot 5 = 80$
e) $(12x - 27) \cdot \frac{1}{3} = 23$
f) $-(11x - 18) + 13x = 20$

3 Finde die Fehler und korrigiere. Erkläre, was falsch gemacht wurde.
a) $8 \cdot (x - 2) = 32$
$8x - 2 = 32$ ✗
b) $4x - (x - 4) = 25$
$4x - x - 4 = 25$ ✗
c) $3 \cdot (x - 2) = x + 14$
$3x - 6 = 3x + 42$ ✗

4 Bringe die Umformungsschritte in die richtige Reihenfolge.

	A	B
Gleichung	$4 \cdot (x - 4) - 4 \cdot (3 - x) = 16$	$20 - 3 \cdot (7 - x) + x = 29$
ungeordnete Umformungsschritte	$8x = 44$ $4x - 16 - 12 + 4x = 16$ $(4x - 16) - (12 - 4x) = 16$ $8x - 28 = 16$	$20 - 21 + 3x + x = 29$ $4x = 30$ $20 - (21 - 3x) + x = 29$ $4x - 1 = 29$
Lösung	$x = 5{,}5$	$x = 7{,}5$

5 Übertrage die Lösungsschritte und vervollständige sie.

a)
$3x - 5\,(x + 10) - 2\,(2 - x) + 3x = 42$
$3x - (\,■\,) - (\,■\,) + 3x = 42$
$3x - ■ - ■ - ■ + ■ + 3x = 42$
$3x - ■ = 42$
$3x = ■$
$x = 32$

b)
$36\,(x + 2) - 8 \cdot (4x - 11{,}5) = 312$
$(36x + 72) - (\,■\,) = 312$
$36x + 72\ ■ = 312$
$■ + 164 = 312$
$■ = ■$
$x = 37$

Lösungen zu 6

8	8,5
4	3
2	3
5	2
4	3
16	9
2	3
–2	4

6 Achte beim Lösen der Gleichungen auf eine übersichtliche Darstellung.
a) $6 + 3 \cdot (12 + x) = 54$
b) $6 \cdot (1{,}5 + 21x) - 2x = 257$
c) $12 + (4x - 2) \cdot \frac{1}{4} = 14{,}5$
d) $18 - (3x + 6) \cdot (-\frac{1}{6}) = 20{,}5$
e) $15 - 2 \cdot (4 - 3x) = 37$
f) $2x + 3 - (3 - 2x) \cdot 2 = 45$
g) $1 = 2x + 5\,(3x - 10)$
h) $(2x + 1) \cdot 3 - 2 \cdot (x + 5) = 27$
i) $20{,}8 = 27 - (5 + 1{,}5x) \cdot \frac{1}{5} - x$
j) $16x - (8x - 2) \cdot \frac{1}{2} + 6 = -17$
k) $5 \cdot (x - 5) + 4 \cdot (3x + 4) = 25$
l) $(3x - 4) \cdot 5 + 36 - 4 \cdot (15 - 3x) = 10$
m) $5 \cdot (3x - 2) - 10x - (x - 21) \cdot 3 = 61$
n) $2x - 5 \cdot (6 - 2x) - 8 + (x - 1) = 0$
o) $\frac{x}{8} - (6x - 92) = -2$
p) $17x - (5 + x) + 3 - 10\,(x + 5{,}2) = 0$

1 a) Die Gleichungen sind falsch gelöst. Finde die Fehler und löse richtig.
b) Beschreibe, worauf man beim Lösen von Gleichungen mit Klammern besonders achten muss.

2 Löse durch äquivalentes Umformen. Prüfe dein Ergebnis mit der Probe.

$8x - 3 \cdot (2x - 4) = 4$
$8x - (6x - 12) = 4$
$8x - 6x + 12 = 4$
$2x + 12 = 4 \quad | - 12$
$2x = -8 \quad | : 2$
$x = -4$

a) $2x - (12 + x) = -24$
b) $7 \cdot (6 - 8{,}5x) = 220{,}5$
c) $(3{,}5x - 12{,}5) \cdot 2 = -74$
d) $4 \cdot (2 - \frac{1}{4}x) + 7 - 3x = 31$
e) $(3x - 12) \cdot \frac{1}{3} = 5(x - 6{,}4)$
f) $4 \cdot (3 - 2{,}5x) - (5 + 19x) = 65$

3 Arbeite sorgfältig. Achte auch auf eine saubere Darstellungsweise.
a) $(12x + 8) \cdot 3 = 2{,}5 \cdot (14x - 6)$
b) $3x - 2{,}5 \cdot (2x + 20) = 4 \cdot (0{,}5x - 1) - x + 41$
c) $\frac{x}{7} + \frac{x}{14} - \frac{x}{2} = 2$
d) $3 \cdot (7x + 4) - 0{,}5 \cdot (2x + 2) = 11x + 2$

Lösungen zu 3

−39	−1
−29	−7

TRIMM-DICH-ZWISCHENRUNDE

1 Vereinfache die Terme so weit wie möglich.
a) $4b + b - 2b$ b) $3{,}5y - 4 + 1{,}2y - 3$ c) $7f \cdot 4$ d) $30q + 64q : 2$

2 Vereinfache die Terme so weit wie möglich. Denke an die Klammerregeln.
a) $10 - (9x + 4)$ b) $5 \cdot (4c - 4)$ c) $15r - (-12 - 7r)$ d) $(22 - 3q) \cdot 2$
e) $(36a + 13) - 12$ f) $19{,}5y + (6{,}9 - 4{,}2y)$ g) $(99 - 2{,}7e) \cdot \frac{1}{9}$ h) $30 - 4z - (-6z)$

3 Löse durch äquivalentes Umformen. Prüfe dein Ergebnis mit der Probe.
a) $d - 15 = 12$ b) $24 = 6y$ c) $-8 + x = 6$ d) $m : 3 = -9$
e) $9v + 4 = 58$ f) $22 = 8u + 6$ g) $4x - 23 = 13$ h) $-56 + 10b = 44$
i) $3s + 17 + 5s = 25$ j) $14c - 33 = -10 : 2$ k) $76 = 19k - 2 - 20k + 17$

4 Ergänze die Lösungsschritte.

a)
$3 \cdot (3x + 11) = 60$
$■ + 3 \cdot 11 = 60$
$9x + ■ = 60 \quad | - ■$
$9x = ■ \quad | : ■$
$x = ■$

b)
$(-49 + 14x) \cdot \frac{1}{7} = 3 \cdot 9$
$-49 : ■ + 14x : ■ = ■$
$■ + ■ = 27 \quad | ■$
$2x = ■ \quad | ■$
$x = ■$

Gleichungen aufstellen und lösen

Text	Übersetzung in mathematische Zeichen	Gleichung und Lösung
Wenn man eine Zahl →	x	$x : 3 - 27 = 5 \cdot 6$
durch 3 dividiert →	$x : 3$	$x : 3 - 27 = 30$ / ■
und dann 27 subtrahiert, →	$x : 3 - 27$	$x : 3 = 57$ / ■
erhält man →	$x : 3 - 27 =$	$x = 171$
das Produkt aus 5 und 6. →	$x : 3 - 27 = 5 \cdot 6$	Probe: $171 : 3 - 27 = 5 \cdot 6$
Wie heißt die Zahl?		$30 = 30$

1 a) Was erleichtert im oberen Beispiel das Aufstellen der Gleichung?
b) Übertrage die Gleichung und die Lösung und ergänze fehlende Umformungsschritte.

2 Schreibe zusammengehörende Texte und Gleichungen auf.

(A) $7 \cdot x - 29 = 37$	(1) Dividiert man eine Zahl durch 7 und subtrahiert davon 29, erhält man 37.
(B) $7 + x \cdot 29 = 37$	(2) Das Produkt aus 7 und einer Zahl vermindert um 29 ergibt 37.
(C) $7 + 29 = 37 \cdot x$	(3) Die Summe aus 7 und dem Produkt aus einer Zahl und 29 ergibt 37.
(D) $x : 7 - 29 = 37$	(4) Bildet man die Summe aus 7 und 29, dann erhält man das Produkt aus einer Zahl und 37.

3 Stelle eine Gleichung auf und löse.
a) Das Dreifache einer Zahl vermehrt um 12 ergibt die Summe aus 16 und 14.
b) Das Vierfache einer Zahl vermindert um 12 ergibt die Differenz aus 39 und 15.
c) Der vierte Teil einer Zahl vermindert um 7 ergibt die Summe aus 14 und 9.
d) Der dritte Teil einer Zahl vermehrt um 6 ergibt die Differenz aus 25 und 10.

Lösungen zu 3

9	120
6	27

4 Welches Zahlenrätsel kannst du der Gleichung $18 - (2 - x) = 42$ zuordnen?
Stelle für die übrigen Texte ebenfalls Gleichungen auf und löse sie.

(A)	(B)	(C)
Addiere zu 18 die Differenz aus 2 und einer Zahl und du erhältst 42.	Ziehe von 18 die Differenz aus 2 und einer Zahl ab und du erhältst 42.	Subtrahiere von 18 die Summe aus 2 und einer Zahl und du erhältst 42.

5 Übertrage die Gleichung, löse sie und beantworte die Rechenfrage.

Text	Überlegung	Gleichung/Lösung
Ein Vater und sein Sohn sind zusammen 61 Jahre alt. Der Vater ist 33 Jahre älter. Wie alt sind beide?	Alter des Sohnes: x Alter des Vaters: x + 33 Gesamtalter: 61	$x + x + 33 =$

1 Beschreibe die Situation und stelle eine Rechenfrage. Stelle eine Gleichung auf und löse. Formuliere einen Antwortsatz.

2 Lena kauft ein Fahrrad für 394 €. Ihre Großeltern schenken ihr 250 €. Den Rest hat Lena gespart, jeden Monat 12 €. Wie lange hat Lena für das Fahrrad gespart?

Setze für die gesuchte Zahl x ein:
Anzahl der Monate: x

→ Stelle eine Gleichung auf und löse:

$394 = 250 + 12 \cdot x \quad | -250$

$144 = 12x \quad | : 12$

$12 = x$

→ Beantworte die Rechenfrage:
Lena hat 12 Monate gespart.

Löse wie im Beispiel.

a) Sophia kauft ein Buch für 18,50 € und fünf Hefte. Sie zahlt insgesamt 22,50 €. Wie viel kostet ein Heft?

b) Acht Freunde unternehmen einen dreitägigen Ausflug. Für Fahrt und Übernachtung entstehen dabei 912 € Kosten. Wie hoch sind die täglichen Kosten pro Person?

c) Für das Sommerfest benötigt die Schule 15 kg Würstchen und 6 Kisten mit Fleisch. Insgesamt wiegt alles 87 kg. Berechne das Gewicht einer Kiste.

d) Frau Lasic hat in 162 Stunden 2060,50 € verdient. Wie hoch ist ihr Stundenlohn, wenn sie zusätzlich eine Zulage von 197,50 € erhalten hat?

3 Löse die Gleichung aus dem Beispiel und beantworte die Rechenfrage. Stelle genauso Gleichungen auf und löse.

a) Bei einer zweitägigen Wanderung von insgesamt 46 km war die Strecke am zweiten Tag 8 km länger als am ersten Tag. Wie lang waren die Tagesstrecken?

b) Ina und Salem kaufen gemeinsam einen CD-Player für 59 €. Salem zahlt 24 € weniger als Ina. Wie viel muss jeder bezahlen?

c) Für die Anreise in den Urlaubsort (Entfernung 870 km) brauchte Familie Pawlowski zwei Tage. Am zweiten Tag fuhren sie 290 km mehr als am ersten Tag. Wie viele Kilometer sind sie an jedem Tag gefahren?

Zwei Würfel und eine Kugel wiegen zusammen 18 kg. Die Kugel ist um 3 kg schwerer als ein Würfel. Wie schwer ist die Kugel, wie schwer ein Würfel?

↓

Gewicht des Würfels (kg): x
Gewicht der Kugel (kg): x + 3
Gesamtgewicht (kg): 18

↓

$x + x + (x + 3) = 18$

Gleichungen bei Geometrieaufgaben aufstellen und lösen

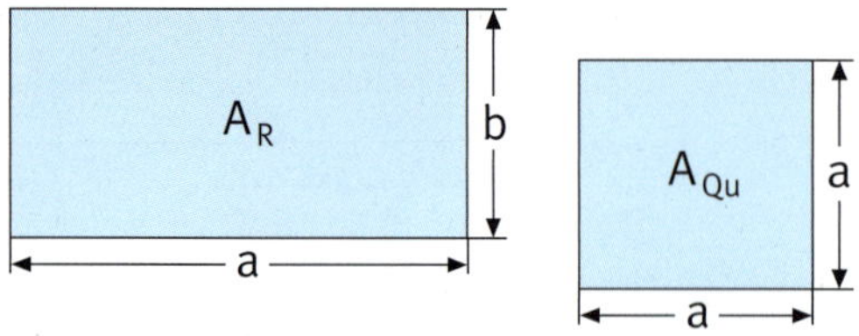

$u = 4 \cdot a$ $u = 2 \cdot (a + b)$ $u = 2 \cdot a + 2 \cdot b$ $A = a \cdot a$ $A = a \cdot b$

1 a) Ordne die Formeln den Skizzen zu.
b) Formeln sind Gleichungen mit mehreren Variablen. Erkläre.
c) Welche Variablen müssen bekannt sein, damit man Folgendes berechnen kann:

Umfang des Rechtecks | Fläche des Quadrats | Länge des Rechtecks | Breite des Rechtecks | Fläche des Rechtecks | Seite des Quadrats

2 Erkläre, wie man Geometrieaufgaben mithilfe von Gleichungen löst. Übertrage die Schritte und vervollständige die Lösung.

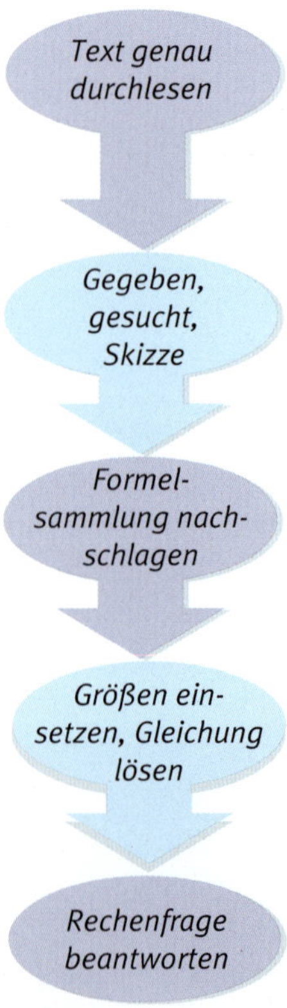

a) Ein Rechteck hat einen Umfang von 36 cm. Die Länge beträgt 13 cm. Berechne Länge und Breite des Rechtecks.	b) In einem gleischschenkligen Dreieck sind die Basiswinkel α und β gleich groß, γ ist 40°. Berechne die Größe von α und β.
Gegeben: $u_R = 36$ cm $a = 13$ cm Gesucht: b Skizze: 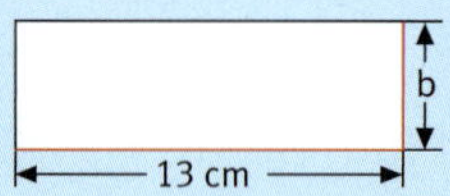	Gegeben: $\alpha = \beta$; $\gamma = 40°$ Winkelsumme: 180° Gesucht: α; β Skizze: 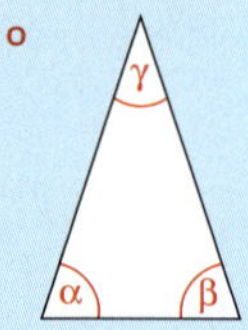
$u_R = 2 \cdot (a + b)$	$\alpha + \beta + \gamma = 180°$
$36 = 2 \cdot (13 + b)$ $36 = ■ + 2b$ $\quad$ |– ■ $■ = 2b$ $\quad$ |: ■ $■ = b$	$2 \cdot \alpha + 40° = 180°$ $\quad$ |– ■ $2 \cdot \alpha = ■$ $\quad$ |: ■ $\alpha = ■$
Probe: 36= 2 · ■ + ■	Probe: ■ + ■ + 40° = 180°

3 Zeichne Skizzen, stelle Gleichungen auf und löse.
a) Ein Rechteck hat einen Umfang von 45 cm und eine Länge von 12,5 cm. Berechne die Breite und den Flächeninhalt.
b) In einem gleichschenkligen Dreieck betragen die Basiswinkel α und β 35°. Berechne die Größe von γ.
c) Ein Parallelogramm hat einen Flächeninhalt von 42 cm^2. Die Seite a ist 6 cm lang. Berechne die Höhe.
d) Eine Seite eines Rechtecks ist um 1,2 cm kürzer als die andere. Der Umfang des Rechtecks beträgt 33,6 cm. Wie lang sind die Seiten?
e) In einem gleichschenkligen Dreieck ist jeder Basiswinkel halb so groß wie der Winkel an der Spitze. Berechne die Winkel im Dreieck.

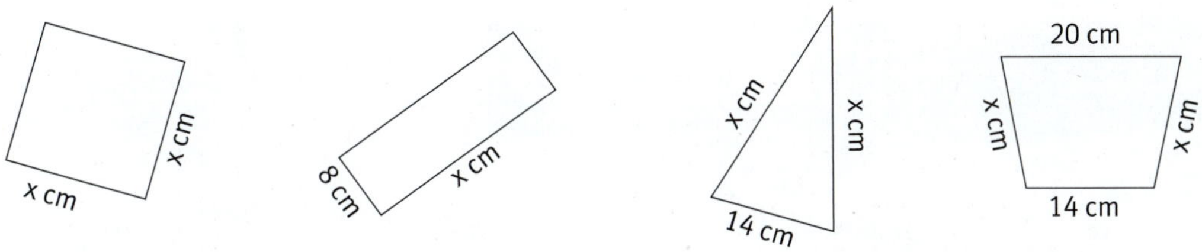

Hilfreiche Satzanfänge:
- *Der Flächeninhalt des ... beträgt...*
- *Der Umfang von ... ist ...*
- *Die Höhe ist ...*
- *Die Grundseite hat eine Länge von ...*
- *Der Winkel ist doppelt so groß wie ...*

1 Bei allen Figuren beträgt der Umfang 64 cm. Bestimme die Seitenlänge x.

2 Schreibe zu jeder Skizze eine Aufgabe und bestimme die gesuchte Größe.

a) 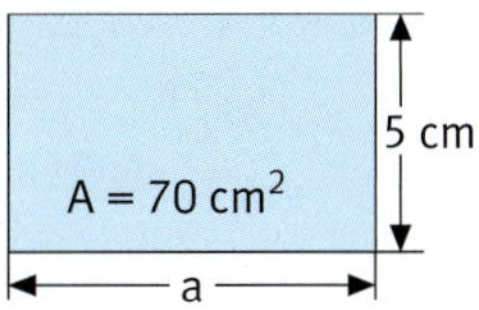

b) 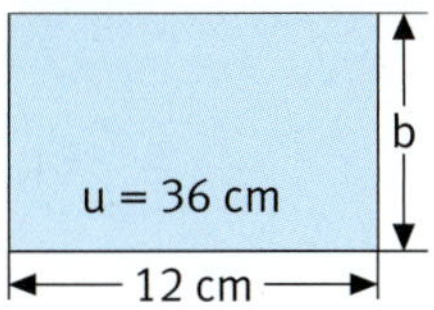

c) 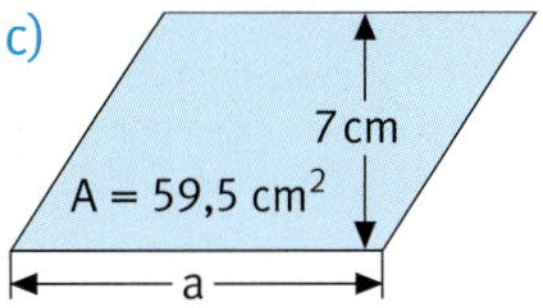

d) 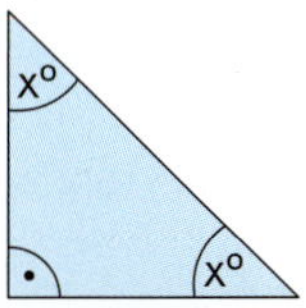

e) 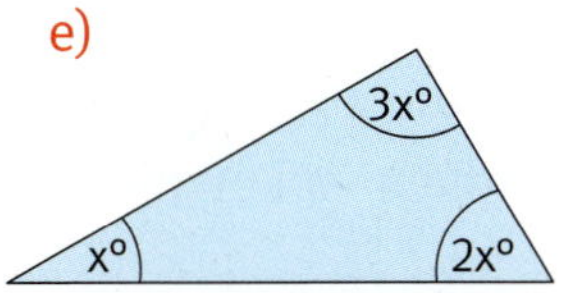

f) 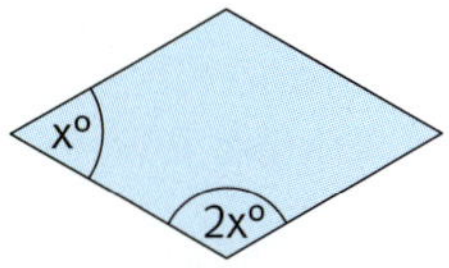

3 Übertrage die Lösungsschritte und vervollständige sie.

Text	wichtige Angaben	Skizze	Lösung
In einen quaderförmigen Behälter mit der Länge 3,50 m und der Breite 3 m passen 21 m^3 Wasser. Wie hoch ist der Behälter?	Gegeben: $V = 21\ m^3$ $a = 3{,}50\ m$ $b = 3\ m$ Gesucht: Höhe c Formel: $V = a \cdot b \cdot c$	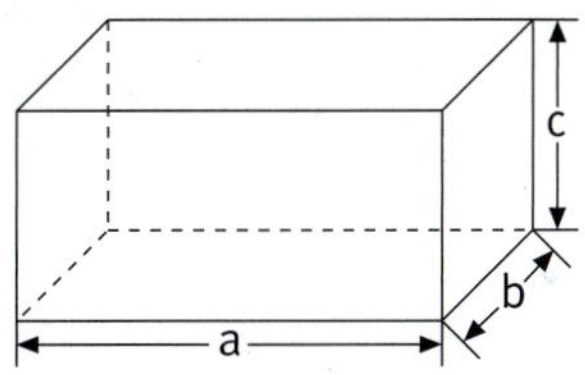	$21 = 3{,}5 \cdot 3 \cdot c$ $21 = ■ \cdot c \quad \mid : ■$ $■ = c$ Der Behälter ist ■ m hoch.

4 Die Körper haben ein Volumen von jeweils 8 000 m^3. Berechne die fehlenden Werte.

a) 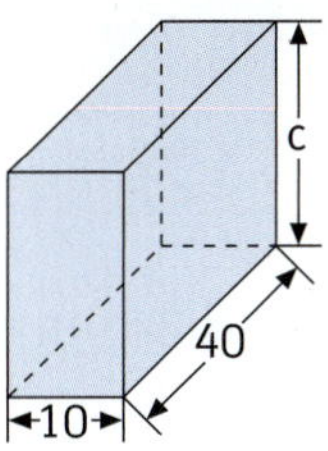

b) 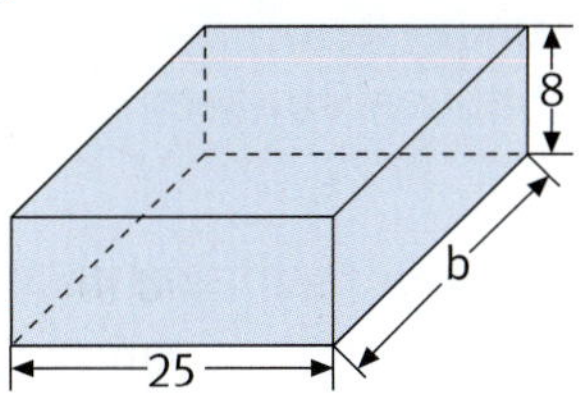

c) 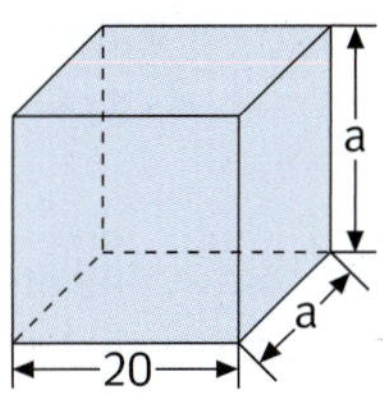

Achte immer auf die gleichen Maßeinheiten.

5 a) Ein rechteckiges Schwimmbecken ist 10 m breit und 20 m lang und hat ein Fassungsvermögen von 500 m^3. Berechne die Höhe des Beckens.

b) Eine Bonbonschachtel mit einer quadratischen Grundfläche hat ein Volumen von 1 296 cm^3 und eine Höhe von 16 cm. Berechne die Länge der Schachtel.

c) Eine Tafel Schokolade ist 4 mm hoch und 17 cm lang. Berechne die Breite der Schokolade, damit das Volumen 510 cm^3 beträgt.

d) Für einen Betonpfeiler mit quadratischer Grundfläche (Kantenlänge 30 cm) benötigt man 1,08 m^3 Beton. Wie hoch ist der Pfeiler?

Mit Formeln rechnen

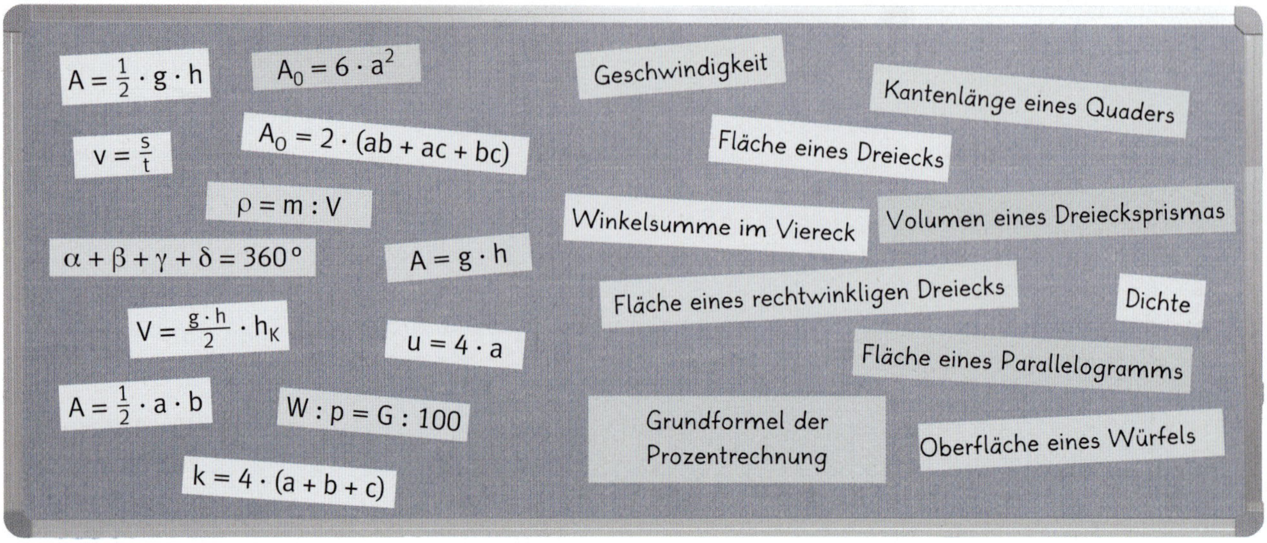

1 a) Ordne die Angaben richtig zu. Zwei Formeln bleiben übrig.
b) Erkläre jeweils die in den Formeln vorkommenden Variablen.

2 Ordne Sachaufgabe, Skizze und Formel einander zu. Berechne. Drei Formeln bleiben übrig. Zeichne zu diesen ebenfalls Skizzen und finde selbst Texte.

Sachaufgaben	Skizzen	Formeln
a) Ein rechtwinklig dreieckiger Hof hat die Seitenlängen 5 m, 12 m und 13 m. Wie groß ist sein Flächeninhalt?	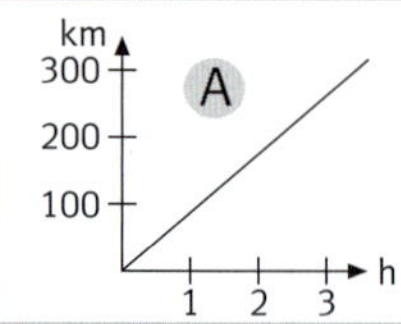	$A = \frac{1}{2} \cdot a \cdot b$ ① $V = a \cdot b \cdot c$ ②
b) Herr Binder legt mit seinem Auto 315 km in 3,5 Stunden zurück. Wie hoch ist seine Durchschnittsgeschwindigkeit?	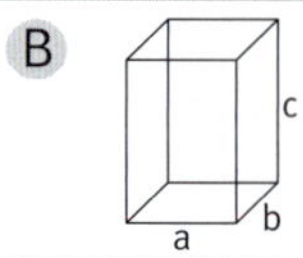	$A = \frac{1}{2} \cdot g \cdot h$ ③ ④ $k = 4 \cdot (a+b+c)$
c) Wie viel Draht benötigt man für ein Kantenmodell eines 6 cm breiten, 8 cm langen und 12 cm hohen Quaders?	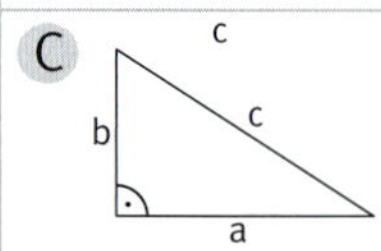	$\rho = m : V$ ⑤ $v = \frac{s}{t}$ ⑥

Verhältnisgleichungen kann man auflösen, indem man „über Kreuz“ multipliziert.

$\frac{W}{p} = \frac{G}{100}$

$W \cdot 100 = p \cdot G$

3 Stelle die Grundformel der Prozentrechnung nach der gesuchten Größe um und berechne.

	a)	b)	c)	d)
G	1200 €	■	450 Schüler	■
p	5 %	14 %	■	3,5 %
W	■	21 km	405 Schüler	26,25 €

4 Eine Tischplatte aus Eichenholz ist 1,40 m lang und 1,10 m breit. Ihre Stärke beträgt 6 cm. Wie schwer ist die Tischplatte?
Die Dichte von Eichenholz ist 0,8 $\frac{g}{cm^3}$.

1 a) Der jamaikanische Sprinter Usain Bolt stellte im August 2009 in Berlin einen Weltrekord auf. Er schaffte die 100 m in einer Zeit von 9,58 s. Berechne die Geschwindigkeit in $\frac{m}{s}$.

b) Drei Jahre später lief David Lekuta Rudisha aus Kenia einen Weltrekord über 800 m. Er brauchte für diese Distanz 1 min 40,91 s. Berechne auch hier die Geschwindigkeit in $\frac{m}{s}$ und vergleiche mit Weltrekord über 100 m.

c) Welche Zeit brauchst du für 100 m? Berechne deine Geschwindigkeit.

2 a) Jessica läuft 2 km von zu Hause bis zur Schule zu Fuß. Sie braucht dafür eine halbe Stunde. Berechne ihre Geschwindigkeit.

b) Tom hat verschlafen. Er läuft deshalb mit 6 $\frac{km}{h}$ schneller als Jessica und braucht für den Schulweg eine Viertelstunde. Wie weit wohnt er von der Schule entfernt?

c) Ercans Vater fährt ihn heute mit dem Auto zur Schule. Sie wohnen 12 km entfernt und fahren um 7:40 Uhr los. Die Durchschnittsgeschwindigkeit beträgt 36 $\frac{km}{h}$. Schafft es Ercan, pünktlich um 8 Uhr im Klassenraum zu sein?

Decke die gesuchte Größe mit dem Finger ab und lies dann die Umformung der Formel ab.

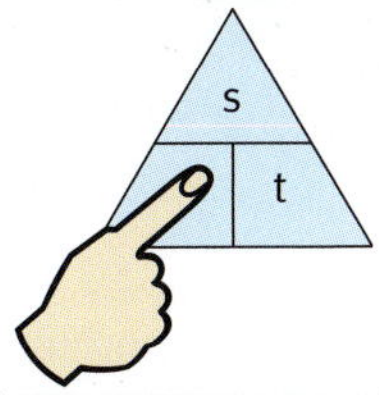

3 Der Berliner Mauerweg ist ca. 160 km lang. Familie Eldan möchte die Strecke an zwei Tagen mit dem Fahrrad abfahren. Sie fährt durchschnittlich 16 $\frac{km}{h}$. Wie viele Stunden müssen sie täglich fahren, um ihr Ziel zu erreichen?

TRIMM-DICH-ZWISCHENRUNDE

1 Ordne Texte, Gleichungen und Ergebnisse einander zu.

Gleichung	Text	Lösung
$4 \cdot x + 6 = 30$	Der Quotient aus x und 4 vermehrt um 6 ergibt 30.	9
$4 \cdot x - 6 = 30$	Das Produkt aus x und 4 vermehrt um 6 ergibt 30.	6
$x : 4 - 6 = 30$	Der Quotient aus x und 4 vermindert um 6 ergibt 30.	96
$x : 4 + 6 = 30$	Das Produkt aus x und 4 vermindert um 6 ergibt 30.	144

2 Finde die Rechenfrage und löse.
Fabian hat Geburtstag. Er lädt seine 4 Freunde ins Kino ein. Alle Jungen kaufen sich ein großes Getränk und eine mittlere Portion Popcorn. Fabians Eltern zahlen insgesamt 38 €.

3 Zeichne Skizzen, stelle Gleichungen auf und löse.

a) Ein Rechteck hat einen Umfang von 50 cm. Die Seite a ist 15 cm lang. Wie breit ist das Rechteck?

b) Der Flächeninhalt eines Dreiecks beträgt 196 cm^2. Die Höhe ist 14 cm lang. Berechne die Länge der Grundseite.

Terme und Gleichungen wiederholen

Terme und Gleichungen

Terme mit Klammern vereinfachen
S. 83 ff.

1. Bei Termen gilt allgemein: gleiche Variablen kann man zusammenfassen.
2. Bei Termen mit Klammern gilt: Steht ein + vor der Klammer, bleiben beim Auflösen der Klammer alle Vor- und Rechenzeichen unverändert. Steht vor der Klammer ein −, werden beim Auflösen der Klammer alle Vor- und Rechenzeichen umgedreht.
3. Bei Termen, bei denen eine Summe oder eine Differenz mit einem Faktor multipliziert wird, gilt das Distributivgesetz: jeder Summand wird mit dem Faktor multipliziert. Das Gleiche gilt für eine Differenz.

① $c + c + 5c + 2 - 2c + 7 = 5c + 9$

② $15 + (7s - 10)$
$= 15 + 7s - 10$
$= 5 + 7s$

$12t - (9t + 32)$
$= 12t - 9t - 32$
$= 3t - 32$

③ $8 \cdot (2x - 3)$
$= 8 \cdot 2x - 8 \cdot 3$
$= 16x - 24$

$(4{,}5y + 9) : 3$
$= 4{,}5y : 3 + 9 : 3$
$= 1{,}5y + 3$

Gleichungen durch äquivalentes Umformen lösen
S. 88 ff.

Eine Gleichung besteht aus zwei Termen, die durch ein Gleichheitszeichen miteinander verbunden sind. Man kann sie durch äquivalentes Umformen lösen: auf beiden Seiten der Gleichung die gleiche Zahl addieren (subtrahieren), dann multiplizieren (dividieren).

$4x - 7 = 9 \quad | + 7$
$4x = 16 \quad | : 4$
$x = 4$
Probe: $4 \cdot 4 - 7 = 9$ ✓

$35 = b : 2 + 11 \quad | - 11$
$24 = b : 2 \quad | \cdot 2$
$48 = b$
Probe: $35 = 48 : 2 + 11$ ✓

Gleichungen in Sachaufgaben

Gleichungen aufstellen und lösen
S. 92 f.

Sachaufgaben kann man mithilfe von Gleichungen lösen.
1. Text gründlich lesen
2. Variable x zuordnen
3. Gleichung aufstellen und lösen
4. Antwortsatz formulieren

① Für den Eintritt ins Schwimmbad zahlen Rania und ihre Mutter 9 €. Der Eintritt für Erwachsene kostet 2 € mehr als der für Kinder.

② Eintritt für Kinder: x €.

③ $x + x + 2 = 9$
$2x + 2 = 9 \quad | - 2$
$2x = 7 \quad | : 2$
$x = 3{,}5$

④ Der Eintritt für Kinder kostet 3,50 €, für Erwachsene 5,50 €.

Mit Formeln rechnen
S. 94 ff.

Formeln sind Gleichungen mit verschiedenen Variablen.

gegeben: Quader mit a = 4 cm; b = 6 cm; V = 72 cm^3
gesucht: Höhe c — Formel: $V = a \cdot b \cdot c$
Rechnung: $72 = 4 \cdot 6 \cdot c$
$72 = 24 \cdot c \quad | : 24$
$c = 3$ (cm)

Aufgaben zur Differenzierung

Basis-Aufgaben

1 Vereinfache die Terme.

a) $3 + 6v + 8 - 2v$
b) $66r - 15r + 27t + 7r - 16t$
c) $10{,}3y + 12 + 4{,}6y - 5$
d) $87{,}1 + 34q - 17{,}4 - 9{,}2 - 20{,}6q$

2 Verbinde wertgleiche Terme mit einem Gleichheitszeichen.

$6x - 18$ | $4x + 14$ | $6x + (14 - 2x)$
$2x + 7$ | $6x - (4x - 7)$ | $(2x - 6) \cdot 3$

3 Löse die Gleichungen.

a) $45u = 9$
b) $y - 81 = 15$
c) $4x + 13 = 29$
d) $s \cdot 8 - 17 = 55$
e) $3 \cdot (3w - 2) = 3$
f) $(21r + 49) : 7 = 16$
g) $6 - (4 - 9q) = 56$
h) $5p + (-40 + 10p) = 110$

4 Stelle Gleichungen auf und löse.

a) Ich denke mir eine Zahl, multipliziere sie mit 8 und subtrahiere dann 16. Als Ergebnis erhalte ich 48.
b) Ich bilde das Produkt aus meiner Zahl und 5, füge 3 hinzu und erhalte als Ergebnis die Differenz aus 76 und 38.
c) Vanessa kauft sechs Hefte und vier Buchumschläge. Ein Heft kostet 0,85 €. Insgesamt bezahlt sie 10,50 €. Berechne den Preis für einen Buchumschlag.

5 Jede Figur hat einen Umfang von 84 cm. Berechne die Seitenlänge x.

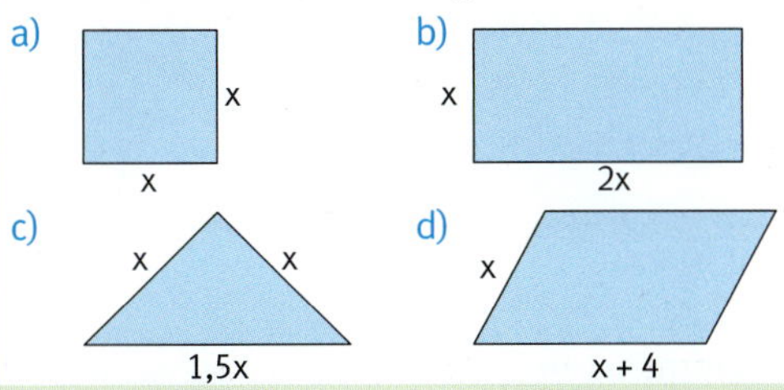

6 In der letzten Mathematikarbeit hatten drei Schüler der 8b die Note 1. Das sind 12 % aller Schüler. Berechne die Anzahl der Schüler in der Klasse.

Vertiefende Aufgaben

1

a) $58k - 13{,}6 - 41{,}7k - 2{,}3$
b) $-76 + 15e + 39 - 20e$
c) $3\frac{1}{2}h + 17{,}05 + 24{,}9h - 17{,}03$
d) $-46 - 104\frac{3}{4}z - 28{,}7 + 69\frac{1}{2}z + 80{,}7 + \frac{1}{4}z$

2 Wende das Distributivgesetz in beide Richtungen an.

a) $(4x - 8) \cdot \frac{3}{4}$
b) $6 \cdot (2\frac{1}{2} - 3{,}5x) + 6x$
c) $7z - 21$
d) $-15a - 1{,}5$
e) $8{,}1 + 9u + 2{,}7t$
f) $xy - 8x - xz$

3

a) $4 \cdot (5 + 5x) = 100$
b) $a + (-24 + 6a) = 4$
c) $-42f - 12 = 198$
d) $96 + 5x - 74 - 7x = 8$
e) $-3 \cdot (x - 7) = 84$
f) $5\frac{3}{4}x + 2\frac{2}{8}x + 8 = 0$
g) $12x - (2x + 6) = 168$
h) $0{,}25x + 14 = 2\frac{1}{4}x - 6$

4

a) Addiert man zum Doppelten einer Zahl 6, so erhält man dasselbe, wie wenn man das Produkt aus der Zahl und 4 bildet und 8 dazu addiert.
b) Die Summe dreier aufeinanderfolgender Zahlen ist 390.
c) Ein Gewinn von 35 € wird aufgeteilt. Chaima erhält nur halb so viel wie Timur; Kacper erhält doppelt so viel wie Timur. Wie viel erhält jeder?

5 Die Gesamtlänge der Kanten beträgt bei beiden Körpern 360 cm. Berechne die Kantenlängen.

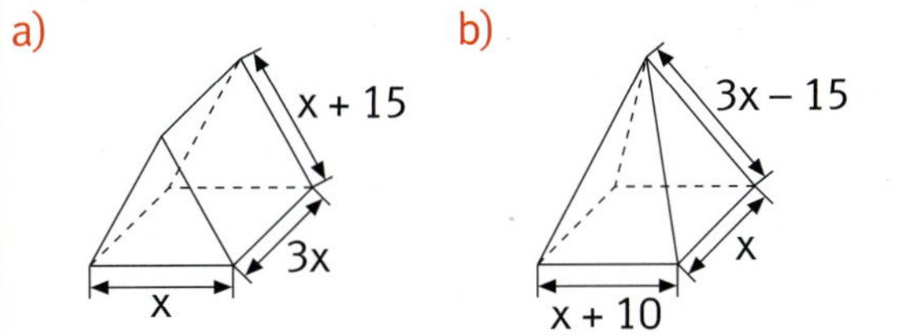

6 Buket sagt: „Im Schwimmbad kostet meine Eintrittskarte 50% von dem Preis, den meine Mutter bezahlen muss. Zusammen zahlen wir 6,30 €.“ Wie teuer ist Bukets Eintrittskarte?

1 a) Suche dir mindestens drei Karten aus. Verbinde sie mit einem „+“ oder „–“ und vereinfache.
b) Suche dir zwei Karten aus und multipliziere sie mit 4 (12; –2; 0,5).
c) Welche drei Karten haben das Ergebnis 13z – 5?

6z – 1 | –2z + 3 | 6z | 4z + 1 | 5z – 2 | z + 8 | 1,5z | 8z + 12 | 4 – 3z | z – 4

2 Vereinfache die Terme.
a) $8x + 28 - 17 - x$
b) $14w + 7z - 3w + 51z$
c) $7 \cdot 8v - 13{,}4 - 3v \cdot 10 + 2{,}9$

3 Löse die Klammern auf und vereinfache.
a) $2 - (4 + 3y)$
b) $(12y - 8) \cdot 0{,}25$
c) $(13e + 6) - 5e$
d) $3 \cdot (2x - 7\frac{1}{2})$
e) $9b + (7 - 8b)$
f) $(2y - 0{,}6) + 17$
g) $4a - (4 - 5a)$
h) $(6{,}3y - 9{,}9) \cdot \frac{1}{3} + 14{,}6y$
i) $-(12x - 7) + 13$
j) $-6f + (4f + 18)$
k) $9 + (3x - 7) \cdot 2$
l) $x + 9 \cdot (3x + 3) - x$

4 Welcher Term passt zu dem Text? Erkläre die Bedeutung der Variablen.
Der Eintritt ins Freilichtmuseum kostet für einen Schüler 2 €. Dazu kommen 20 € für die Führung der Gruppe.
① $20x + 2$
② $2x - 20$
③ $20x - 2$
④ $2x + 20$

5 Stelle eine Gleichung auf und löse.

a)
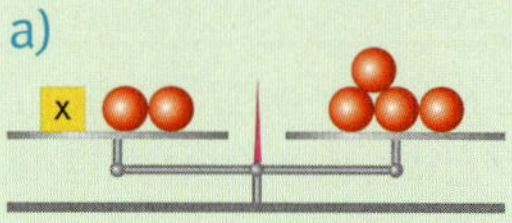

b)
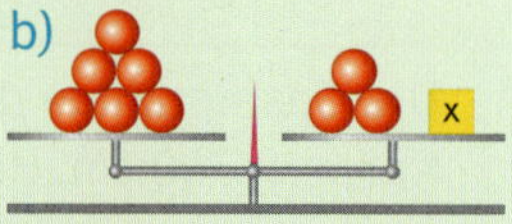

c)
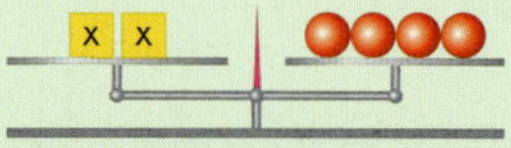

d)
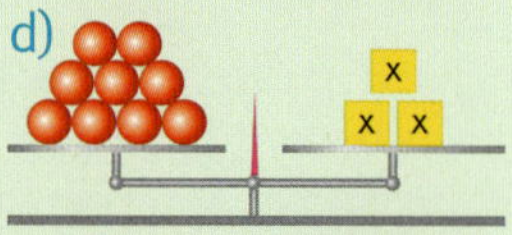

e)
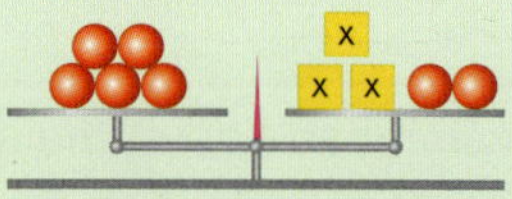

f)
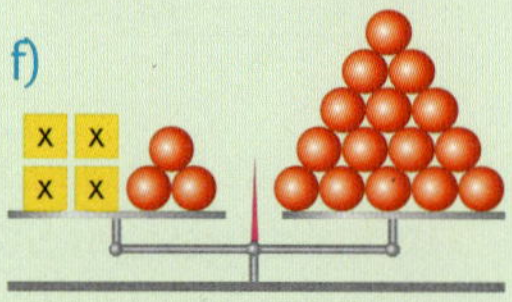

6 Beim Lösen der Gleichungen wurden Fehler gemacht. Berichtige.

a)
$x \cdot 7 - 7 = 35 \cdot 2$
$x \cdot 7 - 7 = 70$
$x \cdot 7 = 63$
$x = 9$ f

b)
$x : 5 + 10 = 130 : 2$
$x : 5 + 10 = 65$
$x : 5 = 55$
$x = 11$ f

7 Löse durch äquivalentes Umformen. Prüfe dein Ergebnis mit der Probe.
a) $4y + 2 = 21 - 3$
b) $45 + z \cdot 3 = 57$
c) $22x - 18 = 36x + 24$
d) $8x - 2x + 48 = 0$
e) $7 \cdot (3 + 12m) = 105$
f) $18b + 5 \cdot (\frac{1}{2}b - 10{,}8) = 28$
g) $12 - 4 \cdot (2x - 13) = 128$
h) $8 \cdot (x - 2) = 6x + 12$

8 Ordne einander zu.

Texte
① Subtrahiere von 24 die Differenz aus 10 und einer Zahl und du erhältst 8.
② Subtrahiere von 24 die Hälfte der Summe aus 10 und einer Zahl und du erhältst 8.
③ Addiere zu 24 die Hälfte der Differenz aus einer Zahl und 10 und du erhältst 8.

Gleichungen	Ergebnisse
A $24 - (10 - x) = 8$	a $x = -22$
B $24 + (x - 10) : 2 = 8$	b $x = -6$
C $24 - (10 + x) : 2 = 8$	c $x = 22$

9 Zainab zahlt für den Blumenstrauß 8,75 €. Was kostet eine Lilie? Stelle eine Gleichung auf und löse.

5 Iris zu je 0,85 €

10 David fährt mit dem Roller durchschnittlich 55 $\frac{km}{h}$. Nach einer Dreiviertelstunde kommt er an seinem Ziel an. Berechne die Länge der gefahrenen Strecke.

11 Bei einer Fahrradtour startet Familie Kutan um 9:30 Uhr. Die Gesamtstrecke beträgt 75 km. Über Land fährt Familie Kutan durchschnittlich 20 $\frac{km}{h}$. Berechne die Ankunftszeit.

12 Stelle Gleichungen auf und löse.
a) Hamudi spielt Tennis im Verein. Der Monatsbeitrag für Jugendliche beträgt 12 €. Jede Trainingsstunde kostet noch einmal 16 €. Im August muss er insgesamt 76 € bezahlen. Wie viele Trainingsstunden hatte Hamudi im August?
b) Herr Hart kauft sich ein Fernsehgerät für 1 075 €. Er zahlt 475 € an, den Rest in vier gleichen Raten. Wie hoch ist eine Rate?

13 Bestimme mit der Formel die fehlende Seite.

Gegeben: u = 36 cm
Gesucht: a

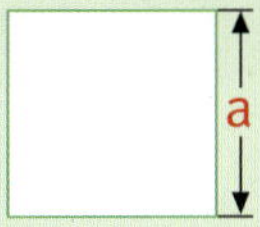

Gegeben: u = 28 cm
a = 8 cm
Gesucht: b

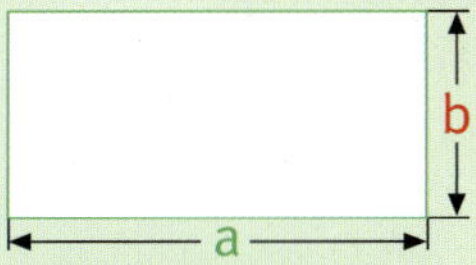

Gegeben: A = 24 cm²
b = 4 cm
Gesucht: a

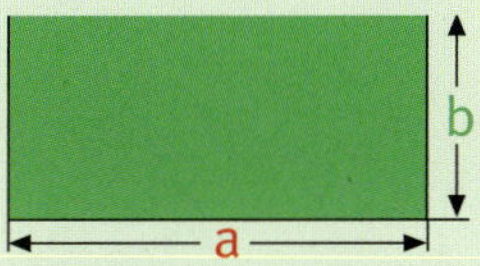

14 Berechne die fehlenden Werte.

a)
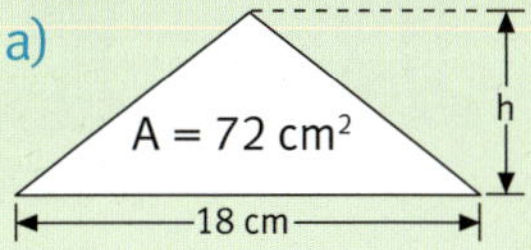

b)
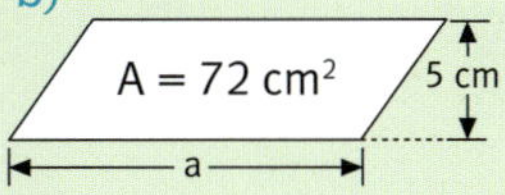

c)
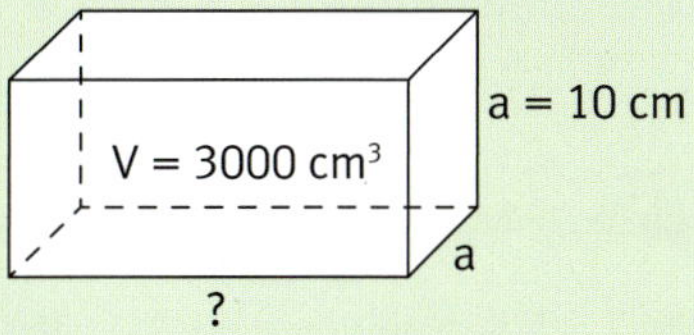

15 Zeichne eine Skizze, stelle eine Gleichung auf und löse: In einem Dreieck ist der Winkel α um 21° kleiner, der Winkel β um 18° größer als der Winkel γ. Berechne die Größe der drei Winkel.

16 Übertrage die Termmauer und löse, indem du benachbarte Steine addierst.

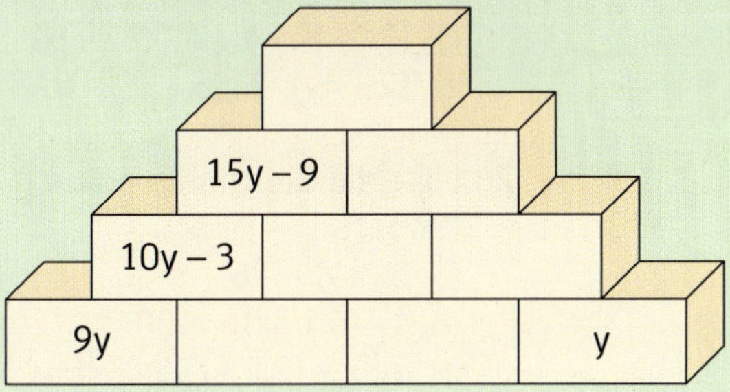

17 Löse die Gleichungen.
a) $-9 \cdot (1 - x) + 15x = 16\,(x + 4{,}5) - 65$
b) $28x - (3 - 4x) \cdot 10 = -40 + 6\,(x - 7) - 42x$
c) $18 - 3 \cdot (x + 1{,}2) = 2{,}5\,x - (x + 3{,}6)$
d) $\frac{1}{2} \cdot (7x - 5) - 0{,}2 \cdot (3x + 5) = \frac{1}{2} \cdot (5x - 3)$

18 a) Lara und Elvis machen eine Radtour. Am zweiten Tag fahren sie 22 km mehr als am ersten Tag, am dritten Tag 12 km weniger als am ersten. Insgesamt legen sie 184 km zurück. Wie viele Kilometer sind sie an jedem Tag gefahren?
b) Ein Jugendlicher gibt für Sport- und Diskoveranstaltungen die Hälfte seines monatlichen Taschengeldes aus, für Süßigkeiten ein Viertel und für sein Handy ein Sechstel. 5 € bleiben übrig. Wie viel Taschengeld erhält er?

19 Ein Würfel mit der Kantenlänge 4 dm und eine Säule mit einer quadratischen Grundfläche (a = 2 dm) sollen das gleiche Volumen haben. Wie hoch ist die Säule?

20 Welches Tier würde einen 400-m-Lauf gewinnen?

Der Strauß braucht für 1000 m 45 Sekunden. Das Kaninchen schafft in einer Minute 1200 m. Der Gepard legt 300 m in 9,5 s zurück.

1 Vereinfache die Terme.

a) $12 + (26x - 52) - (46x + 17)$ b) $43y - (56 + 23y) - (2y - 56)$

c) $(3x - 8) \cdot 4 + 4 \cdot (6x + 9)$ d) $3 \cdot (2{,}2 - 3{,}5x) - (5x - 2) \cdot 0{,}7$

e) $(2 - 4y) \cdot 6{,}25 - (5 + 10y) \cdot 1{,}3$ f) $36 - (8x + 10) - 0{,}5 \cdot (6x - 1) - 12$

2 Löse die Gleichungen durch äquivalentes Umformen. Prüfe dein Ergebnis mit der Probe.

a) $2x + 8 = 26$ b) $7x - 12 = 9$ c) $15 + 6x = 63$

d) $4 \cdot (6 + 5x) = 100$ e) $96 + 5x - 75 - 7x = 8$ f) $20 - 3(x - 7) + x = 29$

g) $8{,}5x - (2{,}5 + 0{,}5x) - (x + 5{,}2) \cdot 5 = -3$ h) $8x - 14 + 2x = 88 - 10x + 10$

i) $x + 1{,}8 + 1{,}5x - 2{,}9 = (1\frac{3}{4}x - 3) \cdot 2 - 4{,}5$ j) $\frac{2}{3} \cdot (x + 1) + 13 = -27 - \frac{3}{5} \cdot (x + 4)$

3 Hier siehst du die Lösung von Gleichungen. Gehe „rückwärts" und erstelle die Ausgangsgleichungen.

a)		b)		c)	
▬ = ▬	/· 2	▬ = ▬	/· 3	▬ = ▬	/−3x
▬ = ▬	/−2x	▬ = ▬	/+2x	▬ = ▬	/: 2
▬ = ▬	/−5	▬ = ▬	/−7	▬ = ▬	/−5
▬ = ▬	/: 3	▬ = ▬	/· 2	▬ = ▬	/: (−3)
$x = 6$		$x = 4$		$x = -2$	

4 Schreibe als Gleichung und löse.

a) Andrea kauft sich für 9 € einen Zirkel und zusätzlich vier gleiche Taschenrechner für sich und ihre drei Freundinnen. Insgesamt gibt sie 59 € aus. Wie teuer ist ein Taschenrechner?

b) Thomas hat sich eine Zahl gedacht. Vom 7-fachen dieser Zahl zieht er 13 ab und erhält 64.
Welche Zahl hat er sich gedacht?

5 Drei Geschwister haben zusammen 134 € gespart. Fabian hat 14 € mehr gespart als Anja, Tobias aber doppelt so viel wie Fabian.
Stelle eine Gleichung auf und berechne, wie viel € jedes der drei Kinder gespart hat.

6 Der Flächeninhalt jeder Figur beträgt 36 cm^2. Stelle Gleichungen auf und berechne jeweils x.

a)

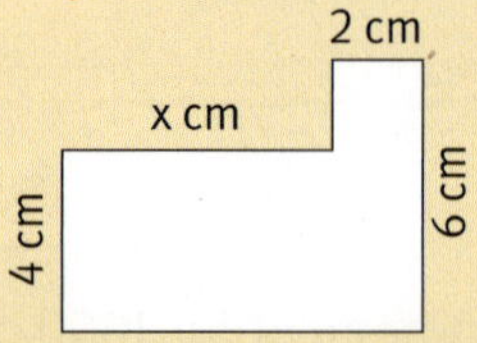

b)

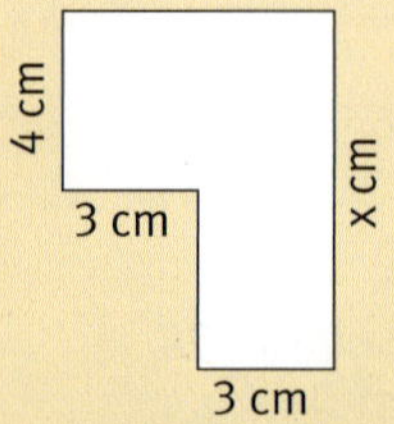

c)

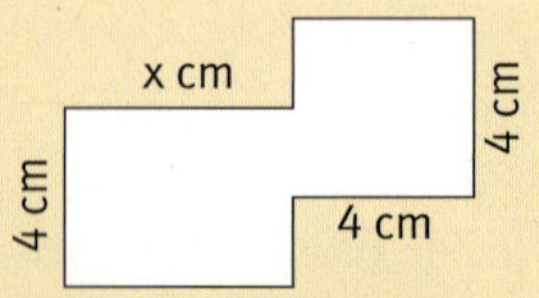

7 In ein quaderförmiges Aquarium passen 180 l Wasser. Wie lang sind die Seiten, wenn die Länge doppelt so lang ist wie die Breite und die Höhe 10 dm beträgt?

Wahrscheinlichkeitsrechnung

Wer macht jede Woche den Ordnungsdienst?
Der Klassenlehrer schlägt vor: „Ich tippe montags immer ohne hinzusehen auf die Namensliste und derjenige ist dann in der Woche an der Reihe."

- Ist das fair?
- Kommt jeder einmal an die Reihe?
- Sind Jungen und Mädchen gleichmäßig verteilt?

Die Klasse 8b ist damit nicht einverstanden. Viktoria macht einen anderen Vorschlag: „Vielleicht kann man den Ordnungsdienst mit vier Würfeln bestimmen? Die Addition der Augenzahlen aller Würfel entspricht dem Platz auf der Klassenliste."
Diskutiert, ob dieses Verfahren besser als der Vorschlag des Lehrers ist.

Mohamed macht einen neuen Vorschlag: „In einer Lostrommel befinden sich Lose mit allen Namen der Schülerinnen und Schüler der Klasse und jeden Montag wird ein Los gezogen."

- Sollen die Lose nach dem Ziehen wieder zurückgelegt werden?
- Wie kann man sicherstellen, dass immer ein Junge und ein Mädchen für den Ordnungsdienst verantwortlich sind?
- Mache noch einen anderen Vorschlag, der zu einer fairen Verteilung führt, indem du ein Kartenspiel oder einen Würfel benutzt.

Vergleichen von Brüchen

Brüche vergleichen und ordnen

1 Ordne die Brüche der Größe nach. Beginne mit dem größten.

a) 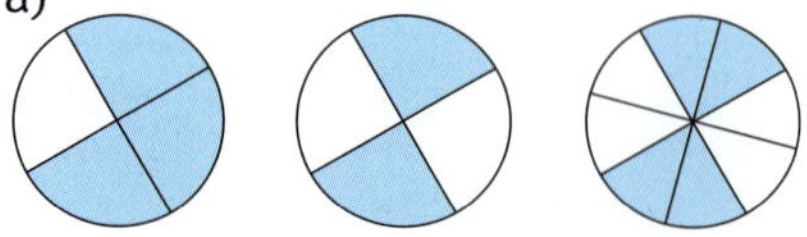

b) 

2 Vergleiche die Brüche. Setze <, > oder = ein.

a) $\frac{1}{4}$ ■ $\frac{1}{2}$ b) $\frac{3}{5}$ ■ $\frac{1}{5}$ c) $\frac{3}{3}$ ■ $\frac{4}{4}$ d) $\frac{3}{4}$ ■ $\frac{4}{5}$ e) $\frac{4}{5}$ ■ $\frac{5}{7}$

3 Ordne die Brüche der Größe nach. Beginne mit dem kleinsten.

a) $\frac{1}{4}$ $\frac{1}{3}$ $\frac{1}{5}$ $\frac{1}{2}$ b) $\frac{3}{4}$ $\frac{3}{3}$ $\frac{3}{5}$ $\frac{3}{7}$

Will man zwei Brüche mit ungleichem Nenner (ungleichnamige Brüche) vergleichen, müssen sie durch Erweitern einen gleichen Nenner erhalten. Das nennt man gleichnamig machen.
Am Zähler kann man erkennen, welcher Bruch größer ist.

Vergleich: $\frac{2}{3}$ und $\frac{4}{5}$

Nach dem Erweitern erkennt man: $\frac{10}{15} < \frac{12}{15}$, also gilt: $\frac{2}{3} < \frac{4}{5}$

$\frac{2}{3} = \frac{4}{6} = \frac{6}{9} = \frac{8}{12} = \frac{10}{15}$ $\frac{4}{5} = \frac{8}{10} = \frac{12}{15}$

Rechnen mit Bruchzahlen

Bruchzahlen addieren und subtrahieren

4 Addiere oder subtrahiere die Bruchzahlen.

a) $\frac{2}{4} + \frac{1}{4}$ b) $\frac{1}{5} + \frac{2}{5} + \frac{3}{5}$ c) $\frac{3}{4} + \frac{2}{3}$ d) $\frac{1}{3} - \frac{2}{7}$ e) $\frac{2}{3} + \frac{5}{8}$ f) $\frac{4}{5} - \frac{7}{10}$

Ungleichnamige Bruchzahlen werden addiert oder subtrahiert, indem man sie durch Erweitern auf einen gemeinsamen Hauptnenner bringt (gleichnamig macht). Dann addiert (subtrahiert) man nur den Zähler. Den Nenner behält man bei.

$\frac{5}{6} + \frac{3}{4} = \frac{10}{12} + \frac{9}{12} = \frac{19}{12}$

$\frac{3}{4} - \frac{2}{5} = \frac{15}{20} - \frac{8}{20} = \frac{7}{20}$

Bruchzahlen multiplizieren

5 Multipliziere die Bruchzahlen.

a) $\frac{3}{4} \cdot \frac{7}{8}$ b) $\frac{7}{10} \cdot \frac{3}{8}$ c) $\frac{5}{6} \cdot \frac{1}{3}$ d) $\frac{9}{10} \cdot \frac{3}{4}$ e) $\frac{6}{7} \cdot \frac{6}{7}$

Bruchzahlen werden multipliziert, indem man Zähler mal Zähler und Nenner mal Nenner rechnet.

$\frac{3}{7} \cdot \frac{4}{5} = \frac{3 \cdot 4}{7 \cdot 5} = \frac{12}{35}$

Brüche in verschiedenen Schreibweisen darstellen

6 Gib die Brüche als Dezimalzahl und in Prozentschreibweise an.

a) $\frac{1}{4}$ b) $\frac{67}{100}$ c) $\frac{1}{25}$ d) $\frac{6}{50}$ e) $\frac{2}{5}$ f) $\frac{75}{300}$

Um einen Bruch als Dezimalzahl oder in Prozentschreibweise anzugeben, erweitert oder kürzt man auf einen Hunderstelbruch.

$\frac{3}{4} = \frac{3 \cdot 25}{4 \cdot 25} = \frac{75}{100} = 0{,}75 = 75\,\%$

7 Entscheide, ob die Ereignisse wahrscheinlich, unwahrscheinlich, sicher oder unmöglich sind.

Ereignisse beurteilen

a) Morgen beginnt ein neuer Tag.
b) Auf meinem Spaziergang durch den Park treffe ich einen Wolf.
c) Auf dem Spaziergang durch den Park treffe ich einen Mann mit einem Hund.
d) Ich würfle mit dem normalen Spielwürfel eine 7.
e) Beim Werfen einer Münze erscheint Zahl oder Wappen.

8 Für welches Glücksrad würdest du dich entscheiden, wenn Rot gewinnt? Begründe deine Entscheidung.

Wahrscheinlichkeiten schätzen

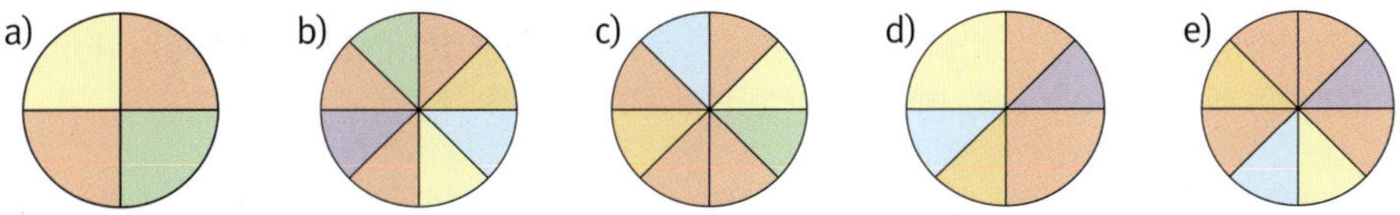

9 Zu welchen Bonbonschüsselchen passen folgende Sätze, wenn je ein Bonbon zufällig gezogen wird?

a) Es ist sicher, dass ein gelber (roter) Bonbon gezogen wird.
b) Es ist unmöglich, dass ein gelber (roter) Bonbon gezogen wird.
c) Es ist wahrscheinlich, dass ein gelber (roter) Bonbon gezogen wird.
d) Es ist gleich wahrscheinlich, dass ein roter oder gelber Bonbon gezogen wird.
e) Es ist unwahrscheinlich, dass ein gelber (roter) Bonbon gezogen wird.

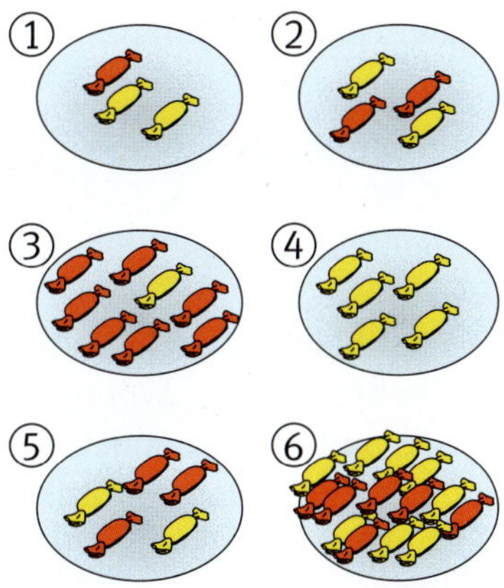

10 Versuche in Prozent anzugeben, wie wahrscheinlich die Aussagen sind.

a) Heute geht Lisa auf jeden Fall zum Training.
b) Wahrscheinlich regnet es heute.
c) Vielleicht schneit es zu Weihnachten.
d) Unter keinen Umständen geht Kacper heute schwimmen.
e) Rayan ist zuversichtlich, aber nicht ganz sicher, dass sie eine 1 in der Mathematikarbeit bekommt.
f) Es ist möglich, aber leider sehr unwahrscheinlich, dass Timur eine 1 in der Mathematikarbeit bekommt.
g) Es ist ausgeschlossen, dass Raphael eine 1 in der Mathematikarbeit bekommt.

Die Wahrscheinlichkeit gibt an, wie sicher ein Ereignis eintreten wird.

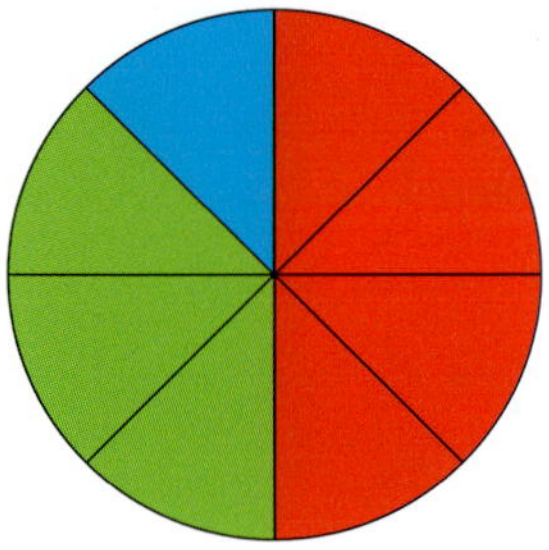

1 Nils hat das Glücksrad 20-mal gedreht und das Ergebnis notiert.

a) Übertrage die Tabelle und vervollständige sie.

	Rot	Grün	Blau
Strichliste	■	■	■
Häufigkeit	■	■	■

b) Stelle die Häufigkeiten in einem Säulendiagramm dar.

R; R; G; B;
G; G; R; R;
G; R; G; G;
R; R; B; G;
R; R; G; R

Zufallsversuch
Diagramm
Tabelle

Das Würfeln, das Werfen einer Münze, das Drehen eines Kreisels oder eines Glücksrades sind Vorgänge, deren Ergebnis zufällig, also nicht vorhersagbar ist. Man nennt solche Vorgänge **Zufallsversuche**.
Die Ergebnisse von Zufallsversuchen kann man in **Strichlisten** und **Tabellen** eintragen oder mit **Diagrammen** veranschaulichen.

Säulendiagramm

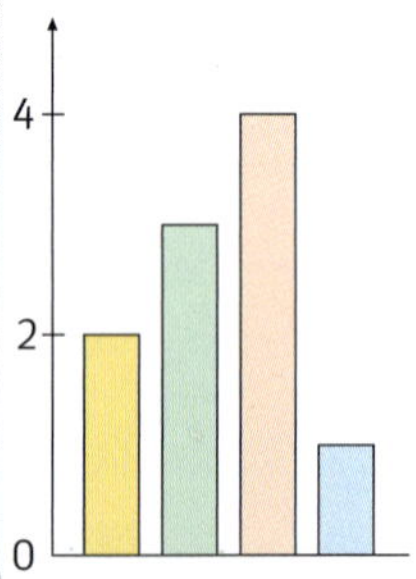

2 Zwei Münzen (zum Beispiel 1 Cent oder 5 Cent) werden geworfen. Das Ergebnis kann zum Beispiel „Wappen-Zahl“ sein (kurz: „W; Z“). Führe den Versuch 25-mal durch.

a) Fertige wie in Aufgabe 1 eine Tabelle an, in der du deine Ergebnisse zu „W; Z“, „Z; W“, „Z; Z“ und „W; W“ einträgst.

b) Stelle die Häufigkeiten in einem Säulendiagramm dar.

3 Tarik hat heute keine Lust, zum Training zu gehen. Aber er beschließt: „Wenn ich mit dem Würfel 25-mal würfele und die 5 kommt am häufigsten vor, dann gehe ich doch zum Training.“ Tarik würfelt und notiert sich: Wie muss sich Tarik entscheiden? Lege dazu eine Tabelle an.

5; 3; 6; 5; 4; 1;
1; 2; 3; 4; 5; 1;
1; 2; 3; 3; 2; 5;
5; 6; 5; 4; 6; 6; 3

Modalwert

Der **Modalwert** ist der am häufigsten in einer Datenreihe vorkommende Wert.
Datenreihe: D; I; R; D; A; R; W; R; T; D; D; R; I; T; R
Der Buchstabe R kommt am häufigsten vor. Er ist der Modalwert.

Durchschnittswert $\bar{x}$: Summe der Einzelwerte dividiert durch die Anzahl der Einzelwerte.
Median z: mittlerer Wert einer geordneten Zahlenreihe (Rangliste)

4 Beim Drehen eines Glücksrades mit den Feldern von 1 bis 9 ergeben sich folgende Ergebnisse:
7 – 9 – 1 – 3 – 4 – 4 – 7 – 4 – 4 – 7 – 6 – 2 – 4 – 6 – 1 – 7 – 8 – 7 – 6 – 5 – 6 – 3 – 1 – 4 – 8

a) Bestimme den Modalwert.

b) Bestimme den Durchschnittswert und den Median für diese Datenreihe.

c) Welcher von den drei Kennwerten ist hier am aussagekräftigsten?

5 Sind folgende Behauptungen richtig oder falsch? Begründe.

a) Der Modalwert ist immer ein tatsächlich vorkommender Wert in einer Datenreihe.

b) Der Median ist immer ein tatsächlich vorkommender Wert in einer Datenreihe.

1 Die Klasse 8b hat für das Schulfest ein Glücksrad gebaut.

Gewinn	Felder
Sporttasche	Rot
Spielkarten	Blau
Taschenrechner	Gelb
T-Shirt	Grün
Gutschein	Schwarz

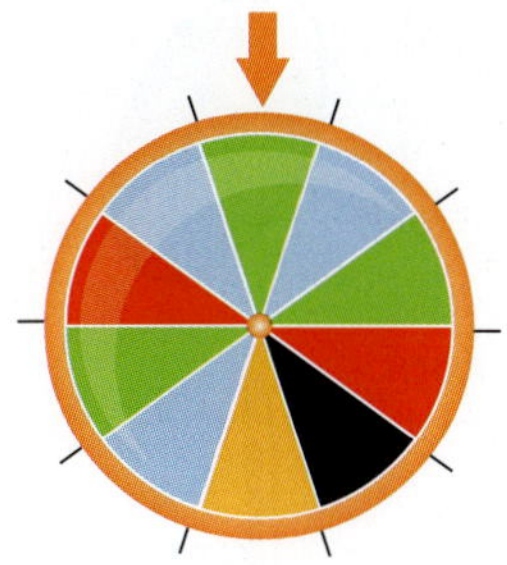

a) Fine versucht ihr Glück. Das Rad bleibt auf Blau stehen. Was hat Fine gewonnen?
b) Luca sagt: „ Auf Dauer gibt es öfter T-Shirts als Gutscheine zu gewinnen.“ Hat er Recht? Begründe.
c) Welchen Gewinn wird man am häufigsten bekommen und welchen am seltensten? Begründe deine Antwort.
d) „Ich habe nacheinander fünf Taschenrechner gewonnen“, behauptet Selinay. Kann das stimmen?

Zufallsversuch

Für einen Zufallsversuch gilt:
1. Die Durchführung erfolgt **nach genauen Regeln** und ist beliebig wiederholbar.
2. Es müssen **mindestens zwei verschiedene Ergebnisse** möglich sein.
3. Das Ergebnis ist **nicht vorhersagbar**.

2 Ist das Drehen des Glücksrades ein Zufallsversuch? Begründe.

3 Handelt es sich um einen Zufallsversuch? Begründe. Gib mögliche Ergebnisse an.
a) Ein Würfel wird 1-mal (2-mal) geworfen.
b) Der Schiedsrichter pfeift „Foul“.
c) Moritz dreht an einem Glücksrad.
d) Jenna wirft eine Münze.
e) Jaqueline zieht ein Los auf dem Rummel.
f) Martin löste eine Matheaufgabe.

Ereignis
Ergebnis

Als **Ereignis** wird der Teil aller möglichen **Ergebnisse** bezeichnet, für die man sich genauer interessiert. Ein Ereignis kann **unmöglich, möglich** oder **sicher** sein.

4 Das nebenstehende Glücksrad wird gedreht. Alle möglichen Ergebnisse kann man als Menge aufschreiben:
E = {1; 2; 3; 4; 5; 6; 7; 8; 9; 10}.

a) Schreibe in der Mengenschreibweise:
E_1: „Es wird eine gerade Zahl gedreht“
E_2: „Es wird eine Zahl kleiner als 5 gedreht.“
E_3: „Es wird eine Zahl größer als 10 gedreht.“
E_4: „Die Zahl gehört zu den natürlichen Zahlen.“
b) Auf welches Ereignis würdest du eher wetten? Begründe deine Entscheidung.
① Die Zahl ist gerade.
② Die Zahl ist kleiner als fünf.

5 Ordne den Ereignissen E_1 bis E_4 die Merkmale unmöglich, möglich oder sicher zu.

6 Gib für einen Wurf mit einem Würfel (mit zwei Würfeln)
a) die Ergebnismenge an.
b) ein sicheres (mögliches, unmögliches) Ereignis an.

Seite
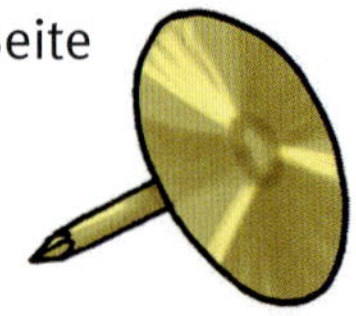

Kopf
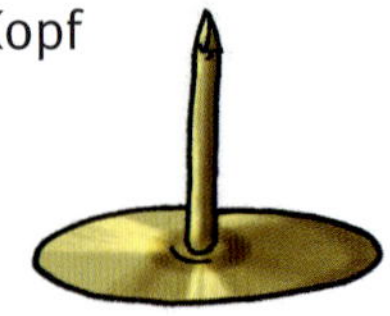

1 Eine Reißzwecke kann beim Werfen auf dem Kopf oder auf der Seite landen. Mert behauptet, dass die Reißzwecke öfter auf die Seite fällt.

a) Überprüfe seine Vermutung. Führe den Versuch 10-mal, 20-mal, 50-mal, 100-mal, 175-mal durch. Du kannst auch mehrere Reißzwecken gleichzeitig werfen. Lege eine Tabelle an, in der du die Ergebnisse einträgst.

Anzahl Würfe	10	20	50
Anzahl Seite	■	■	■

b) Vergleiche die Ergebnisse, indem du den Anteil von „Anzahl Seite“ bezogen auf die Anzahl der Würfe bestimmst.

absolute Häufigkeit
relative Häufigkeit
Prozentschreibweise

Die tatsächliche Anzahl, wie oft ein Ereignis vorkommt, bezeichnet man als **absolute Häufigkeit H**. Den Anteil, mit dem ein Ereignis in Bezug auf die Gesamtzahl aller Ergebnisse vorkommt, nennt man die **relative Häufigkeit h**. Die relative Häufigkeit lässt sich in verschiedenen Schreibweisen angeben:

Datenreihe: 2; 3; 6; 1; 3; 2; 5; 5; 6; 2; 1; 3; 5; 6; 2; 1; 6; 1; 3
absolute Häufigkeit für die Zahl 6: $H(6) = 4$
relative Häufigkeit für die Zahl 6: $h(6) = \frac{4}{19} = 4 : 19 = 0{,}21052\ldots \approx 0{,}21 = 21\,\%$

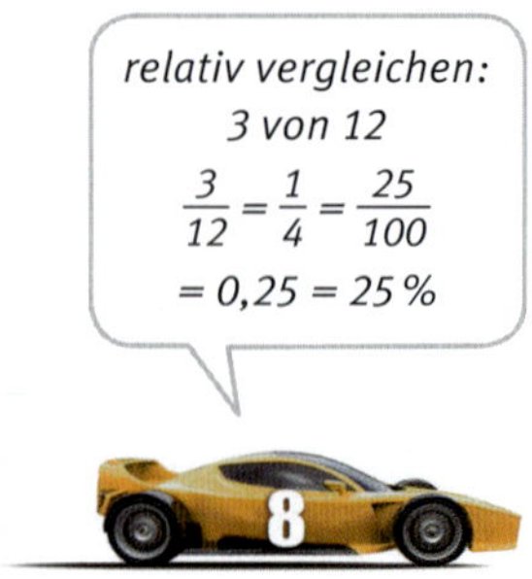

2 Gib deine Ergebnisse aus den Versuchen als relative Häufigkeit in den verschiedenen Schreibweisen an. Ergänze dazu deine Tabelle um eine weitere Zeile.

3 Für diese Aufgabe brauchst du ein Skatspiel mit 32 Karten.

a) Lege die Karten als Stapel auf den Tisch. Ziehe eine Karte und notiere das Ergebnis, z. B. Pik 9. Lege die Karte zurück und mische den Stapel neu. Lass nun deinen Mitschüler eine Karte ziehen. Wiederholt das Ganze je 15-mal.

b) Was kann man häufiger ziehen: eine Herzkarte oder einen Buben? Begründe deine Entscheidung mit der relativen Häufigkeit.

4 Luca, Ines, Hannah und Kevin haben Reißzwecken geworfen.

a) Luca hat seine Reißzwecke 50-mal geworfen. Es ergibt sich: h („auf dem Kopf“) = 34 %. Wie groß war die zugehörige absolute Häufigkeit?

b) Ines Reißzwecke ist 30-mal auf der Seite liegen geblieben. Die zugehörige relative Häufigkeit lautet: h („auf der Seite“) = 0,75. Wie oft hat Ines geworfen?

c) Hannah und Kevin unterhalten sich. Was meinst du zu Kevins Vermutung?

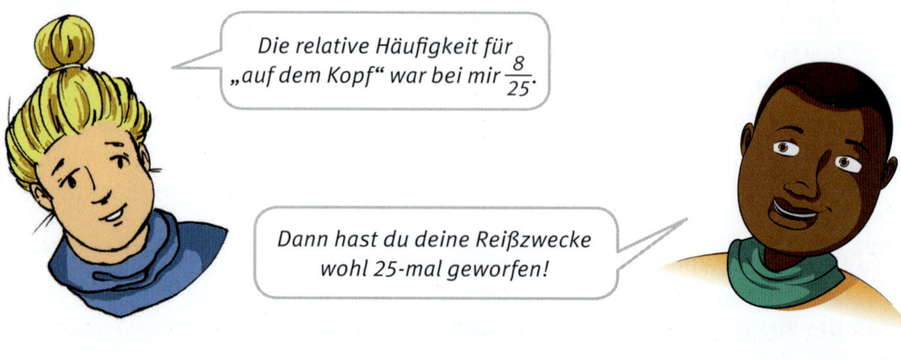

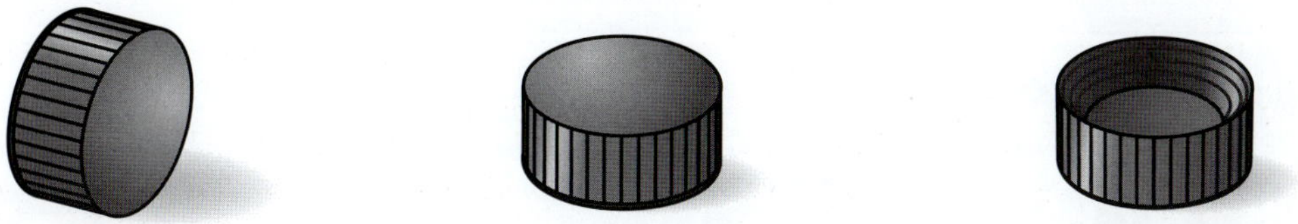

Seite (S) unten (u) oben (o)

1 Hast du schon einmal mit Schraubverschlüssen gewürfelt? Wenn sie an der Seite recht gerade sind, lassen sich drei Positionen unterscheiden.

a) Besorge dir zehn gleichartige Verschlüsse (z. B. von Milchtüten oder Getränkeflaschen). Würfle wiederholt mit den Verschlüssen, übertrage die Tabelle und vervollständige sie. Notiere die relative Häufigkeit in den verschiedenen Schreibweisen.

Anzahl geworfener Verschlüsse	absolute Häufigkeit H			relative Häufigkeit h		
	H (o)	H (u)	H (S)	h (o)	h (u)	h (S)
10	■	■	■	■	■	■
50	■	■	■	■	■	■
100	■	■	■	■	■	■
500	■	■	■	■	■	■
1000	■	■	■	■	■	■
...	■	■	■	■	■	■

b) Beschreibe, wie sich die absoluten und relativen Häufigkeiten in Abhängigkeit von der Anzahl der Würfe verändern.

Führt man einen Zufallsversuch sehr häufig durch, so ändert sich die relative Häufigkeit eines Ereignisses kaum noch. Sie stabilisiert sich auf einen festen Wert, so dass man voraussagen kann, welche Ereignisse häufiger als andere auftreten. Das bezeichnet man als **Gesetz der großen Zahl**.

Gesetz der großen Zahl

2 Man kann auch mit Bausteinen würfeln. Es lassen sich verschiedene Lagen unterscheiden.

Oberseite (O) Unterseite (U) Seite (S)

a) Auf welche Lage würdest du wetten? Begründe.

b) Nimm einen Baustein und würfle mit ihm 150-mal.

1 Erfasse die Ergebnisse in einer Strichliste.

2 Bestimme die absoluten und prozentualen Häufigkeiten.

3 Überprüfe anhand deiner Ergebnisse die Aussage aus a). Werden deine Begründungen bestätigt oder widerlegt? Woran kann das liegen?

3 In einer Schüssel liegen insgesamt 20 rote, blaue und gelbe Kugeln. Die jeweilige Anzahl ist nicht zu sehen. Es wird 1000-mal eine Kugel entnommen, deren Farbe notiert und wieder zurückgelegt. Gib an, wie viele Kugeln jeder Farbe die Schüssel enthält.

Farbe	rot	blau	gelb
Anzahl	411	535	54

1 Schätze Sergejs Chance, nicht beim Aufräumen helfen zu müssen in Prozent.

Wahrscheinlichkeit

> Die **Wahrscheinlichkeit** berechnen heißt, die **bestmögliche Prognose** (Voraussage) für ein Ereignis zu geben.
>
> Wahrscheinlichkeit P eines Ereignisses E: $P(E) = \frac{\text{Anzahl der günstigen Ergebnisse}}{\text{Anzahl der möglichen Ergebnisse}}$
>
> z. B. Würfeln: P („ungerade Augenzahl“) $= \frac{3}{6} = \frac{1}{2} = 0{,}5 = 50\,\%$
>
> P („eine 6 würfeln“) $= \frac{1}{6} = 1 : 6 \approx 0{,}1666... = 16{,}\overline{6}\,\%$

2 Aus dem Spiel wird verdeckt eine Karte gezogen. Wie groß ist die Wahrscheinlichkeit, dass es sich dabei um

a) ein Ass handelt?
b) um eine Kreuzkarte handelt?
c) um ein Bild handelt?
d) um eine Zahlkarte 7 bis 10 handelt?
e) um eine rote Dame handelt?
f) um das Kreuz-Ass handelt?

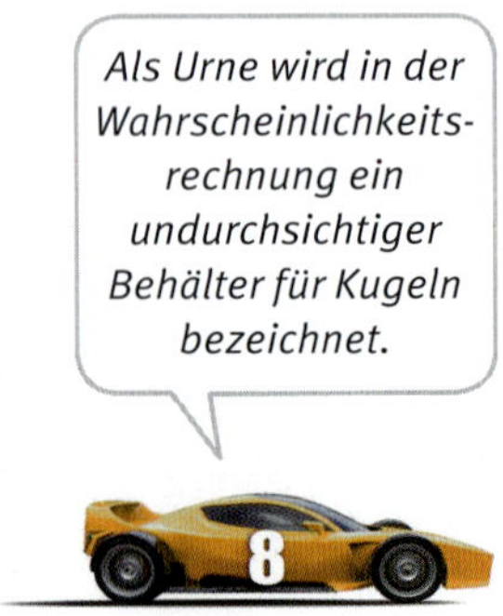

3

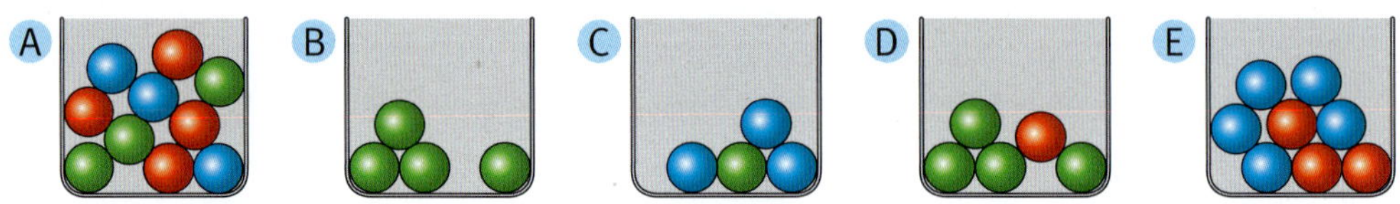

a) Mit welcher Wahrscheinlichkeit zieht Jan aus den Urnen bei einem Zug eine grüne (blaue; rote) Murmel? Erstelle eine Tabelle.

b) Es soll eine grüne (blaue; rote) Murmel gezogen werden. Für welche Urne gilt die Wahrscheinlichkeit ...

① größer als $\frac{1}{2}$ ② kleiner als 0,25 ③ 40 %

c) Bestimme jeweils für jede Urne die Wahrscheinlichkeit, dass bei einem Zug die Murmel folgende Farbe hat.

① Grün oder Rot ② Blau oder Rot ③ Grün oder Blau

4 Wie viele rote Kugeln muss man jeweils ergänzen, damit die angegebene Wahrscheinlichkeit der Ereignisse beim nächsten Zug zutrifft?

① P(Rot) $= \frac{1}{3}$ ② P(Rot) $= 0{,}4$ ③ P(Grün) $= 25\,\%$ ④ P(Grün) $= \frac{1}{5}$ ⑤ P(Blau) $= \frac{1}{2}$

1 Bei welcher Wette ist der Ausgang leichter vorauszusagen? Begründe.

Ⓐ Herr Schiller glaubt, dass das Pferd Schneeflocke das Pferderennen gewinnen wird und wettet 10 € auf den Sieg.

Ⓑ Julia glaubt, dass das Glücksrad bei Gelb stehen bleiben wird und setzt 2 € auf Gelb.

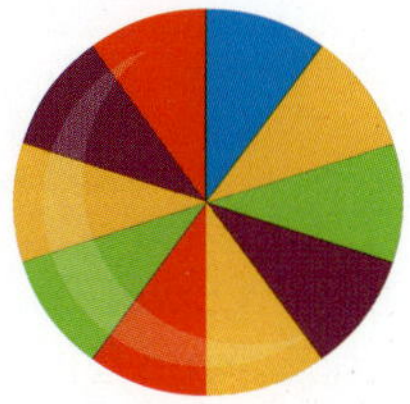

Laplace-Versuche

Haben alle möglichen Ergebnisse eines Zufallsversuchs die gleiche Chance und sind somit **gleichwahrscheinlich**, so nennt man diesen Zufallsversuch **Laplace-Versuch**. Man kann die Wahrscheinlichkeit vorab durch Überlegungen ohne Versuchsreihe abschätzen.
Das Drehen am Glücksrad mit gleich großen Feldern, das Ziehen einer Karte oder einer Kugel, das Würfeln mit einem idealen Würfel sind Beispiele für Laplace-Versuche.

Pierre Simon Laplace (1749 - 1827)

2 Ordne den angegebenen Laplace-Wahrscheinlichkeiten das passende Zufallsgerät zu.

① $8,\overline{3}\,\%$
② $16,\overline{6}\,\%$
③ $33,\overline{3}\,\%$

Urne

Würfel

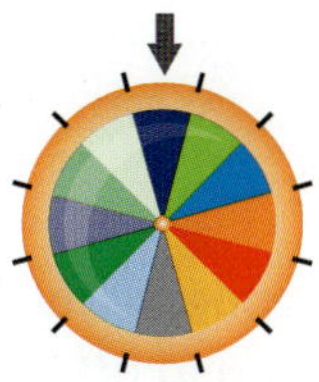

Glücksrad

3 In einer Urne sind 64 Kugeln. Manche sind grün, der Rest rot. Die Wahrscheinlichkeit, eine rote Kugel zu ziehen beträgt P (rote Kugel) $= \frac{11}{16}$.
Wie viele Kugeln von jeder Farbe sind in der Urne?

TRIMM-DICH-ZWISCHENRUNDE

❶ Jasmin würfelt 50-mal. Die Eins kommt 12-mal, die Zwei 7-mal, die Drei 9-mal, die Vier und die Fünf jeweils 6-mal und die Sechs 10-mal vor.
a) Erstelle eine Häufigkeitstabelle und berechne die relativen Häufigkeiten.
b) Stelle die absoluten Häufigkeiten in einem Säulendiagramm dar.
c) Bestimme den Modalwert.

❷ Handelt es sich bei folgenden Aussagen um einen Zufallsversuch? Begründe.
a) Jana dreht an einem Glücksrad.
b) Paul schießt auf die Torwand.
c) Der einjährige Isaak wählt mit dem Telefon.

❸ Bestimme die Wahrscheinlichkeiten für folgende Ereignisse E beim Würfeln mit einem gewöhnlichen Spielwürfel.
a) E_1: gerade Augenzahl
b) E_2: Augenzahl 5
c) E_3: Augenzahl kleiner als 3
d) E_4: Augenzahl größer als 2
e) E_5: Augenzahl ist eine Primzahl
f) E_6: Augenzahl ist durch 3 teilbar

Roulette

Beim Roulette kann die Kugel auf die Zahlen von 0 bis 36 fallen. Auf dem Spielfeld gibt es verschiedene Möglichkeiten zum Setzen durch Auflegen eines Spielchips an der entsprechenden Stelle:

a) Bestimme die Wahrscheinlichkeit für die Ereignisse:
   1. Es fällt die Zahl 18.
   2. Es kommt die Zahl 0.
   3. Die Zahl ist gerade.
   4. Es fällt eine schwarze Zahl.
   5. Es kommt eine Zahl aus dem 1. Dutzend (aus einer Kolonne).

b) Für eine einzelne Zahl erhält ein Spieler das 36-fache seines Einsatzes zurück. Findest du das Spiel fair? Begründe.

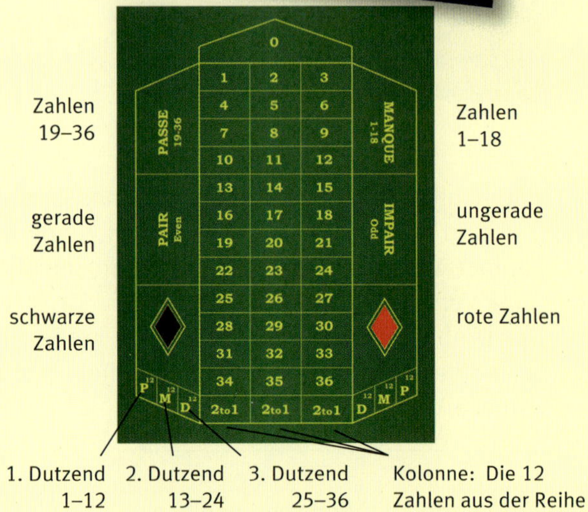

Spielt die folgenden zwei Spiele in einer Gruppe mit vier Mitspielern und ermittelt eure Gewinnchancen.

Würfelroulette

Benötigt werden zwei Würfel, 35 Spielchips und ein Spielfeld.

Spielanleitung:
Von den vier Spielern spielt einer die Bank. Jeder Spieler bekommt 5 Chips, die Bank erhält 20 Chips.
Alle Spieler außer der Bank legen einen Chip als Einsatz auf eine beliebige Zahl.
Danach würfelt die Bank zweimal. Die Augenzahlen werden addiert.
Bei einer Zahl aus der oberen Reihe – egal welche – werden alle Einsätze dieser Reihe doppelt ausgezahlt.
Das Gleiche gilt bei Zahl aus der unteren Reihe.
Würfelt die Bank eine Sieben, so wird der gelegte Einsatz vierfach ausgezahlt. Einsätze, die nicht gewonnen haben, gehen an die Bank.

a) Spielt das Spiel solange, bis ein Mitspieler keine Chips mehr hat.
b) Gibt es Zahlen mit besonders guten oder schlechten Gewinnchancen?
c) Berechne für jede Augensumme die Wahrscheinlichkeit.
d) Spielt das Spiel noch einmal fünf Spielrunden und notiert dann die Anzahl der Chips. Wie viele Spielmarken hat jeder von euch in den fünf Spielrunden verloren bzw. gewonnen? Addiert alle gewonnen bzw. alle verlorenen Spielmarken.
e) Vergleicht eure Ergebnisse mit denen der anderen Spielgruppen. Was stellt ihr fest?

Craps

Craps ist ein Würfelspiel, das in den USA sehr beliebt ist.

Spielanleitung:

Es wird mit zwei Würfeln gespielt, die man mit einem Wurf gegen eine Wand wirft. Ein Spieler setzt einen bestimmten Betrag gegen die Bank. Wirft der Spieler im ersten Wurf die Augensumme 2, 3 oder 12 wird das „craps" genannt und er hat verloren.

Wirft der Spieler im ersten Wurf die Augensumme 7 oder 11 wird das „natural" genannt und er hat gewonnen.

Bei der Augensumme 4, 5, 6, 8, 9 oder 10 (einem „point") darf ein zweites Mal geworfen werden.

Ab dem zweiten Wurf gilt:

Wirft der Spieler dieselbe Augensumme wie beim ersten Wurf, gewinnt er. Wirft er die Augensumme 7, verliert er. Wirft er irgendeine andere Augensumme, darf noch einmal gewürfelt werden.

a) Spielt das Spiel. Wie oft müsst ihr im Durchschnitt spielen, bis entschieden ist, wer gewonnen oder verloren hat?
b) Wer gewinnt häufiger, der Spieler oder die Bank?
c) Berechnet die Wahrscheinlichkeit dafür,
   1 dass der Spieler im ersten Wurf gewinnt.
   2 dass der Spieler im ersten Wurf verliert.
d) Ist das Spiel nun fair? Vergleicht mit euren Ergebnissen aus den Spielrunden.

Glücksspielsucht

Spielteilnahme ab 18 Jahren.
Glücksspiel kann süchtig machen.

Bei Glücksspielen reizt die Chance, viel Geld zu gewinnen. Aber jedes Kasino legt das Spiel mit seinen Regeln und die Einsätze so fest, dass es kein großes Risiko eingeht und möglichst große Gewinne macht. Manche Menschen können ihr Spielverhalten nicht mehr richtig kontrollieren, hören auch bei großen Verlusten nicht auf zu spielen und verlieren so viel Geld. Dann spricht man von Glücksspielsucht. Damit es nicht soweit kommt, gibt es unterschiedliche Gesetze. Beurteilt sie.

Dieser Hinweis ist bei allen Glücksspielen anzugeben.

Seit 01.01.2008 gilt in Deutschland der Glücksspielstaatsvertrag. Ein wesentliches Ziel des Vertrags ist es, Glücksspielteilnehmende besser vor den Gefahren des Glücksspiels zu schützen. Hierzu zählt z. B. die Möglichkeit, sich für bestimmte Glücksspiele sperren zu lassen.

Glücksspiele im Internet machen besonders häufig süchtig. Denn wer alleine spielt, läuft z. B. Gefahr, häufiger und unkontrolliert zu spielen. Darum sind seit dem 01.01.2009 Glücksspiele im Internet verboten.

Alle Glücksspiele sind für Kinder sowie Jugendliche unter 18 Jahren verboten. Sie dürfen Spielhallen und Spielbanken nicht betreten. Bei öffentlichen Lotterien (z. B. auch bei Rubbellosen), Sportwetten und Poker dürfen sie nicht mitspielen – auch nicht mit Erlaubnis oder Vollmacht der Eltern.

1 Wappen oder Zahl?
Tim fordert seinen Freund Tom zu einem Glücksspiel heraus.
a) Sollte sich Tom darauf einlassen? Begründe.
b) Führe den Versuch mit einem Mitschüler durch. Notiert euch das jeweilige Ergebnis (z. B.: „Wappen; Wappen; Zahl“: „W; W; Z“).
c) Schreibe alle Möglichkeiten, die eintreten können, auf.
d) Berechne nun die Gewinnwahrscheinlichkeit für „dreimal Zahl“.

1. Pfadregel
Produktregel

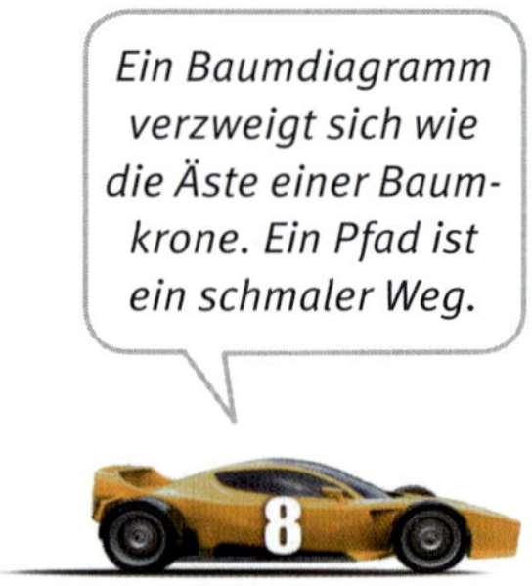

Ein Zufallsversuch, der mehrfach hintereinander durchgeführt wird, heißt **mehrstufig**. Die Ergebnisse **mehrstufiger Zufallsversuche** kann man in einem **Baumdiagramm** darstellen. Es besteht aus verschiedenen Stufen, an dem sich das Diagramm verzweigt. Die Anzahl der Pfade entspricht der Anzahl der Ergebnisse.

Im Baumdiagramm schreibt man die Wahrscheinlichkeit eines Ereignisses an den zugehörigen Pfad.

1. Pfadregel: Für die Wahrscheinlichkeit eines Ereignisses multipliziert man die Wahrscheinlichkeiten entlang des Pfades.

Das zweimalige Werfen eines Chips mit einer blauen und einer roten Seite ist ein zweistufiger Zufallsversuch.
Die Ergebnismenge E = {rr; rb; br; bb} enthält 2 · 2 = 4 Ergebnisse.

Wahrscheinlichkeit für das Ereignis „rot-blau“:
P („rb“) = 0,5 · 0,5 = 0,25 = 25 %

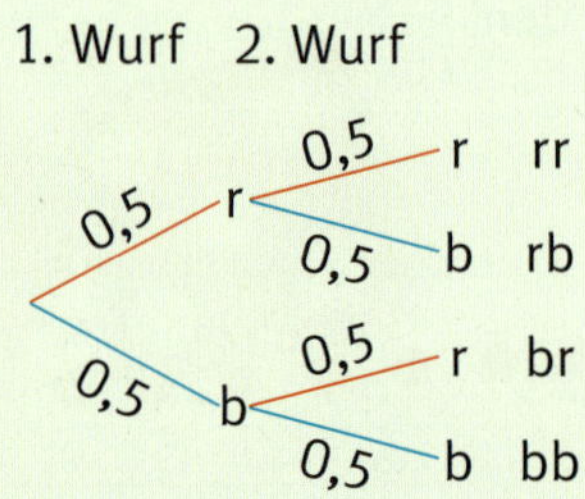

2 Zeichne ein Baumdiagramm für das Spiel aus der ersten Aufgabe.
a) Beschrifte die Pfade und berechne so die Wahrscheinlichkeit des Ereignisses „dreimal Zahl“ („Z; Z; Z“).
b) Welchen Vorteil bietet das Baumdiagramm gegenüber dem Vorgehen aus Aufgabe 1?

3 In einer Urne liegen vier braune, drei blaue, zwei rote und ein gelber Bonbon. Es wird nun zweimal ein Bonbon mit verbundenen Augen gezogen. Der Bonbon wird nicht zurückgelegt.
a) Zeichne ein Baumdiagramm. Beschrifte die Pfade.
b) Berechne die Wahrscheinlichkeit dafür, dass erst ein blauer und dann ein roter Bonbon gezogen wird (Ereignis „blau-rot“).
c) Paul meint, dass das Ereignis „rot-blau“ die gleiche Wahrscheinlichkeit hat. Begründe, ob Paul Recht hat.
d) Es wird erneut zweimal aus der Urne gezogen und der gezogene Bonbon zurückgelegt. Ändert sich die Wahrscheinlichkeit dafür, dass erst ein blauer und dann ein roter Bonbon gezogen werden? Begründe.

Wahrscheinlichkeiten berechnen (2. Pfadregel)

1 Tom ist mit Tims Vorschlag nicht einverstanden und möchte die Spielregeln ändern. Zum Gewinnen soll „zweimal Zahl“ reichen.
a) Führe das Experiment nochmal durch. Hast du nun gewonnen?
b) Markiere alle Pfade im Baumdiagramm farbig, die das Ereignis „mindestens zweimal Zahl“ angeben.
c) Notiere alle möglichen Ergebnisse und überlege, wie man die Wahrscheinlichkeit für „mindestens zweimal Zahl“ bestimmen kann.

2. Pfadregel: Gehören zu einem Ereignis mehrere Ergebnisse, werden die Pfadwahrscheinlichkeiten der einzelnen Ergebnisse addiert, um die Wahrscheinlichkeit des Ereignisses zu berechnen.

Ein Chip mit roter und blauer Seite wird zweimal geworfen.

Wahrscheinlichkeit für das Ereignis „die Chipsseiten sind gleichfarbig“:
P („rr oder bb“) = P(„rr“) + P(„bb“) = $0{,}5 \cdot 0{,}5 + 0{,}5 \cdot 0{,}5 = 0{,}25 + 0{,}25 = 0{,}5 = 50\,\%$

2. Pfadregel
Summenregel

2 a) Berechne mit Hilfe der 2. Pfadregel die Gewinnwahrscheinlichkeit für „mindestens zweimal Zahl“.
b) Erkläre, warum Tom falsch überlegt hat.

3 Aus der nebenstehenden Urne werden zweimal Bonbons ohne Zurücklegen gezogen. Berechne die Wahrscheinlichkeiten für folgende Ereignisse:

a) Es wird kein blauer Bonbon gezogen.
b) Es wird weder ein blauer noch ein gelber Bonbon gezogen.
c) Es werden zwei gleichfarbige Bonbons gezogen.

TRIMM-DICH-ZWISCHENRUNDE

1 In einer Urne befinden sich fünf blaue, vier weiße und eine grüne Kugel. Es wird zweimal gezogen. Die Kugeln werden nicht zurückgelegt.
a) Schreibe alle möglichen Ergebnisse auf.
b) Wie viele Möglichkeiten gibt es, dass die als zweite gezogene Kugel blau ist? Bestimme die Wahrscheinlichkeit für dieses Ereignis.

2 Zwei Würfel werden gleichzeitig geworfen. Wie groß ist die Wahrscheinlichkeit, die Augensumme 4 zu erhalten? Bestimme zuerst die gesamte Ergebnismenge und dann die Ergebnisse die zum Ereignis „Augensumme 4“ gehören.

3 In einer Lostrommel liegen vier Kugeln, die mit 1, 2, 3, 4 durchnummeriert sind. Es werden nacheinander zwei Kugeln ohne Zurücklegen gezogen.
a) Stelle die Situation mit Hilfe eines Baumdiagramms dar.
b) Berechne die Wahrscheinlichkeit für das Ereignis („4;4“)
c) Berechne die Wahrscheinlichkeit für das Ereignis „alle Kugeln haben ungerade Zahlen“.

1 Karo hat heute ein erstes Date. Sie sucht deshalb ein passendes Outfit. In ihrem Schrank befinden sich neben anderen Kleidungsstücken auch ihre Lieblingsstücke:

drei Oberteile (Pullover (P); Bluse (B), T-Shirt (T))
zwei Hosen (Jeans (J) und Stoffhose (S))
zwei Paar Schuhe (Sneakers (Sn) und Stiefel (St))

a) Schätze, wie viele Kombinationsmöglichkeiten aus Oberteil, Hose und Schuhe Karo hat.
b) Stelle Karo ein Outfit zusammen.

Ergebnismenge

Ein Baumdiagramm eignet sich dazu, die Anzahl **aller möglichen Kombinationen** übersichtlich darzustellen und zu bestimmen.
Bei zwei Mützen und drei Schals gibt es $2 \cdot 3 = 6$ verschiedene Kombinationsmöglichkeiten.
Die **Ergebnismenge** $E = \{M_1S_1; M_1S_2; ...; M_2S_3\}$ enthält sechs Ergebnisse.

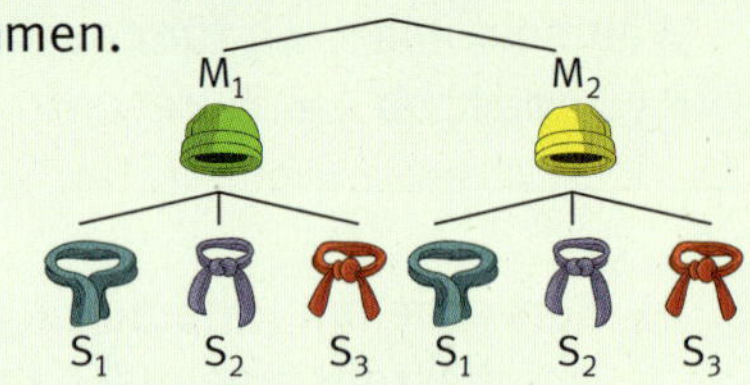

2 a) Übertrage das Baumdiagramm zu Aufgabe 1 und vervollständige es. Trage alle Wahrscheinlichkeiten ein.
b) Berechne die Anzahl der möglichen Kombinationen und vergleiche mit deiner Schätzung aus Aufgabe 1.
c) Karo hat es eilig. Es ist schon dunkel und die Lampe kaputt. Berechne die Wahrscheinlichkeit, dass sie aus ihrem Schrank deine vorgeschlagene Kombination zieht.
d) Berechne die Wahrscheinlichkeit, dass Karo keine Stoffhose anzieht.

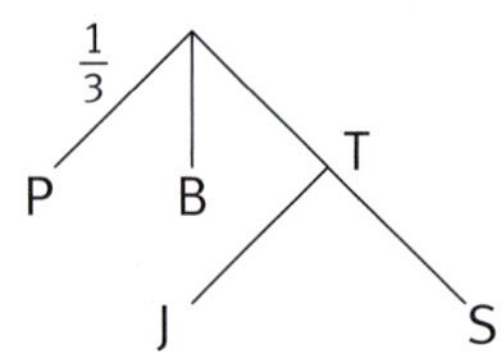

3 Karo trifft sich mit William im Fastfood-Restaurant. Dort können sie zwischen folgenden Menüs (A oder B) wählen:

(A) *Sandwich, Hamburger oder Cheeseburger*
Cola oder Fanta
(B) *Salat, Sandwich*
Cola, Fanta oder Saft

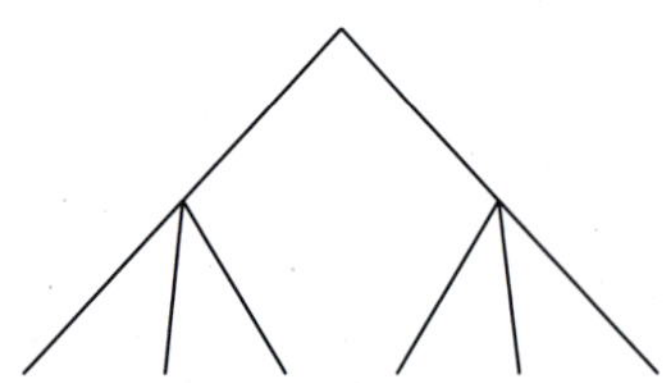

a) Entscheide, für welches Menü das Baumdiagramm gilt.
b) Berechne die Anzahl der Kombinationen für beide Menüs.
c) Damit Karo nicht zu lange aus das Essen warten muss, hat William bereits für sie bestellt. Bestimme die Wahrscheinlichkeit, dass er ihr Lieblingsmenü Sandwich und Cola bestellt hat.
d) Wie verändert sich das Baumdiagramm und damit die Ergebnismenge, wenn Karo noch zusätzlich unter drei Desserts auswählen darf?

4 Karo und William wollen gegenseitig Freundschaftsbänder mit dem anderen Namen tragen. In einem Beutel sind die Buchstaben A, K, O, R. Es wird viermal gezogen. Jedes Mal wird der Buchstabe hingelegt, so dass am Ende eine Folge aus vier Buchstaben entsteht.

a) Berechne die Wahrscheinlichkeit, den Namen KARO zu ziehen. Vervollständige dazu den Lösungsweg:

Beim ersten Zug gibt es vier Steine, davon einen mit dem Buchstaben „K":
P („K ziehen") = $\frac{1}{4}$
Beim zweiten Zug gibt es noch drei Steine, davon ...

b) William behauptet: „Wenn ich die Buchstaben nach dem Ziehen wieder in den Beutel zurücklege, wird die Wahrscheinlichkeit größer, den Namen zu ziehen." Nimm Stellung zu dieser Aussage.

c) Berechne die Wahrscheinlichkeit den Namen WILLIAM aus einem Beutel mit den Buchstaben A, I, I, L, L, M, W zu ziehen.

5 Wie geht es weiter mit der Liebe?
Befrage das Gummibärchen-Orakel!
So funktioniert es: Aus einem Becher mit drei weißen, drei roten, drei grünen und drei orangefarbenen Gummibärchen werden mit geschlossenen Augen nacheinander drei Gummibärchen gezogen. Die Gummibärchen werden wieder zurückgelegt. Hast du ...

❶ ... drei Gleiche gezogen, bedeutet es:
„Ihr seid ein Traumpaar, euch kann nichts auseinanderbringen."
❷ ... zwei Gleiche gezogen, bedeutet es:
„Es war zwar ein lustiger Nachmittag, aber so richtig hat dich dein Date nicht überzeugt."
❸ ... keine Gleichen gezogen, bedeutet es:
„Ihr habt leider gar keine Gemeinsamkeiten und passt überhaupt nicht zusammen. Schade eigentlich, aber ein Versuch war es wert."

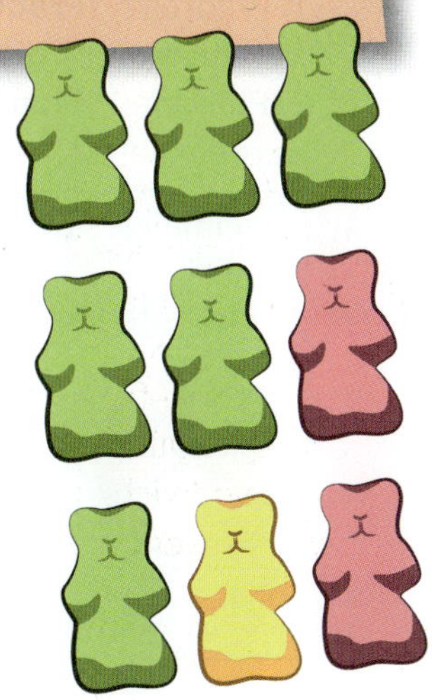

a) Bestimme durch geschicktes Aufschreiben alle Möglichkeiten.
b) Wie viele Möglichkeiten gibt es für die Aussage ❶?
c) Berechne nun die Wahrscheinlichkeit dafür, dass ihr ein Traumpaar seid.
d) Berechne die Wahrscheinlichkeiten für die anderen beiden Aussagen.
e) Für die Lösung dieser Aufgabe eignet sich das Baumdiagramm weniger. Begründe.

Wahrscheinlichkeitsrechnung wiederholen

Kennwerte bei Zufallsversuchen

Zufallsversuche erkennen
S. 107

Ein Zufallsversuch ist beliebig oft wiederholbar. Dabei sind mindestens zwei Ergebnisse möglich. Das Ergebnis ist nicht vorhersagbar. Ein Ereignis ist der Teil aller möglichen Ergebnisse, für die man sich genauer interessiert.

Das Werfen einer 1-€-Münze ist ein Zufallsversuch.
Ergebnismenge: E = {Wappen (W); Zahl (Z)} Ereignis „Zahl“: $E_1 = \{Z\}$

Häufigkeiten bestimmen
S. 106 ff.

Tatsächliche Anzahl eines Ergebnisses: absolute Häufigkeit H
Anteil des Ergebnisses an einer Gesamtzahl: relative Häufigkeit h
Häufigster Wert: Modalwert
Werden Zufallsversuche oft durchgeführt, stabilisieren sich die relativen Häufigkeiten bei steigender Versuchszahl auf einen Wert (Gesetz der großen Zahl).

Anzahl Würfe der 1-€-Münze	absolute Häufigkeit		relative Häufigkeit h		Modalwert
	H (W)	H (Z)	h (W)	h (Z)	
10	7	3	$\frac{7}{10} = 70\,\%$	$\frac{3}{10} = 30\,\%$	7
150	73	77	$73 : 150 \approx 49\,\%$	$77 : 150 \approx 51\,\%$	77

Wahrscheinlichkeiten

Wahrscheinlichkeiten berechnen (einstufige Zufallsversuche)
S. 110

Wahrscheinlichkeit P eines Ereignisses E: $P(E) = \frac{\text{Anzahl der günstigen Ergebnisse}}{\text{Anzahl der möglichen Ergebnisse}}$

Bei einem Laplace-Versuch sind alle Ergebnisse gleich wahrscheinlich.

Wahrscheinlichkeit, eine grüne Kugel zu ziehen:
P („grün“) $= \frac{3}{10} = 0{,}3 = 30\,\%$

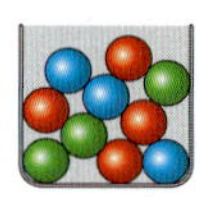

Wahrscheinlichkeiten berechnen (mehrstufige Zufallsversuche)
S. 114 f.

Die Ergebnismenge mehrstufiger Zufallsversuche kann man mit Hilfe eines Baumdiagramms bestimmen. Zu jedem Ergebnis gehört ein Pfad.
1. Pfadregel (Produktregel): Die Wahrscheinlichkeiten entlang eines Pfades werden multipliziert.
2. Pfadregel (Summenregel): Wenn mehrere Pfade zu einem Ereignis gehören, werden die Wahrscheinlichkeiten der entsprechenden Pfade addiert.

Zweimaliges Drehen eines Glücksrades:

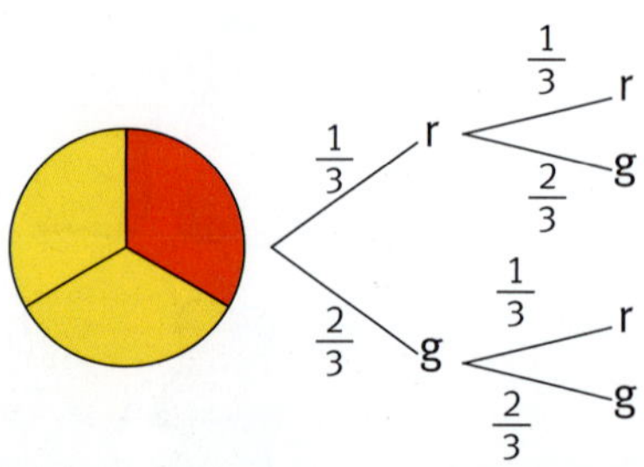

P („rr“) $= \frac{1}{3} \cdot \frac{1}{3} = \frac{1}{9}$

P („gleiche Farbe“) $= \frac{1}{9} + \frac{4}{9} = \frac{5}{9}$

P („gg“) $= \frac{2}{3} \cdot \frac{2}{3} = \frac{4}{9}$

Aufgaben zur Differenzierung

Basis-Aufgaben | **Vertiefende Aufgaben**

1 Jenny würfelt mit einem Würfel.

Augenzahl	1	2	3	4	5	6
50 Würfe	7	8	11	9	6	9
150 Würfe	27	27	28	23	18	27
500 Würfe	98	79	85	82	75	81
1000 Würfe	202	168	164	170	164	132

Basis-Aufgaben:

a) Berechne für jede Versuchsreihe für alle Augenzahlen die relative Häufigkeit in Prozent.
b) Bestimme für jede Versuchsreihe den Modalwert.

Vertiefende Aufgaben:

a) Stelle die Entwicklung der relativen Häufigkeiten in einem Säulendiagramm dar.
b) Jenny hat die Vermutung, dass der Würfel gezinkt ist. Was meinst du dazu? Begründe.

2 *Basis-Aufgaben:* Ein normaler Spielewürfel wird geworfen. Bestimme die Wahrscheinlichkeiten:

a) eine 5 wird gewürfelt.
b) eine Zahl kleiner als 4 wird gewürfelt.
c) eine 1 oder 6 wird gewürfelt.
d) eine durch 3 teilbare Zahl wird gewürfelt.

Vertiefende Aufgaben: Zwei normale Spielewürfel werden gleichzeitig geworfen. Die Augenzahl wird addiert.

a) Bestimme die Ergebnismenge.
b) Bestimme die Wahrscheinlichkeiten:
   1. die Augenzahlsumme ist durch 2 teilbar.
   2. die Summe ist größer als 7.

3 Paula hat die drei abgebildeten Spielwürfel zur Verfügung.

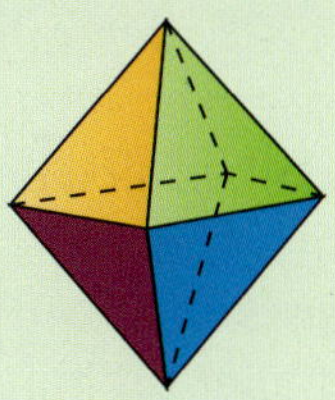

Oktaeder:
8 gleich große Seiten

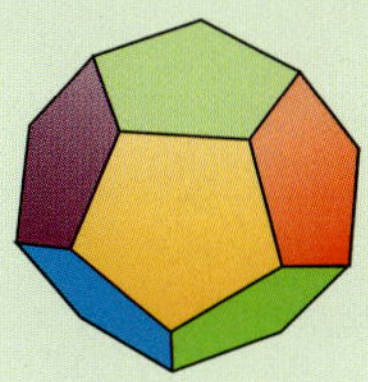

Dodekaeder:
12 gleich große Seiten

Ikosaeder:
20 gleich große Seiten

Basis-Aufgaben: Alle Würfelseiten sind mit unterschiedlichen Farben gefärbt.

a) Bestimme jeweils die Wahrscheinlichkeit für die Farbe Gelb.
b) Begründe, dass es sich beim Werfen dieser Würfel um Laplace-Versuche handelt.

Vertiefende Aufgaben: Es gibt Würfelseiten mit derselben Farbe.

a) Die Wahrscheinlichkeit für eine Farbe beträgt genau 40 %. Mit welchem Würfel wurde gewürfelt?
b) Wie viele Würfelseiten müssen jeweils gelb angemalt werden, damit die Wahrscheinlichkeit für die Farbe Gelb 25 % beträgt?

4 *Basis-Aufgaben:* In einer Urne sind fünf blaue und sieben rote Kugeln. Bestimme mit Hilfe eines Baumdiagramms die Wahrscheinlichkeit, bei zweimaligem Ziehen ohne Zurücklegen zwei rote oder zwei blaue Kugeln zu ziehen.

Vertiefende Aufgaben: In einer Urne sind fünf blaue, sieben rote und drei grüne Kugeln. Bestimme mit Hilfe eines Baumdiagramms die Wahrscheinlichkeit, bei dreimaligem Ziehen ohne Zurücklegen drei verschiedenfarbige Kugeln zu ziehen.

1 Wenn man eine Münze wirft, kann entweder das Ergebnis Wappen („W") oder Zahl („Z") kommen.

a) Handelt es sich bei dem Münzwurf um ein Zufallsexperiment? Begründe.

b) Eine Münze wird 22-mal geworfen:
W, W, Z, W, Z, Z, Z, Z, W, W, Z, Z, W, W, Z, W, Z, Z, Z, W, W, W.

1 Bestimme den Anteil für „W" dieser Daten.

2 Bestimme den Modalwert der Reihe.

3 Bestimme die anderen Mittelwerte. Welche Probleme hast du?

2 In einem Becher befinden sich vier Fruchtgummis: Zitrone, Banane, Himbeere und Ananas. Dejan hat das Zufallsexperiment „Ziehen eines Fruchtgummis" mehrmals durchgeführt. Den gezogenen Fruchtgummi hat er dabei stets in den Becher zurückgelegt. Das Balkendiagramm zeigt Dejans Ergebnisse.

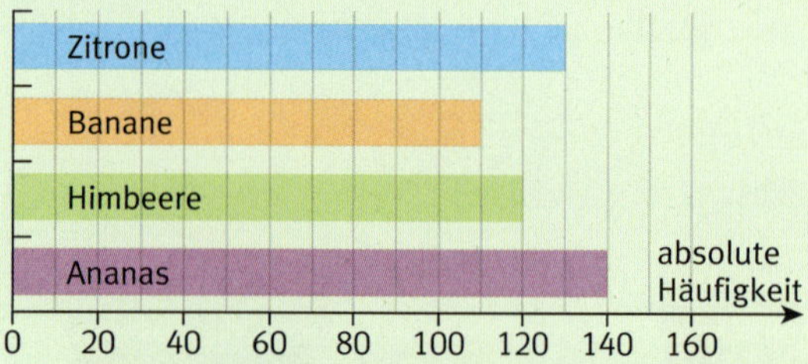

a) Wie oft hat Dejan das Zufallsexperiment insgesamt durchgeführt?

b) Gib die relativen Häufigkeiten der einzelnen Früchte an.

c) Welche Wahrscheinlichkeit kann für die einzelnen Früchte angenommen werden?

3 a) Mit einem Würfel wird 50-mal gewürfelt. Welche der folgenden Zahlen gibt an, wie oft eine Sechs gewürfelt wurde? Begründe deine Antwort.

0 | 5 | 8 | 11 | 16 | 25 | 50

b) Mit einem Würfel wird 120-mal gewürfelt. Wie oft werden theoretisch folgende Zahlen gewürfelt?

1 eine Drei
2 eine Eins oder eine Zwei
3 keine Sechs
4 eine gerade Augenzahl
5 eine durch 3 teilbare Zahl
6 eine Primzahl

4 Diese Kreisel sollen gedreht werden.

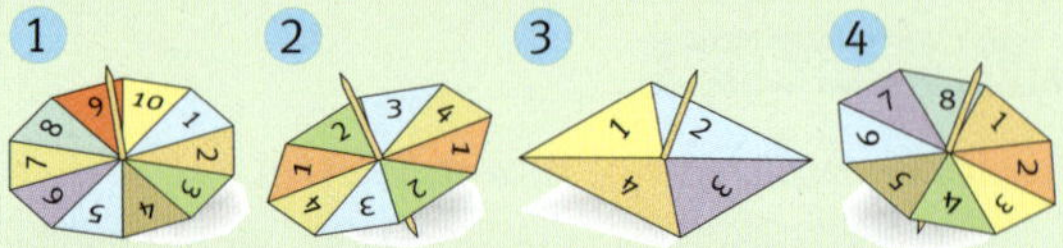

a) Der Kreisel bleibt auf „2" liegen. Gib die Wahrscheinlichkeit dafür an.

b) Bestimme die Wahrscheinlichkeit für jeden Kreisel: P („Der Kreisel liegt auf einer ungeraden Zahl.")

5 Entscheide, ob es sich bei folgenden Versuchen um ein Laplace-Experiment handelt. Begründe deine Aussagen.

a) Eine Münze wird geworfen.

b) Ein Elfmeter wird geschossen.

c) Dieser Baustein wird geworfen.

d) Die 13 beim Lotto 6 aus 49 wird gezogen.

6 Ein Glücksrad ist in drei Felder unterteilt: 90° sind schwarz, 120° sind rot und der Rest ist weiß.

a) Begründe: Handelt es sich um ein Laplace-Experiment?

b) Zeichne das Glücksrad.

c) Wie viel Prozent aller Drehungen erwartest du auf lange Sicht für die einzelnen Farben?

d) Zeichne ein Glücksrad, das diese beiden Bedingungen erfüllt. Auf lange Sicht gesehen erwartet man:

1 Rot genauso oft wie Weiß und

2 Schwarz genauso oft wie Weiß und Rot zusammen.

7 Eine Münze wird zweimal geworfen. Zeichne ein Baumdiagramm und bestimme die Wahrscheinlichkeit dafür, dass

a) zweimal Zahl erscheint.

b) einmal Wappen und einmal Zahl erscheint.

c) mindestens einmal Zahl erscheint.

d) höchstens einmal Zahl erscheint.

8 Die Klasse 8a hat mit verschiedenen Würfeln je 10 000-mal gewürfelt und ihre Ergebnisse in Säulendiagrammen veranschaulicht.

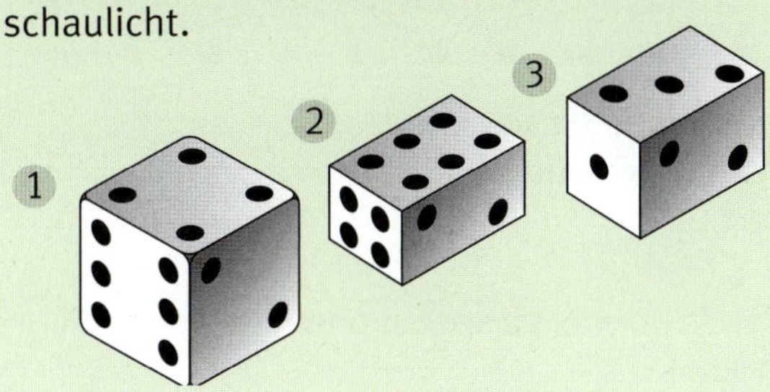

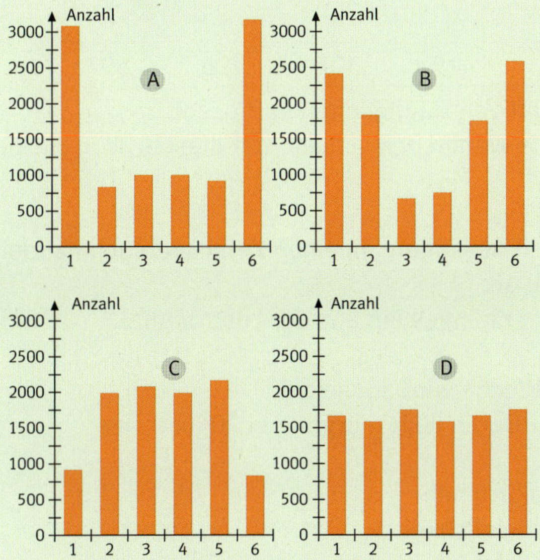

a) Welches Diagramm gehört zu welchem Würfel? Begründe deine Antwort.
b) Wie muss ein Zufallsgerät aussehen, das zu dem übrig gebliebenem Diagramm passt? Beschreibe und skizziere.

9 Wer muss abwaschen?
Igor packt 7 Nieten und 8 Gewinne („Abwaschen") in eine Socke. Collin entscheidet sich für 12 Nieten und 13 Gewinne. Welche Socke würdest du wählen, um dem Abwasch mit einer guten Chance ausweichen zu können?
Begründe mit einer Rechnung.

10 Denke dir jeweils zwei Laplace-Versuche aus, bei denen jedes mögliche Ereignis mit der folgenden Wahrscheinlichkeit auftritt.
a) 0,5 b) 25 %
c) $\frac{1}{3}$ d) 100 %

11 In einer Urne sind insgesamt 24 rote und schwarze Kugeln. Die Wahrscheinlichkeit, eine rote Kugel zu ziehen, beträgt ...
a) $\frac{1}{2}$ b) $\frac{2}{3}$
c) $\frac{3}{8}$ d) $\frac{5}{6}$
Wie viele Kugeln von jeder Farbe befinden sich jeweils in der Urne?

12 In einer Urne befinden sich sieben farbige Kugeln. Tim zieht nacheinander zwei Kugeln.

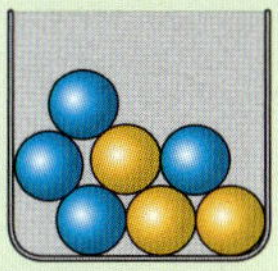

Bestimme jeweils die Wahrscheinlichkeit, zwei gleichfarbige Kugeln zu erhalten ...
a) wenn die beim ersten Zug gezogene Kugel nicht zurückgelegt wird.
b) wenn die beim ersten Zug gezogene Kugel zurückgelegt wird.
Zeichne jeweils ein Baumdiagramm und beschrifte es.

13 Zu einem Zufallsversuch wurde dieses Baumdiagramm gezeichnet. Wie könnte der Zufallsversuch aussehen? Beschreibe ihn.

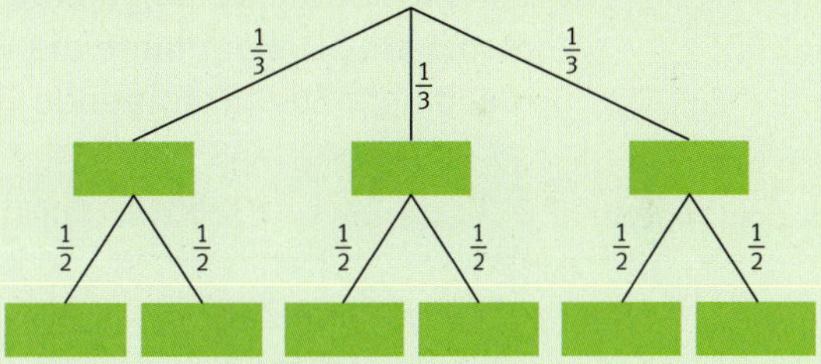

14 Karim behauptet:
– *Mit einem normalen Spielwürfel kann man schneller eine 2 oder 3 als eine 6 oder 1 würfeln.*
– *Die Wahrscheinlichkeiten sind gleich groß, wenn man aus einem Skatspiel mit 32 Karten ein Herzass oder Kreuzass zieht.*
– *Laplace-Wahrscheinlichkeiten lassen sich bei allen Zufallsversuchen angeben.*
Hat Karim Recht?
Begründe deine Entscheidung.

1 Faruk würfelt wiederholt zweimal mit einem Würfel, auf dem die Zahlen 0 bis 9 abgebildet sind. Er notiert die Summe der beiden Würfe in einer Tabelle.

0	1	2	3	4	5	6	7	8	9	10	11	12	13	14	15	16	17	18
II	III	II	卌	IIII	卌 II	卌 卌	卌 IIII	卌 IIII	卌 卌 I	卌 II	卌	卌 I	卌	III	卌	II	II	III

a) Berechne die relativen Häufigkeiten für jede Summe.
b) Welche Summe hat er im Durchschnitt gewürfelt? Bestimme Median und Modalwert.

2 Josip hat einen manipulierten Würfel 2500-mal geworfen und die absoluten Häufigkeiten in eine Tabelle eingetragen.

Augenzahl	1	2	3	4	5	6
H	319	362	419	307	496	597

a) Berechne die dazugehörigen relativen Häufigkeiten in Prozent.
b) Ermittle einen Schätzwert für die Wahrscheinlichkeit, mit diesem Würfel eine Sechs zu werfen.

3 Entscheide, ob es sich bei folgenden Aussagen um einen Zufallsversuch handelt. Begründe. Gib mögliche Ergebnisse an.
a) Meret zieht beim Schulfest einen Kleingewinn aus der Lostrommel.
b) Morgen geht die Sonne unter.
c) Der Tafeldienst für die nächste Woche wird ausgelost.
d) Die Regenwahrscheinlichkeit für Berlin liegt morgen bei 70 %.

4 In einer Schachtel liegen die Ziffernkärtchen von 1 bis 50. Bestimme die Wahrscheinlichkeit bei einem Zug für folgende Ziffernkärtchen.

1 | 2 | 3 | ... | 9 | 10 | ... | 50

a) ungerade Zahl
b) zweistellige Zahl
c) zweistellige gerade Zahl
d) eine Zahl ≤ 50
e) durch 5 teilbare Zahl
f) Zahl mit mindestens einer 3
g) Zahl mit höchstens einer 1
h) ungerade Zahl, die durch 4 teilbar ist

5 Aus einer Urne werden zwei Kugeln gezogen. Finde mindestens drei Ereignisse, die mit einer Wahrscheinlichkeit von 20 % eintreten können.

6 Bei einem „Einarmigen Banditen" werden als Gewinn Kaugummikugeln ausgeworfen, wenn alle drei Rädchen das gleiche Symbol anzeigen. Auf den Rädchen gibt es die Symbole ⊙, ◭ und ♈.
a) Zeichne ein Baumdiagramm mit allen möglichen Kombinationen.
b) Berechne die Wahrscheinlichkeit, dass drei gleiche Symbole gezeigt werden.
c) Berechne die Wahrscheinlichkeit, dass der einarmige Bandit drei gleiche Symbole anzeigt, wenn die drei Rädchen zusätzlich die Symbole ♋ und ☯ haben.

Satz des Pythagoras

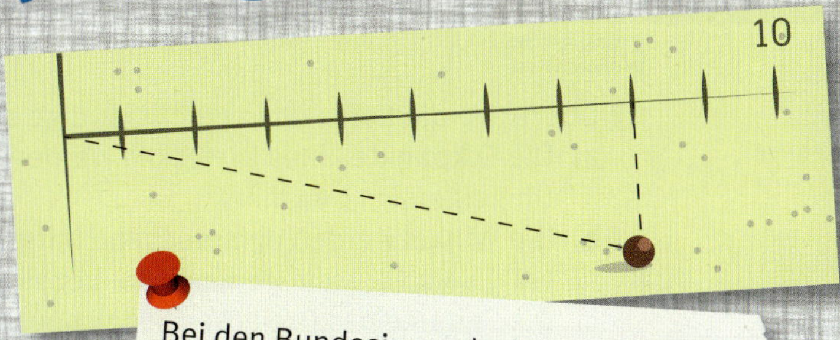

Bei den Bundesjugendspielen wirft Max beim Kugelstoßen die Kugel so, dass sie neben der 8-m-Marke landet. Er erhält nur die Punkte für 8 Meter.

Sheima springt beim Weitsprung schräg vom Balken ab. Es wird die senkrechte Entfernung vom Balken gemessen.

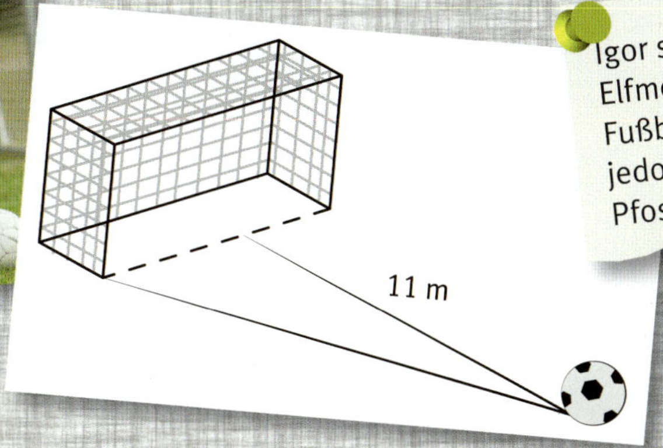

Igor schießt einen Elfmeter auf das Fußballtor. Er trifft jedoch nur den Pfosten unten links.

- Was haben diese Situationen gemeinsam?
- Vergleiche die senkrecht gemessenen Längen mit den tatsächlich geworfenen, gesprungenen oder geschossenen Längen.
- Welche geometrische Grundform erkennst du in den Zeichnungen?
- Beschreibe, wo der rechte Winkel jeweils liegt.

Dreiecke

Dreiecke bezeichnen

1. Übertrage die Sätze und vervollständige sie.
   a) Die Eckpunkte eines Dreieckes werden mit ■ Buchstaben ■ dem Uhrzeigersinn benannt.
   b) Die Winkel werden entsprechend mit griechischen Buchstaben alpha (■), beta (■) und gamma (■) bezeichnet.
   c) Die Seiten eines Dreieckes bezeichnet man mit ■ Buchstaben.
   d) Die Seite a liegt gegenüber dem Eckpunkt ■, die Seite b gegenüber dem Eckpunkt ■, die Seite ■ gegenüber dem Eckpunkt C.

Dreiecke werden in einer Formelsammlung meist nach diesem Schema benannt.

Ein Eckpunkt und die gegenüberliegende Seite werden mit den gleichen Buchstaben bezeichnet.

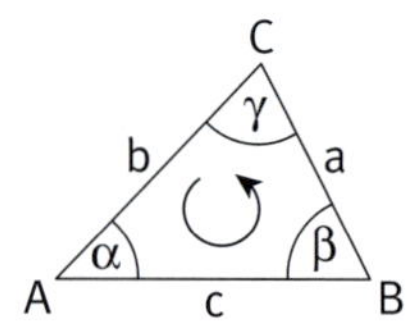

Dreiecksarten unterscheiden

2. a) Ordne den Dreiecken jeweils zwei Begriffe zu. Übertrage dazu die Tabelle und trage den entsprechenden Buchstaben ein.

	allgemein	gleichseitig	gleichschenklig
spitzwinklig	■	■	■
rechtwinklig	■	■	■
stumpfwinklig	■	■	■

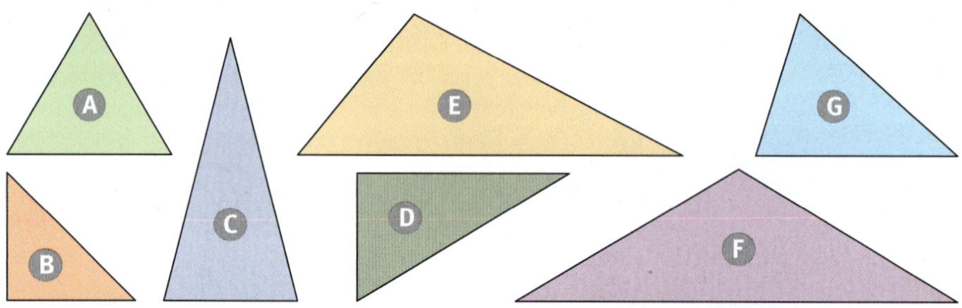

   b) Überlege: welche Eigenschaften passen nicht zusammen?

Dreiecke werden nach der Länge der Seiten und/oder der Winkelart ihres größten Winkels unterschieden.

rechtwinkliges Dreieck:	Das Dreieck hat einen rechten Winkel. Ein Winkel hat 90°.
spitzwinkliges Dreieck:	Das Dreieck hat nur spitze Winkel. Alle Winkel sind kleiner als 90°.
stumpfwinkliges Dreieck:	Das Dreieck hat einen stumpfen Winkel. Ein Winkel ist größer als 90°.
gleichseitiges Dreieck:	Alle Seiten im Dreieck sind gleich lang.
gleichschenkliges Dreieck:	Zwei Seiten im Dreieck sind gleich lang.
allgemeines Dreieck:	Alle Seiten sind unterschiedlich lang.

Quadrate und Rechtecke

Rechtecke und Quadrate untersuchen

3 Zeichne die Dreiecke in ein Koordinatensystem.

Dreieck 1	A (4 I –2)	B (4 I 2)	C (2,5 I 2)
Dreieck 2	E (–1 I –3)	F (1 I –3)	G (1 I –1)
Dreieck 3	I (–4 I 0,5)	J (–1 I 0,5)	K (–1 I 2,5)

a) Welche Eigenschaft haben die Dreiecke gemeinsam?
b) Ergänze die Dreiecke zu jeweils einem Rechteck und gib die Koordinaten des vierten Punktes an.
c) Eine Seite des Dreiecks verbindet nun zwei nicht benachbarte Eckpunkte des Rechtecks. Markiere sie farbig und benenne sie.
d) Berechne den Umfang und den Flächeninhalt der drei Rechtecke.

4 Sind die Aussagen über Rechtecke und Quadrate richtig oder falsch? Korrigiere falsche Aussagen.
a) In einem Rechteck und in einem Quadrat halbieren sich die Diagonalen.
b) In einem Rechteck stehen die Diagonalen senkrecht zueinander.
c) In einem Rechteck und in einem Quadrat sind die Diagonalen genauso lang wie die Seitenlängen.

Ein Viereck mit je zwei gleich langen Seiten a und b und vier rechten Winkeln heißt Rechteck.
Ein Rechteck mit vier gleich langen Seiten a nennt man Quadrat.
Die Diagonale verbindet zwei nicht nebeneinanderliegende Ecken und teilt ein Rechteck und ein Quadrat in zwei kongruente rechtwinklige Dreiecke.
Für den Flächeninhalt und den Umfang von Rechtecken und Quadraten gilt:

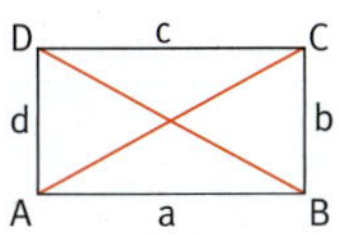

$u = 2 \cdot (a + b)$
$A = a \cdot b$

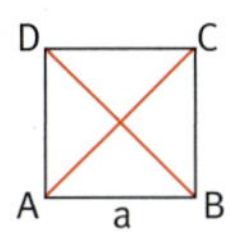

$u = 4 \cdot a$
$A = a \cdot a$

Runden von Dezimalzahlen

Dezimalzahlen runden

5 Runde die Dezimalzahlen auf eine Stelle nach dem Komma.

a) 4,65	b) 0,73	c) 7,18	d) 12,81	e) 7,89
f) 0,11	g) 7,95	h) 1,08	i) 9,97	j) 3,14

Die Ziffer rechts neben der Rundungsstelle entscheidet über die Rundung.

Rundungsstelle → Bei 5, 6, 7, 8, 9 wird aufgerundet.

Zehntel: 1,7 55 km ≈ 1,8 km (aufgerundet)

ist rund

1,7 15 km ≈ 1,7 km (abgerundet)

Bei 0, 1, 2, 3, 4 wird abgerundet.

Quadratzahlen berechnen

1 Auf dem Schulhof der Anna-Seghers-Schule soll für den Freizeitbereich ein begehbares Schachbrett mit 64 Feldern gebaut werden. In einer Ecke ist ein Platz von 20 m^2 vorgesehen.
Reicht die Größe der Fläche, um ein Schachbrett auf den Boden zu bauen? Bedenke, dass man noch um das Schachbrett laufen können muss.
a) Schätze die Länge einer Seite eines Schachfeldes.
b) Berechne nun den Flächeninhalt des Schachbretts.

2 a) Setze die Anordnung um mindestens drei Figuren fort.
b) Bestimme den Flächeninhalt A der Quadrate, wenn das erste Quadrat die Seitenlänge a = 1 cm hat.
c) Die Berechnung der Flächeninhalte kann man kurz als Multiplikationsaufgabe schreiben. Setze die Multiplikationsreihe wie im Beispiel bis zu einer Seitenlänge von a = 10 cm fort.

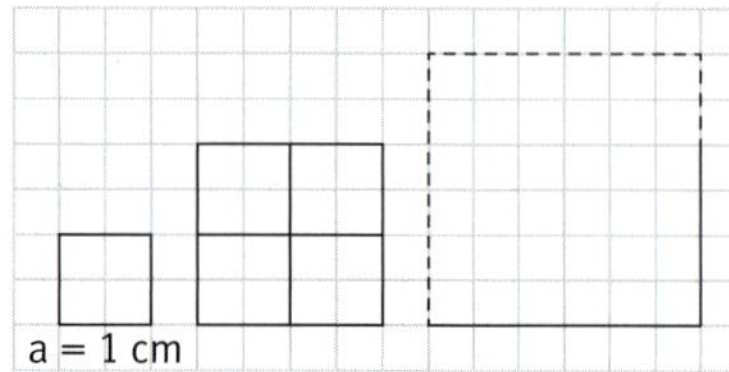

a = 2 cm
A = 2 cm · 2 cm = 4 cm^2

Quadratzahlen

Ein Produkt aus 2 gleichen Faktoren schreibt man so: $a \cdot a = a^2$.
Wenn a eine natürliche Zahl ist ($a \in \mathbb{N}$), dann nennt man $a \cdot a = a^2$ eine Quadratzahl.
a^2 entspricht dem Flächeninhalt eines Quadrates mit der Seitenlänge a.

$4 \cdot 4 = 4^2 = 16$ 16 ist die Quadratzahl von 4. quadrieren: 4^2 („vier hoch 2")

Tipp: die letzten Ziffern sind gleich:
$1^2 = 1$ $11^2 = 121$
$2^2 = 4$ $12^2 = 144$
⋮ ⋮

3 Übertrage die Quadratzahlen und vervollständige sie bis zur Zahl 20. Diese Quadratzahlen kommen besonders häufig vor. Lerne sie auswendig.

$1 \cdot 1 = 1^2 = 1$ $11 \cdot 11 = 11^2 = 121$
$2 \cdot 2 = 2^2 = 4$ $12 \cdot 12 = 12^2 = 14?$
⋮ ⋮
$10 \cdot 10 = ...$ $20 \cdot 20 = ...$

4 a) Berechne im Kopf.
(1) 80^2 (2) 100^2 (3) 150^2 (4) 300^2 (5) $1\,200^2$ (6) $(-6)^2$ (7) $(-60)^2$ (8) $(-500)^2$
b) Begründe: Es gibt keine negativen Quadratzahlen.
c) Erkläre den Unterschied zwischen $(-4)^2$ und -4^2.

$5^2 = 25$
$50^2 = 2\,500$
$0{,}5^2 = 0{,}25$
$(\frac{1}{2})^2 = \frac{1^2}{2^2} = \frac{1}{4}$

5 Berechne im Kopf.
a) $0{,}2^2$ b) $0{,}9^2$ c) $0{,}1^2$ d) $0{,}01^2$ e) $1{,}8^2$ f) -16^2 g) $(-13)^2$ h) $(\frac{1}{2})^2$ i) $(\frac{2}{3})^2$

6 Vergleiche und setze > oder < ein. Was fällt dir auf?
a) 5 ■ 5^2 und 0,5 ■ $0{,}5^2$ b) 7 ■ 7^2 und 0,7 ■ $0{,}7^2$

7 Kasim behauptet: „$2 \cdot 2$ ist ja das Gleiche wie 2^2, nämlich 4. Also ist $2 \cdot a = a^2$."
Hat Kasim Recht?

1 Die Familien Müller, Schulze und Krause beauftragen für den Winter gemeinsam einen Schneeräumdienst, der bei Bedarf den Schnee von der Straße räumt. Der Schneeräumdienst macht folgendes Angebot:

900 € für alle drei Grundstücke zusammen.

Gib den Familien einen Tipp, wie sie die Kosten gerecht aufteilen können.

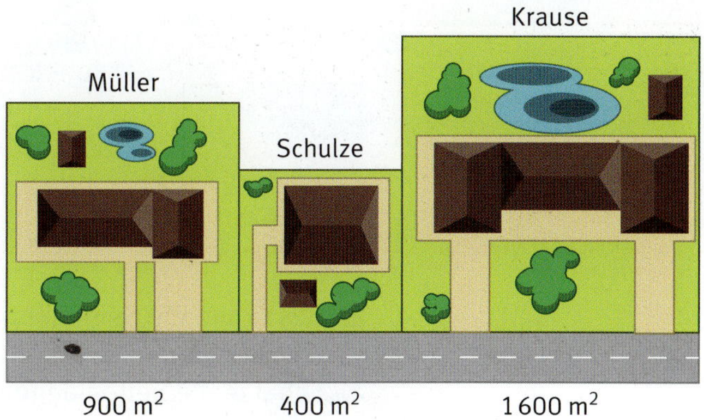

2 Gegeben ist ein Quadrat mit dem Flächeninhalt $A = 4\ cm^2$.
Gesucht ist die Seitenlänge.
Bestimme wie Mesut die Seitenlängen eines Quadrats mit dem Flächeninhalt $A = 9\ cm^2$ ($16\ cm^2$; $25\ cm^2$; $36\ cm^2$; $49\ cm^2$; $64\ cm^2$; $81\ cm^2$; $100\ cm^2$).
Welche Seitenlänge hat das Quadrat mit $A = 1\ cm^2$?

$A = 4\ cm^2$
$a = 2$ cm, weil
$2\ cm \cdot 2\ cm = 4\ cm^2$

Ich suche die Seitenlänge, die quadriert den Flächeninhalt ergibt.

Die Umkehrung zum Quadrieren nennt man Wurzelziehen. Die **Quadratwurzel** ist die positive Zahl a, die mit sich selbst multipliziert die Ausgangszahl a^2 ergibt. Sie entspricht der Seite eines Quadrates bei vorgegebenem Flächeninhalt.

$\sqrt{9} = \sqrt{3^2} = \sqrt{3 \cdot 3} = 3$ — 3 ist die Quadratwurzel aus 9, weil $3 \cdot 3 = 9$. — Wurzel ziehen: $\sqrt{9}$ („Wurzel aus 9")

Quadratwurzeln

Manchmal schreibt man für die Quadratwurzel statt $\sqrt{9}$ auch $\sqrt[2]{9}$.
Merke:
$\sqrt{0} = 0$
$\sqrt{1} = 1$

3 Berechne wie im Beispiel.

$\sqrt{81} = 9$ weil
$9 \cdot 9 = 81$

a) $\sqrt{36}$ b) $\sqrt{25}$ c) $\sqrt{49}$ d) $\sqrt{144}$
e) $\sqrt{196}$ f) $\sqrt{225}$ g) $\sqrt{(6^2)}$ h) $\sqrt{10^2}$

4 Berechne wie im Beispiel.

$\sqrt{8\,100} = \sqrt{81 \cdot 100}$
$\sqrt{81} \cdot \sqrt{100} = 90$

a) $\sqrt{4\,900}$ b) $\sqrt{2\,500}$ c) $\sqrt{900}$ d) $\sqrt{12\,100}$
e) $\sqrt{22\,500}$ f) $\sqrt{6\,400}$ g) $\sqrt{14\,400}$ h) $\sqrt{400}$

5 a) Berechne und vergleiche mit der Ausgangszahl. Was fällt dir auf?

① $\sqrt{0{,}09}$ ② $\sqrt{0{,}81}$ ③ $\sqrt{0{,}25}$ ④ $\sqrt{2{,}25}$ ⑤ $\sqrt{\frac{1}{4}}$ ⑥ $\sqrt{\frac{1}{49}}$ ⑦ $\sqrt{\frac{9}{36}}$ ⑧ $\sqrt{\frac{1}{10\,000}}$

b) Begründe: Aus negativen Zahlen kann man keine Quadratwurzeln ziehen.

Lösungen zu 5

$\frac{1}{100}$	$\frac{1}{2}$	$\frac{1}{2}$
1,5	0,9	0,3
0,5	$\frac{1}{7}$	

6 Ergänze die fehlenden Ziffern.

a) $\sqrt{■1} = 9$ b) $\sqrt{■4} = 8$ c) $\sqrt{14■} = 12$ d) $\sqrt{■25} = 2■$
e) $\sqrt{1{,}■9} = 1{,}3$ f) $\sqrt{■{,}21} = 1{,}1$ g) $\sqrt{\frac{81}{■}} = \frac{9}{11}$ h) $\sqrt{\frac{■}{25}} = \frac{2}{■}$

Quadratwurzeln näherungsweise bestimmen

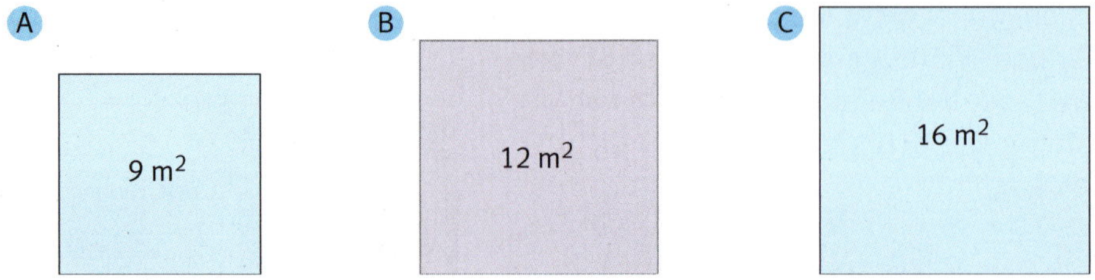

1 a) Bestimme die Seitenlänge dieser Quadrate. Bei einem Quadrat ist das schwieriger. Erkläre.
b) Schätze die Seitenlänge dieses Quadrates.

Abschätzen von Quadratwurzeln

Nur wenige Quadratwurzeln sind natürliche Zahlen.
Alle anderen Quadratwurzeln kann man abschätzen.

$3 < \sqrt{12} < 4$, weil $3 \cdot 3 = 9 < 12 < 16 = 4 \cdot 4$

2 Zwischen welchen natürlichen Zahlen liegen diese Wurzeln? Schätze ab.

a) $5 < \sqrt{30} <$ ■ b) ■ $< \sqrt{110} < 11$ c) ■ $< \sqrt{180} <$ ■ d) ■ $< \sqrt{300} <$ ■
e) ■ $< \sqrt{6} <$ ■ f) ■ $< \sqrt{370} <$ ■ g) ■ $< \sqrt{38} <$ ■ h) ■ $< \sqrt{3800} <$ ■

3 a) Genauer kann man das Ergebnis von $\sqrt{12}$ mit diesem Verfahren bestimmen. Erkläre und führe zwei weitere Schritte durch.

1. Schritt:	Benachbarte Quadratzahlen ganzer Zahlen suchen $\sqrt{9} < \sqrt{12} < \sqrt{16}$ $3 < \sqrt{12} < 4$	Ergebnis: $\sqrt{12}$ liegt zwischen 3 und 4.
2. Schritt:	Wir probieren die Zahl 3,5: $3{,}5^2 = 3{,}5 \cdot 3{,}5 = 12{,}25$	Ergebnis: $\sqrt{12}$ ist kleiner als 3,5.
3. Schritt:	Wir probieren die Zahl 3,4: $3{,}4^2 = 3{,}4 \cdot 3{,}4 = 11{,}56$	Ergebnis: $\sqrt{12}$ ist größer als 3,4. Also: $\sqrt{12}$ liegt zwischen 3,4 und 3,5.

irrational:
nicht erklärbar,
unvernünftig

b) Grenze die Werte wie im Beispiel ein bis zwei Stellen nach dem Komma. Kontrolliere durch die Umkehraufgabe (Quadrieren):

$\sqrt{6}$	$\sqrt{15}$	$\sqrt{20}$	$\sqrt{28}$	$\sqrt{42}$	$\sqrt{55}$	$\sqrt{60}$	$\sqrt{76}$	$\sqrt{97}$

c) Wie viele Stellen nach dem Komma kann man durch das Verfahren bestimmen?

Irrationale Zahlen

Zahlen, die unendlich viele Stellen nach dem Komma haben und keine periodischen Dezimalzahlen sind, nennt man **irrationale Zahlen.**

$\sqrt{2} \approx 1{,}41421356237 \ldots$ $\sqrt{5} \approx 2{,}236067977 \ldots$

$\sqrt{1{,}44}$ | $\sqrt{282{,}24}$ | $\sqrt{3}$ | $\sqrt{10}$ | $\sqrt{49}$ | $\sqrt{441}$

Das Ergebnis ist eine natürliche Zahl ℕ.

Das Ergebnis ist eine rationale Zahl ℚ.

Das Ergebnis ist eine irrationale Zahl.

1 Berechne die Quadratwurzeln, wenn nötig mit dem Taschenrechner, und ordne die Aussagen richtig zu.

Wir unterscheiden folgende Zahlenmengen:

natürliche Zahlen ℕ
alle positiven Zahlen ohne Brüche und Dezimalzahlen:
{1; 2; 3; ...}

ganze Zahlen ℤ
alle positiven und negativen Zahlen ohne Brüche und Dezimalzahlen:
{...; –2; –1; 0; 1; 2; ...}

rationale Zahlen ℚ
Ganze Zahlen, Brüche und Dezimalzahlen (auch periodische):
$\{...; -2; -1{,}5; -\frac{1}{2}; 0{,}\overline{3}; \frac{3}{7}; 3, ...\}$

Die rationalen Zahlen ℚ bilden zusammen mit den irrationalen Zahlen die **reellen Zahlen ℝ**.

Zahlenmengen

Periodische Dezimalzahlen:

$\frac{1}{3} = 0{,}33... = 0{,}\overline{3}$

$\frac{2}{3} = 0{,}66... = 0{,}\overline{6}$

$\frac{1}{9} = 0{,}11... = 0{,}\overline{1}$

2 Berechne die Quadratwurzeln, wenn nötig mit dem Taschenrechner. Runde auf eine Stelle nach dem Komma. Ordne jedem Ergebnis eine Zahlenmenge zu.

a) $\sqrt{3}$ b) $\sqrt{11}$ c) $\sqrt{27}$ d) $\sqrt{100}$ e) $\sqrt{1\,000}$ f) $\sqrt{1\,024}$ g) $\sqrt{0{,}5}$ h) $\sqrt{3{,}6}$
i) $\sqrt{143{,}56}$ j) $\sqrt{623}$ k) $\sqrt{5\,184}$ l) $\sqrt{10+9}$ m) $\sqrt{360:60}$ n) $\sqrt{30-17}$

TRIMM-DICH-ZWISCHENRUNDE

1 Berechne.
a) 16^2 160^2 $1{,}6^2$ $0{,}16^2$ b) 7^2 70^2 $0{,}7^2$ $0{,}07^2$

2 Berechne die Quadratwurzeln, wenn nötig mit dem Taschenrechner. Runde auf eine Stelle nach dem Komma. Ordne jedem Ergebnis eine Zahlenmenge zu.
a) $\sqrt{225}$ b) $\sqrt{76}$ c) $\sqrt{0{,}36}$ d) $\sqrt{324}$ e) $\sqrt{3}$ f) $\sqrt{8100}$ g) $\sqrt{127}$

3 Von welcher Zahl wurde die Wurzel berechnet?
a) $\sqrt{x} = 3$ b) $\sqrt{x} = 11$ c) $\sqrt{x} = 13$ d) $\sqrt{x} = 1{,}4$ e) $\sqrt{x} = 0{,}8$

4 Berechne die Seitenlängen der Quadrate mit folgenden Flächeninhalten. Runde auf eine Stelle nach dem Komma.
a) $A = 18\ cm^2$ b) $A = 100\ cm^2$ c) $A = 450\ cm^2$ d) $A = 30\ cm^2$ e) $A = 68\ cm^2$

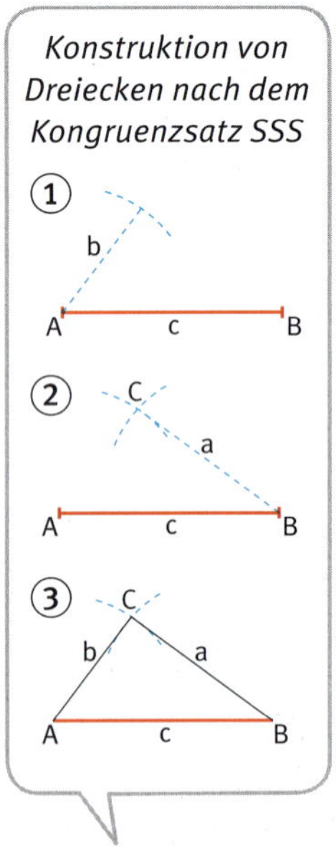

1 Auf dem Tempelhofer Feld haben sich Familien quadratische Beete für Gemüse und Obst angelegt. Familie Günnes (links), Familie Kantorovic (Mitte) und Familie Berg (rechts) bekommen alle das Angebot, ihre kleineren quadratischen Beete gegen ein
großes quadratisches Beet mit der Seitenlänge 5 m einzutauschen.

a) Welche Familie sollte das Angebot annehmen?

b) Zeichne für alle Familien jeweils alle drei Beete im Maßstab 1 : 100 auf kariertes Papier und schneide sie sorgfältig aus. Lege die Quadrate so

2 Konstruiere die Dreiecke. Übertrage dann die Tabelle und fülle die Lücken aus.

	a	b	c	a^2	b^2	$a^2 + b^2$	< = >	c^2	Entsteht ein rechtwinkliges Dreieck?
a)	2 cm	4 cm	5 cm	■	■	■	■	■	■
b)	3 cm	4 cm	5 cm	■	■	■	■	■	■
c)	4 cm	4 cm	5 cm	■	■	■	■	■	■
d)	11 cm	13 cm	15 cm	■	■	■	■	■	■
e)	9 cm	12 cm	15 cm	■	■	■	■	■	■
f)	4,5 cm	6 cm	7,5 cm	■	■	■	■	■	■

Satz des Pythagoras

Bei **rechtwinkligen Dreiecken** ist die Summe der Flächeninhalte der Quadrate an den beiden kürzeren Seiten genauso groß wie der Flächeninhalt des Quadrats an der längsten Seite (**Satz des Pythagoras**).

Mit den Bezeichnungen in der Abbildung gilt:

$$\mathbf{a^2 + b^2 = c^2}$$

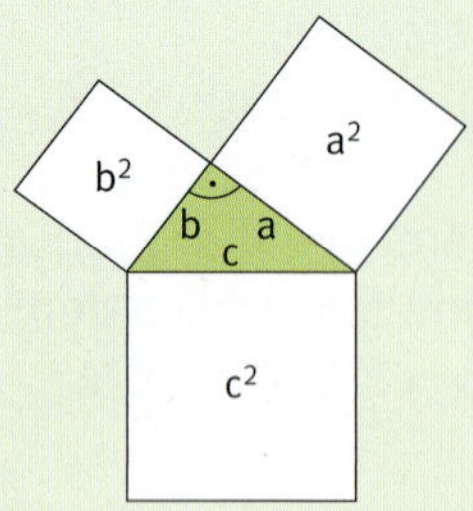

3 Bestimme zuerst rechnerisch, welche Dreiecke rechtwinklig sind. Überprüfe dann durch eine Konstruktion.

Seitenlängen der Dreiecke in cm					
a)	6; 8; 10	b)	4; 5; 8	c)	5; 12; 13
d)	5; 5; 7	e)	6; 3; 4	f)	2; 2,5; 1,5

In rechtwinkligen Dreiecken gibt es spezielle Bezeichnungen.

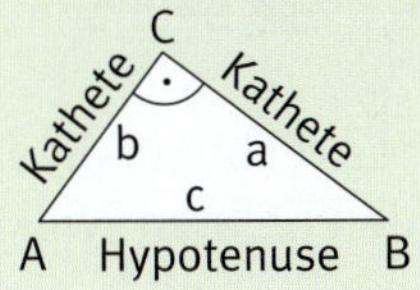

Die **Hypotenuse** c ist die längste Seite. Sie liegt dem rechten Winkel gegenüber.
Die beiden **Katheten** a und b bilden den rechten Winkel.

Bezeichnungen in rechtwinkligen Dreiecken

1 Bei den folgenden Dreiecken wurde die Standardbezeichnung verändert. Mit welchen Buchstaben sind Katheten und Hypotenuse jeweils bezeichnet?

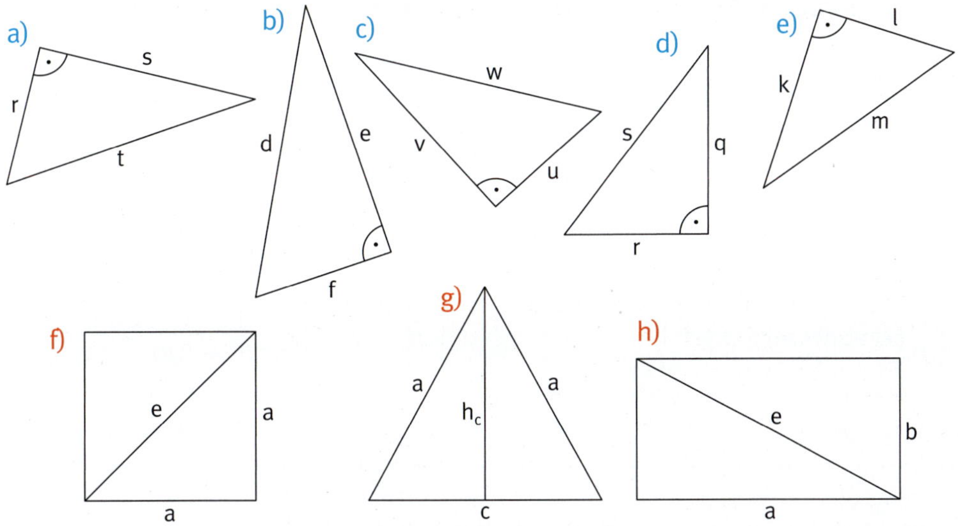

2 Formuliere den Satz des Pythagoras mit den folgenden Wortbausteinen:

Kathetenquadrat – Flächeninhalt – Summe – Hypotenusenquadrat – so groß wie – rechtwinkliges Dreieck

3 a) Schreibe den Satz des Pythagoras in der Kurzform für die Aufgaben 1 a) bis e).
b) Schreibe den Satz des Pythagoras in der Kurzform für die Aufgaben 1 f) bis h).

4 Untersuche die folgenden Dreiecke. Welche Dreiecke sind rechtwinklig? Welche Seite ist gegebenenfalls die Hypotenuse?

a) x = 6 cm; y = 4,5 cm; z = 7,5 cm
b) h = 11 cm; k = 13 cm; l = 4 cm
c) s = 20 cm; t = 12 cm; h = 16 cm
d) e = 17 cm; f = 15 cm; g = 8 cm
e) x = 2,7 cm; y = 5,8 cm; z = 3,4 cm
f) a = 10,4 cm; b = 9,6 cm; c = 4 cm

5 Sevgi macht eine Ausbildung als Garten- und Landschaftsbauerin. Sie hat den Auftrag, eine rechteckige Terrasse mit einer Länge von 7 m und einer Breite von 5 m abzustecken. Zur Kontrolle misst sie die Länge der Diagonalen: 8,80 m. „Da hab ich einen Fehler gemacht.“, denkt sie. Wie kommt sie darauf, dass hier etwas falsch ist?

Länge der Hypotenuse berechnen

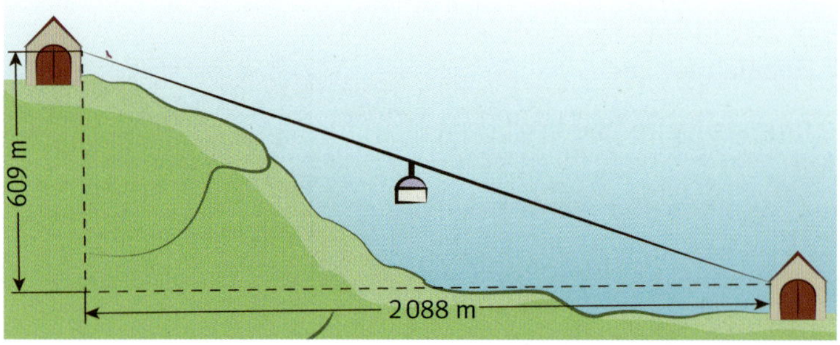

1 Eine Seilbahn soll gebaut werden. Sie verbindet die Talstation mit der Bergstation. Wie lang wird diese Seilbahn werden?
Zeichne eine Skizze des rechtwinkligen Dreieckes. Markiere den rechten Winkel. Benenne die Katheten mit a und b, die Hypotenuse mit c.

Berechung der Hypotenuse

Lösungsweg zur Berechnung der Länge der Hypotenuse

Gegeben:	Gesucht:	Ansatz:
a, b (Katheten)	c (Hypotenuse)	$a^2 + b^2 = c^2$

① Addiere a^2 und b^2.
② Ziehe die Quadratwurzel aus der Summe.
③ Runde geeignet und prüfe, ob das Ergebnis realistisch ist.
④ Formuliere einen Antwortsatz.

Gegeben	a = 6 cm, b = 8 cm
Gesucht	c
Lösung	$c^2 = a^2 + b^2$ $c^2 = 6^2 + 8^2$ $c^2 = 36 + 64$ $c^2 = 100$ $c = \sqrt{100}$ $c = 10$ (cm)

Eine Skizze ist eine auf das Wesentliche beschränkte Zeichnung. Sie verschafft einen groben Überblick und muss nicht maßstabsgetreu sein.

2 Berechne die Länge der Seilbahn mit dem Satz des Pythagoras.

3 Berechne jeweils die Länge der Hypotenuse. Achte auf die Benennung der Seiten.

a)
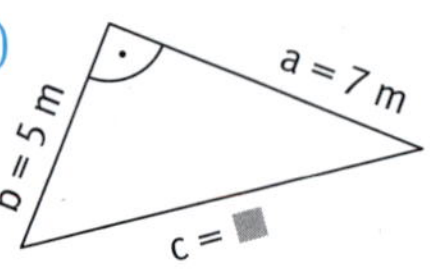

b)
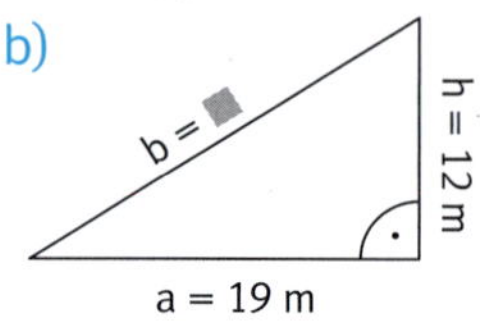

c)
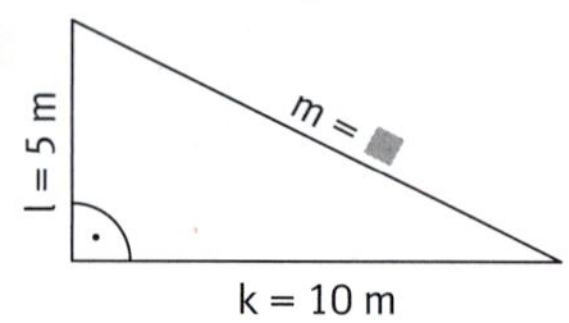

Lösungen zu 3 und 5

8,60	7,07	18,87
11,70	22,47	11,18

4 Zeichne zu jeder Aufgabe eine Skizze.
a) Ein rechteckiger Platz ist 265 m lang und 140 m breit. Es soll ein Fußweg quer über den Platz führen. Berechne die Länge des Fußweges.
b) Kim hat ein Baumhaus, das sich in einer Höhe von 5 m befindet. Es soll eine Leiter gebaut werden, die vom Baum einen Abstand von 2,2 m hat und genau bis zum Baumhaus reicht. Wie lang muss die Leiter mindestens sein?

5 Berechne die Länge der rot markierten Seiten.

a)
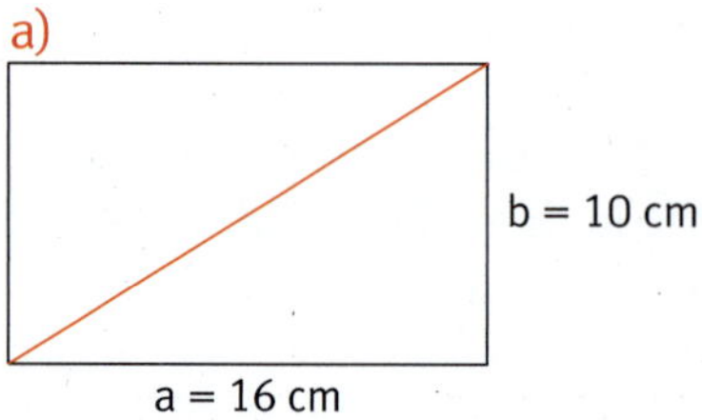

b)
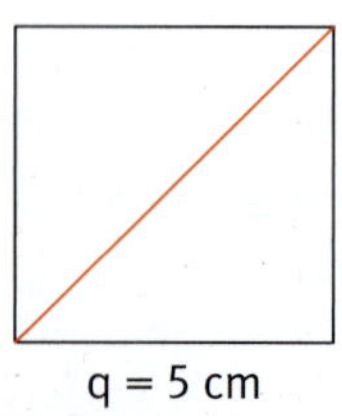

c)
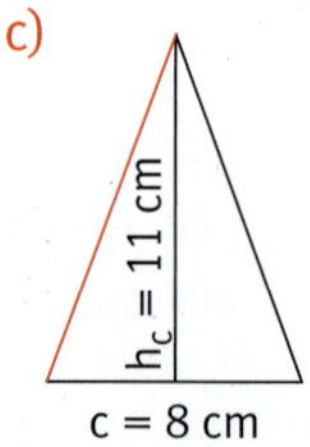

1 Ein Flugzeug startet. Nach 1 500 m Flugstrecke hat das Flugzeug eine Höhe von 800 m erreicht.
Wie weit hat sich das Flugzeug am Boden vom Startflughafen entfernt?
Zeichne eine Skizze des rechtwinkligen Dreieckes. Markiere den rechten Winkel. Benenne die Katheten mit a und b, die Hypotenuse mit c.

Lösungsweg zur Berechnung der Länge einer Kathete

Gegeben: c (Hypotenuse), a (Kathete)
Gesucht: b (Kathete)
Ansatz: $a^2 + b^2 = c^2 \Leftrightarrow b^2 = c^2 - a^2$

① Subtrahiere a^2 von c^2.
② Ziehe die Quadratwurzel aus der Differenz.
③ Runde geeignet und prüfe, ob das Ergebnis realistisch ist.
④ Formuliere einen Antwortsatz.

Gegeben	a = 3,2 cm, c = 5,5 cm
Gesucht	b
Lösung	$b^2 = c^2 - a^2$ $b^2 = 5{,}5^2 - 3{,}2^2$ $b^2 = 30{,}25 - 10{,}24$ $b^2 = 20{,}01$ $b = \sqrt{20{,}01}$ $b \approx 4{,}47$ (cm)

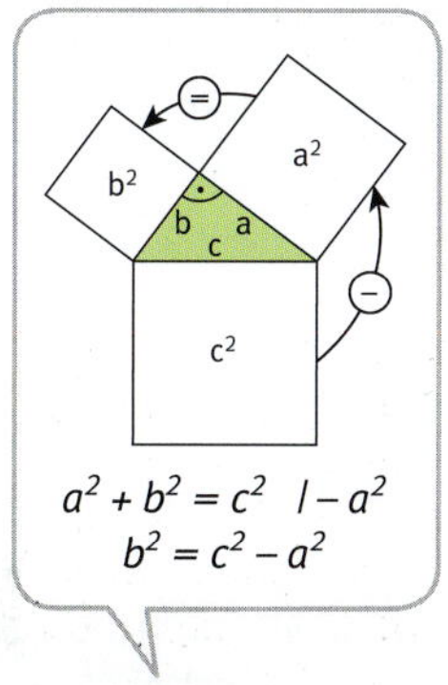

2 Berechne die Entfernung am Boden aus Aufgabe 1 mit dem Satz des Pythagoras.

3 Berechne jeweils die Länge der Kathete. Achte auf die Benennung der Seiten.

a)
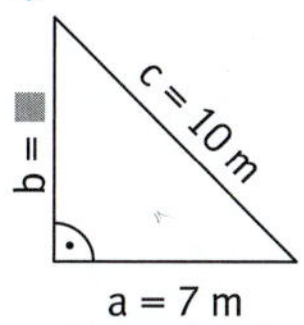

b)
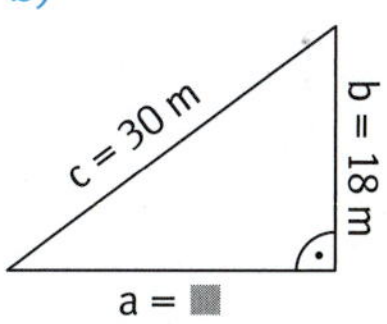

c)
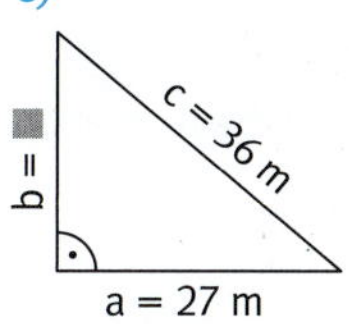

d)
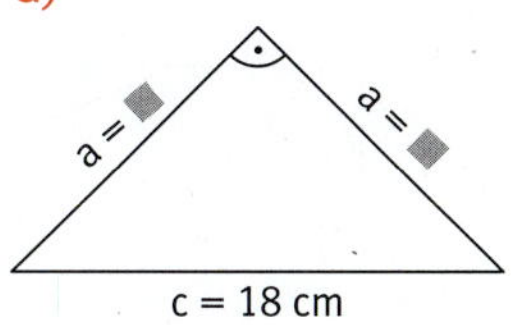

4 Zeichne zu jeder Aufgabe eine Skizze.
a) Eine 8 m lange Leiter lehnt an einer Wand. Am Boden ist sie 2,5 m von der Wand entfernt aufgestellt. Wie hoch reicht die Leiter?
b) Eren und Sara lassen einen Drachen steigen. Eren stellt sich auf die 80 m lange Schnur des fliegenden Drachens. Sara steht 30 m von Eren entfernt direkt unter dem Drachen. Berechne, wie viele Meter der Drachen über Sara schwebt.

5 Berechne die Länge der rot markierten Seiten.

a)
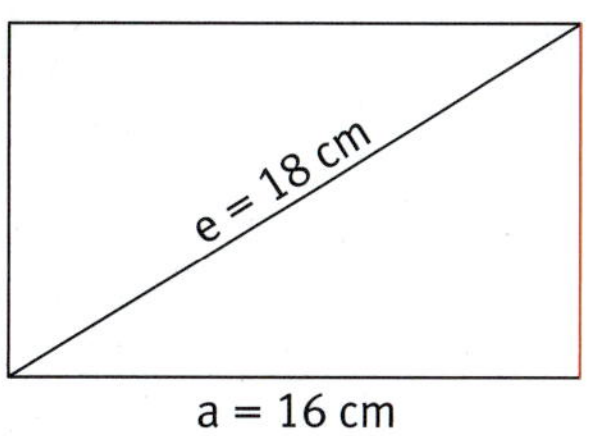

b)
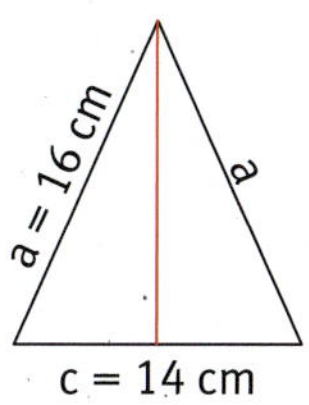

c)
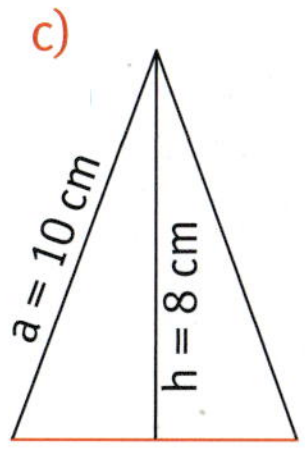

d)
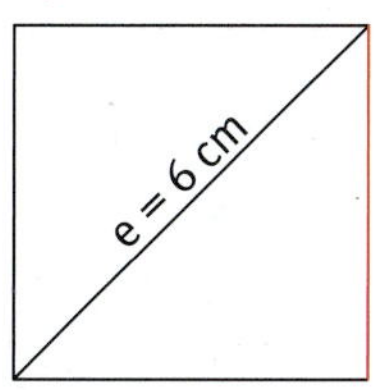

Lösungen zu 3 bis 5

8,25	12	7,14
23,81	24	12,73
14,39	4,24	

Ein Blick in die Geschichte

Pythagoras wurde 570 v. Chr. auf der griechischen Insel Samos geboren.
Er interessierte sich für Philosophie und Mathematik. Auf Reisen nach Ägypten und Babylonien sammelte er mathematische Kenntnisse. Hier muss er den Zusammenhang zwischen Kathetenquadraten und Hypotenusenquadrat entdeckt haben. Zu seinen Lebzeiten war die Erkenntnis schon mehr als 1 000 Jahre bekannt. Pythagoras hat den nach ihm benannten Satz also gar nicht als erster entdeckt.
Später gründete er die Gemeinschaft der Pythagoreer. Seine Anhänger lebten nach strengen Regeln. Sie mussten z. B. Vegetarier sein. Sie glaubten an die Unsterblichkeit der Seele und die Seelenwanderung. Ihr Interesse galt den natürlichen Zahlen und besonderen Zahlenverhältnissen und deren Bedeutung im Universum.

Die Ägypter und der Satz des Pythagoras

Durch die regelmäßigen Überschwemmungen des Nils mussten die alten Ägypter die Felder jährlich neu vermessen. Die Feldvermesser hießen Seilspanner, weil sie zur genauen Vermessung von rechten Winkeln Seile spannten, die durch Knoten in 12 gleiche Abstände unterteilt waren.

a) Teile eine Schnur (120 cm Länge) in 12 gleiche Teile. Markiere die Teile mit Klebestreifen.
b) Lege die Schnur so, dass ein rechtwinkliges Dreieck entsteht. Überprüfe damit einige rechte Winkel in deiner Umgebung, z. B. am Türrahmen, am Tisch oder am Fenster.
c) Schreibe den Satz des Pythagoras mit den Längen des Seiles (in cm) auf.
d) Dieses Seil wurde von den Ägyptern zur Landvermessung verwendet. Es kann unterschiedliche Längen haben. Ergänze in der Tabelle den Abstand der Knoten, die Länge der Katheten a und b und die Länge der Hypotenuse c.

	Länge des Seiles	Abstand zwischen den Knoten	Länge der Kathete a	Länge der Kathete b	Länge der Hypotenuse c
1	120 cm	10 cm	30 cm	■	■
2	60 cm	■	■	■	■
3	48 cm	■	■	■	■

Pythagoreische Tripel

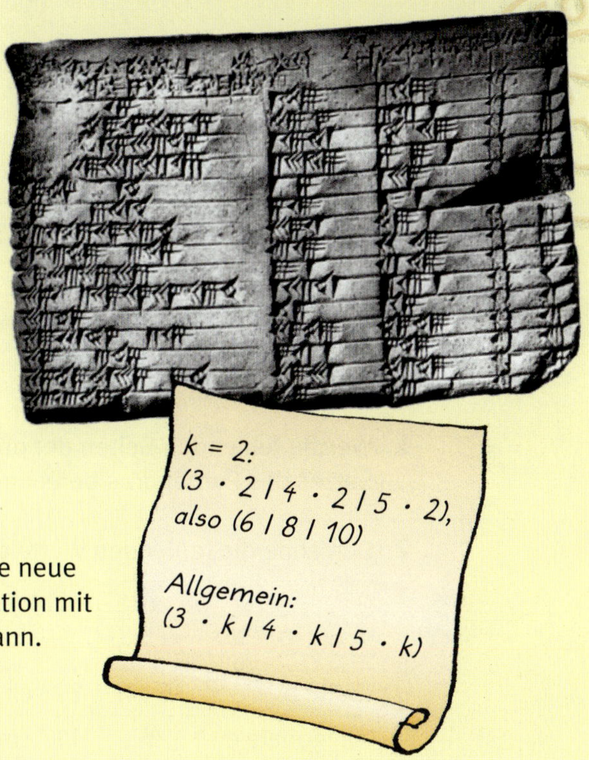

Die Zahlen (3 | 4 | 5) bilden ein sogenanntes pythagoreisches Tripel. Sie erfüllen die Gleichung $a^2 + b^2 = c^2$
Diese pythagoreischen Tripel haben Archäologen schon auf babylonischen Tontafeln (ca. 1800 bis 1500 v. Chr.) entdeckt. Weitere Tripel wurden auf Keilschriftafeln, die nur wenige Jahre jünger sind, gefunden, z. B. (56 | 90 | 106) und (5 | 12 | 13).

a) Überprüfe die Tripel.
b) Mathematiklehrer Lemke sucht mit seiner Klasse neue Tripel. Er überlegt sich, dass er durch Multiplikation mit einer natürlichen Zahl k neue Tripel erzeugen kann. Begründe, dass dadurch tatsächlich neue Tripel entstehen.

Den Satz des Pythagoras beweisen

Für den Satz des Pythagoras gibt es viele Ideen nachzuweisen, dass er für alle rechtwinkligen Dreiecke gilt.
Hier ist die „Bastelanleitung" für einen Beweis:

Schritt 1:
Zeichne vier Quadrate und schneide sie aus: zwei Quadrate mit der Seitenlänge 6 cm und zwei Quadrate mit der Seitenlänge 8 cm.

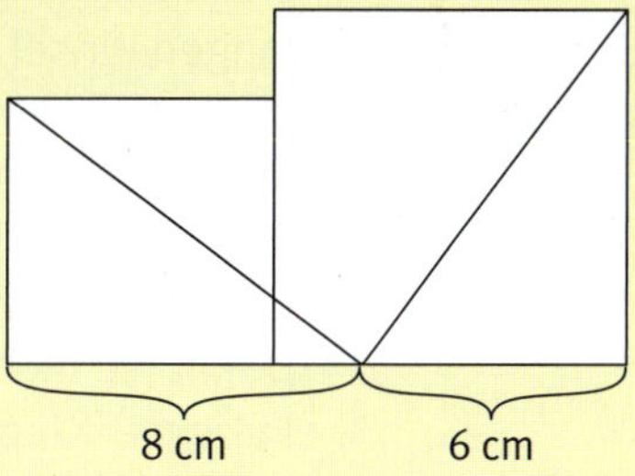

Schritt 2:
Lege je ein großes und ein kleines Quadrat zur Seite. Die beiden anderen Quadrate legst du so, wie in der Zeichnung dargestellt. Zeichne nach dieser Vorlage Linien ein. Achte darauf, dass die Quadrate direkt nebeneinander liegen und nicht verrutschen. Schneide die entstandenen Vielecke an den gezeichneten Linien aus. Du erhältst fünf Puzzleteile.

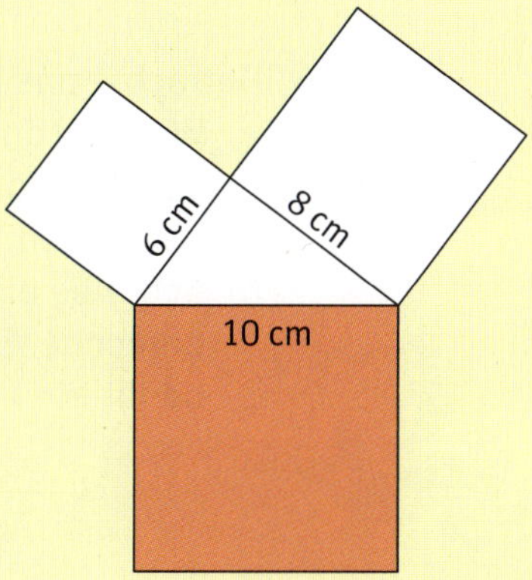

Schritt 3:
Zeichne nun in die Mitte eines DIN-A-4 Blattes ein rechtwinkliges Dreieck mit den Seitenlängen 6 cm, 8 cm und 10 cm. Klebe die beiden zur Seite gelegten Quadrate an den entsprechenden Seiten auf.

Schritt 4:
Versuche nun, das Quadrat mit der Seitenlänge 10 cm mit den fünf Puzzleteilen auszulegen.

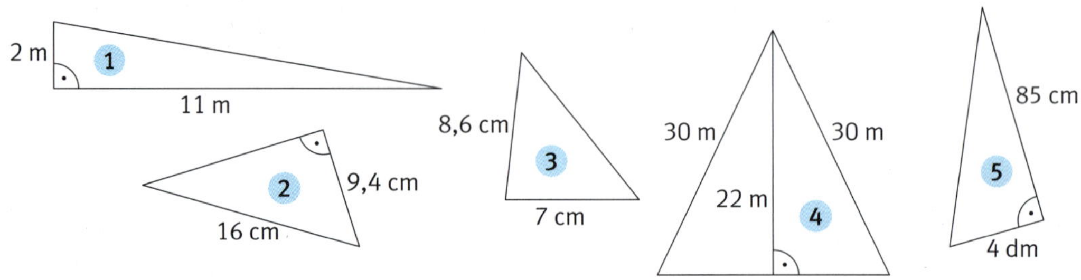

1 Welche fehlenden Seiten der oben abgebildeten Dreiecke kannst du mit Hilfe des Satzes des Pythagoras berechnen, welche nicht? Berechne, wenn möglich.

2 Berechne die fehlenden Werte des Rechtecks.

	a)	b)	c)	d)	e)	f)	g)
Seite a	77 cm	■	■	192 mm	6,5 m	4,5 dm	0,11 m
Seite b	36 cm	108 cm	144 cm	■	■	28 cm	■
Diagonale e	■	117 cm	145 cm	408 mm	9,7 m	■	61 cm

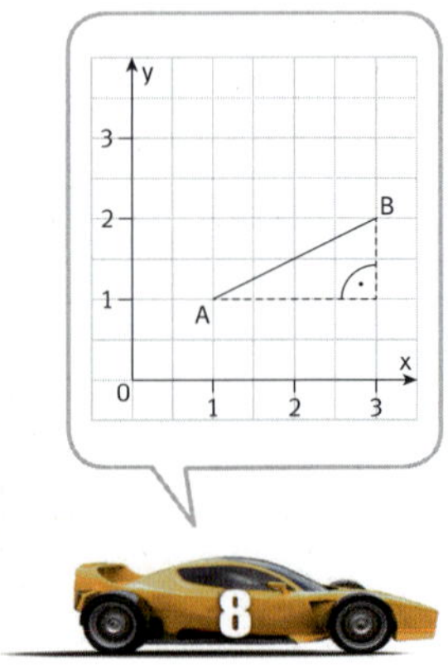

3 Mit dem Satz des Pythagoras kann man den Abstand zweier Punkte im Koordinatensystem berechnen.

a) Trage die gegebenen Punkte in jeweils ein Koordinatensystem ein.
① A (1 | 1) und B (3 | 2) ② C (–4 | 1) und D (–1,5 | 5)
③ E (–1 | 0,5) und F (3 | –4,5) ④ G (2,5 | 3) und H (8,5 | –1)

b) Berechne den Abstand zwischen den Punkten A und B, C und D und E und F. Überprüfe dein Ergebnis dann durch Messen.

4 Denise will ihr Regal blau streichen. Sie kauft eine Farbdose und einen 35 cm langen Pinsel. Die Farbdose ist 30 cm hoch und hat einen Durchmesser von 12 cm. Wie weit ragt der Pinsel mindestens aus der Dose?
Reicht das, um sauber streichen zu können?

5 Eine Klappleiter ist 4 m lang. Sie wird wie auf dem Bild aufgestellt. Damit sie nicht umfällt, wenn ein Mensch darauf steht, müssen die Füße der Klappleiter einen Abstand von 1,20 m haben. Kann Tayfun an der Decke in Höhe von 3,60 m eine Energiesparlampe austauschen?

6 Betrachte das Bild.

a) Welche Längen kann man mit dem Satz des Pythagoras berechnen?

b) Schreibe eine Textaufgabe und berechne. Schätze dazu die benötigten Längen.

1 Fertige aus dickeren Trinkhalmen und Pfeifenputzern das Kantenmodell eines Quaders. Baue mindestens eine Flächendiagonale und eine Raumdiagonale ein. Vergleiche dein Modell mit denen deiner Mitschüler.
Wo sind rechtwinklige Dreiecke zu entdecken?

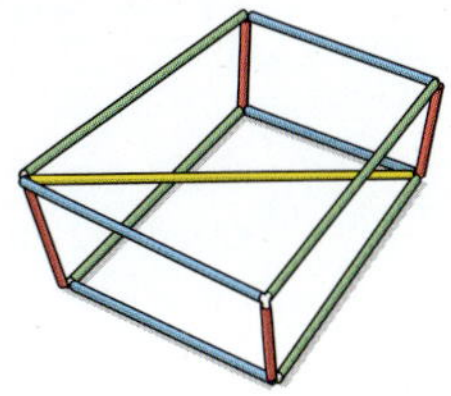

2 Berechne die Länge der Raumdiagonalen in deinem Modell (gelbe Strecke).
Gehe in drei Schritten vor:
1. Berechne zunächst die Länge der Diagonalen auf der Grundfläche des Quaders.
2. Betrachte das rechtwinklige Dreieck aus der roten Kante, der Diagonalen der Grundfläche und der Raumdiagonalen. Berechne damit die Länge der Raumdiagonalen.
3. Kontrolliere durch Messen.

3 Berechne die Länge der Wege.
a) Im Punkt C sitzt eine Fliege, die in die Ecke E fliegt. Wie weit ist ihr Weg?
b) Im Punkt C sitzt auch ein Käfer, der nicht fliegen kann. Er krabbelt quer über den Boden zum Punkt A und dann die Kante hoch zum Punkt E.

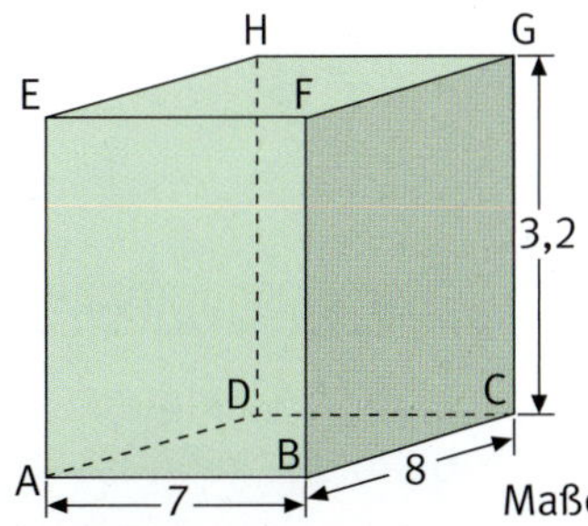

Maße in m

4 a) Berechne die Flächendiagonale und die Raumdiagonale eines Würfels mit a = 5 cm. Erstelle vorher eine Schrägbildskizze.
b) Wie verändert sich die Länge der Raumdiagonalen, wenn die Kantenlänge des Würfels verdoppelt (verdreifacht) wird? Vermute und prüfe nach.

TRIMM-DICH-ZWISCHENRUNDE

1 Prüfe, ob die Dreiecke rechtwinklig sind. Beachte, dass die Hypotenuse nicht immer bei c ist.
a) a = 20 cm; b = 16 cm; c = 12 cm b) a = 9 cm; b = 4 cm; c = 12 cm

2 Berechne die fehlenden Seitenlängen in rechtwinkligen Dreiecken.

	Dreieck 1	Dreieck 2	Dreieck 3	Dreieck 4 (gleichschenklig)
Kathete 1	13 cm	■	65 cm	■
Kathete 2	4,5 cm	12 cm	■	■
Hypotenuse	■	32 cm	1 m	23 cm

3 Entscheide, ob die Kathete oder die Hypotenuse gesucht ist. Zeichne eine Skizze und berechne dann.
a) Ein rechteckiger Platz ist 13 m lang und 7 m breit. Berechne die Länge der Diagonalen.
b) Eine Leiter lehnt am Baum. Die Leiter ist 5 m lang. Am Boden ist sie 1,7 m vom Baum entfernt aufgestellt. Wie hoch reicht die Leiter?

Den Satz des Pythagoras wiederholen

Quadratzahlen und Quadratwurzeln

Quadratzahlen berechnen S. 126

Wenn a eine natürliche Zahl ist ($a \in \mathbb{N}$), dann nennt man $a \cdot a = a^2$ eine Quadratzahl. Sie entspricht dem Flächeninhalt eines Quadrates mit der Seitenlänge a.

$4 \cdot 4 = 4^2 = 16$	16 ist die Quadratzahl von 4.	quadrieren: 4^2 („vier hoch 2“)

Quadratwurzeln berechnen S. 127

Die Umkehrung des Quadrierens ist das Wurzelziehen.
Die Quadratwurzel ist die positive Zahl a, die mit sich selbst multipliziert die Ausgangszahl a^2 ergibt. Sie entspricht der Seite eines Quadrates bei vorgegebenem Flächeninhalt.

$\sqrt{9} = \sqrt{3^2} = \sqrt{3 \cdot 3} = 3$	3 ist die Quadratwurzel aus 9, weil $3 \cdot 3 = 9$.	Wurzel ziehen: $\sqrt{9}$ („Wurzel aus 9“)

Satz des Pythagoras

Den Satz des Pythagoras anwenden S. 130 f. S. 132 f.

In rechtwinkligen Dreiecken ist die Summe der Flächeninhalte der Kathetenquadrate genauso groß wie der Flächeninhalt des Hypotenusenquadrats.

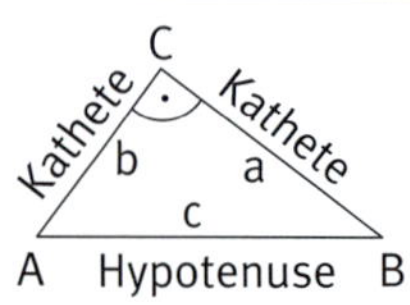

Es gilt: $a^2 + b^2 = c^2$

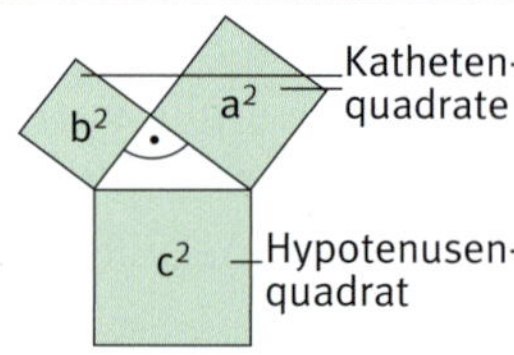

Berechnung der Länge der Hypotenuse:
① Addiere a^2 und b^2.
② Ziehe die Quadratwurzel aus der Summe.
③ Runde geeignet.
④ Bei Anwendungen formuliere einen Antwortsatz.

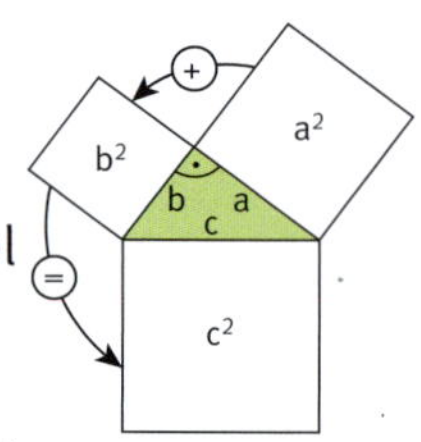

Gegeben	a = 6 cm, b = 8 cm
Gesucht	c
Lösung	$c^2 = a^2 + b^2$ $c^2 = 6^2 + 8^2$ $c^2 = 36 + 64$ $c^2 = 100$ $c = \sqrt{100}$ $c = 10$ (cm)

Berechnung der Länge einer Kathete:
① Subtrahiere a^2 von c^2.
② Ziehe die Quadratwurzel aus der Differenz.
③ Runde geeignet.
④ Bei Anwendungen formuliere einen Antwortsatz.

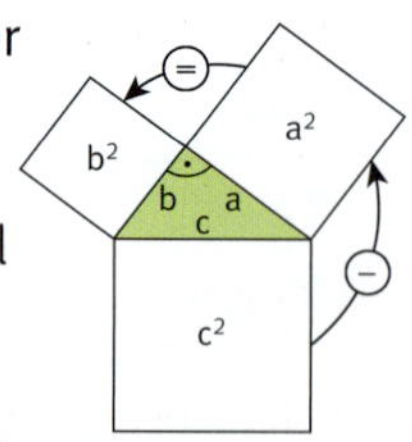

Gegeben	a = 3,2 cm, c = 5,5 cm
Gesucht	b
Lösung	$b^2 = c^2 - a^2$ $b^2 = 5{,}5^2 - 3{,}2^2$ $b^2 = 30{,}25 - 10{,}24$ $b^2 = 20{,}01$ $b = \sqrt{20{,}01}$ $b \approx 4{,}47$ (cm)

Aufgaben zur Differenzierung

Basis-Aufgaben | **Vertiefende Aufgaben**

1 Ordne den Aufgaben ihre Ergebnisse zu.

Basis-Aufgaben:

18^2 | 14^2 | $0{,}04$ | 16

100^2 | $(\frac{1}{5})^2$ | 196 | $\frac{1}{25}$

4^2 | $0{,}2^2$ | $10\,000$ | 324

Vertiefende Aufgaben:

$-(\frac{1}{5})^2$ | 5^2 | $\frac{1}{5^2}$ | 25 | 225

15^2 | $0{,}5^2$ | $\frac{1}{25}$ | $-\frac{1}{25}$

-5^2 | $(\frac{1}{5})^2$ | $(-5)^2$ | -25 | $0{,}25$

2 Prüfe nach, ob richtig gerechnet wurde. Verbessere die Fehler.

a) $\sqrt{1{,}44} = 1{,}2$ b) $\sqrt{19{,}6} = 14$
c) $\sqrt{1{,}21} = 1{,}1$ d) $\sqrt{0{,}2} = 0{,}4$
e) $\sqrt{8{,}1} = 0{,}9$ f) $\sqrt{324} = 18$

Welchen Fehler macht Sascha?
Warum stimmt trotzdem ein Ergebnis?

a) $\sqrt{16} = 8$ b) $\sqrt{36} = 18$
c) $\sqrt{4} = 2$ d) $\sqrt{64} = 32$
e) $\sqrt{20} = 10$ f) $\sqrt{30} = 15$

3 Sind die Aussagen richtig oder falsch? Korrigiere falsche Aussagen.

a) Es gibt keine negative Quadratzahl.
b) Ein Quadrat mit dem Flächeninhalt 5 m^2 hat die Seitenlänge 2,5 m.

a) Jede Quadratwurzel ist eine irrationale Zahl.
b) Das Quadrat einer Zahl ist immer größer als die Zahl selbst.

4 Berechne die Länge der rot markierten Seite.

a)
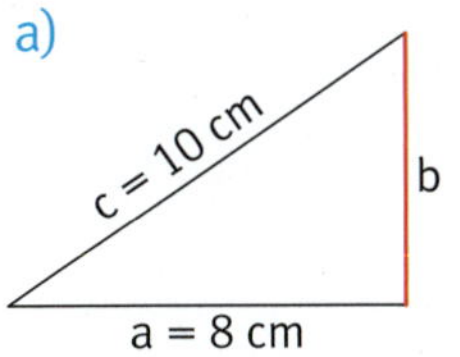

b)
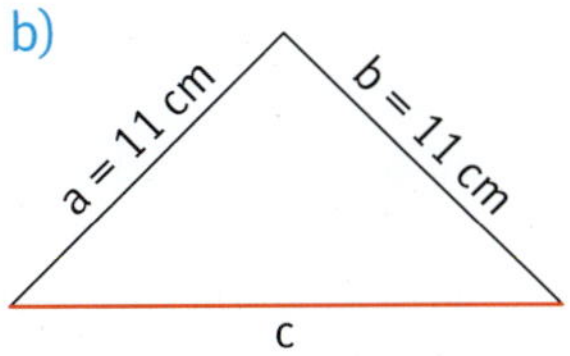

a)
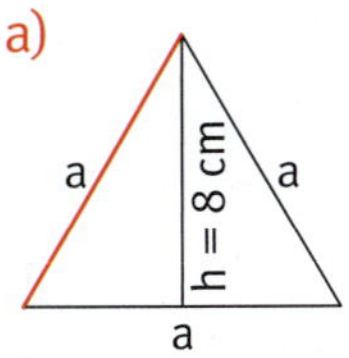

b)
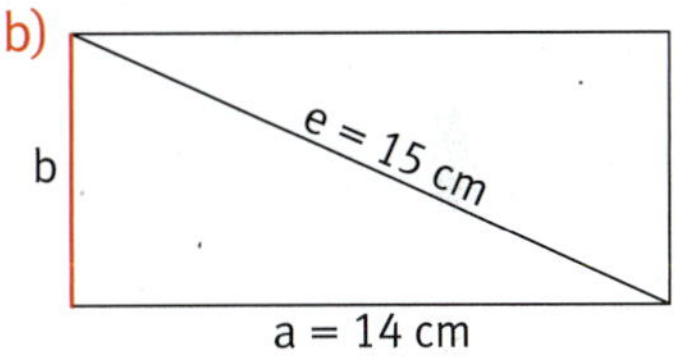

5 Beim Training der Fußballmannschaft müssen die Spieler von Eckfahne (1) direkt zu Eckfahne (3) sprinten. Wie lang ist die Strecke, die gesprintet werden muss?

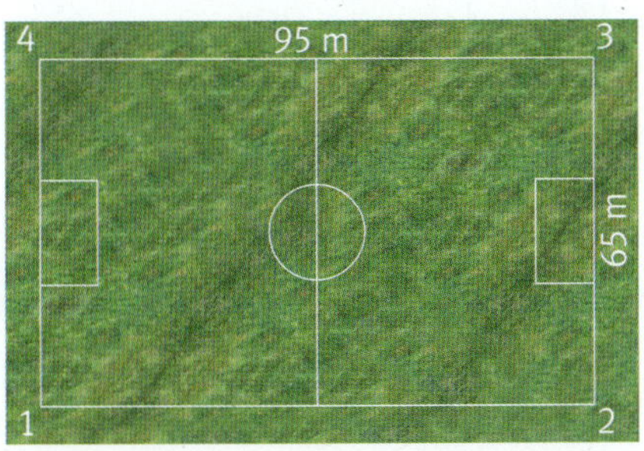

Der Trainer einer Fußballjugend lässt seine Spieler die Strecken 1 bis 6 fünfmal durchlaufen.
a) Wie lang ist die Sprintstrecke?
b) Wie lang ist die Gesamtstrecke?

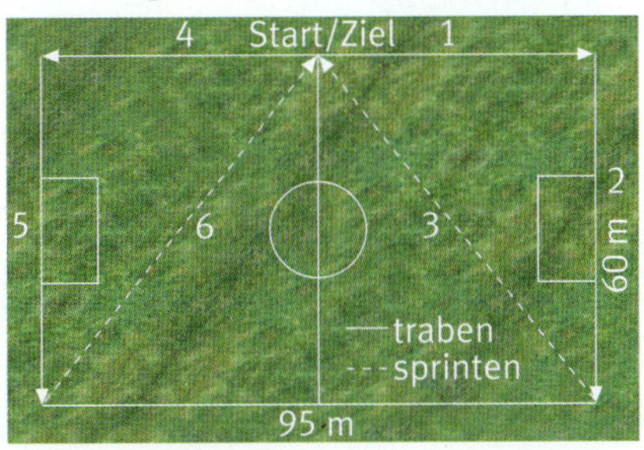

1 Bestimme die Zahl unter der Wurzel.

a) $\sqrt{\blacksquare} = 15$ b) $\sqrt{\blacksquare} = 150$

c) $\sqrt{\blacksquare} = 1{,}5$ d) $\sqrt{\blacksquare} = 0{,}15$

e) $\sqrt{\blacksquare} = \frac{1}{4}$ f) $\sqrt{\blacksquare} = \frac{1}{11}$

2 Ergänze die Lücken mit passenden Ziffern.

a) $1\blacksquare^2 = 2\blacksquare 6$ b) $1\blacksquare^2 = 22\blacksquare$

c) $\sqrt{1\blacksquare 6} = \blacksquare 4$ d) $\sqrt{\blacksquare^2} = 9$

e) $\sqrt{\blacksquare{,}49} = 0{,}\blacksquare$ f) $\sqrt{\blacksquare\blacksquare\blacksquare} = 4^2$

3 Prüfe rechnerisch, ob es sich um rechtwinklige Dreiecke handelt.

	Seite a	Seite b	Seite c
a)	6 cm	8 cm	10 cm
b)	10 cm	13 cm	15 cm
c)	1,5 m	2 m	2,5 m
d)	9 m	2 m	9 m

4 a) Berechne alle Streckenlängen. Runde auf eine Stelle nach dem Komma (Maße in cm).

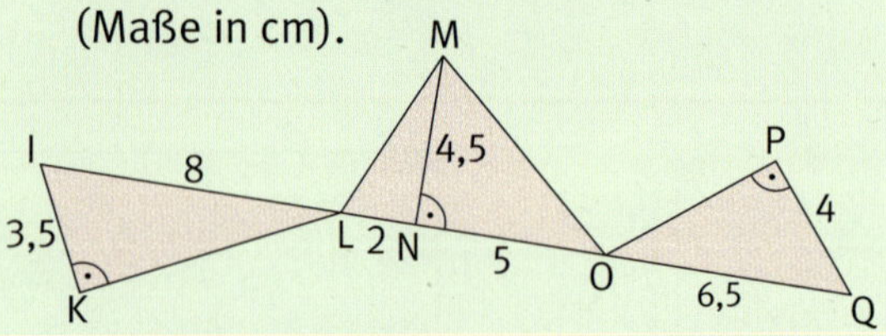

b) Berechne den Umfang und den Flächeninhalt der drei Dreiecke.

5 Übertrage das Koordinatensystem und berechne die Längen der Strecken [AD] und [BC].

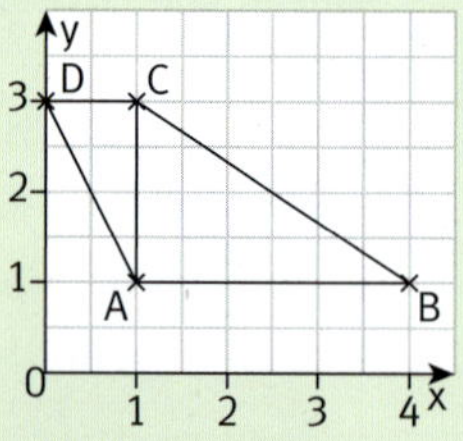

6 Ein Flugzeug startet in Berlin-Schönefeld. Nach 41 Flugkilometern überfliegt das Flugzeug in genau 8 km Höhe das Schloss Sanssouci in Potsdam. Wie weit sind das Schloss und der Flughafen Schönefeld voneinander entfernt?

7 Aysche kürzt ihren Schulweg durch den Park ab. Wie viele Meter spart sie?

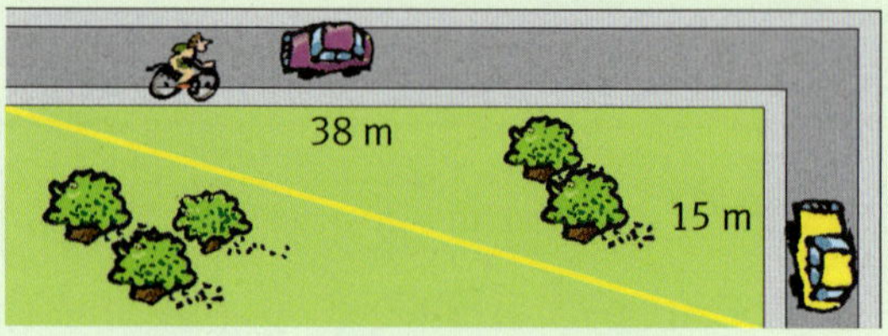

8 Die Größe von Monitoren wird durch die Diagonale, gemessen in Zoll, angegeben. Berechne die fehlenden Maße.
(1 Zoll ≙ 2,54 cm)

Zoll	Diagonale	Länge	Höhe
■	47 cm	■	23 cm
■	■	48,7 cm	27,4 cm
58	■	128,4 cm	■

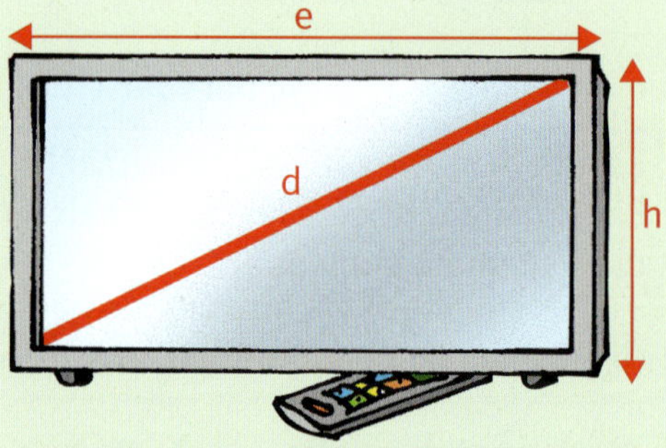

9 In Leichtathletik werden oft mitunter nur senkrechte Entfernungen, d.h. Entfernungen entlang der weißen Linie gemessen.

a) Jochens Ball trifft 10 m seitlich der ausgesteckten Messlinie auf. Wie viele Meter werden gemessen und wie viele hat er tatsächlich geworfen?

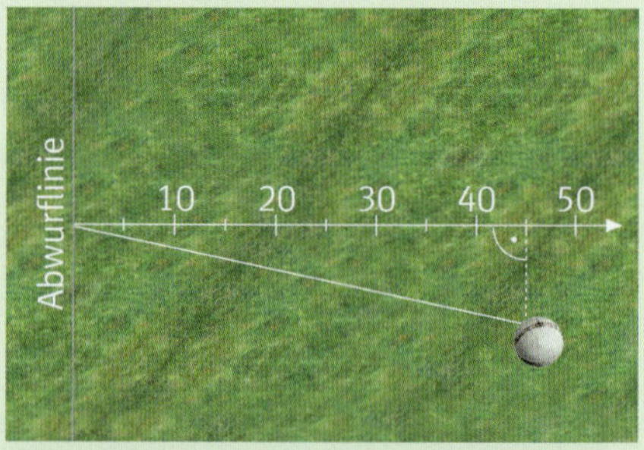

b) Maria ist beim Weitsprung in Wirklichkeit 4,60 m gesprungen, gewertet werden aber nur 4,58 m. Wie weit ist sie von der Ideallinie abgekommen?

10 Löse die Gleichungen.
a) $x^2 = 289$ b) $x^2 = 25$
c) $x^2 - 4 = 60$ d) $2x^2 = 648$

11 Berechne den Flächeninhalt eines gleichschenkligen Dreiecks mit den Seitenlängen $a = b = 8$ cm und $c = 6$ cm.

12 a) Berechne die Länge der rot markierten Seite in dem Trapez und der Raute.

1
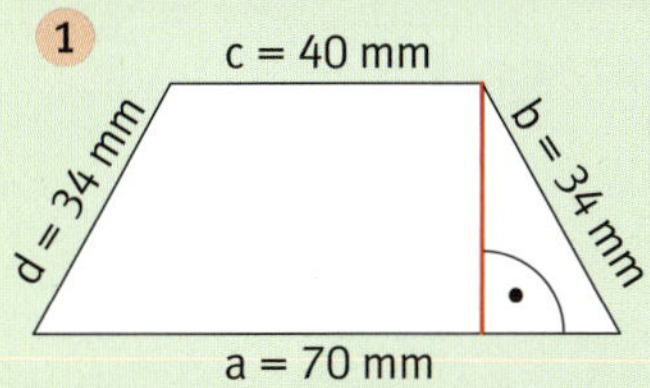

2
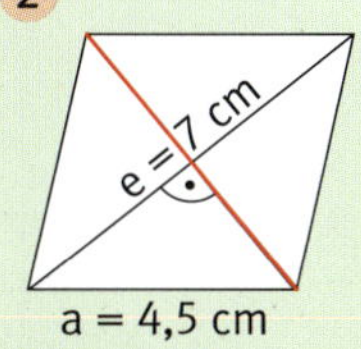

b) Zeichne die Vierecke und überprüfe deine Ergebnisse durch Messen.
c) Berechne den Umfang und den Flächeninhalt.

13 Ein Schwimmer will einen 210 m breiten Fluss auf kürzestem Weg überqueren. Der Fluss hat eine starke Strömung und der Schwimmer wird abgetrieben. Erschöpft landet er nach einer Schwimmstrecke von 350 m am anderen Ufer. Wie weit wurde er durch die Strömung abgetrieben? Fertige eine Skizze an.

14 Familie Meier hat Sorgen, dass die Kiefer in ihrem Garten bei einem Sturm abknicken könnte und das Haus beschädigt. Der Baum steht vom Haus in einer Entfernung von 7 m. Muss die Familie mit Schäden am Haus rechnen, wenn die Kiefer 9,40 m lang ist und in einer Höhe von 1,80 m abknickt?

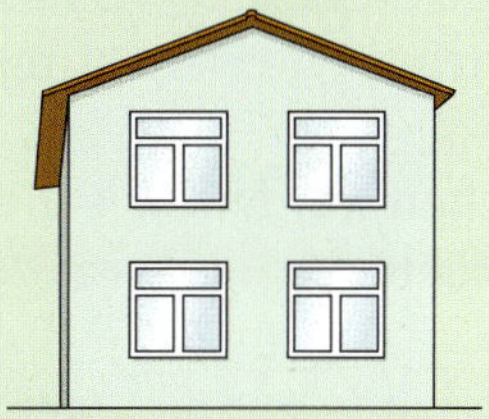

15 Ein Blumenbeet hat die Form eines gleichseitigen Dreiecks mit der Seitenlänge 3 m. Wie viel kostet eine Bepflanzung, wenn pro Quadratmeter Kosten in Höhe von 15,00 € anfallen?

16 Ein Feuerwehrfahrzeug hat eine 30 m lange Drehleiter. Das Fahrzeug ist 3,20 m hoch. Aus Sicherheitsgründen muss es 12 m Abstand zum brennenden Haus haben. Aus welcher maximalen Höhe kann die Feuerwehr mit diesem Fahrzeug Personen retten? Fertige eine Skizze an.

17 Eine Seilbahn überwindet einen Höhenunterschied von 700 m. Auf einer Karte im Maßstab 1 : 50 000 beträgt die horizontale Entfernung zwischen Tal- und Bergstation 4,8 cm. Wie lang ist das Halteseil mindestens?
Fertige eine Skizze an.

18 Wie weit muss der Junge mindestens springen, damit er über den Graben kommt? Der Graben hat im Querschnitt die Form eines symmetrischen Trapezes und ist am Grund 2,60 m breit und 1,10 m tief.

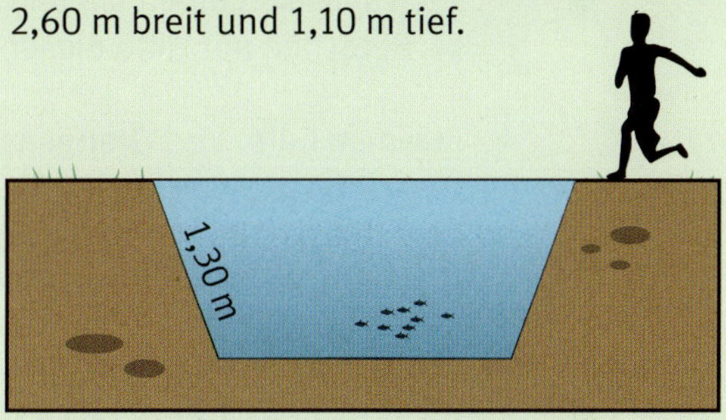

19 Ein quaderförmiger Koffer ist 90 cm lang, 50 cm hoch und 20 cm breit. Passt ein Regenschirm, der 0,95 m lang ist, in diesen Koffer?

20 Thorsten behauptet:
- *Die Raumdiagonale eines Quaders kann man mit $d = \sqrt{a+b+c}$ berechnen.*
- *Mit der Formel $e = \sqrt{a^2+b^2}$ kann man die Länge der Diagonalen e eines Rechtecks mit den Seitenlängen a und b berechnen.*
- *In einem Quadrat mit der Seitenlänge a kann man die Länge der Diagonalen e mithilfe von $e = \sqrt{3a^2}$ berechnen.*

Hat Thorsten Recht?
Begründe deine Entscheidung.

1 Berechne falls nötig mit Hilfe deines Taschenrechners. Runde ggf. auf eine Stelle nach dem Komma.

a) 5^2 b) $6{,}4^2$ c) 1000^2 d) $\sqrt{4900}$ e) $\sqrt{5}$ f) $\sqrt{225}$ g) $\sqrt{71}$ h) $\sqrt{1}$

2 Berechne die Flächeninhalte oder Seitenlängen der Quadrate.

	a)	b)	c)	d)
Seitenlänge a	9 m	2,8 m	■	■
Flächeninhalt A	■	■	169 m²	484 m²

3

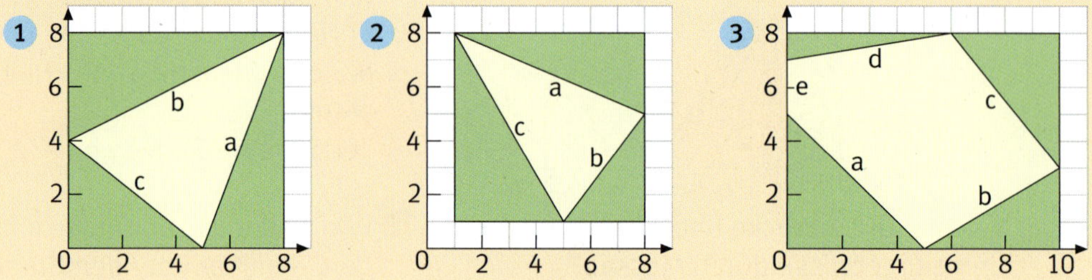

a) Über die dunklen Dreiecke lassen sich die Seitenlängen a, b, c, (d) berechnen. Wähle als Einheit cm und runde auf eine Dezimalstelle.
b) Berechne mit Hilfe dieser Dreiecke auch die Flächeninhalte der Innenfiguren.

4 In einem Café wird Orangensaft in einem zylinderförmigen Glas serviert, welches 16 cm hoch ist und einen Innendurchmesser von 6 cm hat. Wie weit ragt ein 20 cm langer gerader Strohhalm aus dem Glas heraus, wenn er schräg im Glas lehnt?

5 Die Gemeinde Großbeeren baut für ihre Jugendlichen eine Skateboard-Rampe.

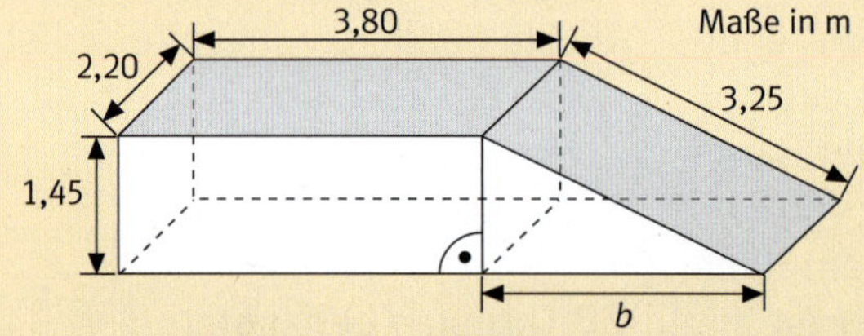

a) Berechne die Länge von b. Runde das Endergebnis auf zwei Kommastellen.
b) Die Rampe wird aus Beton gefertigt. Wie viele Kubikmeter Beton werden verarbeitet?
c) Die Seitenflächen sollen gestrichen werden. Wie viel Farbe wird benötigt, wenn ein Liter Farbe für 6 m² reicht?

6 Ein Lastwagen hat einen Laderaum mit folgenden Maßen:
Länge: 6,05 m
Breite: 2,46 m
Höhe: 2,36 m
Passen Eisenstangen, die 7,20 m lang sind, in den Laster?

Berechnungen an Kreisen und Zylindern

In Berlin-Mitte steht seit 2004 in einem Hotel das weltweit größte Aquarium seiner Art. Besucher können in einem gläsernen Fahrstuhl die Unterwasserwelt von innen betrachten.

- Beschreibe seine Form.
- Welche geometrischen Figuren erkennst du?
- Nenne weitere Alltagsgegenstände, die die gleiche Form haben.

- Ein Taucher reinigt die Fensterfläche des Aquariums von innen. Schätze die Größe der Fläche, die er reinigen muss.
- Schätze auch die Höhe des Aquariums und den Durchmesser des Bodens.
- Wie viel Wasser passt wohl in das Aquarium?
- Recherchiere im Internet und finde Antworten auf deine Schätzungen.
- Sind Schwierigkeiten bei den Schätzungen aufgetreten? Woran könnte das liegen?
- Finde auch heraus, wie viele Fische und Arten es dort gibt.

Grundbegriffe am Kreis

Begriffe am Kreis kennen und unterscheiden

1. Übertrage den Kreis und ordne die Begriffe den farbig markierten Teilen zu. Zwei Begriffe bleiben übrig.

Radius | Höhe | Umfang | Durchmesser | Mittelpunkt | Flächeninhalt | Volumen

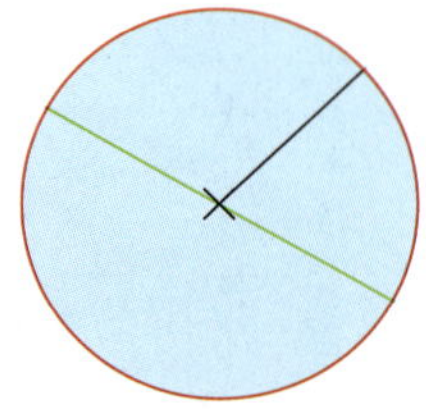

Radius und Durchmesser messen

2. Bestimme den Radius und Durchmesser in den Kreisen durch Messen.

a)

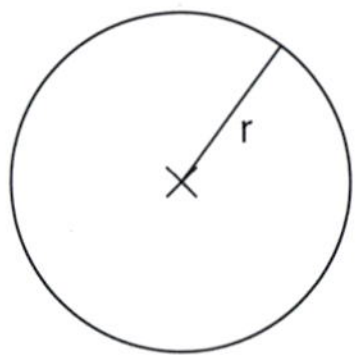

b)

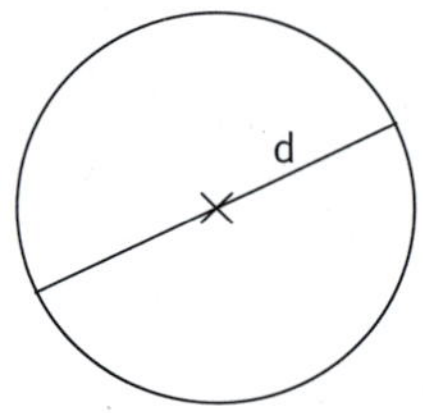

c)

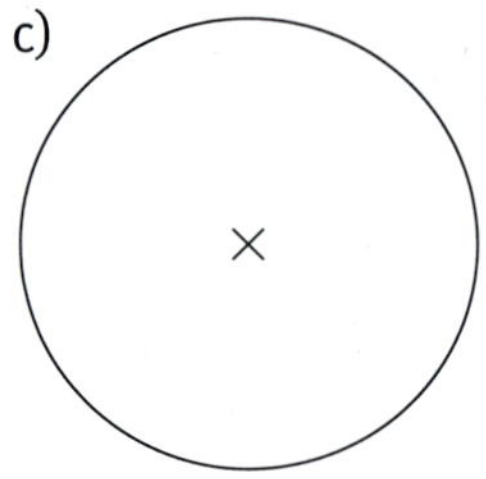

Kreise und Kreismuster zeichnen

3. Zeichne Kreise mit den angegebenen Maßen.
a) r = 3 cm b) r = 4,5 cm c) d = 10 cm d) d = 13 cm

4. Übertrage das Muster und setze es fort.

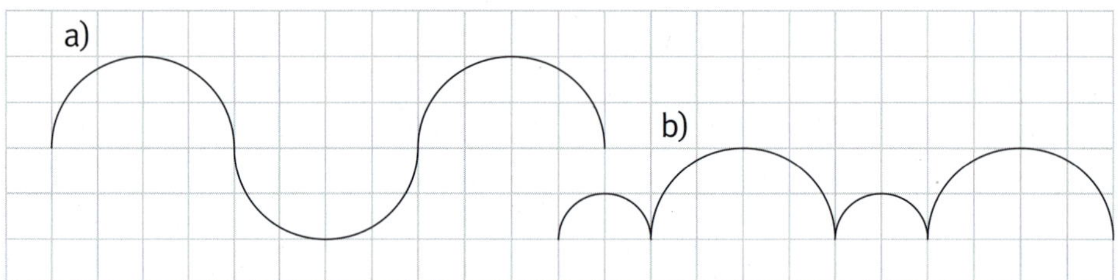

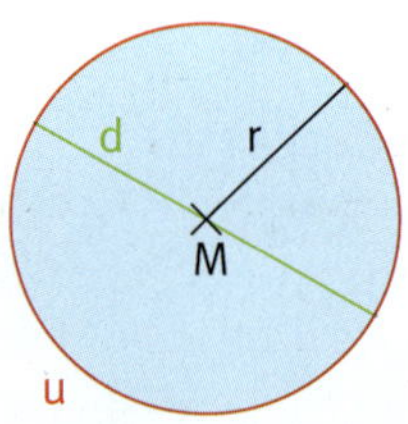

Bei einem Kreis unterscheidet man folgende Begriffe:
r: Radius d: Durchmesser
M: Mittelpunkt u: Umfang
Der Flächeninhalt ist blau gekennzeichnet.
Der Radius ist die Hälfte des Durchmessers; der Durchmesser das Doppelte des Radius.

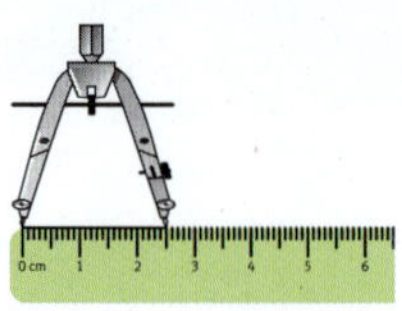

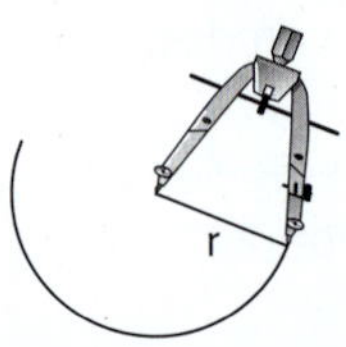

Beim Zeichnen eines Kreises mit dem Zirkel geht man in folgenden Schritten vor:

1. Man stellt den Radius mit Hilfe eines Lineals oder Geodreiecks ein. Im Beispiel ist d = 5 cm (r = 2,5 cm).
2. Man markiert den Mittelpunkt des Kreises und sticht dort mit der Zirkelspitze ein.
3. Der Zirkel wird oben festgehalten und gedreht.

Berechnungen an Quadern

5 Berechne das Volumen und den Oberflächeninhalt der Quader.

Volumen und Oberflächeninhalt von Quadern und Würfeln berechnen

a)
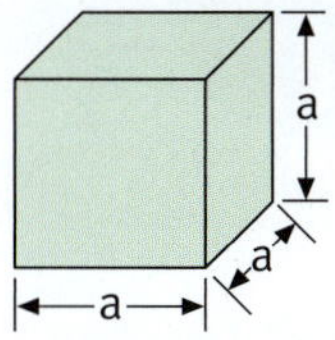

a = 4 cm

b)
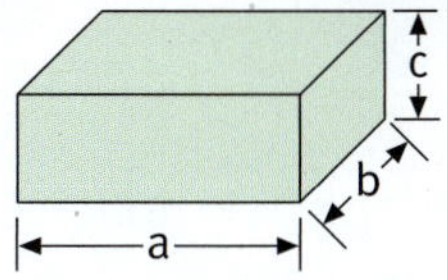

a = 7 cm
b = 3 cm
c = 2 cm

Volumen und Oberflächeninhalt von Würfeln und Quadern kann man mit Hilfe von Formeln berechnen.

Würfel:	Quader:
$V = a \cdot a \cdot a = a^3$	$V = a \cdot b \cdot c$
$A_O = 6 \cdot a \cdot a = 6 \cdot a^2$	$A_O = 2 \cdot (a \cdot b + b \cdot c + a \cdot c)$

Maßeinheiten

6 Rechne in die angegebene Einheiten um.

Maßeinheiten umrechnen

a) in cm:	3,5 m	2,4 dm	42 mm	1,03 km
b) in dm^2:	15 m^2	2520 cm^2	4536 mm^2	0,37 km^2
c) in cm^3:	2,9 dm^3	7 mm^3	0,54 m^3	1 l

Die Umrechnungszahl bei Längenmaßen ist 10.
Zusätzlich gilt: 1 km = 1000 m

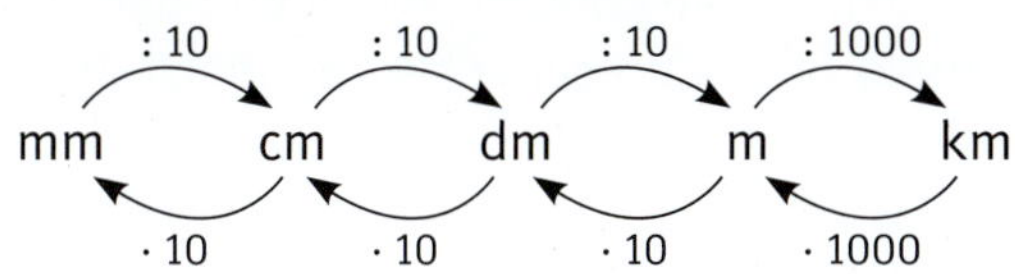

Längenmaße

Die Umrechnungszahl bei Flächenmaßen ist 100.
Zusätzlich gilt: $1\ km^2 = 1\ km \cdot 1\ km = 1000\ m \cdot 1000\ m = 1000000\ m^2$

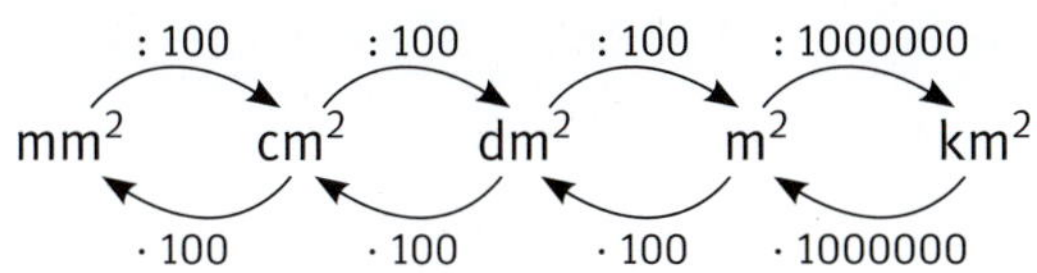

Flächenmaße

Die Umrechnungszahl bei Volumenmaßen ist 1000. Zusätzlich gilt:
$1\ km^3 = 1\ km \cdot 1\ km \cdot 1\ km = 1000\ m \cdot 1000\ m \cdot 1000\ m = 1000000000\ m^3$

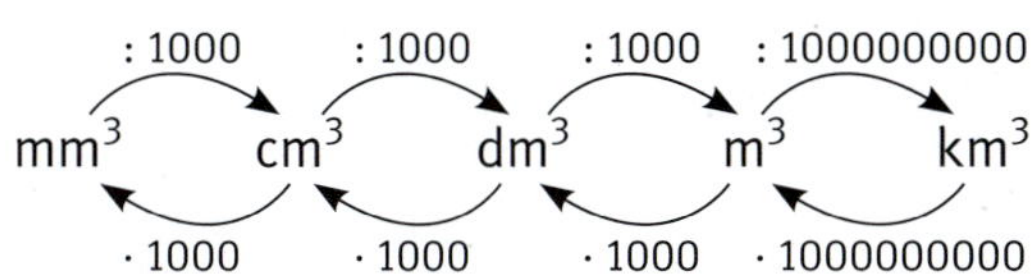

Volumenmaße

Hohlmaße und Volumenmaße sind eng verbunden. Es gilt:

$1\ l = 1\ dm^3 = 1000\ cm^3$	und	$1\ cm^3 = 1\ ml$
$1\ l = 1000\ ml$	und	$1\ hl = 100\ l$

Umfang von Kreisen berechnen

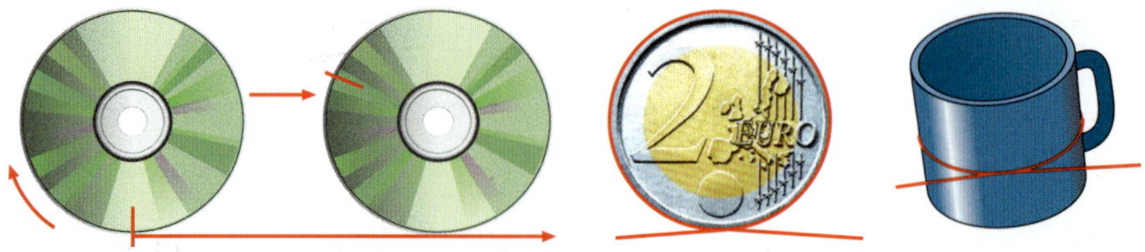

1 a) Bestimme den Umfang der runden Gegenstände.
Entnimm den Zeichnungen die zwei verschiedenen Möglichkeiten, den Umfang zu ermitteln. Ordne die Verben „abrollen" und „messen" zu.
b) Übertrage die Tabelle und trage die Ergebnisse ein.
c) Berechne, wie oft der Durchmesser jeweils im Umfang enthalten ist.
Bilde dazu den Quotienten u:d. Was stellst du fest?

	Tasse	CD	Geld-stück	Flaschen-boden	Wanduhr	Kuchen-platte
d (cm)	■	■	■	■	■	■
u (cm)	■	■	■	■	■	
u : d	■					

Die Kreiszahl π

Für jeden Kreis gilt:
Der Umfang ist ungefähr dreimal so groß wie sein Durchmesser.
Der Quotient u : d wird als **Kreiszahl π (gesprochen: pi)** bezeichnet und beträgt genau π = 3,14159265 .... π ist eine irrationale Zahl. Sie ist nichtendlich und nichtperiodisch. Für das Rechnen ohne Taschenrechner genügt meist der Näherungswert 3,14.

Auf deinem Taschenrechner findest du die π-Taste. Runde auch dann die Ergebnisse immer auf zwei Stellen nach dem Komma.

2 a) Verdopple (verdreifache) den Durchmesser. Wie verändert sich der Kreisumfang? Überprüfe mit dem Durchmesser d = 4 cm.
b) Simon behauptet, dass die Zuordnung, die dem jeweiligen Durchmesser seinen Umfang zuordnet, proportional ist. Hat er Recht? Wie kann man das überprüfen?

Umfang von Kreisen

Den **Kreisumfang** berechnet man, indem man den Durchmesser mit π multipliziert.

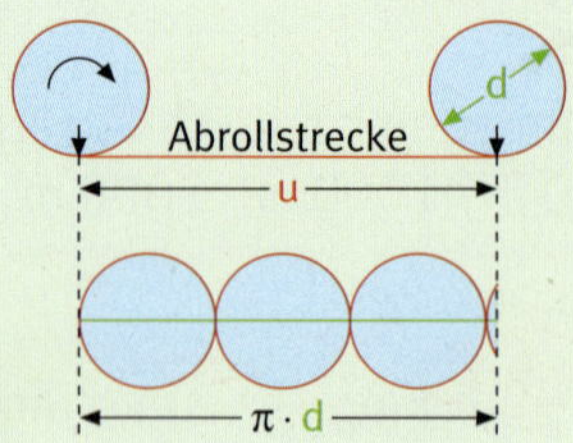

$u = d \cdot \pi$
$u = 2 \cdot r \cdot \pi$
$r = 3\text{ cm}$
$u = 2 \cdot 3\text{ cm} \cdot \pi$
$u = 6\text{ cm} \cdot \pi \approx 18{,}85\text{ cm}$

Lösungen zu 3

49,64	37,07	14,14
69,12	47,12	10,05
65,97	106,81	15,71
263,89	22,62	20,11

3 Berechne den Umfang mit dem Taschenrechner.
a) d = 22 cm b) d = 15 cm c) d = 84 cm d) d = 3,2 dm
e) d = 21 cm f) d = 4,5 dm g) r = 17 cm h) r = 2,5 dm
i) r = 3,6 m j) r = 5,9 m k) r = 3,2 dm l) r = 7,9 cm

1 a) Sarah verbringt ihre Sommerferien in Wien. Dort fährt sie mit dem Riesenrad, das einen Durchmesser von 61 m hat. Wie lang ist der Fahrweg, den Sarah bei einer Umdrehung zurücklegt?

b) Mohammed besucht mit seiner Familie London. Den besten Blick auf die Stadt haben sie bei einer Fahrt mit dem London Eye (d = 135 m). Wie viele Meter mehr hat Mohammed bei einer Umdrehung im Vergleich zu Sarah zurückgelegt?

2 Der Raddurchmesser eines Fahrrads ist mit dem Gummireifen 70 cm. Welche Strecke hat ein Radfahrer zurückgelegt, wenn sich das Rad einmal (2-, 10-, 50-mal) gedreht hat?

3 Übertrage und ergänze die Tabelle.

	a)	b)	c)	d)	e)	f)	g)
r	■	■	12 cm	■	■	14,5 cm	■
d	13 cm	■	■	320 mm	■	■	2,8 m
u	■	47,1 cm	■	■	100,48 m	■	■

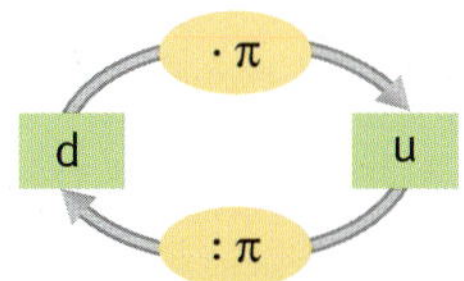

4 Klebe ein DIN-A4-Blatt auf zwei verschiedene Arten zu einer Röhre zusammen. Berechne jeweils den Durchmesser der Röhre und überprüfe durch Messen.

5 Die Seilwinde eines Brunnes hat einen Durchmesser von 32 cm. Beim Heraufziehen eines Eimers rollt sich das Seil 15-mal um die Walze. Wie tief ist der Brunnen?

6 Tobias braucht zur Schule mit dem Rad eine halbe Stunde. Sein Hinterrad hat einen Durchmesser von 70 cm und macht in einer Sekunde zwei Umdrehungen. Wie weit ist die Schule von seinem Zuhause entfernt?

7 a) Berechne den Umfang der Figur 1.

b) Berechne bei den Figuren 2 und 3 jeweils zuerst den Umfang des äußeren Kreises, dann die Summe der Umfänge der inneren Kreise. Vergleiche.

1

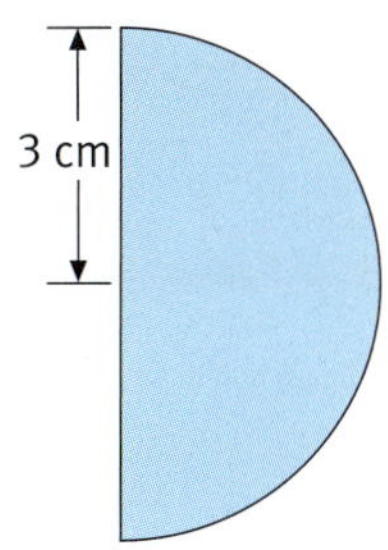

2

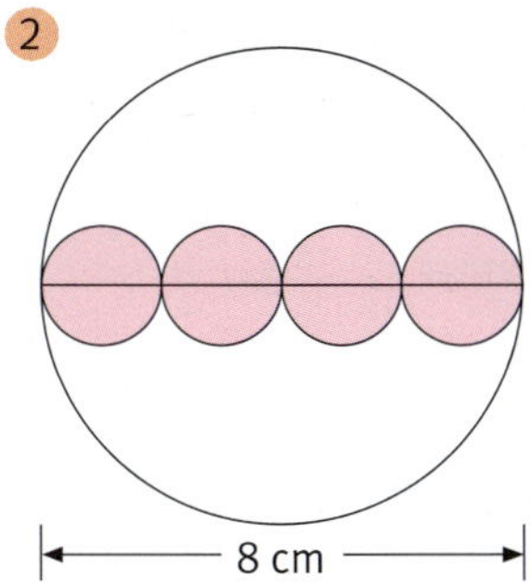

3

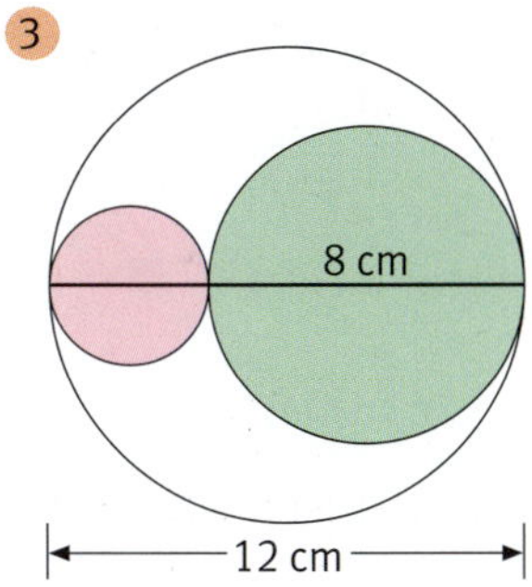

Flächeninhalt von Kreisen berechnen

„Ich zeichne den Kreis auf kariertes Papier und zähle die Kästchen, die innerhalb des Kreises liegen, ganz und die auf dem Rand nur halb."

Julian

Gabor

„Ich zerschneide den Kreis in 12 Tortenstücke. Dann setze ich die Stücke so zusammen, dass näherungsweise ein Rechteck entsteht."

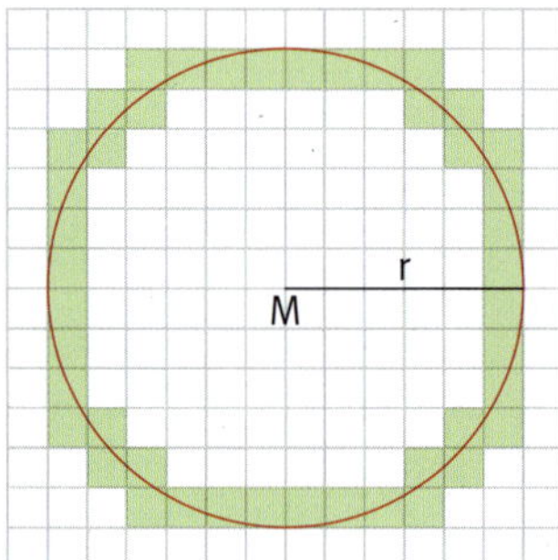

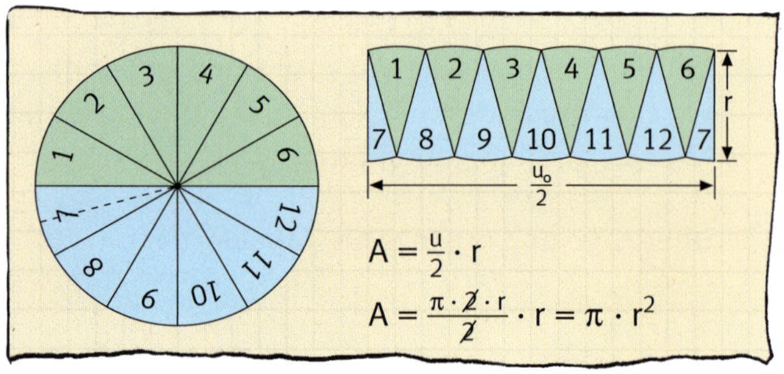

1 Julian und Gabor bestimmen den Flächeninhalt eines Kreises mit dem Radius 5 cm. Probiere beide Verfahren aus. Welches ist genauer? Begründe.

2 Erkläre die Umformungen aus Gabors Idee.

Flächeninhalt von Kreisen

Den **Flächeninhalt von Kreisen** berechnet man, indem man r^2 mit π multipliziert.

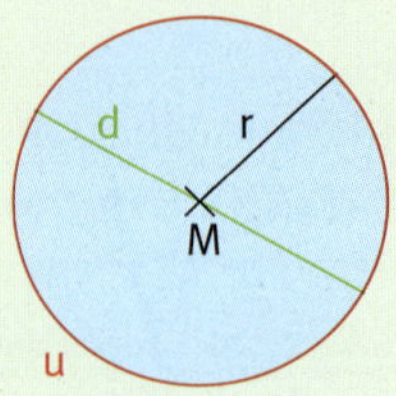

$A = r \cdot r \quad \cdot \pi$
$A = r^2 \quad \cdot \pi$
$r = 3\text{ cm}$
$A = 3\text{ cm} \cdot 3\text{ cm} \cdot \pi$
$A = 9\text{ cm}^2 \quad \cdot \pi \approx 28{,}27\text{ cm}^2$

Lösungen zu 3

176,71	120,76	7,07
28,27	63,62	84,95
40,72	706,86	78,54
66,48	13,85	43,01

3 Berechne den Flächeninhalt mit dem Taschenrechner.

a) r = 3 cm
b) r = 4,5 cm
c) r = 5,2 dm
d) r = 1,5 m
e) r = 3,6 dm
f) r = 15 m
g) d = 10 cm
h) d = 9,2 cm
i) d = 12,4 dm
j) d = 7,4 m
k) d = 4,2 m
l) d = 15 m

4 a) Übertrage die Tabelle und ergänze.

	1	2	3	4	5	6
r	0,5 m	1 m	1,5 m	2 m	3 m	4 m
A	■	■	■	■	■	■

b) Übertrage die Sätze und vervollständige sie.
Verdoppelt sich der Radius, ■ der Flächeninhalt.
Verdreifacht sich der Radius, ■ der Flächeninhalt.
Halbiert sich der Radius, ■ der Flächeninhalt.

1 Vor Fußballspielen im UEFA Cup wird exakt im Mittelkreis des Fußballplatzes das Banner mit dem Logo des Wettbewerbs ausgebreitet. Berechne die Größe der Bannerfläche, wenn der Mittelkreis einen Radius von 9,15 m hat.

2 Jonas soll in seinem Praktikum bei einem Gartenbaubetrieb ein kreisrundes Beet (d = 9 m) mit Stiefmütterchen bepflanzen. Eine Pflanze benötigt eine Fläche von 0,06 m^2. Wie viele Pflanzen muss er in seine Schubkarre tun?

3

	a)	b)	c)	d)	e)
r	6 cm	■	1,50 m	■	■
d	■	80 cm	■	■	■
u	■	■	■	94,2 m	■
A	■	■	■	■	12,56 m^2

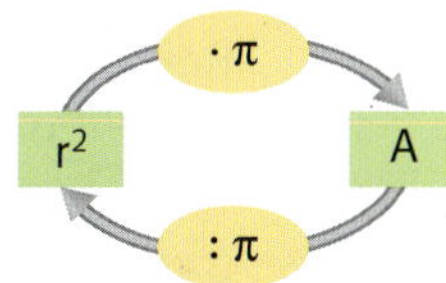

$\sqrt{r^2} = r$

4 In der Pizzeria Roma werden Pizzas unterschiedlicher Größe angeboten. Ist der Preisunterschied gerechtfertigt?

Mini Ø 20 cm	*4,10 €*
Maxi Ø 30 cm	*8,10 €*
Familienpizza Ø 40 cm	*15,50 €*

Der Durchmesser wird oft mit dem Zeichen Ø abgekürzt.

5 a) Überprüfe, ob die Kreise in den Quadraten 2 bis 4 jeweils zusammen den gleichen Flächeninhalt haben wie der große Kreis in 1.

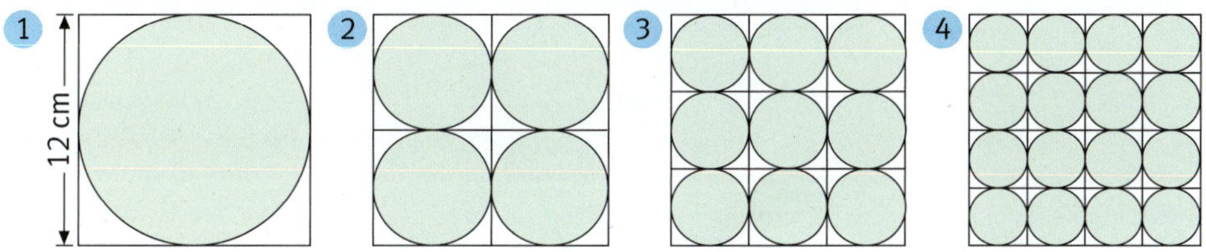

b) Wie viel Prozent des Quadrats sind jeweils durch die Kreise ausgefüllt?

6 Murat hat in seinem Heft ein Rechteck mit der Länge 15,7 cm und der Breite 5 cm gezeichnet. Darunter möchte er einen Kreis zeichnen, der den gleichen Flächeninhalt hat wie das Rechteck. Welchen Radius muss Murat am Zirkel einstellen?

7 Eine kreisförmige Rasenfläche (d = 12 m) soll so vergrößert werden, dass der Durchmesser um 25 % zunimmt.

a) Wie groß ist die neue Rasenfläche?

b) Um wie viel Prozent vergrößert sich die Gesamtfläche?

pi – Magie einer Zahl

Die Kreiszahl π (pi) ist unendlich lang, die Ziffern wiederholen sich nicht und folgen keinem Muster. Insofern wird nie ein Mensch die Ziffern komplett ausschreiben können.

$\pi \approx 3{,}14159265358979323846264338327950288419716939937510582097494...$

Irgendwo findest du dein Geburtsdatum oder deine Telefonnummer.
Bereits im alten Ägypten fragten sich die Menschen, ob man die Länge der Metallbänder, die für ein Holzrad benötigt werden, berechnen kann, wenn man nur den Durchmesser des Rades kennt. Man versuchte, in allen Epochen die Zahl π noch genauer zu bestimmen.

Mit der Monte-Carlo-Methode kannst du selbst einen Näherungswert für π bestimmen. In ein Quadrat von 50 cm Seitenlänge wird ein Viertelkreis eingezeichnet. Lass eine Handvoll Reißzwecken fallen und zähle aus, wie viele den Viertelkreis bzw. das Quadrat treffen.

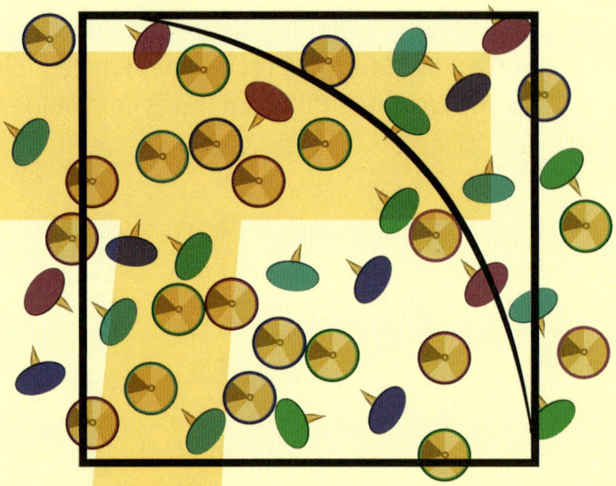

Berechne dann den Quotienten aus der Anzahl der Reißzwecken im Viertelkreis und der Anzahl der Reißzwecken im Quadrat:

$$\frac{\text{Anzahl der Reißzwecken im Viertelkreis}}{\text{Anzahl der Reißzwecken im Quadrat}}$$

2016 berechnet ein Computer in 105 Tagen 22 459 157 718 361 Dezimalstellen von π.
Und er hat die letzte nicht gefunden.
Es gibt noch viele weitere interessante Fakten über π, einige davon findest du auf dieser Seite.

Die Höhe eines Elefanten vom Fuß bis zur Schulter kann man berechnen, indem man 2 mit π und dem Durchmesser seines Fußes multipliziert.

Der Mathematiker Ludolph van Ceulen (1539 - 1610) verbrachte einen Großteil seines Lebens damit, Nachkommastellen für π zu berechnen. Bis zu seinem Tod hatte er 35 Stellen berechnet. Diese wurden sogar auf seinen Grabstein gemeißelt. Ihm zu Ehren wird die Zahl π in Deutschland manchmal als Ludolphsche Zahl bezeichnet.

Fans dieser Zahl feiern sogar den Pi-Day. Dieser ist am 14. März. Dabei beziehen sie sich auf die amerikanische Schreibweise des Datums (3/14)
Welch ein Zufall: auch Albert Einstein ist an diesem Tag geboren.

Pi ist der 16. und meistverwendete Buchstabe des griechischen Alphabets. Erstaunlicherweise verwendeten weder die alten Griechen, noch die Römer, die Araber oder die Chinesen diesen Buchstaben als Zeichen. 1647 verwendete W. Oughtred als einer der ersten π als Zeichen für das Verhältnis vom Kreisumfang zu Durchmesser.

Der aktuelle Weltrekord im auswendigen Aufsagen der Nachkommastellen der Zahl π wurde am 21. März 2015 aufgestellt. Der Inder Rajveer Meena sagte 70 000 Stellen auswendig auf, dafür benötigte er 17 Stunden.

Bist du nun ein π-Experte?

Wenn du die folgenden Fragen richtig beantwortest, erhältst du die Nachkommastellen 999994 bis 1000000 von π.

1 Mit welchem Näherungswert für π solltest du rechnen, wenn du keinen Taschenrechner hast?
a) 3 (3)
b) 3,14 (9)
c) 3,41 (1)

2 Welche Bruchzahl gibt π am genauesten wieder?
a) $\frac{22}{7}$ (1)
b) $\frac{62832}{20000}$ (9)
c) $\frac{333}{100}$ (3)

3 Seit wann gibt es einen Namen und ein Symbol für das Verhältnis von Umfang zu Durchmesser eines Kreises?
a) seit ca. 3000 Jahren (7)
b) seit ca. 1647 Jahren (8)
c) seit ca. 370 Jahren (6)

4 Wann wurde der Weltrekord durch das auswendige Aufsagen von 70000 Nachkommastellen der Zahl π aufgestellt?
a) 14. März 2015 (8)
b) 21. März 2015 (2)
c) 08. Oktober 2014 (4)

5 Welcher bekannte Wissenschaftler hat am π-Day Geburtstag?
a) Albert Einstein (4)
b) Albert Schweitzer (0)
c) Ludolph von Ceulen (9)

6 Wie viele Nachkommastellen kannte man am 8. Oktober 2016?
a) 35 (7)
b) unendlich viele (3)
c) 22,5 Billionen (6)

7 Wie wird π in Deutschland auch bezeichnet?
a) die unendliche Zahl (6)
b) Ludolpsche Zahl (4)
c) Es gibt nur eine Bezeichnung für π. (8)

8 Ein Elefant mit einem Fußdurchmesser von 40 cm hat eine Größe von ungefähr
a) 2,50 m (6)
b) 4,00 m (1)
c) 3,20 m (3)

Flächeninhalt von Kreisringen berechnen

1 Philipp hat sich mit seinem Bruder Fabian eine Pizza mit 24 cm Durchmesser bestellt. Während er die Pizza bezahlt und den Boten zur Tür begleitet, hat Fabian aus der Mitte einen Kreis herausgeschnitten, dessen Radius 10 cm beträgt, denn Fabian mag den Rand nicht.

a) Beschreibe die Form der übrig gebliebenen Pizza.
b) Philipp liebt den Rand und möchte wissen, wie viel Pizza für ihn übrig bleibt. Erkläre, wie man das berechnen könnte.
c) Berechne den Flächeninhalt des übrig gebliebenen Teils der Pizza.
d) Wer hatte nun mehr Pizza, Fabian oder Philipp?

2 Berechne den Flächeninhalt der Kreisringe.

Flächeninhalt von Kreisringen

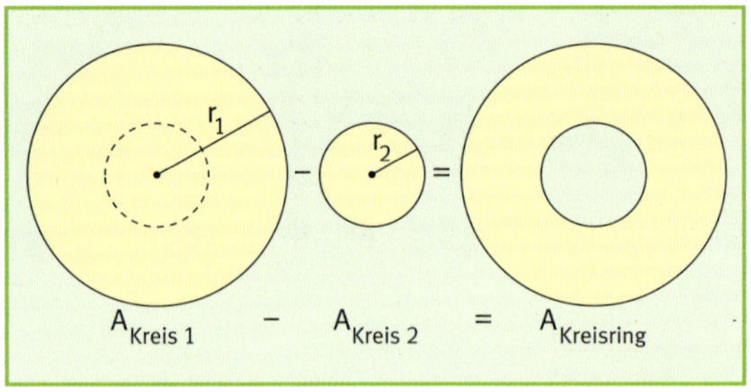

	a)	b)	c)
r_1	4 cm	1,5 m	6,5 dm
r_2	2 cm	1,2 m	32 cm

	d)	e)	f)
d_1	60 cm	12 cm	3,6 dm
d_2	40 cm	8,4 cm	18 cm

Lösungen zu 2

100,56	1570,80
7,63	57,68
2,54	37,70

3 Berechne den Flächeninhalt der Kreisringe (Maße in cm).

a)

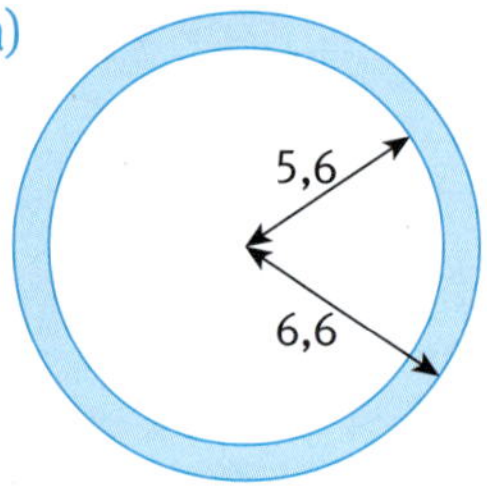

b)

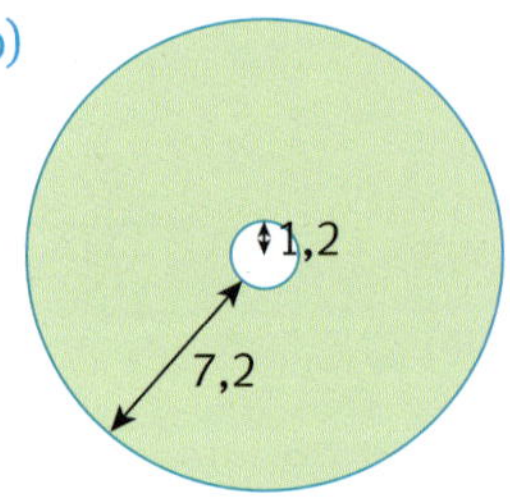

c)

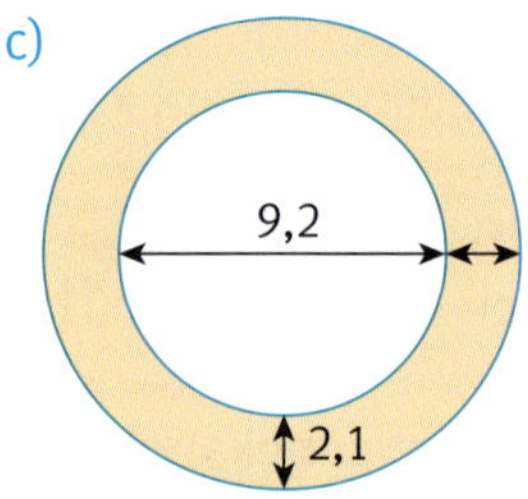

4 Um ein kreisrundes Wasserbecken im Park Sanssouci in Potsdam (d = 6,4 m) wird ein 2 m breiter Weg gepflastert.

a) Zeichne das Becken und den Weg im Maßstab 1 : 100 und trage die Maße ein.
b) Wie viele Pflastersteine werden ungefähr benötigt, wenn pro Quadratmeter 100 Stück gerechnet werden?

5 Das abgebildete Verkehrsschild hat im Original den Durchmesser 60 cm.

a) Um welches Verkehrsschild handelt es sich?
b) Schätze rechnerisch ab, ob Andys Vermutung zutreffend ist.

6 Die Zielscheibe für Wurfpfeile besteht aus mehreren Ringen. Der Kreis in der Mitte hat einen Radius von 3 cm, vier weitere Ringe sind jeweils 3 cm breit. Warum gibt es für einen Wurf in die Mitte mehr Punkte als für einen Wurf auf den Außenring? Begründe mit einer Rechnung.

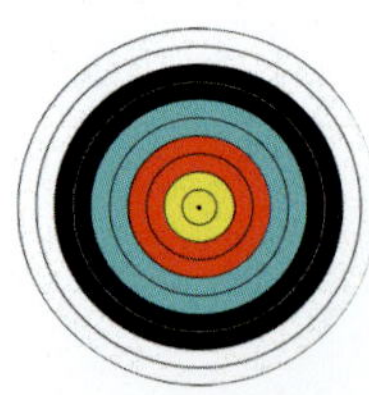

d = 32 cm r = 13 cm r = 9 cm d = 28 cm

1 a) Notiere jeweils den fehlenden Anteil der Pizza als Bruch.
b) Erkläre, wie man den Umfang und den Flächeninhalt des fehlenden Stückes berechnen kann.
c) Berechne nun den Flächeninhalt und den Umfang der fehlenden Teile.

2 Berechne jeweils den Flächeninhalt und den Umfang der farbigen Flächen.

a)
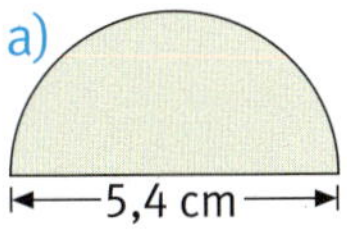

b)
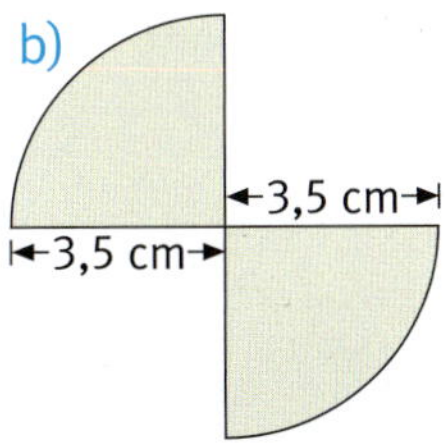

c)
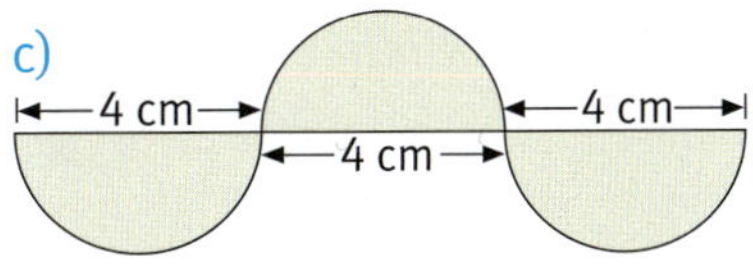

3 Berechne jeweils den Inhalt der farbigen Flächen. Entnimm die Maße der Zeichnung.

a)
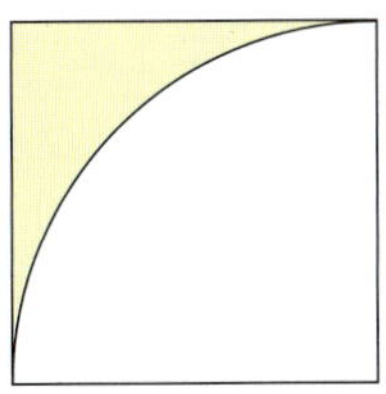
b)
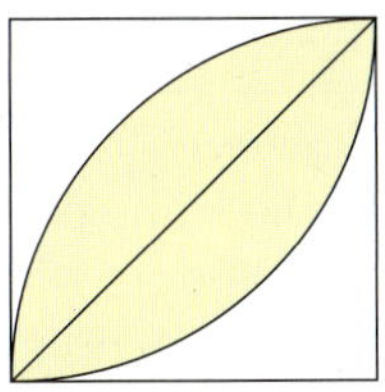
c)
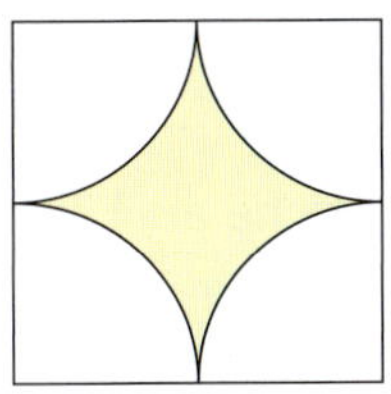
d)
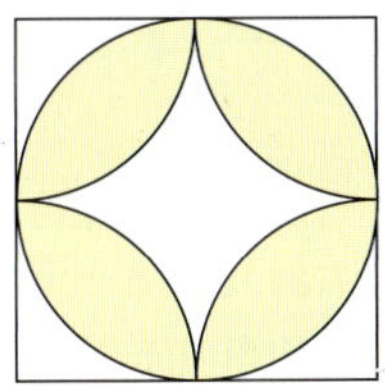

Figur a) hilft bei der Berechnung von Figur b), Figur c) hilft bei d).

TRIMM-DICH-ZWISCHENRUNDE

1 a) Zeichne drei Kreise mit r = 2 cm, r = 1,7 cm und d = 7 cm.
b) Berechne für alle drei Kreise den Umfang und den Flächeninhalt.

2 Zeichne um die Kreise aus Aufgabe 1 jeweils einen weiteren Kreis. Der Radius des ergänzten Kreises ist jeweils um 1 cm größer. Der Mittelpunkt bleibt gleich. Berechne den Flächeninhalt der entstandenen Kreisringe.

3 Der große Zeiger einer Turmuhr ist 1,40 m lang.
a) Welchen Weg beschreibt die Spitze des Zeigers in $\frac{1}{2}$ Stunde ($\frac{1}{4}$ Stunde)?
b) Welche Fläche überstreicht der Zeiger in $\frac{1}{2}$ Stunde ($\frac{1}{4}$ Stunde)?

4 Aus einem rechteckigen Blechstück von 76 cm Länge und 18 cm Breite werden vier Kreisscheiben mit einem Durchmesser von jeweils 17,8 cm gestanzt. Welchen Flächeninhalt hat das Reststück?

Zylindernetz

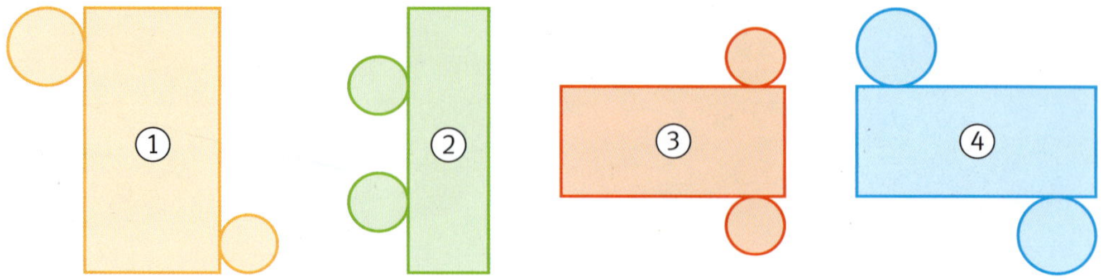

1 Das Netz eines Zylinders besteht aus zwei Kreisen und einem Rechteck.

a) Hier siehst du verschiedene Körpernetze. Prüfe, welche davon einen Zylinder ergeben können.

b) Begründe, warum die anderen Netze keinen Zylinder ergeben.

Schrägbilder von Zylindern

Um einen Zylinder anschaulich darzustellen und einen räumlichen Eindruck zu erhalten, wird er häufig als **Schrägbild** gezeichnet.

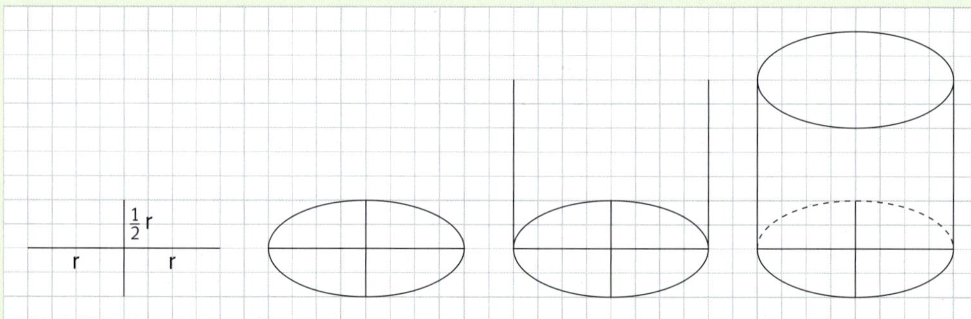

Man stellt die Grundfläche als Ellipse dar. Dazu zeichnet man waagerecht den Durchmesser und senkrecht in der Mitte den halben Durchmesser des Kreises.

Die Höhe des Zylinders wird am Durchmesser angetragen.

Die Deckfläche wird kongruent zur Grundfläche gezeichnet.

2 a) Zeichne das Schrägbild des Zylinders aus dem Merkkasten.

b) Zeichne das Schrägbild anschließend noch einmal in doppelter Größe.

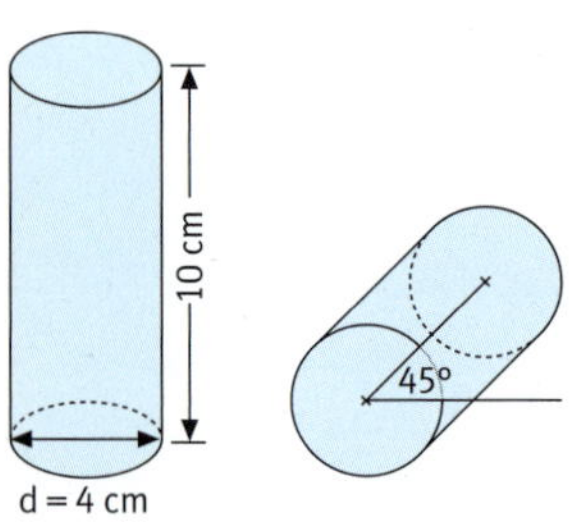

3 a) Betrachte die Schrägbilder eines stehenden und eines liegenden Zylinders. Wo ist die Grundfläche eine Ellipse, wo ein Kreis?

b) Zeichne beide Zylinder. Achte auf die jeweilige Beschreibung.

1. Zeichne die Vorderfläche (Kreis).
2. Trage die Achse in halber Länge und unter 45° nach hinten an.
3. Zeichne die Rückfläche (Kreis).
4. Zeichne parallel zur Achse die Begrenzungslinien.

4 Zeichne Schrägbilder.

a) stehende Zylinder

b) liegende Zylinder

	1	2	3	4	5
d	8 cm	12 cm	11 cm	7 cm	6,4 cm
h_K	6 cm	5 cm	4 cm	3,5 cm	4,5 cm

Volumen von Zylindern berechnen

1 David und Lina wünschen sich in ihrem Garten einen Pool.
a) Die beiden möchten wissen, wie viel Liter Wasser in ihren Pool passen. Von welchen Größen ist die Wassermenge abhängig?
b) Überlege, wie die beiden das berechnen können.

Erinnere dich an die Volumenberechnung bei Prismen:
$V = A_G \cdot h_K$

Volumen von Zylindern

Das **Volumen von Zylindern** ist abhängig vom Flächeninhalt der Grundfläche A_G und der Länge seiner Höhe h_K.

Für das Volumen von Zylindern gilt:
$V = A_G \cdot h_K = r^2 \cdot \pi \cdot h_K$
mit r = 12 cm; h_K = 4,5 cm:
$V = (12\text{ cm})^2 \cdot \pi \cdot 4{,}5\text{ cm} = 144\text{ cm}^2 \cdot \pi \cdot 4{,}5\text{ cm} \approx 2035{,}75\text{ cm}^3 \approx 2\text{ l}$

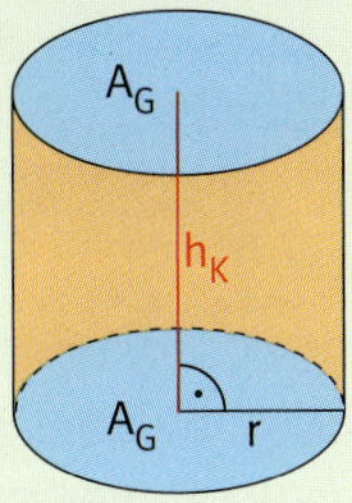

2 Der Pool von David und Lina hat den Durchmesser von 360 cm und eine Höhe von 76 cm. Berechne nun die Wassermenge in Litern.

3 Berechne das Volumen der Zylinder.

	a)	b)	c)	d)	e)	f)
h_K	2 cm	6 cm	4 cm	25 mm	37 dm	3 m
r	4 cm	7 cm	2,5 cm	7 cm	1,5 m	170 cm

Lösungen zu 3

26,15	27,24
384,85	78,54
923,63	100,53

4 Aus einem DIN-A4-Blatt kann man auf zwei Arten Zylinder formen.
a) Stelle diese Zylinder her. Zeichne jeweils die Grundflächen auf ein zweites Blatt Papier.
b) Ist das Volumen bei beiden gleich? Begründe.
c) Überprüfe deine Entscheidung rechnerisch.

5 a) Wie ändert sich das Volumen des Zylinders, wenn man folgende Größen verdoppelt (verdreifacht)?
① Grundfläche ② Höhe ③ Radius
b) Überprüfe mit jeweils drei Werten für Grundfläche, Höhe und Radius.
c) Svenja behauptet, dass die Zuordnung, in der der Höhe des Zylinders (dem Radius der Grundfläche) das Volumen zugeordnet wird, proportional ist. Hat sie Recht? Wie kann man das überprüfen?

6 Bei Baumarbeiten wurden Holzstämme in gleich große Stücke geschnitten.
a) Berechne das Volumen eines Baumstammes.
b) Wie viele Baumstämme kann ein LKW mit zulässigem Ladegewicht von 24 t pro Ladung transportieren? Begründe durch eine Rechnung.

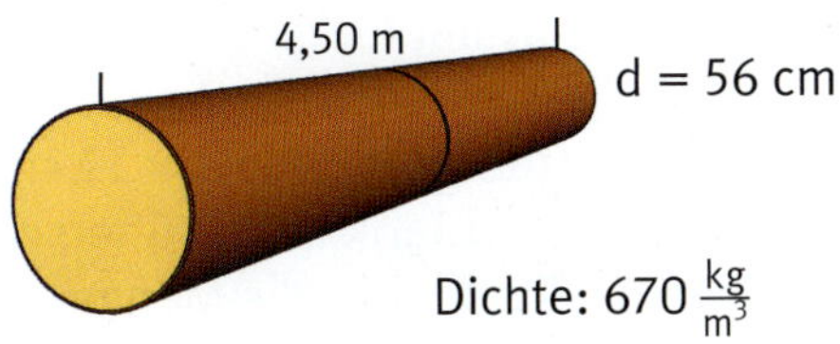

Oberflächeninhalt von Zylindern berechnen

1 Eine Tomatendose wurde aufgeschnitten und abgewickelt. In jeder der beiden Abbildungen kann man jeweils vier Linien mit gleicher Länge entdecken. Erkläre.

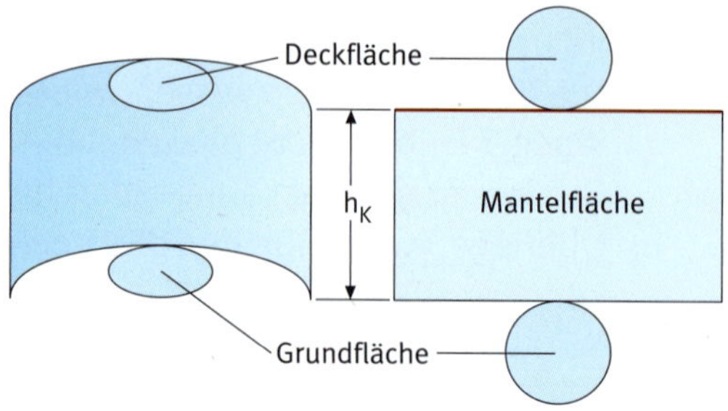

2 Mit welcher der Formeln kann man der Oberflächeninhalt der Dose berechnen? Erkläre.

$A_O = 2 \cdot A_G + A_M$ $A_G = r^2 \cdot \pi$ $A_M = 2 \cdot r \cdot \pi \cdot h_K$ $A_O = 2 \cdot r^2 \cdot \pi + 2 \cdot r \cdot \pi \cdot h_K$

Oberfläche von Zylindern

Die Oberfläche eines Zylinders besteht aus zwei gleich großen Kreisen als Grund- und Deckfläche und einem Rechteck als Mantelfläche. Die Länge des Rechtecks entspricht dem Umfang des Kreises, die Breite der Körperhöhe h_K.

Für den **Mantel- und Oberflächeninhalt von Zylindern** gilt:

$A_M = u \cdot h_K = 2 \cdot r \cdot \pi \cdot h_K$

$A_O = 2 \cdot A_G + A_M = 2 \cdot r^2 \cdot \pi + 2 \cdot r \cdot \pi \cdot h_K$

Mit $r = 12$ cm; $h_K = 4{,}5$ cm:

$A_M = 2 \cdot 12\text{ cm} \cdot \pi \cdot 4{,}5\text{ cm}$

$\approx 339{,}29\text{ cm}^2 \approx 340\text{ cm}^2$

$A_O = 2 \cdot (12\text{ cm})^2 \cdot \pi + 339{,}29\text{ cm}^2$

$\approx 1\,244{,}07\text{ cm}^2 \approx 1244\text{ cm}^2$

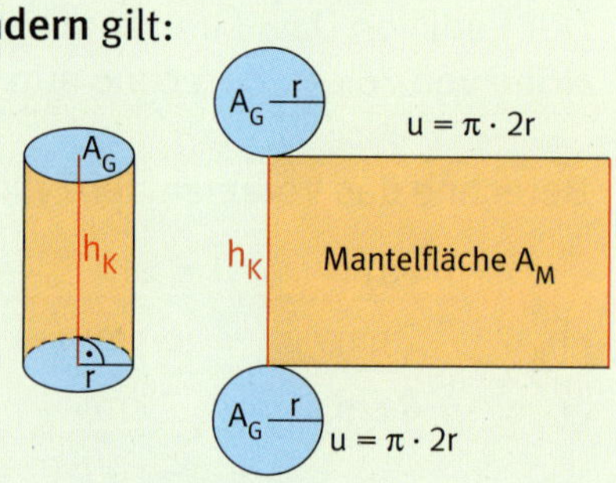

3 Die Tomatendose aus Aufgabe 1 hat den Durchmesser $d = 7{,}4$ cm und die Höhe $h_K = 11$ cm. Berechne, wie viel Quadratzentimeter Weißblech für die Herstellung der Dose mindestens benötigt werden.

Lösungen zu 4

50,27	75,40
20,26	23,79
67,86	99,67
84,82	141,37
1 696,46	2 205,40
87,96	137,22

4 a) Berechne zuerst den Mantelflächeninhalt, dann den gesamten Oberflächeninhalt der Zylinder.

	1	2	3	4	5	6
h_K	4 cm	5 cm	4,8 cm	4,5 cm	3 dm	4,3 cm
d	4 cm	5,6 cm	4,5 cm	60 mm	18 cm	15 mm

b) Zeichne das Netz der Zylinder 1 und 2.

5 Die Klasse 8c hat für den Weihnachtsmarkt Kekse gebacken, die sie in einer zylinderförmigen Verpackung verkaufen wollen. Den Schülern gefällt ein Modell mit einem Kreisdurchmesser von 12 cm und der Höhe $h_K = 16$ cm am besten.

a) Danuta und Tarik haben überschlagen, dass sie 25 Verpackungen brauchen werden. Berechne die Menge der benötigten Pappe, die gekauft werden muss. Rechne 15 % Verschnitt dazu.

b) Sila will mit einem Computerprogramm Etiketten für die Verpackungen drucken. Welche Höhe und Breite muss sie wählen?

1 a) Die Firma Brinkmann möchte Materialkosten einsparen. Zu welcher Dose würdest du ihnen raten? Begründe.
b) Haben beide Dosen auch das gleiche Fassungsvermögen?

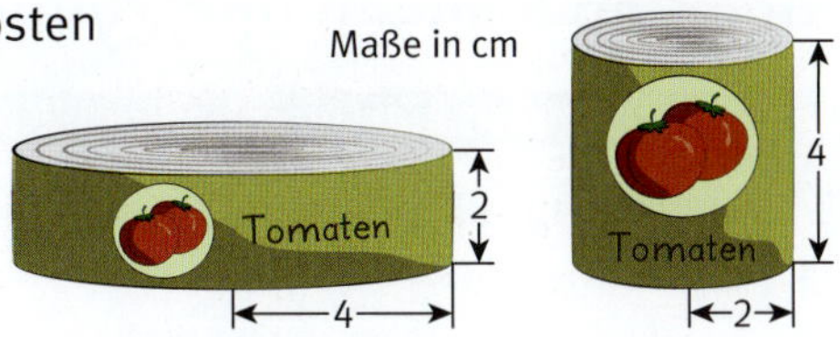

2 Berechne den Oberflächeninhalt und das Volumen (Maße in cm).

a)
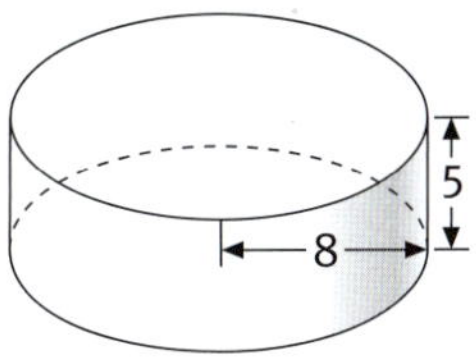

b)
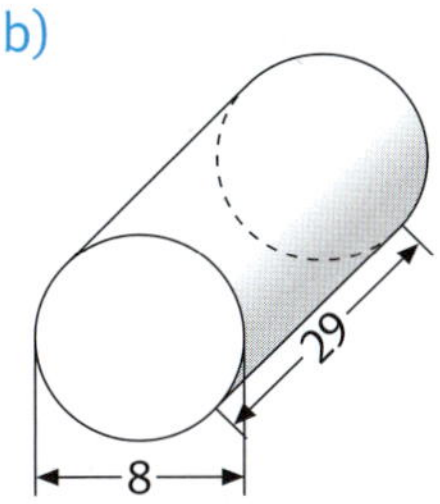

c)
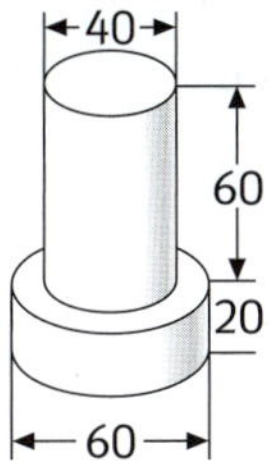

d)
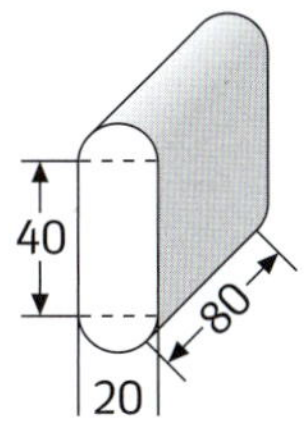

3 Berechne die fehlenden Größen eines Zylinders.

	r	h_K	A_M	A_G	A_O	V
a)	2 cm	5 cm	■	■	■	■
b)	1 cm	■	31,42 cm^2	■	■	■
c)	■	4 cm	■	12,25 cm^2	■	■
d)	■	3 cm	■	■	■	9,42 cm^3

TRIMM-DICH-ZWISCHENRUNDE

1 Zeichne das Schrägbild der Zylinder und berechne deren Volumen.
a) r = 3 cm, h_K = 4 cm
b) r = 2,8 cm, h_K = 6 cm
c) d = 8,4 cm, h_K = 8 cm

2 Der Mantelflächeninhalt eines Zylinders beträgt 50 cm^2, der Durchmesser der Grundfläche 4 cm.
a) Zeichne ein Netz des Körpers. Berechne dazu fehlende Größen und runde geeignet.
b) Berechne den Oberflächeninhalt des Zylinders.

3 a) Die beiden Holzklötze sollen neu gestrichen werden. Die Dose Farbe, die voll für 1 m^2 reicht, ist noch halb voll.
Begründe mit einer Rechnung, ob eine Dose reicht.
b) Berechne die Masse der Klötze aus Buchenholz (Dichte: 690 $\frac{kg}{m^3}$).

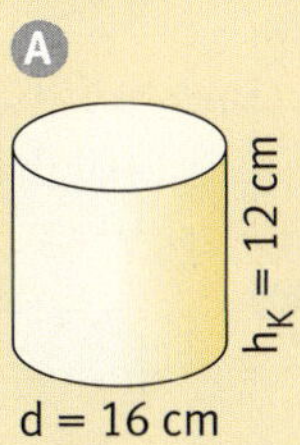

Berechnungen an Kreisen und Zylindern wiederholen

Umfang und Flächeninhalt von Kreisen

Umfang und Flächeninhalt von Kreisen und Kreisringen berechnen
S. 146 ff.
S. 152

Umfang und Flächeninhalt von Kreisen lassen sich mit Hilfe von Formeln berechnen.

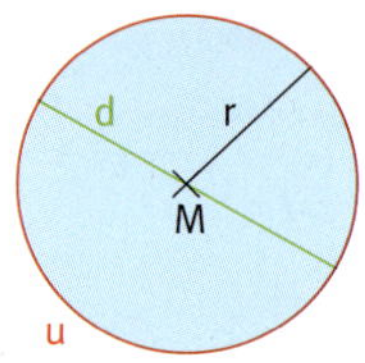

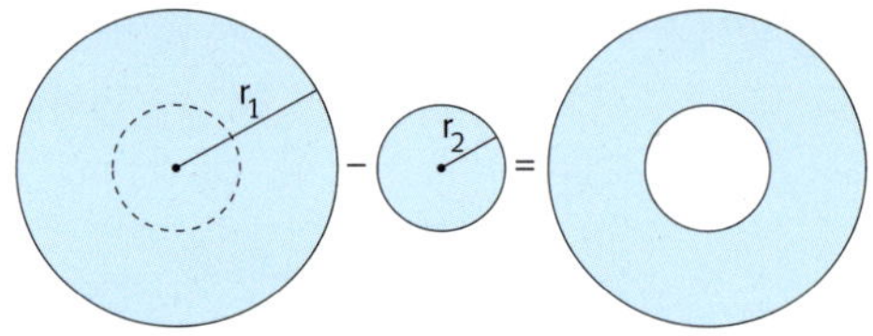

$u = d \cdot \pi$ $\quad A = \pi \cdot r^2$

$u = 2 \cdot r \cdot \pi$

$A_{Kreis1} - A_{Kreis2} = A_{Kreisring}$

Schrägbilder von Zylindern

Schrägbilder von Zylindern zeichnen
S. 154

Um einen Zylinder anschaulich darzustellen und einen räumlichen Eindruck zu erhalten, wird er häufig als Schrägbild gezeichnet.

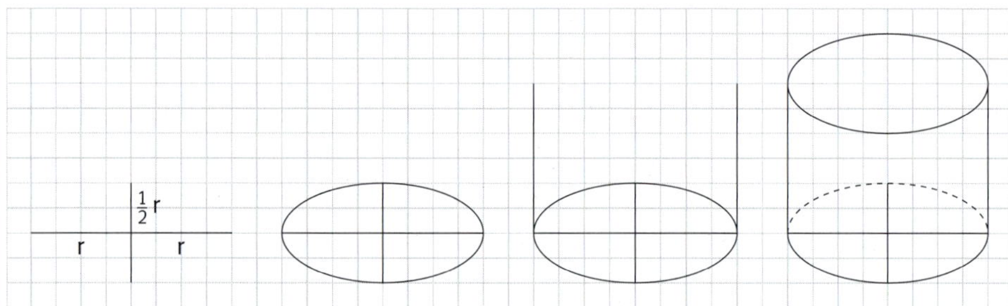

Netze, Oberflächeninhalt und Volumen von Zylindern

Oberflächeninhalt und Volumen von Zylindern berechnen
S. 155 f.

Schneidet man einen Zylinder entlang seiner Kanten und der Höhe auf, erhält man das Netz. Es besteht aus zwei kongruenten Kreisen als Grund- und Deckfläche und einem Rechteck als Mantelfläche. Die Länge des Rechtecks entspricht dem Umfang der Grundfläche, die Breite der Körperhöhe h_K.
Der Oberflächeninhalt ist die Summe der Flächeninhalte der Flächen des Netzes. Das Volumen eines Prismas ist abhängig vom Flächeninhalt seiner Grundfläche A_G und der Länge seiner Höhe h_K. Oberflächeninhalt und Volumen lassen sich mit Hilfe von Formeln berechnen.

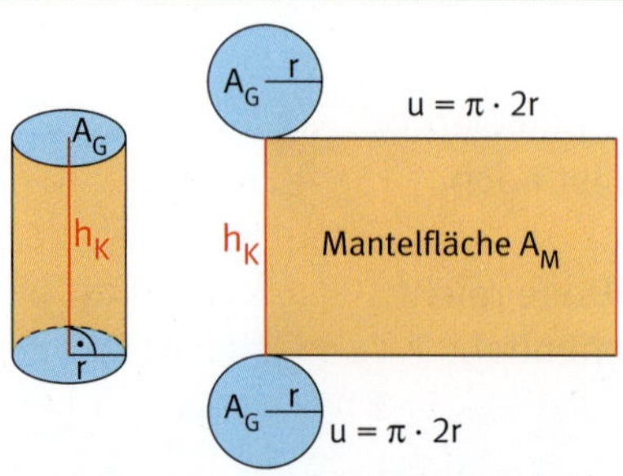

$V = A_G \cdot h_K = r^2 \cdot \pi \cdot h_K$

$A_M = u \cdot h_K = 2 \cdot r \cdot \pi \cdot h_K$

$A_O = 2 \cdot A_G + A_M$

$A_O = 2 \cdot r^2 \cdot \pi + 2 \cdot r \cdot \pi \cdot h_K$

Aufgaben zur Differenzierung

Basis-Aufgaben | **Vertiefende Aufgaben**

1 Berechne die fehlenden Größen am Kreis. Übertrage die Tabelle und vervollständige sie.

Basis-Aufgaben:

	a)	b)	c)	d)
r	4 cm	2,5 m	■	■
d	■	■	60 dm	8,4 mm
u	■	■	■	■
A	■	■	■	■

Vertiefende Aufgaben:

	a)	b)	c)	d)
r	4,8 cm	■	■	■
d	■	3,5 m	■	■
u	■	■	100,48 dm	■
A	■	■	■	25,12 mm^2

2 Berechne den Flächeninhalt der Kreisringe (Maße in cm).

Basis-Aufgaben:

a)

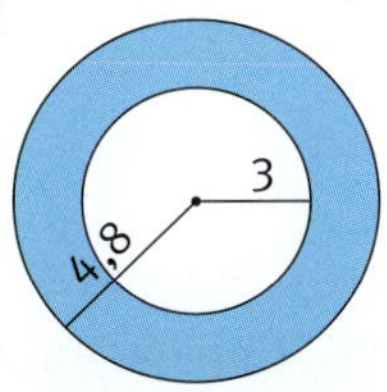

b)

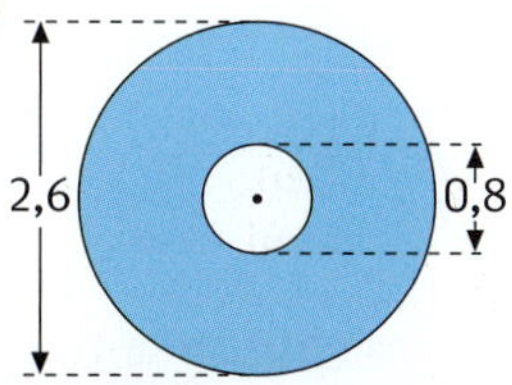

Vertiefende Aufgaben:

a)

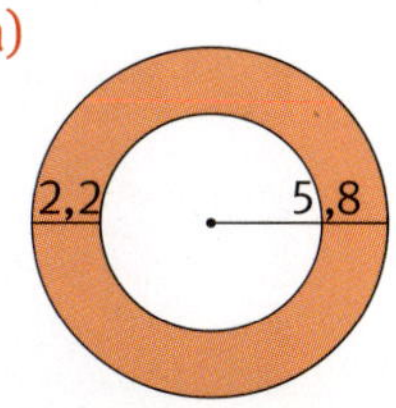

b)

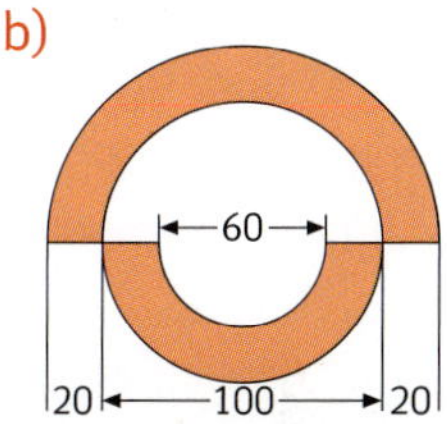

3 Bestimme das Volumen und den Oberflächeninhalt des Zylinders.

Basis-Aufgaben:

a) r = 2 cm $h_K = 4$ cm
b) r = 2,8 cm $h_K = 5$ cm
c) d = 8 dm $h_K = 8$ dm
d) d = 15 mm $h_K = 0,2$ dm

Vertiefende Aufgaben:

a) r = 3,2 cm $h_K = 40$ mm
b) d = 2,8 cm $h_K = 5$ dm
c) $A_G = 2,4\ m^2$ $h_K = 3,1$ m
d) $A_M = 1\,500\ mm^3$ $h_K = 2,4$ cm

4 Zeichne das Schrägbild und das Netz des abgebildeten Zylinders (Maße in cm).

Basis-Aufgaben:

a) Zeichne das Schrägbild des Zylinders, wenn er auf der Grundfläche steht.
b) Zeichne das Netz des Zylinders.

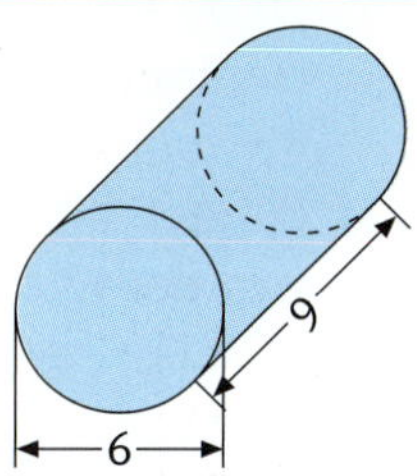

Vertiefende Aufgaben:

Zeichne zum gegebenen Netz das Schrägbild
a) des stehenden Zylinders.
b) des liegenden Zylinders.

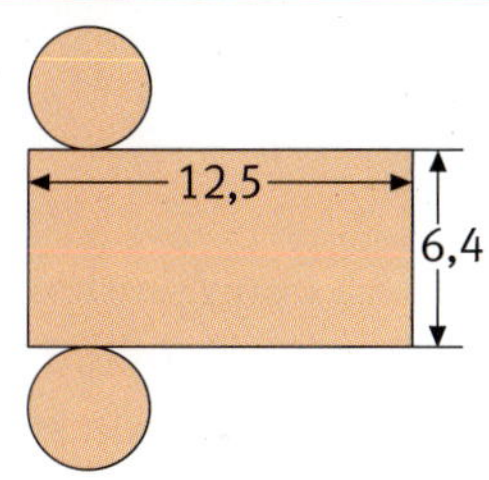

5 Basis-Aufgaben:

a) Ein Trampolin hat einen Durchmesser von 3,50 m. Berechne den Flächeninhalt der Hüpffläche und den Umfang des Trampolins.
b) Das Trampolin soll in die Erde eingelassen werden. Dazu muss man ein 0,5 m tiefes Loch graben. Wie viel Kubikmeter Erde muss ausgehoben werden?

Vertiefende Aufgaben:

a) Eine Regenrinne hat die Form eines halben Zylinders. Der innere Durchmesser beträgt 15 cm, die Länge der Rinne 5,5 m. Der Anfang und das Ende der Regenrinne wird mit einem Halbkreis verschlossen. Wie viel cm^2 Blech werden für die Regenrinne benötigt?
b) Wie viel Liter Wasser fasst die Rinne pro 1 m Länge?

1 Berechne den Flächeninhalt und den Umfang des Kreises.
a) r = 30 mm b) r = 8 m
c) d = 4,2 dm d) d = 14,48 cm

2 Klara hat einen kreisförmigen Spiegel mit dem Durchmesser d = 8 cm.
a) Berechne die Spiegelfläche.
b) Berechne die Länge des Randes des Spiegels.

3 Einer der größten Bäume der Welt befindet sich im Sequoia-Nationalpark in den USA. In Schulterhöhe hat der Baum 24,5 m Umfang. Berechne den Durchmesser des Baumes an dieser Stelle.

4 Übertrage die Figuren und berechne Umfang und Flächeninhalt.

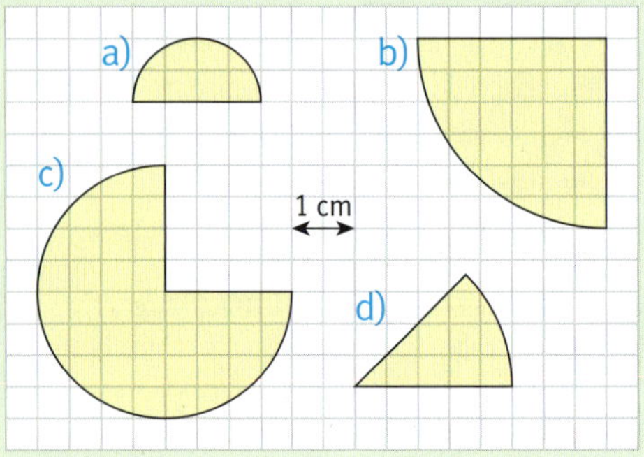

5 An den Wänden eines Wasserrohrs mit einem Durchmesser von 11 mm hat sich eine 2 mm dicke Kalkschicht abgelagert. Berechne, um wie viel Quadratmillimeter die Querschnittsfläche des Rohres kleiner geworden ist.

6 Ein Autorad hat einen Gesamtdurchmesser von 60 cm.
a) Wie oft dreht sich das Rad auf einer Strecke von 1 km?
b) Wie ändert sich die Zahl der Umdrehungen, wenn das Reifenprofil 5 mm abgefahren ist?

7 Berechne das Volumen und den Oberflächeninhalt der Zylinder.
a) b) c)

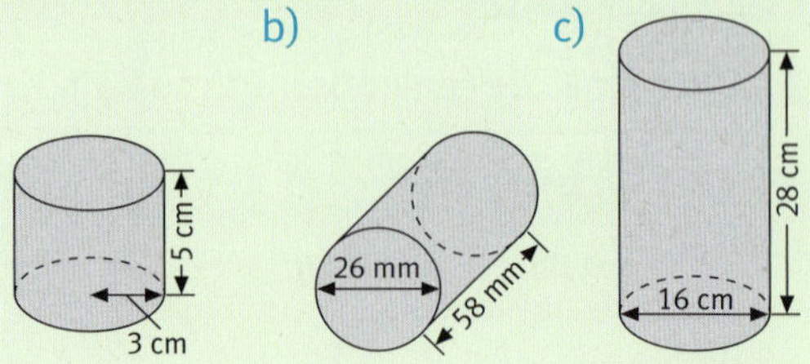

8 Zeichne die Netze von Zylindern. Berechne zuerst aus dem Durchmesser der Grundfläche den Umfang.

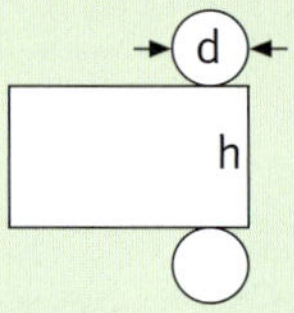

a) d = 2 cm $h_K = 4$ cm
b) d = 1,5 cm $h_K = 2$ cm
c) d = 22 mm $h_K = 2{,}5$ cm
d) d = 36 mm $h_K = 6$ cm

9 Eine Regentonne hat einen Durchmesser von 50 cm und eine Höhe von 90 cm. Sie ist zu zwei Drittel mit Wasser gefüllt. Wie viele Liter enthält sie? Zeichne eine Lösungsskizze und trage die Maße ein.

10 Eine Straßenwalze hat einen Durchmesser von 1,40 m und eine Breite von 1,50 m. Welche Fläche überwalzt sie bei fünf Umdrehungen?

11 Für den Kindergarten „Regenbogen" wird von den Eltern ein Kriechtunnel gebaut.

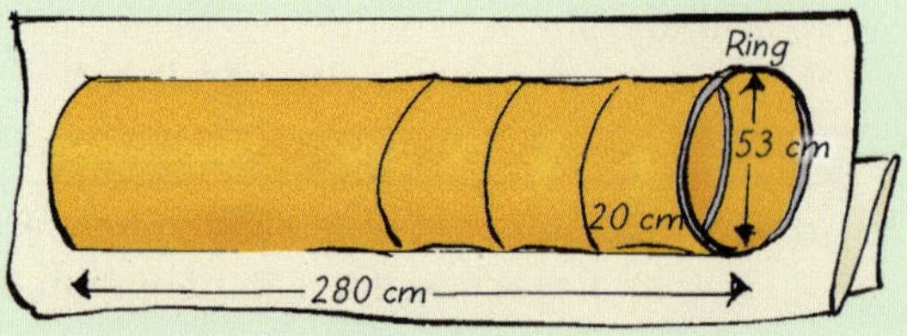

a) Wie teuer ist das Material, wenn 1 m^2 Stoff 3,50 € kostet?
b) Zur Stabilisierung werden im Abstand von 20 cm Drahtringe eingezogen. Wie viele Meter Draht werden benötigt?

12 Ein Kreis und ein Quadrat haben den gleichen Umfang von 12,56 cm.
a) Welche Figur hat den größeren Flächeninhalt? Begründe durch eine Rechnung.
b) Zeichne beide Figuren nach den errechneten Größen.

13 Berechne den Flächeninhalt der Kreisringe.

	a)	b)	c)	d)
Äußerer Radius	14 cm	■	22,5 cm	■
Innerer Radius	10 cm	12 cm	■	7,25 m
Breite des Kreisrings	■	5 cm	3,5 cm	1,50 m

14 Inas zylindrische Blumenvase ist 25 cm hoch und hat einen Durchmesser von 9 cm. Beim Kauf eines Blumenstraußes bekommt sie mehrere kleine Tüten mit Dünger. Auf der Verpackung steht, dass eine Tüte für einen halben Liter Wasser reicht. Sie füllt die Vase bis 2 cm unter den Rand mit Wasser.
a) Zeichne eine Lösungsskizze und trage die Maße ein.
b) Wie viele kleine Tüten Dünger sollte sie ins Wasser geben?

15 Im Olympiastadion soll eine neue Rasenfläche angelegt werden.

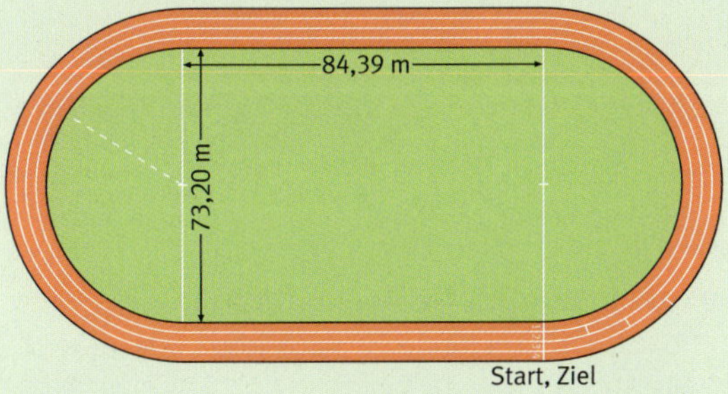

a) Wie groß ist die Fläche, die mit Rollrasen ausgelegt werden muss?
b) Um die Rasenfläche werden Werbetafeln aufgestellt. Berechne deren Länge.
c) Eine Laufbahn ist 1,22 m breit. Berechne die Fläche aller Laufbahnen.

16 Wie viel Liter Wasser sind in einem 50 m langen Gartenschlauch, der einen Innendurchmesser von 2,5 cm hat?

17 Berechne die Masse der Werkstücke aus Aluminium (Maße in cm, Dichte: 2,7 $\frac{g}{cm^3}$).

a)

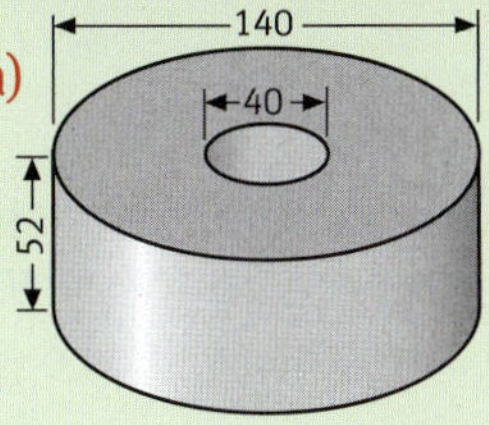

b)

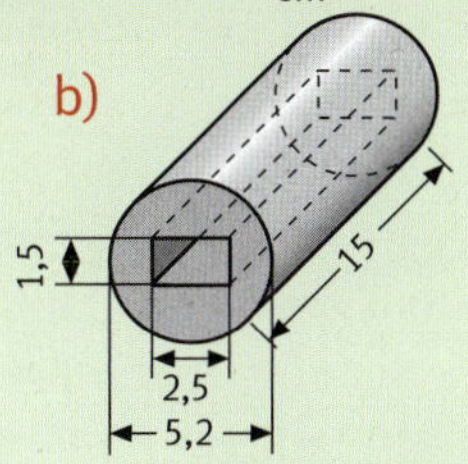

18 Wie groß ist die Werbefläche einer Litfaßsäule (d = 1,20 m, h_K = 4,2 m), wenn der 40 cm breite Sockel und der 1 m hohe Dachaufbau nicht beklebt werden?

19 Eine Tennishalle hat die Gestalt eines liegenden Halbzylinders. Sie ist 42 m lang und 32 m breit. Das gewölbte Dach besteht aus Stahlblech, Vorder- und Rückwand bestehen aus Holz.
a) Wie viel m^2 Stahlblech werden benötigt?
b) Die Außenseite der Vorder- und Rückwand wird gestrichen. Wie hoch sind die Kosten, wenn pro Quadratmeter mit 8,40 € gerechnet wird?

20 a) Der Äquator hat eine Länge von ungefähr 40 000 km. Berechne den Erdradius.
b) Stelle dir vor, jemand legt entlang des Äquators ein Seil um die Erde. Jetzt wird die Länge des Seils um einen Meter verlängert. Wenn man das Seil überall gleichmäßig hochhebt, kann eine Ameise noch darunter krabbeln?

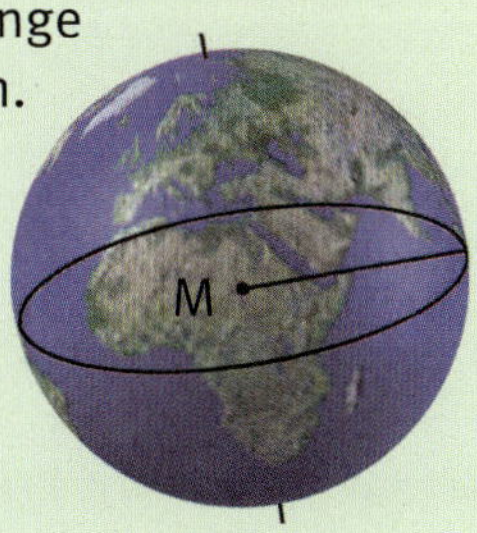

1 Übertrage die Tabelle und vervollständige sie.

	a)	b)	c)	d)	e)	f)
r	1 m	■	■	■	■	■
d	■	4 m	■	■	1,6 m	■
A	■	■	1256,64 m^2	■	■	254,47 m^2
u	■	■	■	15,7 m	■	■

2 Ein sich drehender Rasensprenger, der eine kreisförmige Fläche besprüht, hat eine Reichweite vom 8 m. Welche Fläche kann von ihm bewässert werden? Fertige zuerst eine Skizze an.

3 Die Außenanlage im Stadtbad-Schöneberg soll attraktiver werden. Dazu wird ein kreisförmiger Whirlpool (Durchmesser: 4 m) eingebaut. Um den Pool werden ringförmig Steine gelegt, so dass sich ein Gesamtdurchmesser von 7 m ergibt.

a) Zeichne eine Lösungsskizze und trage die Maße ein.
b) Berechne die Fläche, die mit Steinen ausgelegt werden soll.
c) Wie hoch sind die Kosten, wenn pro Quadratmeter mit 9,95 € gerechnet werden muss?

4 a) Zeichne das Schrägbild dieses Zylinders, wenn er auf der Grundfläche steht.
b) Zeichne das Netz des Körpers.
c) Berechne das Volumen und den Oberflächeninhalt.

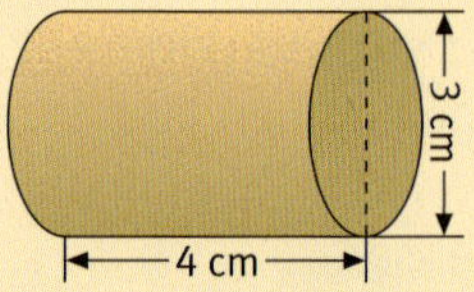

5 Kann man diesen Eichenstamm tragen, wenn 1 m^3 Eichenholz 670 kg wiegt?

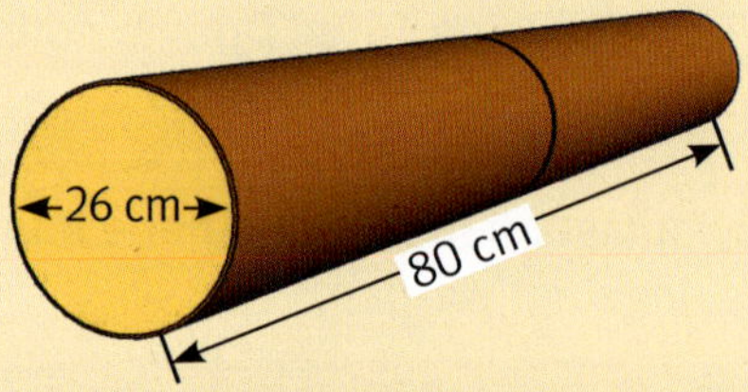

6 Wie viel Quadratzentimeter Weißblech werden für die Dosen jeweils mindestens benötigt?

7 Berechne die Masse der Werkstücke aus Eisen (Maße in cm, Dichte: 7,8 $\frac{g}{cm^3}$).

a)

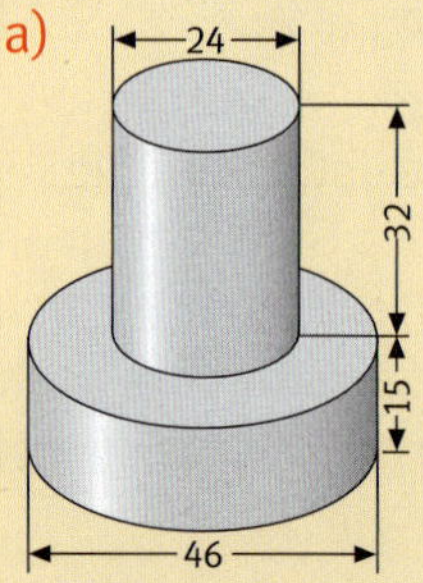

b)

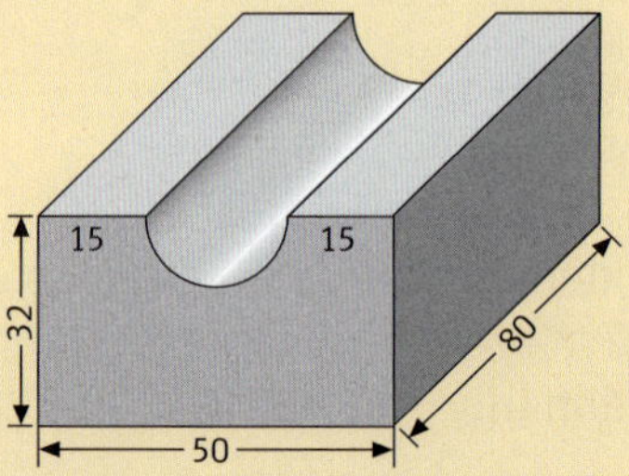

c)

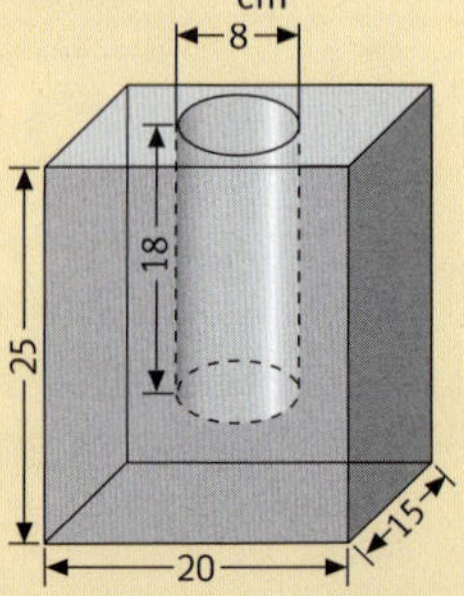

Lineare Funktionen

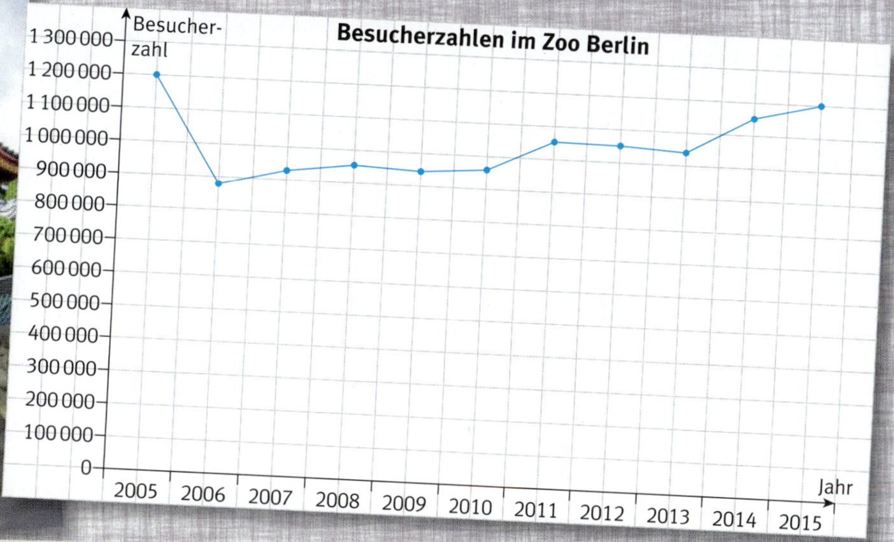

Der Graph im Koordinatensystem zeigt die Besucherzahlen im Zoo Berlin.

- Gib an, welche beiden Größen einander zugeordnet werden.
- Welche Informationen kannst du entnehmen?
- Lies ab, in welchen Jahren jeweils mehr als 1 Million Besucher in den Zoo kamen.
- Lies ab, wann die Besucherzahl am geringsten war.

Das Eisbärenkind im Zoo wog bei seiner Geburt 500 g. Nun ist es 2 Monate alt und ist schon 12 kg schwer. Wenn es zwei Jahre alt ist, wird es seine Masse verdoppelt haben. In sechs Jahren ist es so schwer wie seine Mutter und wird stolze 280 kg auf die Waage bringen.

- Gib an, welche beiden Größen einander zugeordnet werden.
- Ein Besucher meint: „Dann wog es ja mit 4 Monaten 24 kg“. Stimmt das? Begründe.
- Welche Schwierigkeiten gibt es, wenn man zu dieser Zuordnung einen Graphen zeichnen will?

Das Koordinatensystem

Punkte im Koordinatensystem ablesen und eintragen

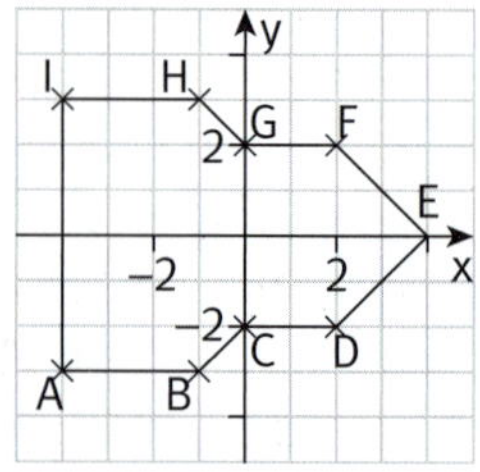

1. Gib die Koordinaten der Punkte A bis I an.

2. Zeichne ein Koordinatensystem. Wähle als Einheit 1 cm. Trage die Punkte ein und verbinde sie der Reihe nach von A über F bis A.
   A (0 | –3) B (3 | –1) C (7 | –1)
   D (7 | 2) E (0 | 6) F (–3 | 4)

Das erweiterte Koordinatensystem besteht aus vier Quadranten.
Die Lage von jedem Punkt kann man mit zwei Koordinaten beschreiben.

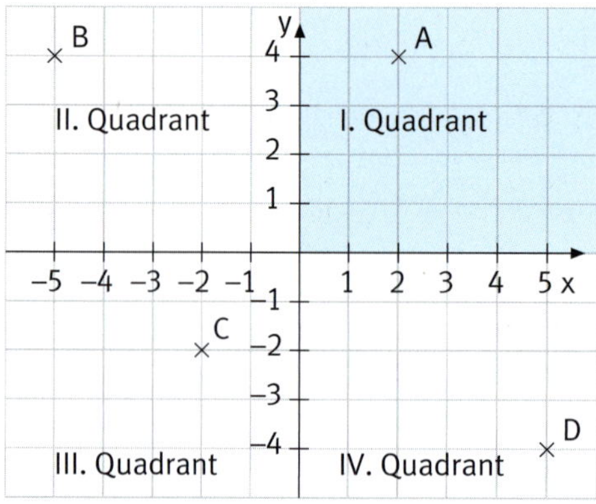

A (2 | 4) B (–5 | 4)
C (–2 | –2) D (5 | –4)

A (2 | 4)
x-Wert y-Wert

Beachte: erst kommt der x-Wert, dann der y-Wert.

Zuordnungen

Zuordnungen untersuchen

3. a) Welche Zuordnung ist im Graphen dargestellt?
   b) Lies die Höchst- und Tiefstwerte der zugeordneten Größe möglichst genau ab.
   c) Wann zeigte das Thermometer 12 °C (6 °C)?
   d) Lies alle zwei Stunden die Werte im Graphen ab und stelle den Sachverhalt in einer Tabelle dar.

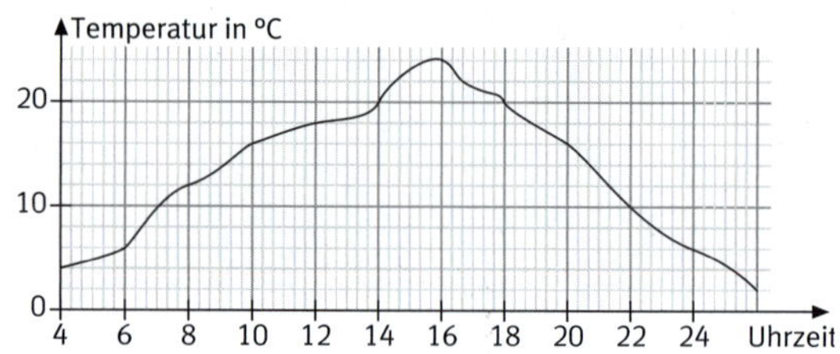

Bei Zuordnungen wird jeder unabhängigen Ausgangsgröße eine abhängige Größe zugeordnet. Zuordnungen kann man im Koordinatensystem als Graph oder in Form einer Tabelle darstellen sowie mit Worten beschreiben.

Einer Uhrzeit wird ein Wasserstand in m über oder unter dem Normalpegel zugeordnet (Uhrzeit → Wasserstand in m).

Uhrzeit	Wasserstand
8 Uhr (Tag 1)	–1
20 Uhr (Tag 1)	1,2
8 Uhr (Tag 2)	0,2
20 Uhr (Tag 2)	1,4

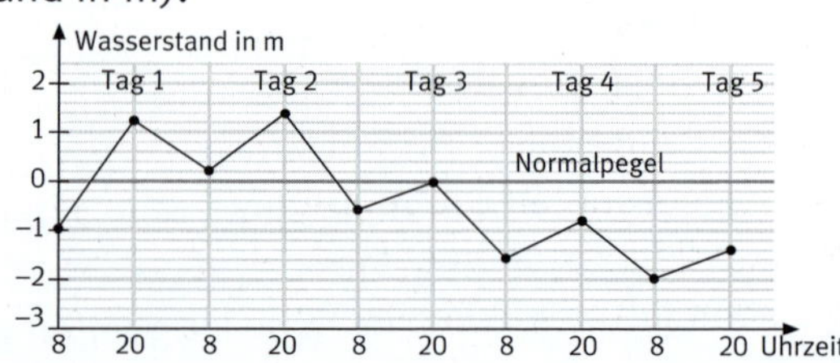

Proportionale Zuordnungen

Proportionale Zuordnungen darstellen und berechnen

4 a) Welche Größen sind einander zugeordnet?
b) Erstelle für Äpfel eine Wertetabelle bis zur Menge 6 kg.
c) Lies für Kartoffeln die fehlenden Werte ab.

3 kg | ■ €   ■ kg | 3 €

■ kg | 0,75 €   4,5 kg | ■ €

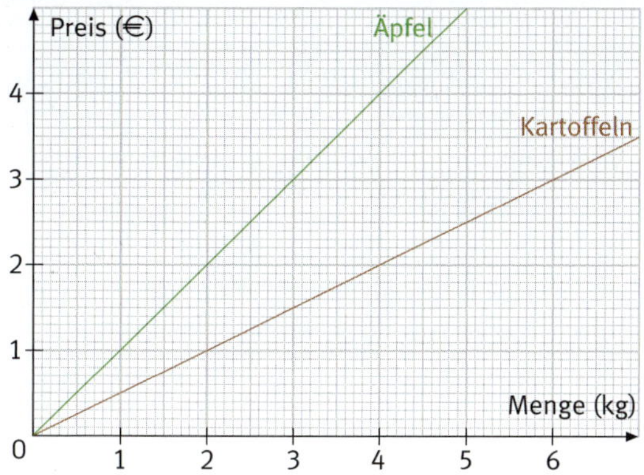

5 Welche drei Angaben passen zum Preisschild?

1 kg

1,80 €

2 kg	3,80 €
3 kg	5,40 €
250 g	0,50 €
500 g	0,90 €
1,5 kg	2,70 €
2,5 kg	4,20 €

6 Für ein Klassenfest möchte die Klasse 8a Muffins backen. Für acht Muffins benötigt man 100 g Mehl.
a) Welche Größen sind einander zugeordnet?
b) Übertrage die Tabelle und vervollständige sie.
c) Stelle die Zuordnung in einem Koordinatensystem dar.
d) Lies aus dem Graphen ab, wie viel Mehl für 20 Muffins benötigt wird.

Anzahl Muffins	4	8	32
Menge Mehl in g	■	■	■

7 a) Übertrage und vervollständige die Dreisatzrechnung.
b) Wie viel kosten 3 kg (7 kg; 12 kg)?

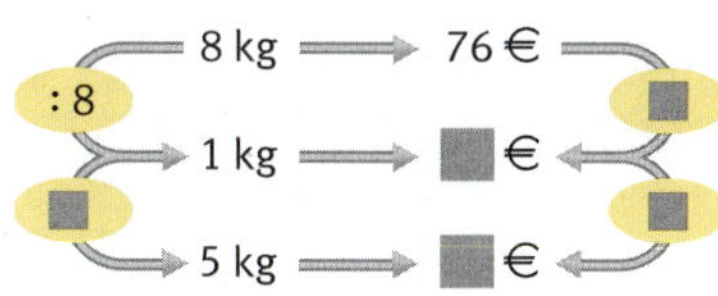

8 Ergänze im Heft so, dass eine proportionale Zuordnung entsteht.

a) Benzinverbrauch

km	100	■	300	■
Liter	7	3,5	■	38,5

b) Getränkekauf

Flaschen	4	3	■	15
Preis (€)	6,20	■	13,95	■

Eine Zuordnung nennt man proportional, wenn Folgendes gilt: Zum Doppelten (zum Dreifachen, ... zur Hälfte, zum Drittel, ...) gehört das Doppelte (das Dreifache, ... die Hälfte, ein Drittel, ...) der zugeordneten Größe. Die Punkte liegen auf einer Halbgeraden durch den Ursprung.

Menge (g)	250	500	750	1 000	1 250
Preis (€)	1	2	3	4	5

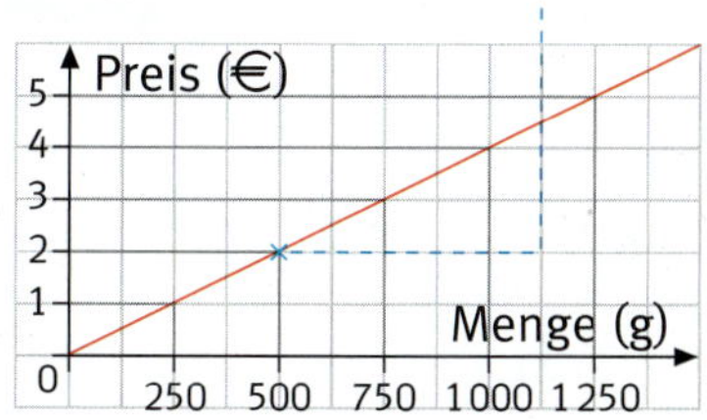

Graphen zeichnen und beurteilen

1 Der Graph zeigt Jakobs Schulweg am Montag.

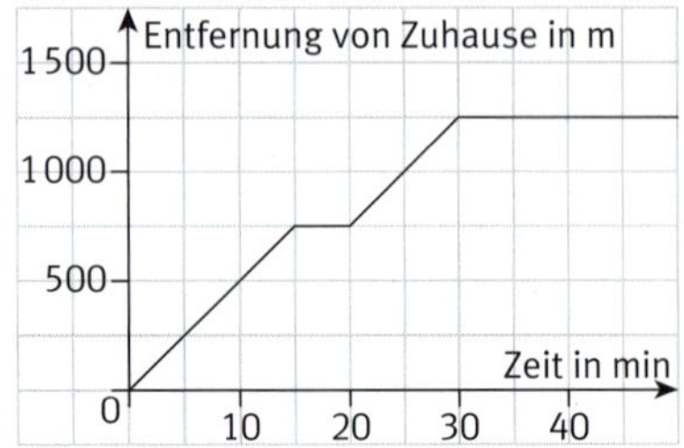

a) Gib an, welche Größen einander zugeordnet sind.
b) Nach wie viel Minuten ist er 500 m von zu Hause entfernt?
c) Wie weit ist Jakobs Schule von seinem Zuhause entfernt?
d) Auf dem Weg holt Jakob seinen Freund Erkan ab. Erkan ist noch nicht fertig. Wie weit wohnt Erkan von Jakob entfernt und wie lange muss Jakob noch warten?
e) Wie lange braucht Jakob für seinen Schulweg insgesamt?

Darstellung von Zuordnungen

Zuordnungen können in einem Koordinatensystem grafisch dargestellt werden. Jedes Wertepaar ergibt einen Punkt. Graphen stellen Veränderungen dar und können **Hoch- und Tiefpunkte** zeigen. Wenn Zwischenwerte vorkommen, kann man die Punkte verbinden.

Hochpunkt = Maximum
Tiefpunkt = Minimum

2 Dieser Graph zeigt Jakobs Schulweg am Dienstag.

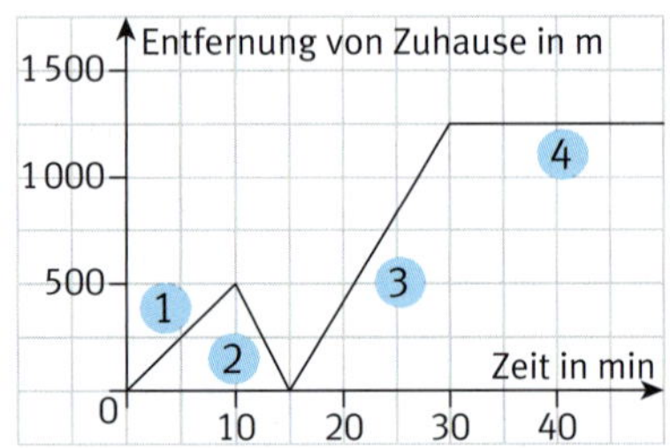

a) Überlege, was passiert sein könnte und schreibe eine Geschichte.
b) In den Abschnitten 2 und 3 verläuft der Graph steiler als in Abschnitt 1. Erkläre.
c) Beschreibe, was in Abschnitt 4 geschieht.

3 Jasemin und Selina lieben es, im Vergnügungspark mit der Achterbahn zu fahren. Die Tabelle zeigt, wie die ersten 45 Sekunden der Fahrt verlaufen.

Zeit (s)	0	5	10	15	20	25	30	35	40	45	50
Höhe (m)	0	5	■	10	30	30	■	40	10	■	■

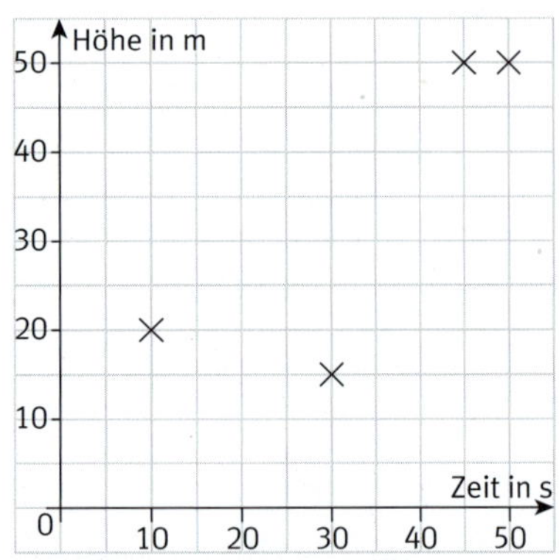

a) Übertrage die Tabelle und ergänze sie. Lies die fehlenden Koordinaten aus dem Graphen ab.
b) Zeichne den Graphen nun vollständig. Überlege dabei, ob man die Punkte verbinden darf und begründe deine Entscheidung.
c) Nach 50 Sekunden geht es mit einer gleichbleibenden Geschwindigkeit von 5 m/s abwärts. Finde heraus, wie lange es dauert, bis der Wagen unten (Höhe: 0 m) angekommen ist.
d) Wie schnell ist die Achterbahn zwischen der 35. und 40. Sekunde durchschnittlich gefahren? Berechne.

1 Dieser Graph zeigt Jakobs Schulweg am Mittwoch.
a) Welche Größen werden einander zugeordnet?
b) Entnimm dem Graphen möglichst viele Informationen und erfinde eine Schulweggeschichte.
c) Welche Unterschiede siehst du zu den bisherigen Schulweg-Graphen?
Vergleiche die unabhängige und die abhängige Größe.

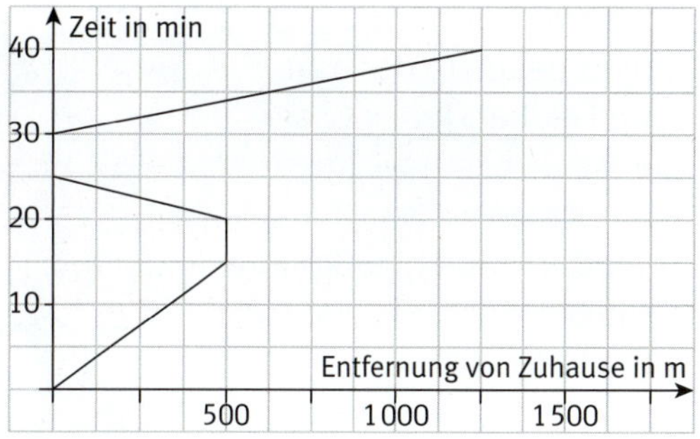

Wenn jedem Wert der Ausgangsgröße (unabhängige Größe) genau ein Wert der anderen Größe (abhängige Größe) zugeordnet wird, ist eine Zuordnung **eindeutig**. Eindeutige Zuordnungen nennt man **Funktionen**.

eindeutige Zuordnung
Funktion

2 a) Begründe, warum die Zuordnung aus Aufgabe 1 keine Funktion ist.
b) Zeichne den Graphen der umgekehrten Zuordnung und begründe, dass es sich hierbei um eine Funktion handelt.

3 Martina möchte in einer Badewanne baden. Der Zeit wird die Höhe des Wasserstandes zugeordnet.
a) Erfinde eine Geschichte zu dem Graphen.
b) Ist das Wasser schneller in die Wanne hineingelaufen oder heraus? Begründe.

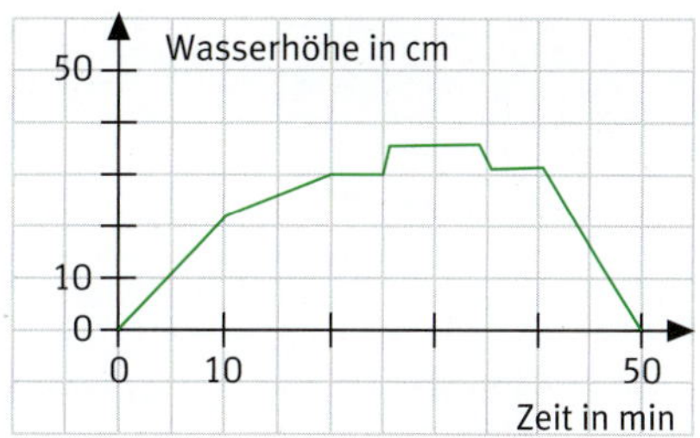

4 Sabrina möchte ihren Hund Bello baden. Dazu lässt sie zunächst Wasser in die Badewanne. Als die Wanne halb voll ist, stellt sie das Wasser ab und macht sich auf die Suche nach Bello. Nachdem sie ihn gefunden hat, gehen sie zur Wanne und Bello springt hinein. Nach einiger Zeit hat Bello fertig gebadet und springt aus dem Wasser. Kurz darauf lässt Sabrina das Wasser wieder aus der Wanne. Skizziere einen Graphen, der die Höhe des Wasserstandes in der Wanne im Laufe der Zeit darstellt.

5 Die Tabelle stellt den Wasserstand der Nordsee an einem Tag dar.

Uhrzeit	0:00	3:00	6:00	9:00	12:00	15:00	18:00	21:00	24:00
Wasserstand in m	−0,2	−1,2	−0,8	0,6	1,0	−0,2	−1,1	0,2	1,2

a) Überlege, ob es sich bei dieser Zuordnung um eine Funktion handelt.
b) Bestimme den höchsten (niedrigsten) Wasserstand.
c) Zeichne einen Graphen und beschreibe seinen Verlauf.
d) Überprüfe, ob der Wasserstand an dem Tag 1,40 m (0,90 m) betragen konnte.

Schon vor mehr als 2000 Jahren benutzte der römische Feldherr Julius Cäsar die Möglichkeit, wichtige Nachrichten zu verschlüsseln. Der Empfänger konnte sie nur dann lesen, wenn er den Code kannte.

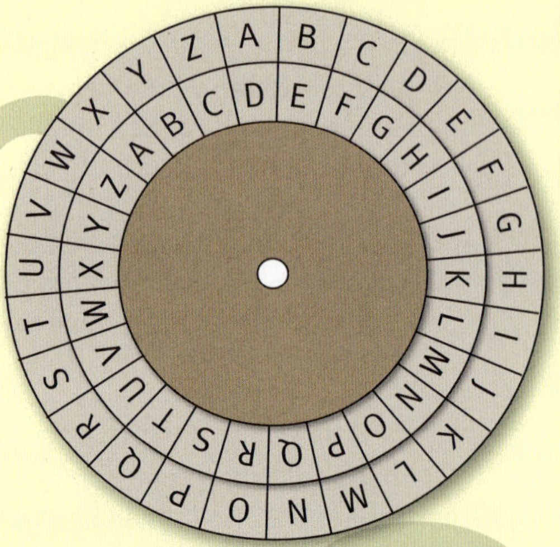

Ein Code ist eine Zuordnung von Zahlen, Zeichen oder Symbolen, die das Lesen von Botschaften in verschlüsselten Texten ermöglicht.

Er verschlüsselte seine Botschaften mit Hilfe einer Scheibe, die noch heute seinen Namen trägt: **Cäsar-Scheibe**. Dabei wird jedem Buchstaben des einen Kreises ein anderer Buchstabe des zweiten Kreises zugeordnet.

Du kannst dir diese Scheibe leicht selbst herstellen:

1. Zeichne zwei Kreise mit $r_1 = 8$ cm und $r_2 = 5$ cm auf den Zeichenkarton.
2. Schneide beide Kreise aus.
3. Beide Scheiben müssen nun gleichmäßig mit allen 26 Buchstaben des Alphabets beschriftet werden. Dazu zeichne vom Mittelpunkt des kleinen Kreises eine Linie bis zum Rand. Trage danach jeweils 14 Grad ab (360 Grad : 26 = 14 Grad).
4. Diese Einteilung kannst du direkt auf den großen Kreis übertragen.
5. Beschrifte nun beide Scheiben mit dem Alphabet.
6. Verbinde beide Scheiben durch die Mittelpunkte mit der Briefklammer.

Du benötigst dazu:
- Zeichenkarton im Format A4
- Zirkel, Schere, Geodreieck
- eine Briefklammer

Cäsars System sieht so aus:

Drehe die Scheiben wie oben im Bild. Das A der großen Scheibe liegt dem D der kleinen Scheibe gegenüber. Verschlüsselt wird so, dass jeder Buchstabe eines Textes durch den gegenüberliegenden Geheimtextbuchstaben ersetzt wird. A wird zu D, B zu E, C zu F usw. Jede Einstellung der Scheiben ergibt eine neue Verschlüsselung. Das Klartextalphabet ist außen, das Geheimtextalphabet ist innen. Verschlüsselt wird von außen nach innen, entschlüsselt von innen nach außen.
Überlege, wie viele Einstellungen es gibt.

Botschaften mit der Cäsar-Scheibe

1 Patryk möchte seiner Freundin Aleksandra heimlich diese Botschaft schicken. Verwende dazu den Code aus dem Beispiel.

2 Nachdem Aleksandra seine Nachricht gelesen hat, antwortet sie ihm mit folgendem verschlüsselten Satz. Werden die beiden sich treffen?

Eine andere super Geheimschrift

DBU QVCGVFZ AVH DFT HZRRXMKUCBO
EOVVTWOJPC DFT SVOPI DFT
QVCGVFZL DFT AOFHVJT BFKGIS
SFKWIS

Kannst du diese Botschaft entziffern?
Hier drei hilfreiche Hinweise:

1. Der erste Buchstabe eines jeden Wortes ist nicht kodiert.
2. Es werden rechtwinklige Buchstabendreiecke benutzt, um jedes Wort zu kodieren.
3. Die nebenstehende Abbildung zeigt dir, wie das Wort QUADRAT kodiert wird.

Q						
U	V					
A	B	C				
D	E	F	G			
R	S	T	U	V		
A	B	C	D	E	F	
T	U	V	W	X	Y	Z

Diese Endbuchstaben bilden die Buchstaben des kodierten Wortes.

Schweinestall-Geheimschrift

Während des amerikanischen Bürgerkriegs war die Schweinestall-Geheimschrift unter gefangenen Unionssoldaten weit verbreitet. Kannst du die Botschaft entschlüsseln? Verwende dazu den abgbildeten Schlüssel.

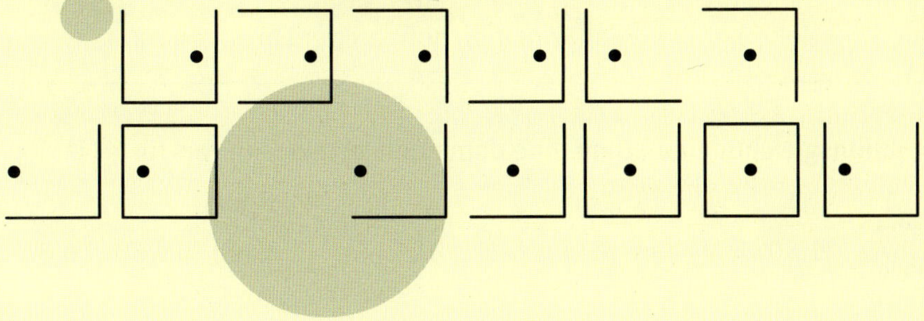

Schlüssel →

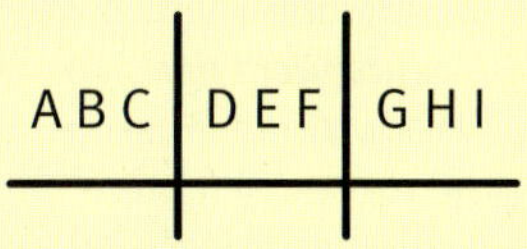

Proportionale Funktionen untersuchen

Anzahl Nächte	Preis (€)
1	6

1 Familie Rizzoli verbringt die Sommerferien auf dem Campingplatz. Der Platz für ihr Wohnmobil kostet pro Nacht 6 €.
a) Übertrage die Tabelle und vervollständige sie bis zu einer Anzahl von sieben Nächten.
b) Begründe, dass eine Funktion vorliegt.
c) Stelle die Funktion im Koordinatensystem dar.
d) Ist die Funktion proportional? Begründe.

2 Für weitere Nächte kann man die Kosten schnell mit Hilfe einer Funktionsgleichung berechnen.
a) Familie Peters plant 21 Tage zu bleiben und möchte wissen, wie viel sie dafür bezahlen müssen. Übertrage die Rechnung und vervollständige sie.
b) Berechne die Kosten für einen Aufenthalt von 9 (12; 15) Nächten.
c) Mick und seine Freundin bezahlten 168 €. Wie lange blieben sie auf diesem Campingplatz? Berechne.

x-Wert: Anzahl der Nächte
y-Wert: Preis in €

Funktionsgleichung: $y = 6 \cdot x$
Für $x = 21$: $y = 6 \cdot 21 =$ ■

3 Die Schaubilder zeigen die Zuordnung Masse → Preis für Obstsorten.

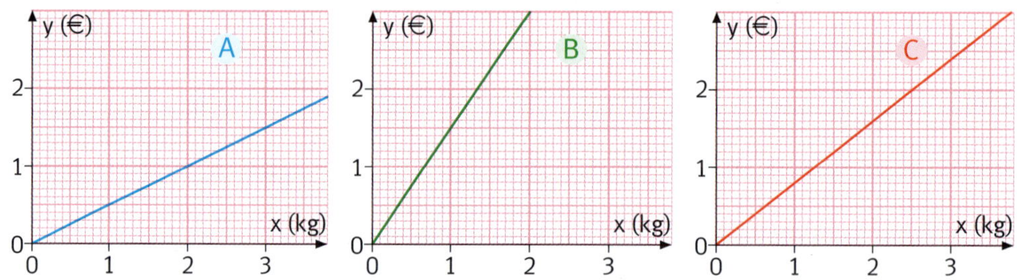

a) Ordne die Funktionsgleichungen den Schaubildern zu.
$y = 0{,}8x$ $y = 1{,}5x$ $y = 0{,}5x$
Beschreibe, an welcher Stelle im Schaubild der Faktor vor dem x direkt abgelesen werden kann.
b) Erstelle für jede Funktion eine Wertetabelle bis 5 kg. Bilde dann jeweils den Quotienten y : x zusammengehöriger Wertepaare. Was stellst du fest?

Bei **proportionalen Funktionen** gilt: Die Quotienten aus zugeordneter (abhängiger) Größe und Ausgangsgröße (unabhängiger Größe) sind gleich.
Der gemeinsame Quotient heißt **Proportionalitätsfaktor m**.
Proportionale Funktionen haben **Funktionsgleichungen** der Form **y = mx**.

In Aufgabe 1 und 2 entspricht der Proportionalitätsfaktor m dem Preis für eine Nacht.

4 Stelle die Funktionsgleichung auf. Berechne damit den jeweiligen Preis für 7 (11) kg.

a)

x (kg)	1	2
y (€)	0,75	1,50

b)

x (kg)	2	4
y (€)	5	10

c)

x (kg)	3	4
y (€)	12,60	16,80

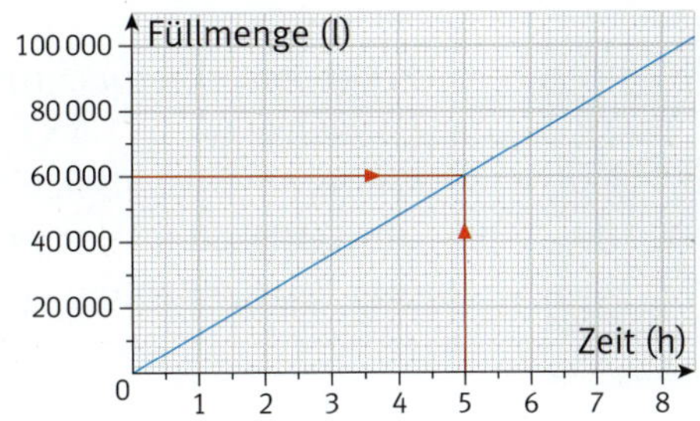

1 Ein Schwimmbecken wird im Frühjahr neu aufgefüllt. Bei gleichmäßigem Zulauf befinden sich nach fünf Stunden 60 000 l im Becken.

a) Ermittle den Proportionalitätsfaktor und stelle die Funktionsgleichung auf.

b) Berechne, wie viel Wasser sich nach 1 h (2 h, $6\frac{1}{2}$ h, $8\frac{1}{2}$ h) im Becken befindet.

c) Berechne, nach welcher Zeit 30 000 l (54 000 l, 100 000 l) im Becken sind.

d) Wie ändert sich der Verlauf des Graphen, wenn aus dem Zulauf doppelt (halb) so viel Wasser fließt?

2 Gegeben sind die Funktionsgleichungen einer proportionalen Funktion.

(1) $y_1 = 5x$ (2) $y_2 = -5x$

a) Zeichne mithilfe einer Wertetabelle die Graphen der Funktionen in ein Koordinatensystem. Wähle für die x-Werte alle ganzen Zahlen zwischen −5 und 5.

b) Präzisiere den Satz „Alle Punkte liegen auf einer Halbgeraden durch den Ursprung."

Funktionsgleichung und Darstellungen einer proportionalen Funktion

Proportionale Funktionen lassen sich auf verschiedene Arten darstellen.

(1) **verbale Beschreibung:** Jeder Zahl wird ihre Hälfte zugeordnet.

(2) **Gleichung:** y = f(x) (lies: „f von x")

$y = \frac{1}{2}x$ oder $f(x) = \frac{1}{2}x$

(3) **Wertetabelle**

x	−2	−1	0	1	2	3
y	−1	$-\frac{1}{2}$	0	$\frac{1}{2}$	1	$1\frac{1}{2}$

Die y-Werte nennt man auch **Funktionswerte**.

(4) **Graph**

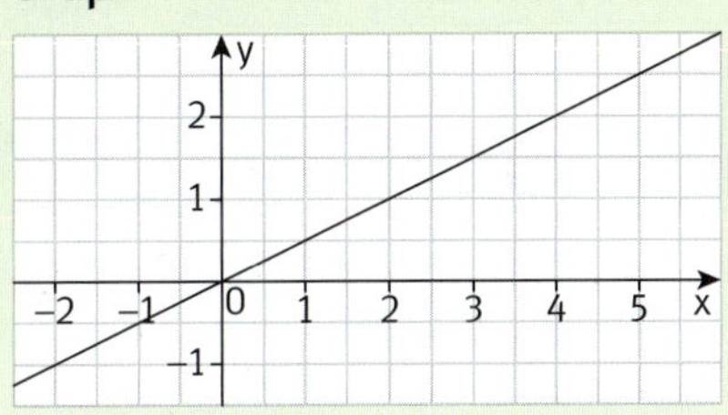

3 „Jeder Zahl wird ihr Doppeltes zugeordnet." Stelle die Funktion als Gleichung, in einer Wertetabelle und als Graph dar.

4 Beschreibe die Funktionen verbal und berechne fehlende Werte.

a) y = 4x

x	5	9	18	23,5
y	■	■	■	■

b) y = 2,5x

x	■	14	■	25
y	15	■	55	■

c) $y = \frac{1}{5}x$

x	−15	■	10	■
y	■	−1	■	5

2,5 · x = 15 | : 2,5
x = ■

Preise pro Übernachtung im Zelt
Erwachsene 15,00 €
Kinder 5,00 €
Umweltgebühr einmalig 10,00 €
(nur Erwachsene)

Anzahl Nächte	1
Preis Erwachsene (€)	■
Preis Kinder (€)	■

1 a) Lege eine Wertetabelle bis zu einer Anzahl von sieben Nächten an.
b) Stelle beide Funktionen im Koordinatensystem dar.
c) Vergleiche den Verlauf der beiden Graphen miteinander.
d) Der 9-jährige Justin bleibt mit seinem Vater zwei Nächte. „Dann müssen wir ja 50 € zahlen.“, ruft Justin. Überprüfe durch Ablesen, ob das stimmt.

2 a) Stelle eine Funktionsgleichung für die Kosten pro Nacht für Kinder auf.
b) Stelle eine Funktionsgleichung für die Kosten pro Nacht für Erwachsene auf. Übertrage die Rechnung und vervollständige sie.

Kosten pro Nacht für Erwachsene:
x-Wert: Anzahl der Nächte
y-Wert: Preis in €
Proportionalitätsfaktor m: $\frac{15}{1} = \frac{30}{2} = 15$
Funktionsgleichung: y = ■ · x + ■

Funktionsgleichung und Darstellungen einer linearen Funktion

Lineare Funktionen haben **Funktionsgleichungen** der Form **y = mx + n**.
m: Proportionalitätsfaktor, der feste und unabhängige Wert n ist die zugeordnete Zahl für den Ausgangswert x = 0.

Eine proportionale Funktion ist ein Spezialfall für den Wert n = 0. Der Graph einer linearen Funktion ist eine auf der y-Achse verschobene Gerade.

Proportionalitätsfaktor m: Preis pro Nacht, Kosten pro m³, ... Fester Wert n: Umweltgebühr, Grundgebühr, ...

3 a) Gemeinden verlangen neben den Kosten für 1 m³ Wasser auch eine Grundgebühr. Welcher Graph zeigt die Gesamtkosten, welcher die reinen Verbrauchskosten je m³ Wasser?
b) Übertrage und vervollständige die Tabelle bis zu einem Verbrauch von 10 m³.

Wasserverbrauch (m³)	0	1
Verbrauchskosten (€)	0	2
Gesamtkosten (€)	3	5

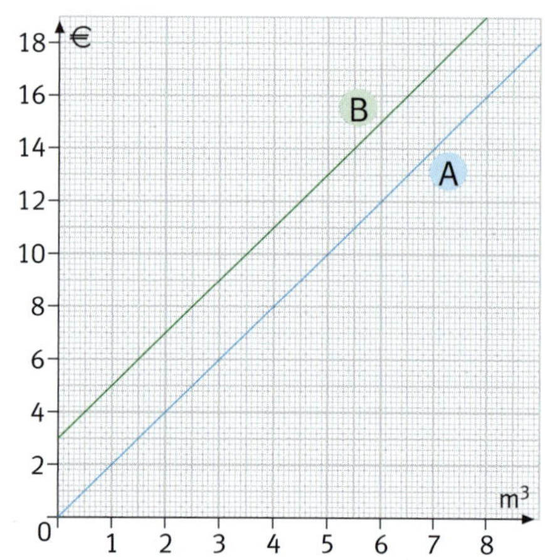

c) Ordne den Graphen A und B die richtige Funktionsgleichung zu.

$y = \frac{1}{2}x$ $y = 2x$ $y = 2x - 3$ $y = 2x + 3$

1 a) Berechne die Gesamtkosten für die Familien von Aileen und Rico.

b) Stelle eine Funktionsgleichung auf und berechne damit die fehlenden Werte in der Tabelle.

Verbrauch (m^3)	0	20	40	80	100	160	200
Gesamtkosten (€)	■	■	■	■	■	■	■

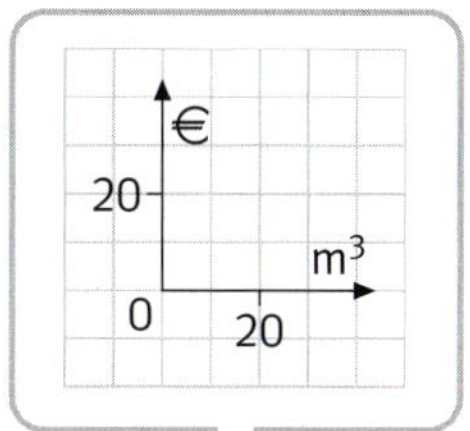

c) Stelle die Funktion Verbrauch → Gesamtkosten im Koordinatensystem dar.

2 Überlege dir einen möglichen Sachverhalt. Stelle die Funktionsgleichung auf und berechne fehlende Werte.

Fahrstrecke (km)	0	50	120	■	■	230	■	■
Kilometergebühr (€)	0	10	■	■	■	■	60	76
Gesamtkosten (€)	30	40	■	60	70	■	■	■

3 Gegeben sind die Funktionsgleichungen einer linearen Funktion.

① $y_1 = 3x - 2$ ② $y_2 = -3x - 2$

a) Zeichne mithilfe einer Wertetabelle die Graphen der Funktionen in ein Koordinatensystem. Wähle für die x-Werte alle ganzen Zahlen zwischen –5 und 5.

b) Beschreibe die Unterschiede zu den Graphen einer linearen Funktion in einem Sachzusammenhang.

> Lineare Funktionen lassen sich wie proportionale Funktionen als verbale Beschreibung, als Gleichung, als Wertetabelle oder als Graph darstellen.

4 „Jeder Zahl wird ihr Doppeltes vermindert um eins zugeordnet.“ Stelle die Funktion als Gleichung, in einer Wertetabelle und als Graph dar.

5 Beschreibe die Funktionen verbal und berechne fehlende Werte.

a) $y = 3x + 15$

x	–6	–1	0	3	8
y	■	■	■	■	■

b) $y = 0{,}5x + 2{,}5$

x	■	–4	■	■	55
y	–7	■	2,5	19	■

0,5 · x + 2,5 = 2,5 | ■
x = ■

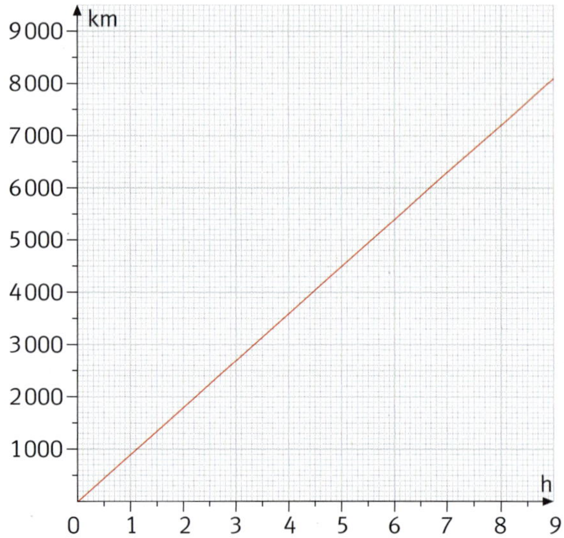

1 Die Abbildung zeigt das größte Verkehrsflugzeug, das bisher in Serienfertigung produziert wird.

a) Lies die durchschnittliche Stundengeschwindigkeit ab.

b) Übertrage die Wertetabelle und ergänze sie durch Ablesen.

Flugzeit (h)	■	4	5	■	■	■	$5\frac{1}{2}$	■
Strecke (km)	1 800	■	■	6 300	8 100	1 350	■	7 650

c) Stelle die Funktionsgleichung auf.

2

TRANSPORTERVERLEIH

Grundgebühr: ■ €

Preis je gefahrenen km: 25 Ct

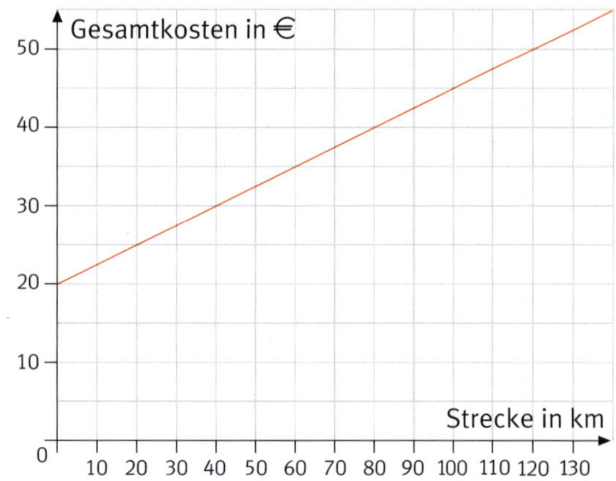

a) Erkläre den Sachverhalt.

b) Lies die Grundgebühr ab.

c) Übertrage die Wertetabelle und vervollständige sie durch Ablesen.

Fahrstrecke (km)	20	■	50	70	■	■	120	■
Gesamtkosten (€)	■	30	■	■	45	47,50	■	52,50

d) Stelle die Funktionsgleichung auf.

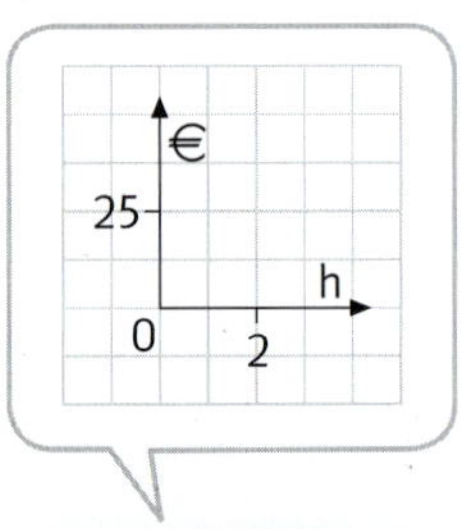

3 a) Erkläre den Sachverhalt.

b) Stelle die Funktion Arbeitsstunden → Lohn grafisch dar.

Arbeitsstunden (h)	2	4	10	12
Lohn (€)	25	50	125	150

c) Lies ab, welchen Lohn Igor für 6 (7; 9) Arbeitsstunden erhält.

d) Lies ab, wie lange er für 100 € (62,50 €; 137,50 €) arbeiten muss.

e) Stelle die Funktionsgleichung auf und bestätige deine Ergebnisse aus Aufgabe c) und d) rechnerisch.

1

Arbeitsstunden (h)	0	2	2,5	5	6,5	8
Kosten (€)	0	110	137,50	275	357,50	440
Gesamtkosten (€)	25	135	162,50	300	382,50	465

Anfahrt: ■ €
Kosten für eine Arbeitsstunde: ● €

a) Erkläre den Sachverhalt.
b) Gib die Kosten für die Anfahrt und für eine Arbeitsstunde an.
c) Wähle einen geeigneten Maßstab für die y-Achse und stelle die Funktion grafisch dar: 1 cm ≙ 10 €   1 cm ≙ 50 €   1 cm ≙ 100 €
d) Lies die ungefähren Gesamtkosten für 4 h (5 h 30 min; 8h 30 min) ab.
e) Stelle die Funktionsgleichung auf und berechne die Gesamtkosten aus Aufgabe d) genau.

2 Beim Beladen dieses LKWs mit Sand darf ein zulässiges Gesamtgewicht nicht überschritten werden. Ein LKW hat ein Leergewicht von 21,7 t. Bauarbeiter wissen aus Erfahrung, dass der Sand in einer Baggerschaufel etwa 1,5 t wiegt.

Höchstgewicht eines beladenen LKW: 40 t

a) Welches Gewicht entspricht beim Beladen eines LKWs dem Proportionalitätsfaktor m, welches dem Wert n? Begründe.
b) Stelle eine Funktionsgleichung auf.
c) Berechne, mit wie vielen Baggerschaufeln der LKW beladen werden kann, bis das zulässige Gesamtgewicht erreicht ist.
d) Lege eine Wertetabelle bis zu einem sinnvollen Endwert an.
e) Stelle die Funktion grafisch dar. Wähle einen geeigneten Maßstab.

TRIMM-DICH-ZWISCHENRUNDE

1 a) Welche Art von Funktion liegt vor und wodurch ist diese gekennzeichnet?
b) Übertrage und ergänze die fehlenden Werte der proportionalen Funktion.

Gewicht (g)	100	200	300	500
Preis (€)	1,10	2,20	3,30	5,50

Menge (l)	4	5	20	60
Preis (€)	■	■	19	■

2 In einer Gärtnerei werden Salatpflanzen zum Stückpreis von 15 Ct verkauft.
a) Stelle die Funktion im Koordinatensystem dar.
b) Übertrage die Wertetabelle und ergänze sie durch Ablesen.
c) Stelle die Funktionsgleichung auf.

Salatpflanzen	15	■	25	■
Preis (€)	■	3,00	■	4,50

3 Ein Taxiunternehmer verlangt eine Grundgebühr von 4 € und 1,25 € je gefahrenen Kilometer.
a) Übertrage und vervollständige die Tabelle bis zu einer Fahrstrecke von 20 km.
b) Stelle die Funktion grafisch dar.
c) Stelle die Funktionsgleichung auf.

Fahrstrecke (km)	0	2	4
Kilometerkosten (€)	0	2,50	■
Gesamtkosten (€)	4	■	■

Mit der Steigung arbeiten

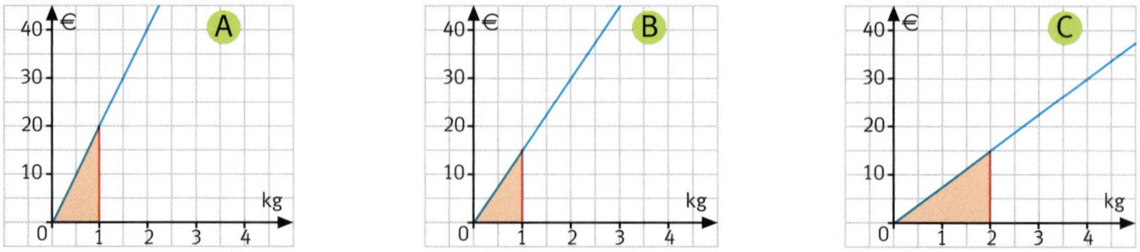

1 Die Graphen veranschaulichen für drei Käsesorten die proportionale Funktion Masse → Preis.

a) Ermittle mit Hilfe der eingezeichneten Dreiecke den jeweiligen Proportionalitätsfaktor.

b) Was sagt der Proportionalitätsfaktor über die Steigung des Graphen aus?

c) Notiere zu jedem Graphen die Funktionsgleichung.

Steigung m
Steigungsdreieck

Der **Proportionalitätsfaktor m** bestimmt die **Steigung** eines Graphen. Je größer er ist, desto steiler verläuft der Graph.

Funktionsgleichung einer proportionalen Funktion:
y = mx — **Steigungsfaktor**

Steigungsdreieck

$m = \frac{1{,}5}{2} = 0{,}75$

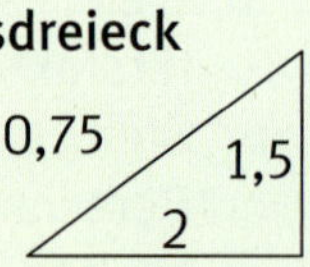

Der Steigungsfaktor gibt die Steigung des Graphen an.
Er ist der Quotient aus Höhe und Breite des **Steigungsdreiecks.**

2 Ordne die Ursprungsgeraden ihrer Steigung nach. Beginne mit der kleinsten.

(1) $y = 2x$ (2) $y = 3{,}5x$ (3) $y = 0{,}2x$ (4) $y = 0{,}75x$
(5) $y = \frac{2}{3}x$ (6) $y = 1{,}9x$ (7) $y = \frac{1}{4}x$ (8) $y = 22x$

3 Gib für jedes Steigungsdreieck den Steigungsfaktor m an.

Dreieck	1	2	3	4	5	6
Höhe (cm)	4	7	3	5	3	1
Breite (cm)	1	1	2	4	5	6

Das Steigungsdreieck kann überall an den Graphen angetragen werden.

4 Überprüfe ohne zu zeichnen, ob folgende Punkte auf einer Ursprungsgeraden mit m = 2 liegen.
A (0|2), B (1|2), C (3|6), D (5|8), E (2,5|5)

5 Um den Steigungsfaktor exakt zu bestimmen, errichtet man das Steigungsdreieck am besten dort, wo der Graph genau einen Gitternetzpunkt trifft.
Lies jeweils die Steigung m der Geraden ab und gib die Funktionsgleichung an.

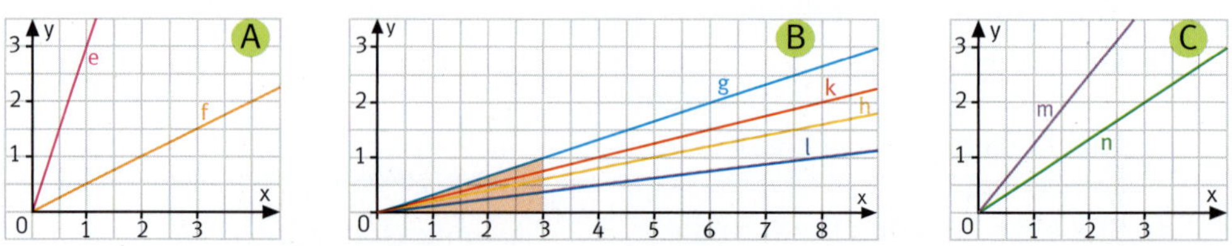

Lösungen zu 5

$y = \frac{1}{8}x$	$y = \frac{2}{3}x$
$y = \frac{1}{5}x$	$y = \frac{1}{3}x$
$y = 3x$	$y = \frac{1}{4}x$
$y = 1\frac{1}{4}x$	$y = \frac{1}{2}x$

1 Drei lineare Funktionen sind grafisch dargestellt.
a) Beschreibe den Verlauf der Graphen.
b) Ordne die Funktionsgleichungen zu.

$y = 0{,}5x + 2{,}5$ $y = 0{,}5x$ $y = 0{,}5x + 1$

c) Was lässt sich anhand der Funktionsgleichungen jeweils über den Verlauf des Graphens aussagen?

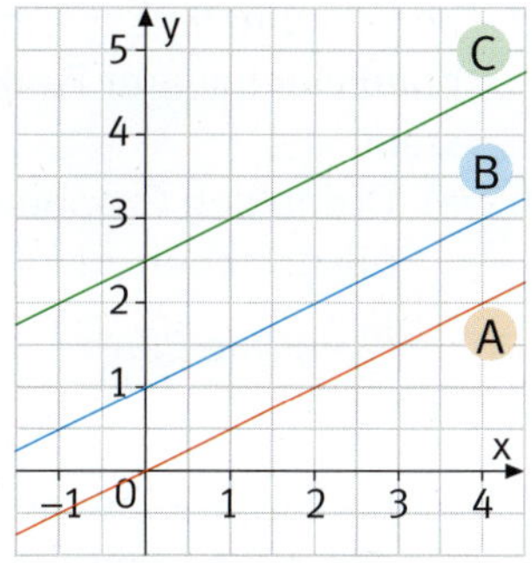

2 a) Vergleiche den Verlauf der drei Graphen.
b) Ordne die Funktionsgleichungen zu.

$y = 0{,}5x + 1{,}5$ $y = 2x + 1{,}5$ $y = 1x + 1{,}5$

c) Was lässt sich anhand der Funktionsgleichungen jeweils über den Verlauf des Graphens aussagen?

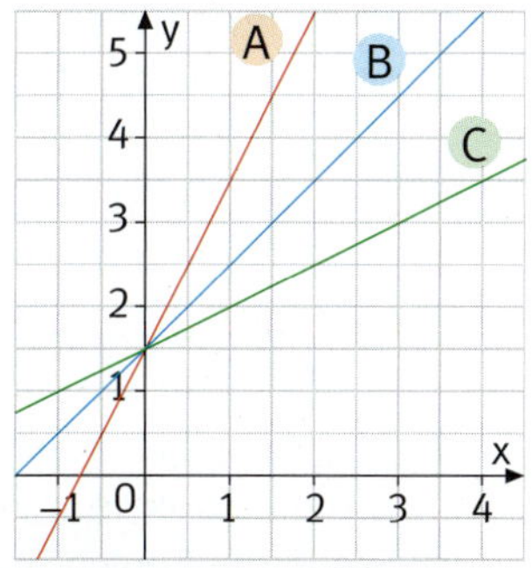

Bei der **Funktionsgleichung $y = mx + n$** gibt m die **Steigung** des Graphen und n seine **Schnittstelle mit der y-Achse** an:

Steigungsfaktor → **$y = mx + n$** ← **y-Achsenabschnitt**

Steigung m
y-Achsenabschnitt n

3 a) Gib jeweils die Steigung m und den y-Achsenabschnitt n an.
(1) $y = 3x + 1$ (2) $y = 9x + 0{,}5$ (3) $y = 0{,}25x + 4$
(4) $y = 2 + 1{,}5x$ (5) $y = 2x$ (6) $y = \frac{1}{3}x - 1$
b) Zeichne die Geraden, indem du zuerst die Schnittstelle mit der y-Achse markierst und dann das Steigungsdreieck einzeichnest.

4 Ermittle bei jeder Geraden die Steigung m und den y-Achsenabschnitt n. Stelle die zugehörige Funktionsgleichung auf.

a) 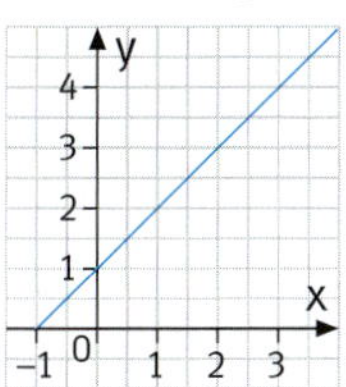
b) 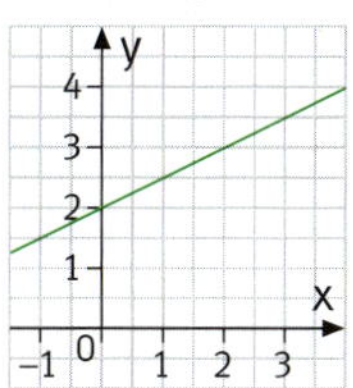
c) 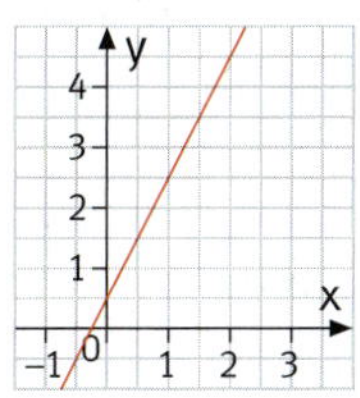
d) 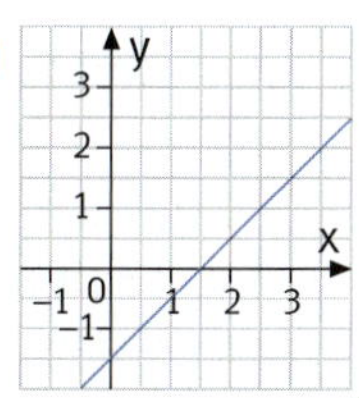

5 Prüfe rechnerisch, ob die Punkte A und B auf dem Graphen der Funktion liegen.
a) $y = 2x + 3$
A (0 | 3); B (7 | 15)
b) $y = 0{,}8x + 0{,}2$
A (1 | 1); B (5 | 6)
c) $y = 1{,}5x - 1$
A (0 | – 1,5); B (17 | 12)

6 Berechne die fehlenden Koordinaten der Punkte für jede Funktionsgleichung.
A (2|■) B (–2|■) C (0,5|■) D ($-1\frac{1}{2}$|■) E (■|11) F (■|–8,5)
a) $y = 3x + 0{,}5$ b) $y = 2x - 3$

Funktionsgleichungen aufstellen

1 Im Koordinatensystem sind die Graphen vier linearer Funktionen dargestellt.

a) Ordne den Graphen g, h, i, j und k die Kärtchen zu.

Die Gerade fällt.

Die Gerade steigt.

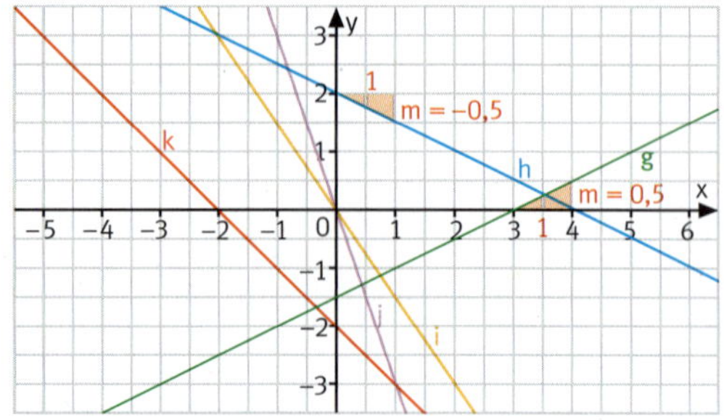

b) Erkläre, wie bei den Geraden g und h die Steigungsfaktoren ermittelt werden und gib sie an.

c) Bestimme für die Geraden i, j und k den Steigungsfaktor m ebenso.

d) Stelle für jeden Graphen die Funktionsgleichung auf.

2 Übertrage den Satz und vervollständige ihn.
Bei positivem Steigungsfaktor ___ die Gerade, bei ___ Steigungsfaktor fällt die Gerade.

3 Die Ursprungsgerade hat die Steigung $m = 0{,}5$.

a) Gib die Funktionsgleichung an.

b) Stelle die Funktionsgleichung der anderen vier Geraden auf.

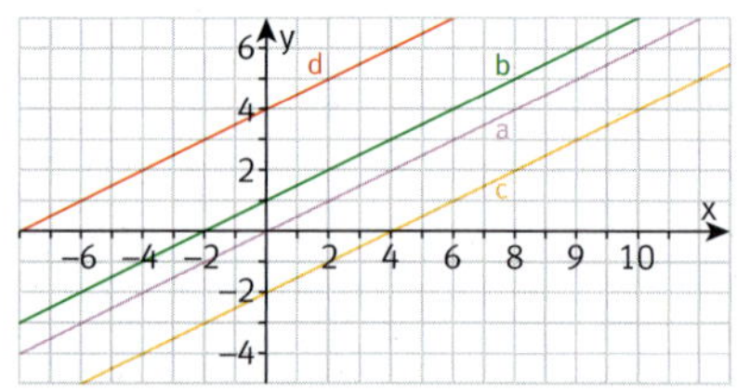

4 Übertrage den Satz und vervollständige ihn.
Geraden, die ___ verlaufen,
haben den ___ Steigungsfaktor.

5 a) Lies den Schnittpunkt jeder Geraden mit der y-Achse ab.

b) Bestimme die Steigung der jeweiligen Geraden.

c) Stelle für jede Gerade die Funktionsgleichung auf.

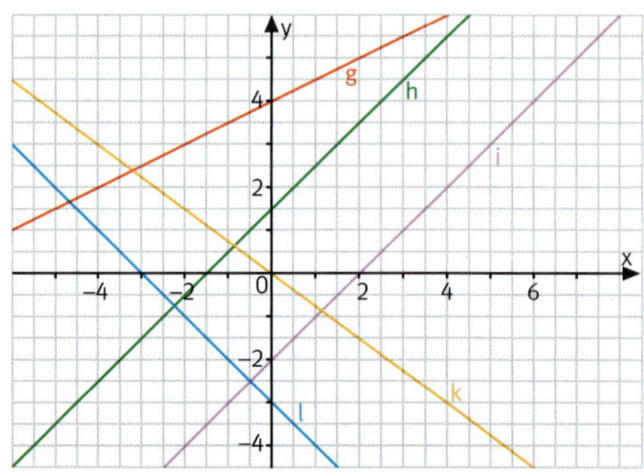

6 Zeichne die Gerade durch die Punkte A (−1 | 2) und B (−2 | 4) und bestimme ihre Funktionsgleichung.

Lösungen zu 7

$y = x - 1$	$y = 4$
$y = -2x + 1{,}5$	$y = 1{,}5x + 2$
$y = -0{,}5x - 2{,}5$	$y = 2{,}5x$

7 Stelle zuerst jeweils die Funktionsgleichung der Geraden auf, die durch den Punkt S verläuft und die angegebene Steigung hat. Zeichne dann den Graphen.

a) S (0|2) $m = 1{,}5$ b) S (0|0) $m = 2{,}5$ c) S (0|1,5) $m = -2$

d) S (0|−1) $m = 1$ e) S (0|−2,5) $m = -0{,}5$ f) S (0|4) $m = 0$

8 a) Stelle die Funktionsgleichung auf, ohne die Gerade zu zeichnen.

①

x	−2	−1	0	1	2
y	−5	−2,5	0	2,5	5

②

x	−2	−1	0	1	2
y	−1,5	0	1,5	3	4,5

③

x	−4	0	2	6
y	−3	0	1,5	4,5

④

x	−1	0	1	2	3
y	−4,5	−1,5	1,5	4,5	7,5

⑤

x	−6	−3	3	6	9
y	2	1	−1	−2	−3

⑥

x	−5	−2	1	3
y	3	0	−3	−5

b) Zeichne die Geraden und überprüfe damit dein Ergebnis aus a).

1 a) Gib für beide Tarife die Funktionsgleichungen an und lege je eine Wertetabelle bis zu 200 SMS an.

SMS	0	20	40
€	■	■	■

b) Stelle beide Tarife im Koordinatensystem dar.
c) Ist die Funktion SMS → € jeweils proportional? Begründe.
d) Welcher Tarif wäre für dich günstiger? Begründe.
e) Welche Stelle der Graphen ist für den Vergleich der Angebote wichtig?

2 Zwei unterschiedliche Wachskerzen brennen gleichmäßig ab. Nach 2 Stunden Brenndauer sind sie 8,5 cm und 8 cm hoch, 3 Stunden später nur noch 5,5 cm und 2 cm.
a) Stelle beide Brennvorgänge im Koordinatensystem dar und lies für jede Kerze ab: Anfangshöhe, gesamte Brenndauer, stündliche Abnahme der Höhe.
b) Lies ab, wie hoch die Kerzen jeweils nach drei Stunden sind.
c) Die Kerzen werden gleichzeitig angezündet. Wann sind beide gleich hoch?
d) Stelle die Funktionsgleichungen auf.
e) Wann sind beide Kerzen vollständig abgebrannt? Woran kann man das am Graphen erkennen?

Der Punkt, in dem sich zwei Graphen linearer Funktionen schneiden, heißt **Schnittpunkt S.**
Die Stelle, an der der Graph der linearen Funktion die x-Achse schneidet, heißt **Nullstelle**. An dieser Stelle ist **y = 0**. Die Schnittstellen kann man durch Ablesen im Koordinatensystem oder rechnerisch bestimmen.

Nullstelle
Schnittpunkt

3 Eine Gerade schneidet die y-Achse im Punkt P (0|–3) und die x-Achse im Punkt Q (6|0).
a) Zeichne die Gerade und stelle die Funktionsgleichung $y_1 = mx + n$ auf.
b) Bestätige die Nullstelle rechnerisch.
c) Zeichne eine zweite Gerade mit der Funktionsgleichung $y_2 = -x - 6$ in das Koordinatensystem. Gib die Koordinaten des Schnittpunkts S an.
d) Bestimme den Schnittpunkt auch rechnerisch.

4 Zeichne die Graphen der beiden Funktionen und gib die Koordinaten des Schnittpunktes S an.

a) $y_1 = 0{,}5x$ $\quad y_2 = x - 2$ $\qquad$ b) $y_1 = x$ $\quad y_2 = -2x - 3$
c) $y_1 = \frac{1}{5}x - 1$ $\quad y_2 = -\frac{3}{5}x + 3$ $\qquad$ d) $y_1 + 5 = 1{,}5x$ $\quad 2y_2 - 8x = 0$

5 a) Zeichne die Gerade durch die Punkte A und B und bestimme ihre Funktionsgleichung.
① A (2|1) B (6|3) ② A (–2|–4) B (3|6) ③ A (1|0) B (5|8)
④ A (–2|4,5) B (2|–1,5) ⑤ A (–5|3) B (5|2) ⑥ A (–4|–2) B (8|–2)
b) Wo möglich, bestimme die Nullstelle durch Ablesen und rechnerisch.

Lineare Funktionen wiederholen

Proportionale und lineare Funktionen

Proportionale Funktionen untersuchen S. 170 f.

Bei proportionalen Funktionen sind die Quotienten aus zugeordneter (abhängiger) Größe und Ausgangsgröße (unabhängiger Größe) gleich. Der gemeinsame Quotient heißt Proportionalitätsfaktor m. Proportionale Funktionen haben **Funktionsgleichungen** der Form y = mx.
Der Graph ist eine Gerade durch den Koordinatenursprung.

Auf dem Campingplatz kostet die Ausleihe eines Fahrrades 3 € pro Stunde.

Stunden	1	2	3
€	3	6	9

Proportionalitätsfakor: $\frac{3}{1} = \frac{6}{2} = \frac{9}{3} = 3$

Funktionsgleichung: y = 3x

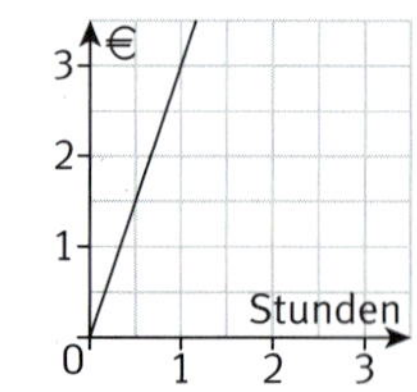

Lineare Funktionen haben Funktionsgleichungen der Form y = m · x + n.
m: Proportionalitätsfaktor, der feste und unabhängige Wert n ist die zugeordnete Zahl für den Ausgangswert x = 0.
Eine proportionale Funktion ist ein Spezialfall für den Wert n = 0. Der Graph einer linearen Funktion ist eine auf der y-Achse verschobene Gerade.

Lineare Funktionen untersuchen S. 172 f.

Für eine mehrtägige Fahrradtour hat der Campingplatz folgendes Angebot für ein E-Bike.
einmalige Gebühr: 7,50 €, Kosten pro Tag: 5 €

Tage	1	2	3	4	5
€	12,50	17,50	22,50	27,50	32,50

Funktionsgleichung: y = 5x + 7,50

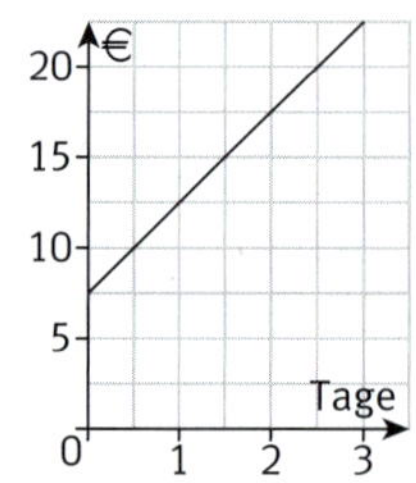

Steigung und y-Achsenabschnitt

Bei linearen Funktionen gibt m die Steigung des Graphen und n seine Schnittstelle mit der y-Achse (y-Achsenabschnitt) an. Bei proportionalen Funktionen gilt n = 0. Ist in der Funktionsgleichung m eine positive (negative) Zahl, so ist der Graph eine steigende (fallende) Gerade.

Mit Steigung und y-Achsenabschnitt arbeiten S. 176 ff.

$y = \frac{1}{2}x + 1$

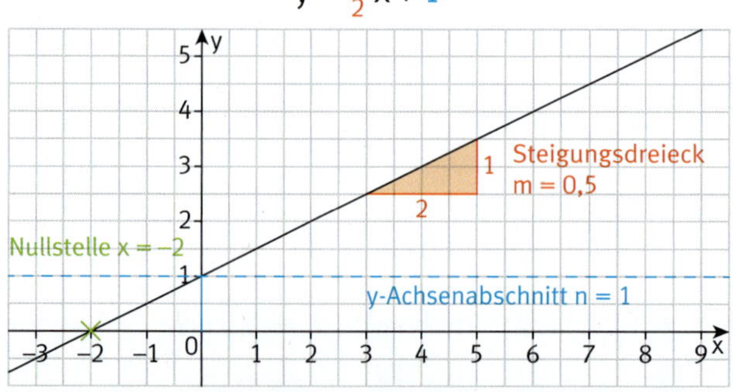

$y = -1x + 2$

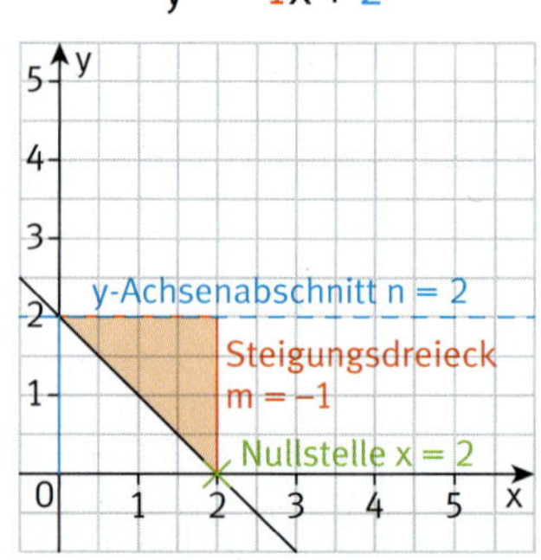

Aufgaben zur Differenzierung

Basis-Aufgaben | **Vertiefende Aufgaben**

1 Die Funktionsgleichung $y = 1{,}7\,x + 2{,}5$ beschreibt den Preis für eine Taxifahrt in Spremberg.

a) Wofür stehen die Werte x und y?

b) Berechne eine Fahrt vom Bahnhof zum Rathaus, die 6,45 km lang ist.

Für eine Taxifahrt in Berlin beträgt der Grundpreis 3,90 €; pro gefahrenen Kilometer zahlt man 1,85 €.

a) Berechne den Preis für 4 km, 11 km und 15,5 km.

b) Stelle die Funktionsgleichung auf.

2 Stelle die Funktionsgleichungen auf, ohne die Geraden zu zeichnen. Übertrage dann die Tabellen und vervollständige sie. Überprüfe dein Ergebnis zeichnerisch.

x	0	1	4	10	2,5	0,8
y	0	4	16	■	■	■

x	0	2	3	5	10	0,5
y	3	5	6	■	■	■

3 Ordne den abgebildeten Graphen die zugehörigen Funktionsgleichungen zu.

$y = -x - 1$

$y = 1{,}5x + 0{,}5$ $\quad y = -\frac{2}{3}x$

$y = \frac{1}{4}x - 1$ $\quad y = 1{,}5x - 1{,}5$

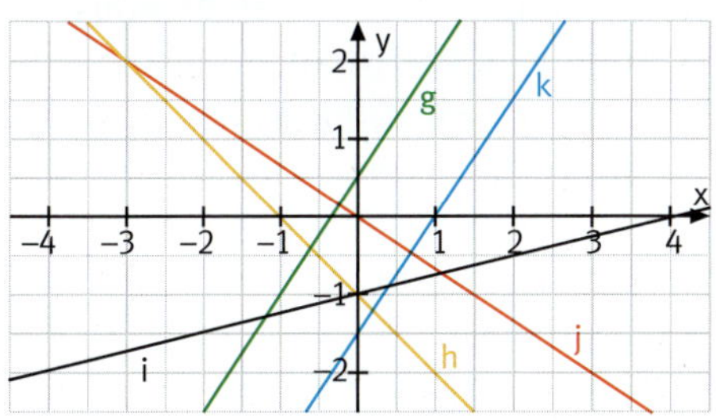

Bestimme anhand der Graphen die Funktionsgleichungen.

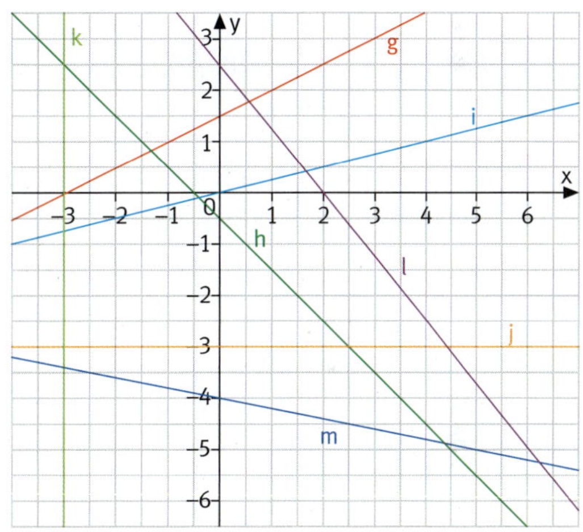

4 Zeichne eine Ursprungsgerade, die durch den angegebenen Punkt verläuft. Ermittle die jeweilige Steigung und gib die Funktionsgleichung an.

a) A (3 | 3) b) B (2,5 | 7,5)

c) C (2 | –2) d) D (–4 | –1)

Der Schnittpunkt S des Graphen mit der y-Achse ist gegeben. Notiere zu jedem Punkt zwei Funktionsgleichungen und zeichne die zugehörigen Graphen.

a) S (0 | 3) b) S (0 | –1)

c) S (0 | 0,5) d) S (0 | –2,5)

5 Gegeben sind die folgenden Funktionsgleichungen.

$y = -x + 3$ $\quad y = \frac{1}{4}x - 1$ $\quad y = 2x + 5$ $\quad y = -3x + 6$

a) Gib an, welche Graphen der Funktionen fallend (steigend) sind.

b) Gib den Achsenabschnitt n und die Steigung m an, dann zeichne die Graphen.

c) Lies die Schnittpunkte mit den Koordinatenachsen ab.

a) Gib an, durch welche Quadranten die Graphen verlaufen.

b) Ermittle die Nullstellen rechnerisch.

c) Notiere jeweils zwei Funktionsgleichungen, deren Graphen zu den gegebenen Graphen parallel verlaufen.

1 Tanja fährt mit dem Fahrrad zum Zoo. Am Eingang steht sie in einer langen Schlange, bis sie endlich hineinkommt. Dann geht sie zu Fuß weiter durch den Zoo. Begründe, welches Diagramm am besten zu diesem Vorgang passt.

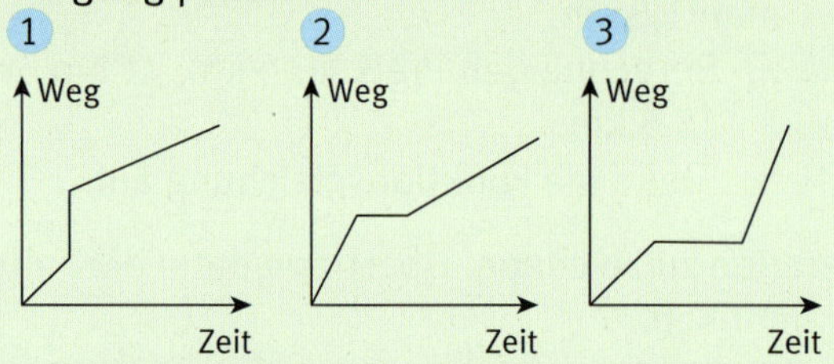

2 a) Erkläre den Sachverhalt.

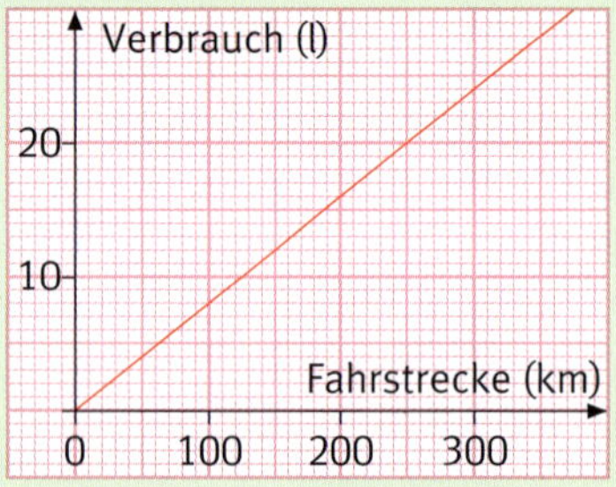

b) Übertrage die Tabelle und lies fehlende Werte ab.

km	■	100	125	■	250	300
l	4	■	■	16	■	■

c) Liegt eine proportionale Funktion vor? Begründe.

d) Stelle die Funktionsgleichung auf.

3 Ein Lkw wird mit Sand beladen.

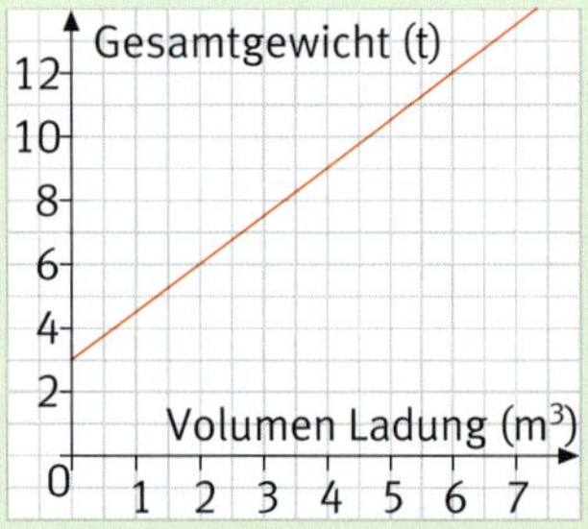

a) Gib das Leergewicht des Lkw und das Gewicht von 1 m^3 Sand an.

b) Übertrage und ergänze die Tabelle.

Vol. Ladung (m^3)	1	■	■	■	6
Gesamtgewicht (t)	■	7,5	9	11,25	■

4 Stelle die Funktionsgleichungen auf und berechne die fehlenden Werte für eine proportionale Funktion.

a)

8 m^2	96 €
1 m^2	■ €
3 m^2	■ €

b)

3 l	13,80 €
5 l	■ €
■ l	34,50 €

5 a) Von einem Kunststoffrohr wiegen 5 m 12,5 kg. Lege eine Wertetabelle bis zu einer Rohrlänge von 10 m an und zeichne den Graphen.
x-Achse: 1 cm ≙ 1 m; y-Achse: 1 cm ≙ 5 kg

b) Stelle die Funktionsgleichung mit Hilfe eines Steigungsdreiecks auf.

6 a) Erkläre den Sachverhalt.

Fahrstrecke (km)	0	10	20
Kilometergebühr (€)	0	2,50	5
Gesamtkosten (€)	25	27,50	■

b) Stelle eine Funktionsgleichung auf und lege eine Wertetabelle bis zu einer Fahrstrecke von 100 km an.

c) Stelle die Funktion im Koordinatensystem mit Hilfe eines Steigungsdreiecks dar (y-Achse: 1 cm ≙ 5 €).

7 Banken verlangen für die Kontoführung meist Gebühren.

Bank A
monatliche Grundgebühr: 2,50 €
10 Ct je Buchung

Bank B
keine monatliche Grundgebühr
20 Ct je Buchung

a) Lege jeweils eine Wertetabelle bis zu 50 Buchungen in 5-er-Schritten an.

b) Stelle die Funktionen im Koordinatensystem dar.

c) Wann sind beide Angebote gleich?

d) Welches Angebot würdest du bei 10 Buchungen (25; 35) wählen? Begründe.

8 Im Lutherhaus in Wittenberg gelten diese Eintrittspreise: Erwachsene 6,50 €, Schüler 5,00 €.
Gruppenreise ab 10 Personen:
Erwachsene 5,50 €; Schüler 4,00 €.

a) Übertrage und ergänze die Tabelle.

Anzahl	5	9	10	12	15	20
Gesamtpreis Schüler	■	■	■	■	■	
Gesamtpreis Erwachsene	■					

b) Stelle den Sachverhalt für Schüler und Erwachsene in einem Koordinatensystem dar. Beschreibe den Verlauf der beiden Graphen.

c) Sind die Funktionen linear? Begründe.

9 Der Funktionswert v(t) gibt die Geschwindigkeit des Skifahrers zum Zeitpunkt t an. Welcher Graph beschreibt die Situation am besten?

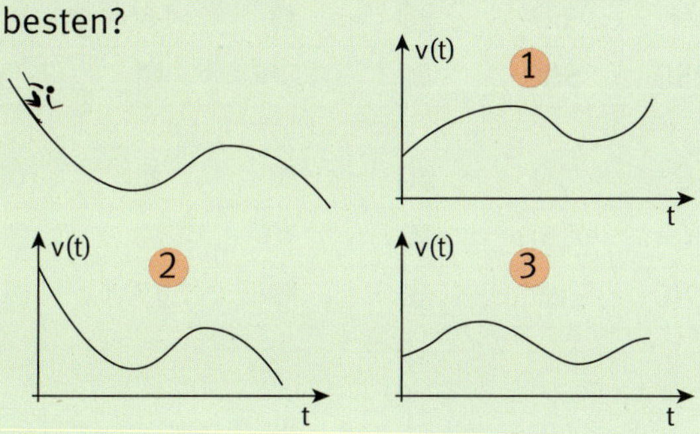

10 Die Tabelle der linearen Funktion enthält einen Fehler. Finde und berichtige ihn.

h	0	1	2,5	4	7
€	4	6,50	10,25	12,75	21,50

m^3	0	20	40	50	70
€	30	55	80	92,50	122,50

11 Ein Wasserbecken im Aquarium, das 1000 Liter fasst, wird gleichmäßig befüllt. Es waren noch 100 Liter im Becken und nach 8 Minuten befinden sich 700 Liter im Becken.

a) Stelle die Funktion grafisch mit Hilfe eines Steigungsdreiecks dar.

b) Stelle die Funktionsgleichung auf.

12

Kleinwagen
20 € pro Tag
plus 0,30 € je km

Mittelklassewagen
30 € pro Tag
plus 0,35 € je km

a) Stelle die Funktionsgleichung auf und berechne die fehlenden Werte bei einer Leihdauer von einem Tag.

km	0	50	100	150	200	250	300
€	■	■	■	■	■	■	■

b) Stelle beide Angebote grafisch dar.

c) Erkläre die Sondertarife und vergleiche jeweils mit dem Angebot oben.

SONDERTARIFE

Kleinwagen	Mittelklassewagen
1 Tag inkl. 150 km	1 Tag, alle km frei
50 €	80 €

13 Der Bagger in einer Autobahnbaustelle hat einen Tankinhalt von 3375 Litern.
Pro Betriebsstunde verbraucht er 150 l Dieselkraftstoff.

a) Stelle eine Funktionsgleichung auf.

b) Stelle die Funktion in einem Koordinatensystem in einem geeigneten Maßstab dar. Woran kannst du am Graphen erkennen, wann der Tank leer ist? Lies ab.

c) Nach wie viel Betriebsstunden sind noch 1500 l (600 l; 200 l) Kraftstoff im Tank?

14 Zainab behauptet:

– *Die Zuordnung Kind → Mutter ist ebenso wie die Umkehrung Mutter → Kind eine Funktion.*
– *Bei proportionalen Funktionen gilt: Wächst x um 1, so nimmt der Funktionswert um m zu.*
– *Die Gleichung $3x + 2y = 15$ stellt auch eine Funktion dar.*

Hat Zainab Recht?
Begründe deine Entscheidung.

1 Eine Kfz-Werkstätte verwendet drei verschiedene Sorten Motoröl.

a) Wie viele Liter erhält man bei jeder Sorte für 22,50 €? Lies ab.

b) Wie teuer sind jeweils 3,5 Liter Öl von Sorte 2 und Sorte 3?

c) Stelle die Funktionsgleichungen auf und bestätige deine Ergebnisse rechnerisch.

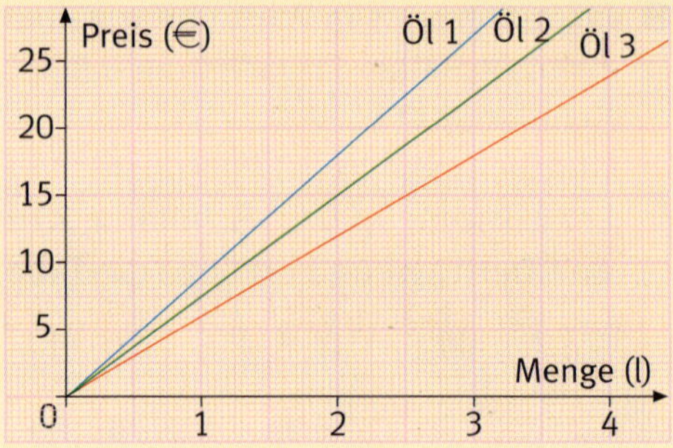

2 a) Erkläre den Sachverhalt.

b) Lies die Grundgebühr ab.

c) Erstelle eine Wertetabelle für einen Wasserverbrauch von 0; 20; 40; ...; 200 m^3.

d) Stelle die Funktionsgleichung auf und berechne damit die Kosten für den Verbrauch von 1 m^3 Wasser.

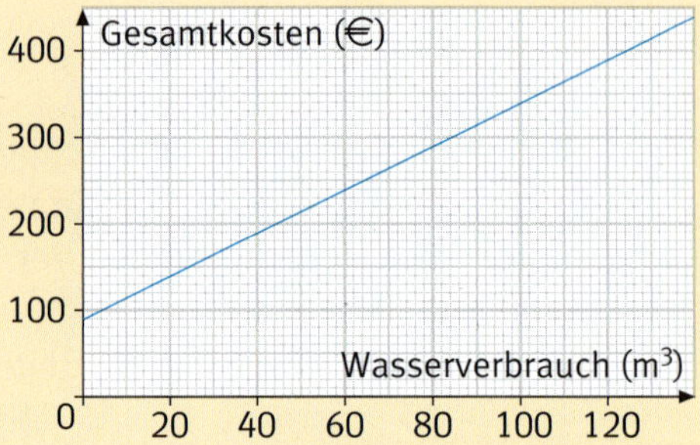

3 Übertrage die Tabellen und ergänze sie. Stelle die Funktionsgleichungen auf. Trage die Funktionen in ein Koordinatensystem ein.

a)

Zeit (min)	■	60	90	■	165	■
Anzahl der Werkstücke	250	500	■	1 000	■	2 250

b)

Gasverbrauch (m^3)	0	10	20	■	■	100
Verbrauchskosten (€)	0	7,50	■	30	■	■
monatl. Gesamtkosten (€)	20	■	■	■	72,50	■

4 a) Bestimme anhand der Graphen die Funktionsgleichungen.

b) Zeichne die Geraden l und m mit verschiedenen Farben in ein Koordinatensystem.

l: $y = x + 2{,}5$

m: $y = -2x + 1$

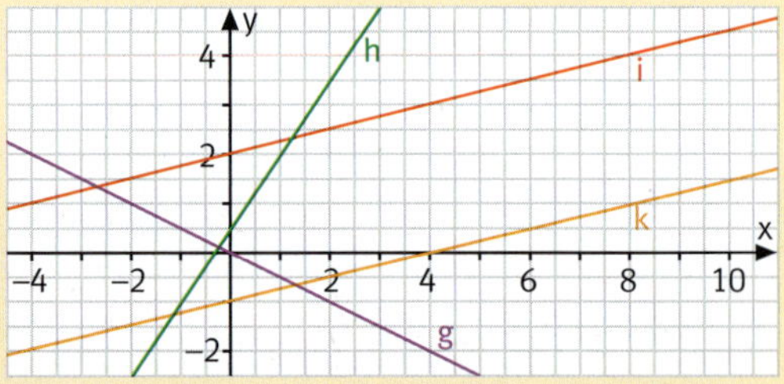

c) Bestimme grafisch und rechnerisch die Koordinaten des Schnittpunkt S und die Nullstellen der Graphen von l und m.

5 Päckchenbeförderung mit Fahrradkurier

Angebot A
7,50 € Grundgebühr
1 € pro km

Angebot B
0 € Grundgebühr
1,50 € pro km

a) Stelle für beide Angebote die Funktionsgleichung auf.

b) Welches Angebot ist bei einer Fahrt von 24 km preisgünstiger?

c) Stelle beide Angebote grafisch dar.

d) Bei welcher Entfernung wären die Kosten für die Lieferung gleich groß?

Erweitern
Kürzen

Erweitern: Zähler und Nenner mit der gleichen Zahl multiplizieren

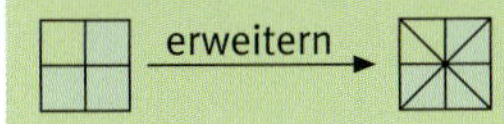

$\frac{3}{4} \xrightarrow{\cdot 2} \frac{6}{8}$

Kürzen: Zähler und Nenner durch die gleiche Zahl dividieren

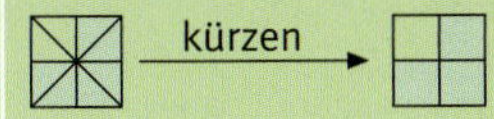

$\frac{6}{8} \xrightarrow{:2} \frac{3}{4}$

Brüche vergleichen

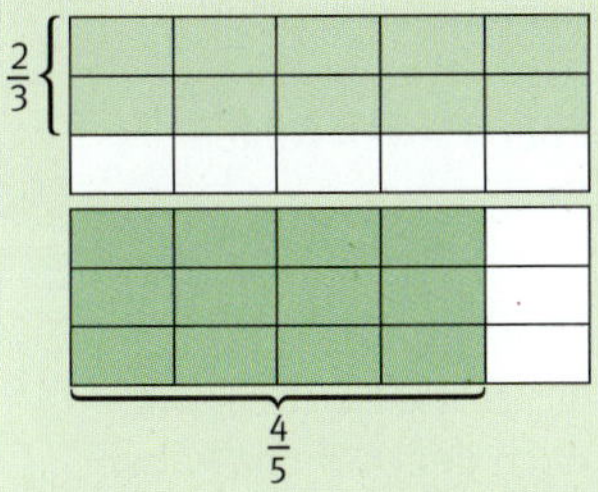

$\frac{2}{3} = \frac{4}{6} = \frac{6}{9} = \frac{8}{12} = \frac{10}{15} \ldots$

$\frac{4}{5} = \frac{8}{10} = \frac{12}{15} = \frac{16}{20} \ldots$

Wir vergleichen: $\frac{2}{3}$ und $\frac{4}{5}$

gleichnamig machen – gleiche Nenner

Wir vergleichen: $\frac{10}{15}$ und $\frac{12}{15}$

Wir erkennen: $\frac{10}{15} < \frac{12}{15}$, also $\frac{2}{3} < \frac{4}{5}$

gleichnamige Brüche addieren / subtrahieren

Gleichnamige Brüche werden addiert (subtrahiert), indem man die Zähler addiert (subtrahiert) und die Nenner beibehält.

$\frac{5}{6} + \frac{3}{4} = \frac{10}{12} + \frac{9}{12} = \frac{19}{12}$

$\frac{3}{4} - \frac{2}{5} = \frac{15}{20} - \frac{8}{20} = \frac{7}{20}$

ungleichnamige Brüche addieren / subtrahieren

Ungleichnamige Brüche werden addiert (subtrahiert), indem man sie zunächst gleichnamig macht.

$\frac{5}{6} \pm \frac{3}{4} = \frac{10}{12} \pm \frac{9}{12} = ■$

gleichnamig machen Hauptnenner: 12

Brüche multiplizieren

Brüche multiplizieren: $\frac{\text{Zähler mal Zähler}}{\text{Nenner mal Nenner}}$

$\frac{2}{3} \cdot \frac{4}{5} = \frac{2 \cdot 4}{3 \cdot 5} = \frac{8}{15}$

$2\frac{7}{8} \cdot \frac{4}{5} = \frac{23}{\cancel{8}_{2}} \cdot \frac{\cancel{4}^{1}}{5} = \frac{23}{10} = 2\frac{3}{10}$

Brüche dividieren

Brüche dividieren: Erster Bruch mal Kehrwert des zweiten Bruches

$\frac{7}{9} : 14 = \frac{7}{9} \cdot \frac{1}{14} = \frac{\cancel{7}^{1} \cdot 1}{9 \cdot \cancel{14}_{2}} = \frac{1}{18}$

Bruch
Dezimalzahl
Prozent

Viele Brüche kann man durch Erweitern oder Kürzen auf die Nenner 10, 100, 1 000, ... bringen und dann als Dezimalzahl oder als Prozentangabe darstellen.

$\frac{1}{20} \xrightarrow{\cdot 5} \frac{5}{100} = 0{,}05 = 5\,\%$

$\frac{3}{30} \xrightarrow{:3} \frac{1}{10} = 0{,}1 = 10\,\%$

$\frac{1}{100} = 0{,}01 = 1\,\%$

$\frac{1}{8} = 0{,}125 = 12{,}5\,\%$

$\frac{1}{5} = 0{,}2 = 20\,\%$

$\frac{1}{4} = 0{,}25 = 25\,\%$

$\frac{1}{2} = 0{,}5 = 50\,\%$

$\frac{3}{4} = 0{,}75 = 75\,\%$

unendliche Dezimalzahlen:

$\frac{1}{3} = 1 : 3 = 0{,}\overline{3} \approx 33{,}3\,\%$

$\frac{1}{6} = 1 : 6 = 0{,}1\overline{6} \approx 16{,}7\,\%$

$\frac{4}{19} = 4 : 19 = 0{,}21052\ldots \approx 0{,}21 = 21\,\%$

Rechnen mit Dezimalzahlen

Beim Rechnen mit Dezimalzahlen gelten dieselben Regeln wie beim Rechnen mit natürlichen Zahlen: Klammern werden zuerst berechnet, danach gilt Punkt- vor Strichrechnung. Folgende Besonderheiten gibt es:

Dezimalzahlen addieren / subtrahieren

28,170 + 13 + 4,057

```
    28,170
    13,000
  +  4,057
     1 1
  --------
    45,227
```

17,35 − 9,4 − 2

```
    17,35
     9,40
  −  2,00
  -------
     5,95
```

1. Komma unter Komma
2. Fehlende Endnullen ergänzen
3. Natürliche Zahlen in Dezimalzahlen umwandeln
4. Rechnen wie mit natürlichen Zahlen

Dezimalzahlen multiplizieren / dividieren

3 Stellen ⊕ 2 Stellen

```
0,128 · 0,12
------------
        128
        256
------------
    0,01536
```

5 Stellen

1. Multiplizieren wie mit natürlichen Zahlen
2. Im Ergebnis so viele Stellen von rechts abstreichen, wie beide Dezimalzahlen zusammen nach dem Komma haben

```
 32,6 : 20 = 1,63
− 20
 ----
  12|6
− 120
 ----
    60
  − 60
  ----
    --
```

1. Dividieren wie mit natürlichen Zahlen
2. Komma beim Überschreiten in der Rechnung auch im Ergebnis setzen

Runden

Die Ziffer rechts neben der Rundungsstelle entscheidet über die Rundung.

Rundungsstelle → | ← Bei 5, 6, 7, 8, 9 wird aufgerundet.

Zehntel: 1,[7]55 km ≈ 1,8 km (aufgerundet)

ist rund

1,[7]15 km ≈ 1,7 km (abgerundet)

Bei 0, 1, 2, 3, 4 wird abgerundet.

Quadratzahlen

Multipliziert man eine Zahl a mit sich selbst, erhält man die **Quadratzahl a^2**.
a^2 entspricht dem Flächeninhalt eines Quadrates mit der Seitenlänge a.

$4 \cdot 4 = 4^2 = 16$ 16 ist die Quadratzahl von 4. quadrieren: 4^2 („vier hoch 2“)

Quadratwurzeln

Die Umkehrung zum Quadrieren nennt man Wurzelziehen. Die **Quadratwurzel** ist die positive Zahl a, die mit sich selbst multipliziert die Ausgangszahl a^2 ergibt. Sie entspricht der Seite eines Quadrates bei vorgegebenem Flächeninhalt.

$\sqrt{9} = \sqrt{3^2} = \sqrt{3 \cdot 3} = 3$ 3 ist die Quadratwurzel aus 9, weil $3 \cdot 3 = 9$ Wurzel ziehen: $\sqrt{9}$ („Wurzel aus 9“)

Irrationale Zahlen

Zahlen, die unendlich viele Stellen nach dem Komma haben und keine periodischen Dezimalzahlen sind, nennt man **irrationale Zahlen.**

$\sqrt{2} \approx 1{,}41421356237\ ...$ $\sqrt{5} \approx 2{,}236067977\ ...$

Zahlenmengen

natürliche Zahlen $\mathbb{N}$	**ganze Zahlen $\mathbb{Z}$**	**rationale Zahlen $\mathbb{Q}$**
alle positiven Zahlen ohne Brüche und Dezimalzahlen: $\{1; 2; 3; ...\}$	alle positiven und negativen Zahlen ohne Brüche und Dezimalzahlen: $\{...; -2; -1; 0; 1; 2; ...\}$	Ganze Zahlen, Brüche und Dezimalzahlen (auch periodische): $\{...; -2; -1{,}5; -\frac{1}{2}; 0{,}\overline{3}; \frac{3}{7}; 3, ...\}$

Die rationalen Zahlen $\mathbb{Q}$ bilden zusammen mit den irrationalen Zahlen die **reellen Zahlen** $\mathbb{R}$.

Rechengesetze

Assoziativgesetz	Kommutativgesetz	Distributivgesetz
$(a + b) + c = a + (b + c)$	$a + b = b + a$	$a \cdot (b + c) = a \cdot b + a \cdot c$
$(a \cdot b) \cdot c = a \cdot (b \cdot c)$	$a \cdot b = b \cdot a$	$(a - b) : c = a : c - b : c$

Rechenregeln

Addieren	Subtrahieren
$(+a) + (+b) = a + b$	$(+a) - (-b) = a + b$
$(+a) + (-b) = a - b$	$(+a) - (+b) = a - b$
$(-a) + (+b) = -a + b$	$(-a) - (-b) = -a + b$
$(-a) + (-b) = -a - b$	$(-a) - (+b) = -a - b$

Multiplizieren	Dividieren
$(+a) \cdot (+b) = a \cdot b$	$(+a) : (+b) = a : b$
$(-a) \cdot (-b) = a \cdot b$	$(-a) : (-b) = a : b$
$(+a) \cdot (-b) = -(a \cdot b)$	$(+a) : (-b) = -(a : b)$
$(-a) \cdot (+b) = -(a \cdot b)$	$(-a) : (+b) = -(a : b)$

Beim Multiplizieren und Dividieren ergeben gleiche Vorzeichen immer +, verschiedene Vorzeichen immer −.

Größen

Geld
1 € = 100 Ct

Gewichte
1 t = 1 000 kg
1 kg = 1 000 g

Flächenmaße
$1\ m^2 = 100\ dm^2$
$1\ dm^2 = 100\ cm^2$
$1\ cm^2 = 100\ mm^2$

Längen
1 km = 1 000 m
1 m = 10 dm
1 dm = 10 cm
1 cm = 10 mm

Raummaße
$1\ m^3 = 1\,000\ dm^3$
$1\ dm^3 = 1\,000\ cm^3$
$1\ cm^3 = 1\,000\ mm^3$
$1\ dm^3 = 1\ l$
$1\ m^3 = 1\,000\ l = 10\ hl$

Hohlmaße
1 hl = 100 l
1 l = 1 000 ml

Zeitspannen
1 Jahr = 12 Monate
1 Jahr = 52 Wochen
1 Jahr = 365 Tage
1 Tag = 24 h
1 Woche = 7 Tage
1 min = 60 s
1 h = 60 min

Geschwindigkeit

$\text{Geschwindigkeit} = \frac{\text{Weg}}{\text{Zeit}}$ $v = \frac{s}{t}$ $s = v \cdot t$ $t = \frac{s}{v}$ $1\frac{m}{s} = 3{,}6\frac{km}{h}$ $1\frac{km}{h} = 0{,}278\frac{m}{s}$

Dichte

$\text{Dichte} = \frac{\text{Masse}}{\text{Volumen}}$ $\rho = \frac{m}{V}$ $m = V \cdot \rho$ $V = \frac{m}{\rho}$ $1\frac{g}{cm^3} = 1\frac{kg}{dm^3} = 1\frac{t}{m^3}$

ρ: sprich ro

Sachaufgaben

Ich lese den Text mehrmals aufmerksam.

Ich unterstreiche und notiere die wichtigen Angaben. Geg.:

Ich schreibe die Rechenfrage(n) auf. Ges.:

Ich suche und notiere die Rechenwege. Dabei helfen mir Skizzen und Zeichnungen.

Ich ermittle durch Überschlagsrechnung das ungefähre Ergebnis. Lösung:

Ich rechne schrittweise mit Teilüberschriften.

Ich vergleiche das ungefähre Ergebnis mit der Lösung.

Ich antworte auf die Rechenfrage(n).

Arbeit mit Skizzen

Ich notiere alle wichtigen Angaben und stelle den Sachverhalt in einer Skizze dar.

Ich beschrifte die Skizze.

Ich erkenne den Lösungsweg.

Terme und Gleichungen

Ein Term ist eine Verbindung aus Zahlen und Rechenzeichen. Eine Variable ist ein Platzhalter für eine Zahl. Verbindet man zwei wertgleiche Terme durch ein Gleichheitszeichen, erhält man eine Gleichung.

Terme ohne Variable: $8 - 3 \quad 9 \cdot 4$ | Terme mit Variablen: $x : 5 \quad y + 7$ Gleichung: $20 : 5 = 7 - 3$

Terme vereinfachen

Gleiche Variablen kann man zusammenfassen. Das Malzeichen zwischen Zahl und Variablen darf man weglassen.

$a + a + a + a = 4 \cdot a = 4a$

$c + c + 5c + 2 - 2c + 7 = 5c + 9$

Vereinfachen von Termen mit Klammern:

+ vor der Klammer	− vor der Klammer
$15 + (7s - 10)$	$12t - (9t + 32)$
$= 15 + 7s - 10$	$= 12t - 9t - 32$
$= 5 + 7s$	$= 3t - 32$

Bei Termen, bei denen eine Summe oder eine Differenz mit einem Faktor multipliziert wird, gilt das Distributivgesetz.

$8 \cdot (2x - 3)$
$= 8 \cdot 2x - 8 \cdot 3$
$= 16x - 24$

$(4{,}5y + 9) : 3$
$= 4{,}5y : 3 + 9 : 3$
$= 1{,}5y + 3$

Gleichungen lösen

Gleichungen löst man durch äquivalentes Umformen:

$4x - 7 = 9 \mid +7$
$4x = 16 \mid :4$
$x = 4$
Probe: $4 \cdot 4 - 7 = 9$ ✓

$35 = b : 2 + 11 \mid -11$
$24 = b : 2 \mid \cdot 2$
$48 = b$
Probe: $35 = 48 : 2 + 11$ ✓

Sach- und Geometrieaufgaben

Sachaufgaben kann man mit Hilfe von Gleichungen lösen.

Sachaufgaben kann man mit Hilfe von Gleichungen lösen.

1. Text gründlich lesen
2. Variable x zuordnen
3. Gleichung aufstellen und lösen
4. Antwortsatz formulieren

Formeln
Verhältnisgleichungen
Prozentrechnung

Formeln sind Gleichungen mit verschiedenen Variablen.

Die Grundformel der Prozentrechnung lautet: $\frac{W}{p} = \frac{G}{100}$

Gleichungen dieser Art nennt man auch Verhältnisgleichungen. Je nachdem, welche Größe gesucht ist, muss man die Formel umstellen.

Formeln zur Prozentrechnung

Prozentwert berechnen:	Prozentsatz berechnen:	Grundwert berechnen
$W = \frac{G}{100} \cdot p$	$p = \frac{100}{G} \cdot W$	$G = \frac{W}{p} \cdot 100$
$W = \frac{900\,€}{100} \cdot 15$ $= 135\,€$	$p = \frac{100}{900} \cdot 135$ $= 15$	$G = \frac{135\,€}{15} \cdot 100$ $= 900\,€$

Flächen

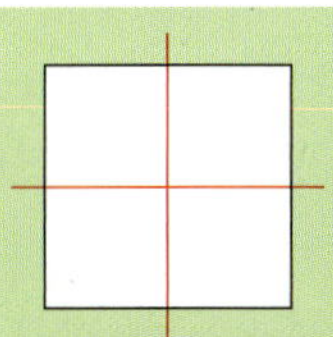
Mittellinien

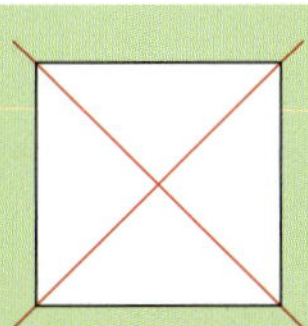
Diagonalen

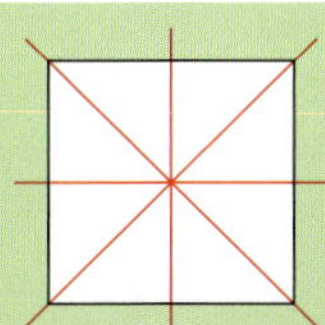
Symmetrieachsen

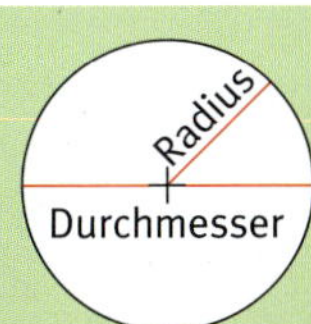

Dreiecke

gleichseitig

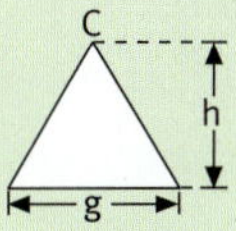

$A = \frac{g \cdot h}{2}$

gleichschenklig

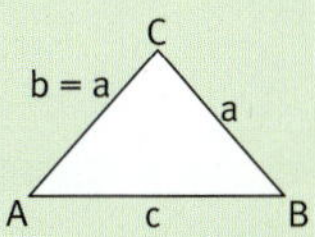

rechtwinklig

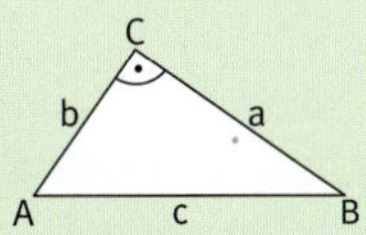

spitzwinklig

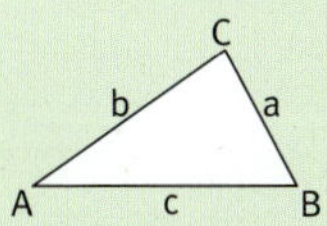

stumpfwinklig

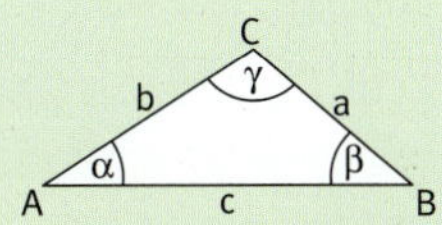

Winkelsumme im Dreieck: $\alpha + \beta + \gamma = 180°$

Vierecke

Rechteck

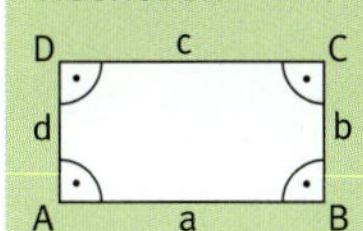

$u = 2 \cdot (a + b)$
$A = a \cdot b$

Quadrat

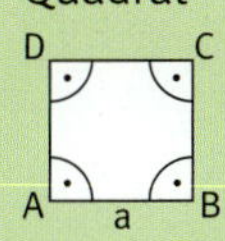

$u = 4 \cdot a$
$A = a \cdot a$

Parallelogramm

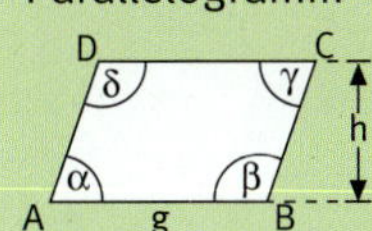

$u = 2 \cdot (a + b)$
$A = g \cdot h$

Trapez

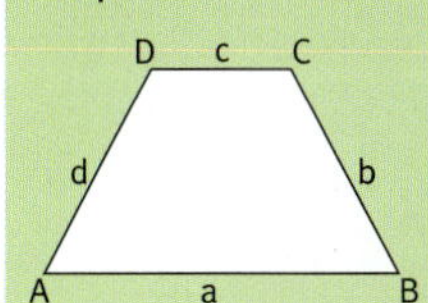

$u = a + b + c + d$

Raute

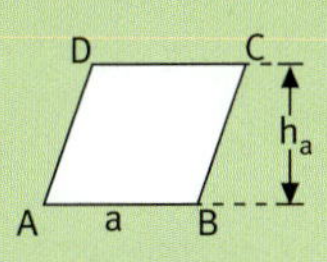

$u = 4 \cdot a$
$A = a \cdot h_a$

Drachen

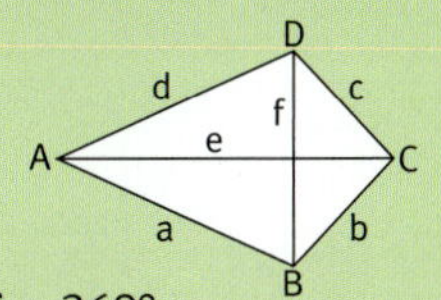

$u = 2 \cdot (a + b)$

Winkelsumme im Viereck: $\alpha + \beta + \gamma + \delta = 360°$

zusammengesetzte Flächen

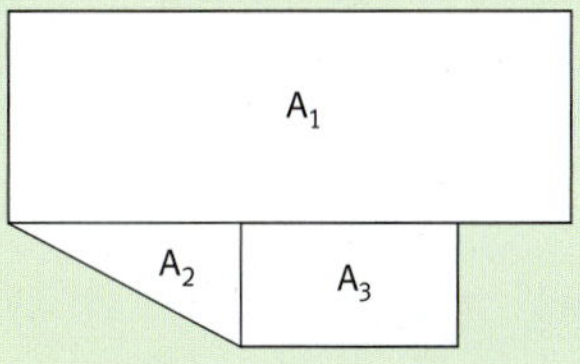

A = Summe der Teilflächen

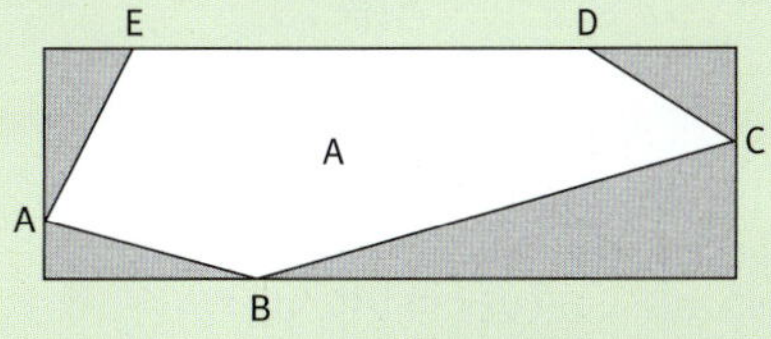

A = ergänztes Vieleck – ergänzte Flächen

Kreis
Kreisring
Kreisteil

Kreis

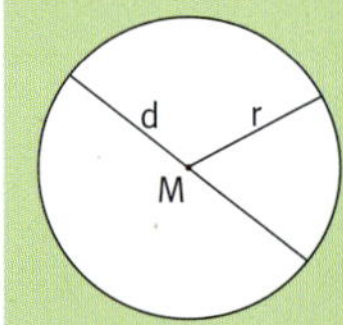

$u = 2 \cdot r \cdot \pi$

$u = d \cdot \pi$

$A = r^2 \cdot \pi$

Kreisring

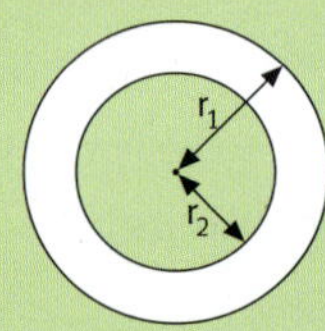

$A = r_1 \cdot r_1 \cdot \pi - r_2 \cdot r_2 \cdot \pi$

Bei einem Kreisteil bestimmt man den Flächeninhalt der Kreisfläche als Anteil an der Gesamtfläche. Für den Umfang eines Kreisteils gilt dasselbe; zusätzlich wird zweimal die Länge des Radius addiert.

geometrische Grundkörper

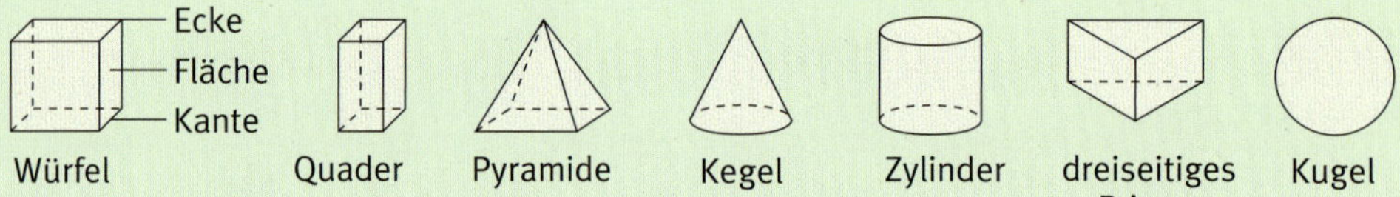

Schrägbilder

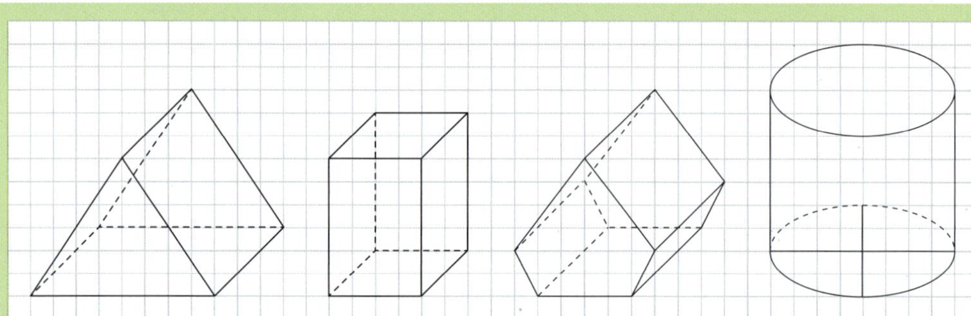

Würfel
Quader

Würfel

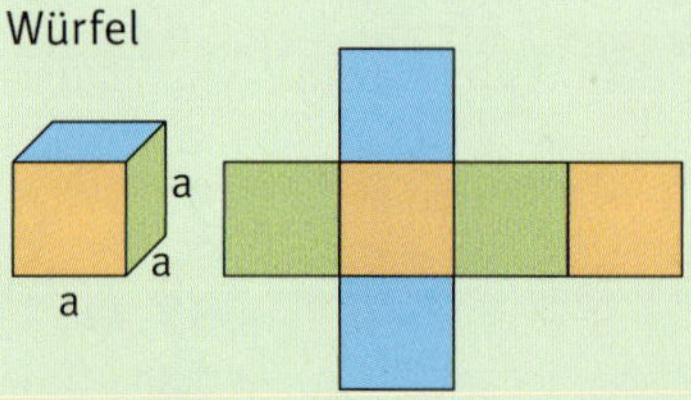

$V = a \cdot a \cdot a$

$A_O = 6 \cdot a \cdot a = 6a^2$

Quader

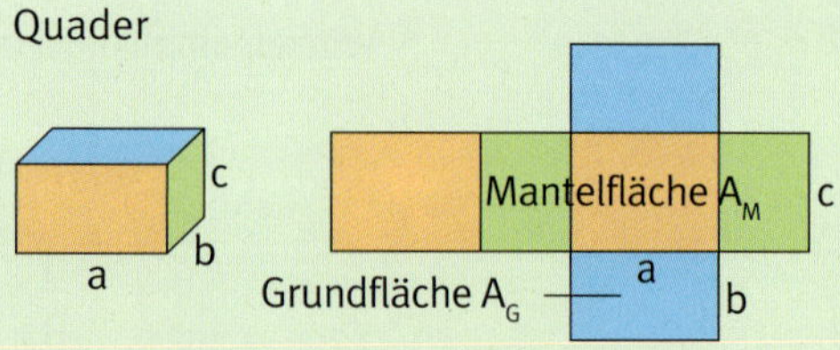

$V = a \cdot b \cdot c$

$A_O = 2 \cdot (a \cdot b + b \cdot c + a \cdot c)$

Prisma
Zylinder

Prisma

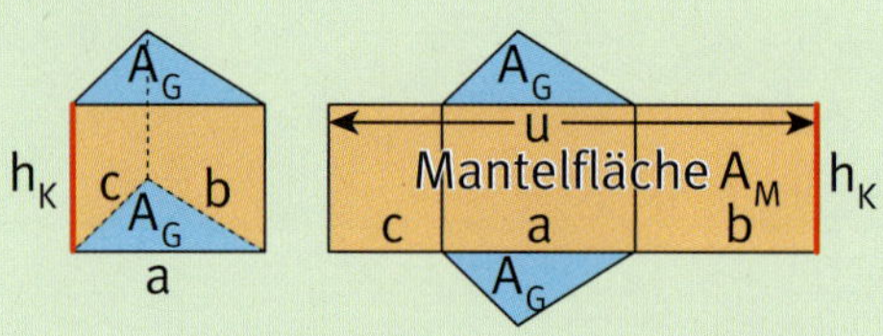

Allgemein gilt:

$V = A_G \cdot h_K$

$A_O = 2 \cdot A_G + A_M$

$A_M = u \cdot h_K$

Für ein Dreiecksprisma gilt:

$V = \frac{g \cdot h}{2} \cdot h_K$

Zylinder

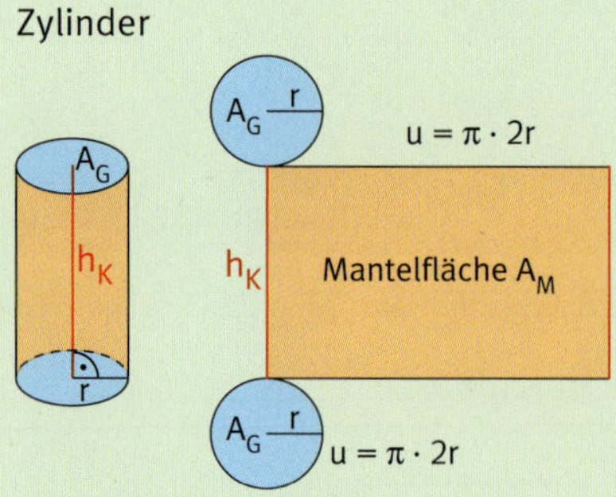

$V = A_G \cdot h_K = r^2 \cdot \pi \cdot h_K$

$A_M = u \cdot h_K = 2 \cdot r \cdot \pi \cdot h_K$

$A_O = 2 \cdot A_G + A_M$

$A_O = 2 \cdot r^2 \cdot \pi + 2 \cdot r \cdot \pi \cdot h_K$

Strichliste
Häufigkeitstabelle
Urliste
Rangliste

Strichliste und Häufigkeitstabelle:

	1	2	3	4	5
Strichliste	////	////	////	//	/
Anzahl	4	4	4	2	1

Urliste (ungeordnete Daten):
2; 1; 4; 2; 3; 1; 5; 1; 3; 2; 1; 3; 4; 3; 2

Rangliste (geordnete Daten):
1; 1; 1; 1; 2; 2; 2; 2; 3; 3; 3; 3; 4; 4; 5

absolute und
relative Häufigkeit

absolute Häufigkeit:
Anzahl eines Wertes
Bei 10 Würfen dreimal die 6:
absolute Häufigkeit: 3

relative Häufigkeit:

$$\frac{\text{absolute Häufigkeit}}{\text{Gesamtzahl der Werte}} = \frac{3}{10} = 0{,}3 = 30\,\%$$

Diagramme für absolute
Häufigkeiten

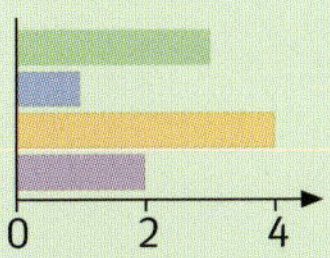

Balkendiagramm

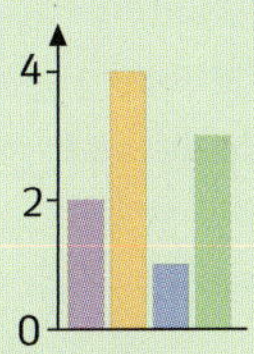

Säulendiagramm

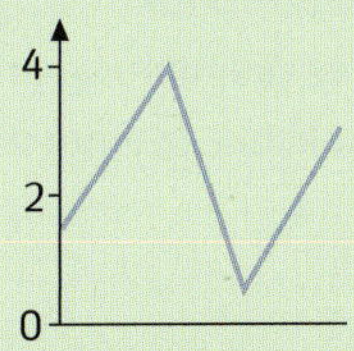

Liniendiagramm

Diagramme für relative
Häufigkeiten

Streifendiagramm

Kreisdiagramm

Im Streifendiagramm entspricht das Ganze (100 %) 10 cm.

$0{,}5 = 50\,\% \mathrel{\hat{=}} 5$ cm $\quad 0{,}1 = 10\,\% \mathrel{\hat{=}} 1$ cm $\quad 0{,}01 = 1\,\% \mathrel{\hat{=}} 0{,}1$ cm = 1 mm

Im Kreisdiagramm entspricht das Ganze (100 %) 360°.

$0{,}5 = 50\,\% \mathrel{\hat{=}} 180°$ $\quad 0{,}1 = 10\,\% \mathrel{\hat{=}} 36°$ $\quad 0{,}01 = 1\,\% \mathrel{\hat{=}} 3{,}6°$

Statistische Kennwerte

Statistische Kennwerte:

Datenreihe: 1 3 4 7 9
Maximum: größter Wert der Datenreihe: 9
Minimum: kleinster Wert der Datenreihe: 1
Spannweite s: s = größter Wert – kleinster Wert = 9 – 1 = 8

Durchschnittswert $\overline{x}$: $\overline{x} = \frac{\text{Summe der Einzelwerte}}{\text{Anzahl der Einzelwerte}} = \frac{4+9+1+7+3}{5}$

Zentralwert z: bei ungerader Anzahl von Werten:
mittlerer Wert der Rangliste
1 3 4 7 9 z = 4
bei geraden Anzahl von Werten:
Durchschnittswert der beiden mittleren Werte
1 3 4 7 9 11 z = 5,5

Der Modalwert ist der am häufigsten in einer Datenreihe vorkommende Wert.
Datenreihe: D; I; R; D; A; R; W; R; T; D; D; R; I; T; R
Der Buchstabe R kommt am häufigsten vor. Er ist der Modalwert.

Zufallsversuche
Wahrscheinlichkeiten
Laplace-Versuch
Gesetz der großen Zahl

Das Würfeln, das Werfen einer Münze, das Drehen eines Kreisels oder eines Glücksrades sind Vorgänge, deren Ergebnis zufällig ist (Zufallsexperiment). Haben alle möglichen Ergebnisse die gleiche Chance, so gilt:

Wahrscheinlichkeit P eines Ereignisses E: $P(E) = \frac{\text{Anzahl der günstigen Ergebnisse}}{\text{Anzahl der möglichen Ergebnisse}}$

z. B. Würfeln: P („ungerade Augenzahl“) $= \frac{3}{6} = \frac{1}{2} = 0{,}5 = 50\,\%$

P („eine 6 würfeln“) $= \frac{1}{6} = 1 : 6 \approx 0{,}1666... = 16{,}\overline{6}\,\%$

Werden Zufallsversuche oft durchgeführt, stabilisieren sich die relativen Häufigkeiten bei steigender Versuchszahl auf einen Wert (Gesetz der großen Zahl).

Pfadregeln
Baumdiagramme

1. Pfadregel (Produktregel): Die Wahrscheinlichkeiten entlang eines Pfades werden multipliziert.
2. Pfadregel (Summenregel): Wenn mehrere Pfade zu einem Ereignis gehören, werden die Wahrscheinlichkeiten der entsprechenden Pfade addiert.

Zweimaliges Drehen eines Glücksrades:

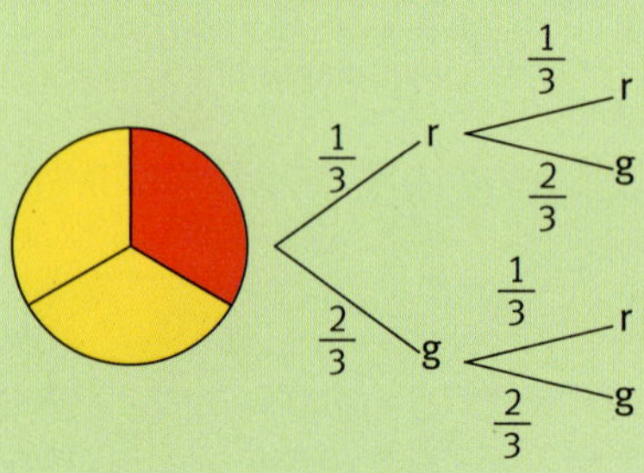

P („rr“) $= \frac{1}{3} \cdot \frac{1}{3} = \frac{1}{9}$

P („gleiche Farbe“) $= \frac{1}{9} + \frac{4}{9} = \frac{5}{9}$

P („gg“) $= \frac{2}{3} \cdot \frac{2}{3} = \frac{4}{9}$

Dreiecke konstruieren

Gegeben: Planfigur: Zeichenschritte:

a = 4 cm
b = 3 cm
c = 5 cm

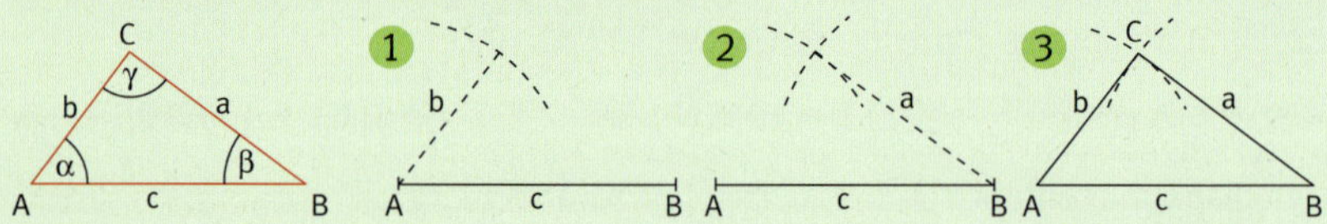

Gegeben:

c = 6 cm
β = 60°
a = 4 cm

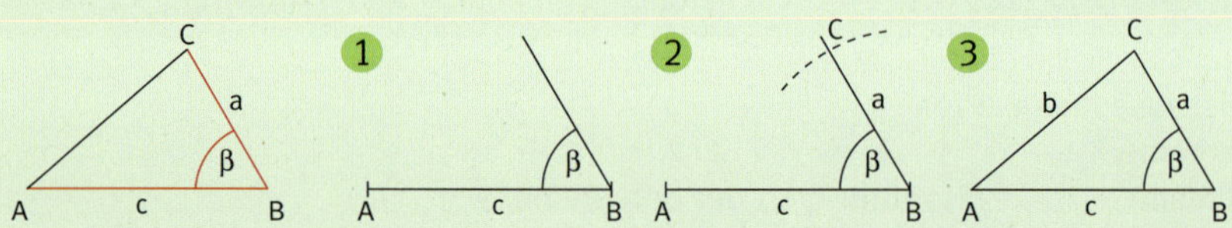

Gegeben:

c = 5 cm
α = 40°
β = 60°

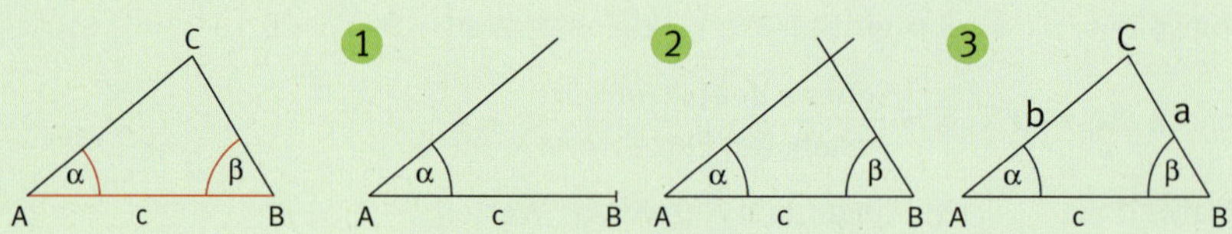

Satz des Pythagoras

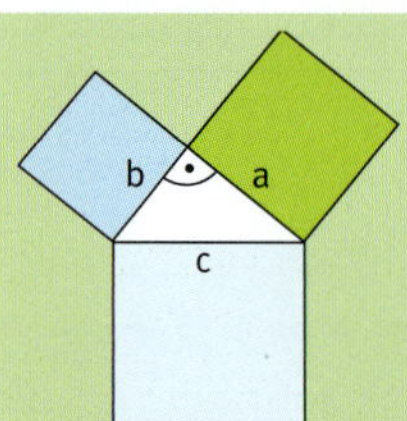

a Kathete
b Kathete
c Hypotenuse

Im rechtwinkligen Dreieck gilt:
Die Flächeninhalte der beiden Kathetenquadrate sind zusammen immer so groß wie der Flächeninhalt des Hypotenusenquadrats.
$a^2 + b^2 = c^2$

Berechnung von Hypotenuse und Kathete

Berechnung der Länge der Hypotenuse:

① Addiere a^2 und b^2.

② Ziehe die Quadratwurzel aus der Summe.

③ Runde geeignet.

④ Bei Anwendungen formuliere einen Antwortsatz.

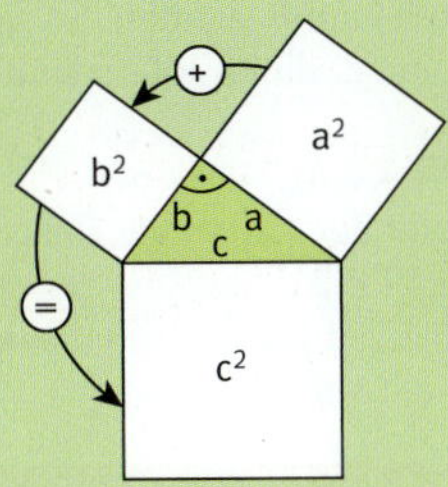

Berechnung der Länge einer Kathete:

① Subtrahiere a^2 von c^2.

② Ziehe die Quadratwurzel aus der Differenz.

③ Runde geeignet.

④ Bei Anwendungen formuliere einen Antwortsatz.

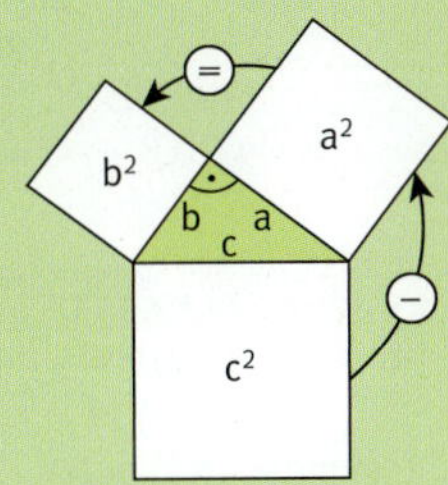

proportionale und lineare Funktion

Lineare Funktionen haben Funktionsgleichungen der Form $y = mx + n$.
m: Proportionalitätsfaktor, der feste und unabhängige Wert n ist die zugeordnete Zahl für den Ausgangswert $x = 0$.

Eine proportionale Funktion ist ein Spezialfall für den Wert $n = 0$. Der Graph einer linearen Funktion ist eine auf der y-Achse verschobene Gerade.

Steigung
y-Achsenabschnitt

Bei der Funktionsgleichung $y = mx + n$ gibt m die Steigung des Graphen und n seine Schnittstelle mit der y-Achse an:

Steigungsfaktor → $y = mx + n$ ← y-Achsenabschnitt

Der Steigungsfaktor ist der Quotient aus Höhe und Breite des Steigungsdreiecks.

Steigungsdreieck

$m = \frac{1{,}5}{2} = 0{,}75$

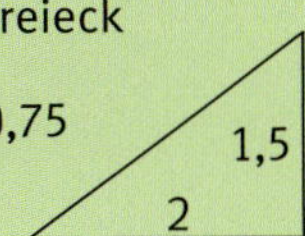

Schnittpunkt
Nullstelle

Der Punkt, in dem sich zwei Graphen linearer Funktionen schneiden, heißt **Schnittpunkt S.** Die Stelle, an der der Graph der linearen Funktion die x-Achse schneidet, heißt **Nullstelle.** An dieser Stelle ist $\mathbf{y = 0}$. Die Schnittstellen kann man durch Ablesen im Koordinatensystem oder rechnerisch bestimmen.

Graphen

$m > 0$	Die Gerade steigt.
$m = 0$	Die Gerade verläuft parallel zur x-Achse.
$m < 0$	Die Gerade fällt.
$n > 0$	Die Gerade schneidet die positive y-Achse.
$n = 0$	Die Gerade ist Ursprungsgerade.
$n < 0$	Die Gerade schneidet die negative y-Achse.

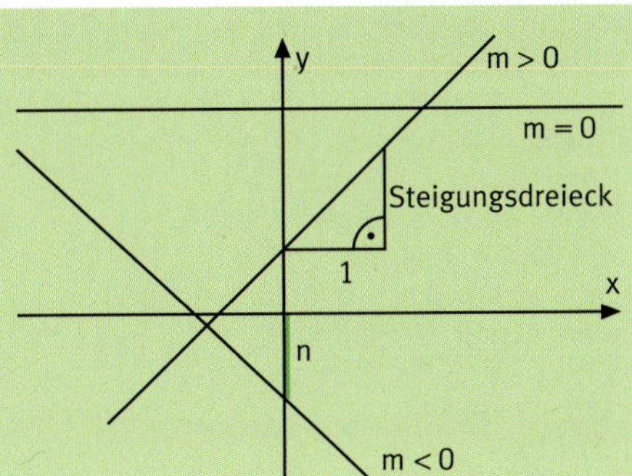

Größen und Sachrechnen

Seite 8/9

1 a) 24,87 b) 8,11 c) 11,19 d) 6,25
e) 4,87 f) 12 g) 0,8 h) 1,06
i) 23,57 j) 1,21

2 a) 0,456 b) 4,13 c) 8,625
d) 0,6894 e) 0,14 f) 50,74

3 Dauer einer Unterrichtsstunde: 45 Minuten
Höhe einer Tür: 2 m
Inhalt einer Flasche: 0,5 l
Länge eines Schulwegs: 800 m
Gewicht einer Tomate: 75 g
Kochzeit für ein Ei: 5 min
Inhalt eines Eimers: 10 l
Länge eines Radiergummis: 5 cm
Gewicht einer Mehlpackung: 1 kg

4 a) 20 € – 17,38 € = 2,62 € Wechselgeld: 2,62 €
b) 100 € – 67,73 € = 32,27 € Wechselgeld: 32,27 €

5 a) zwischen 9:15 Uhr und 10:40 Uhr: 85 min = 1 h 25 min
b) zwischen 13:35 Uhr und 20:15 Uhr: 6 h 40 min

6 a) 2 · 60 s + 30 s = 150 s
b) 3 · 60 min + 30 min = 210 min
c) 5 · 24 h + 7 h = 127 h

7 a) 0,8 kg · 1 000 = 800 g
b) 2,25 t · 1 000 = 22 500 kg
c) 835 g · 1 000 = 835 000 mg

8 a) 6,4 mm : 10 = 0,64 cm
b) 60,4 dm : 10 = 6,04 m
c) 350 m : 1 000 = 0,35 km

9 a) in cm^2: 5 dm^2 · 100 = 500 cm^2
155 mm^2 : 100 = 1,55 cm^2
1,45 m^2 · 10 000 = 14 500 cm^2
b) in m^2: 55,5 dm^2 : 100 = 0,555 m^2
23 400 cm^2 : 10 000 = 2,34 m^2
101,1 cm^2 : 10 000 = 0,01011 m^2

10 a) in cm^3: 3 000 mm^3 : 1 000 = 3 cm^3
0,77 dm^3 · 1 000 = 770 cm^3
250 mm^3 : 1 000 = 0,25 cm^3
b) in mm^3: 7 cm^3 · 1 000 = 7 000 mm^3
33 dm^3 · 1 000 000 = 33 000 000 mm^3
95,4 cm^3 · 1 000 = 95 400 mm^3

11 a) 1 500 l + 3,5 l + 15 l = 1 518,5 l
b) 0,37 l + 95 l + 1,2 l = 96,57 l

12 a) 54 : 3,6 = 15 $(\frac{m}{s})$ b) 198 : 3,6 = 55 $(\frac{m}{s})$

13 a) Günstigster Preis: 2 · Blockkarte für je 8 Personen
2 · 380 € = 760 €
b) Preis Einzelkarten: 20 · 50 € = 1000 €
Preis Blockkarte = 800 €
Josif erhält einen Preisnachlass von 200 €.
c) Maike hat Recht. Die Gruppe kann günstiger fahren, wenn sie eine Blockkarte für 20 Personen und vier Einzelkarten kaufen würden. So würden sie nur 1000 € bezahlen und dadurch 140 € sparen.

14 12 · 0,7 l = 8,4 l
Insgesamt beinhalten die Flaschen 8,4 l Mineralwasser.
8,4 l : 0,4 l = 21
Man erhält 21 Gläser Mineralwasser zu je 0,4 l.

Umfang und Flächeninhalt von Figuren

Seite 34/35

1 $\overline{AB}$ = 7,0 cm $\overline{AC}$ = 11,5 cm $\overline{BC}$ = 4,5 cm

2 Bei allen Figuren ist der Umfang 16 Kästchen oder 8 cm lang.

3 a) 4 cm = 40 mm b) 1,20 m = 120 cm
c) 80 mm = 8 cm d) 500 cm = 5 m
e) 70 cm = 7 dm f) 52 mm = 5,2 cm

4 a) 1 mm^2 ist ungefähr so groß wie mit einem Filzstift gezeichneter Punkt oder der Kopf eines kleinen Nagels.
b) 1 cm^2 ist ungefähr so groß wie ein Fingernagel oder die Taste deines Taschenrechners.
c) 1 dm^2 ist ungefähr so groß wie eine Handfläche oder der Buchdeckel eines kleinen Pappkinderbuches.
d) 1 m^2 ist ungefähr so groß wie eine Fensterscheibe oder ein großes Bild.

5 $a \parallel b$ $c \parallel d$ $g \parallel h$ $f \parallel k$
$a \perp c$ $a \perp d$ $b \perp c$ $b \perp d$ $e \perp f$

6 Achsensymmetrisch: A, D, X

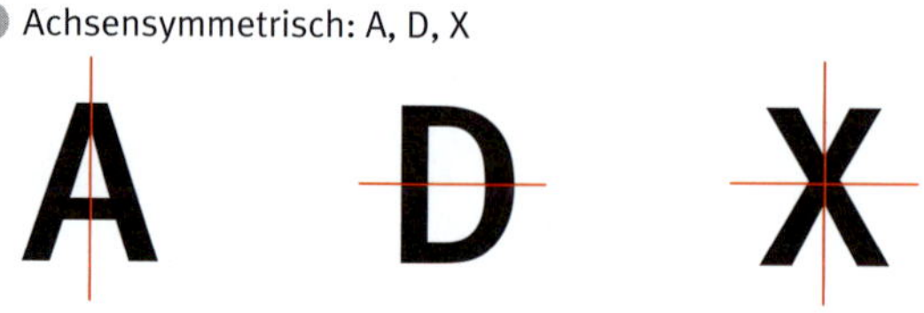

Punktsymmetrisch: Z, X, N

7

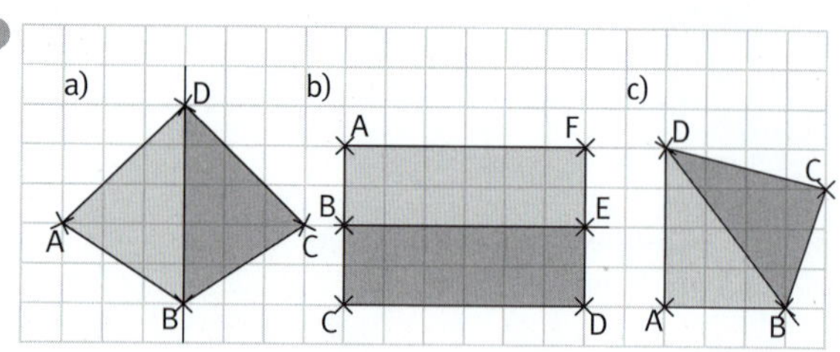

a) A (0,5 | 1,5) B (2 | 0,5) C (3,5 | 1,5) D (2 | 3)
b) A (4,5 | 2,5) B (4,5 | 1,5) C (4,5 | 0,5) D (7,5 | 0,5)
E (7,5 | 1,5) F (7,5 | 2,5)
c) A (9,5 | 0,5) B (11 | 0,5) C (11,5 | 2) D (9,5 | 2,5)

Seite 43

1 a) Es entsteht eine Raute mit zwei Symmetrieachsen.
b) Es entsteht ein gleichschenkliges Trapez mit einer Symmetrieachse.

2 Allgemeines Viereck:
$b = 360° - (57° + 103° + 85°) = 115°$
Parallelogramm:
$b = d = 360° - (70° + 70°) : 2 = 110°$

3 a) Die Aussage ist falsch. Gegenbeispiel: ein Quadrat mit der Seitenlänge a = 4 cm hat den gleichen Flächeninhalt wie ein Rechteck mit den Seitenlängen a = 2 cm und b = 8 cm. Die beiden Figuren sind aber offensichtlich nicht deckungsgleich.
b) Die Aussage ist richtig.

4 a) $A = 4\text{ cm} \cdot 6\text{ cm} = 24\text{ cm}^2$
b) $A = 5{,}5\text{ cm} \cdot 4\text{ cm} = 22\text{ cm}^2$
c) $A = 5\text{ cm} \cdot 4\text{ cm} : 2 = 10\text{ cm}^2$

Seite 49

1 a)

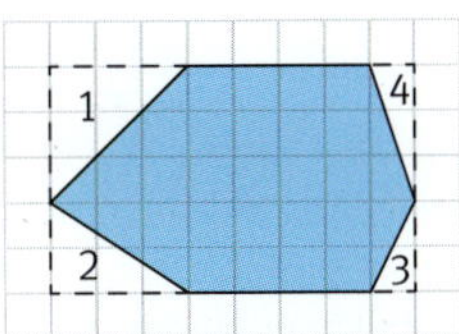

$A_a = A_{Rechteck} - (A_1 + A_2 + A_3 + A_4)$
$A_a = 10\text{ cm}^2 - (1{,}125\text{ cm}^2 + 0{,}75\text{ cm}^2 + 0{,}25\text{ cm}^2 + 0{,}375\text{ cm}^2)$
$A_a = 7{,}5\text{ cm}^2$

b)

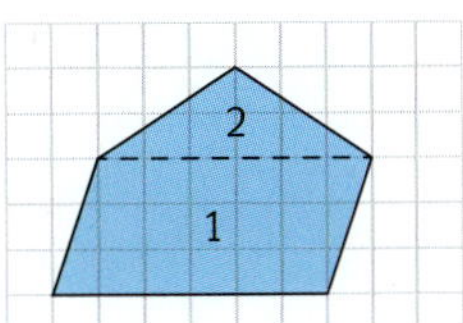

$A_1 = 4{,}5\text{ cm}^2$ $A_2 = 1{,}5\text{ cm}^2$
$A_b = 6\text{ cm}^2$

c)

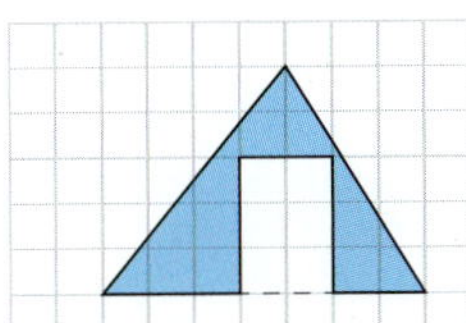

$A_c = A_{Dreieck} - A_{Rechteck}$
$A_c = 4{,}375\text{ cm}^2 - 1{,}5\text{ cm}^2$
$A_c = 2{,}875\text{ cm}^2$

2

	a)	b)	c)	d)
a	23 mm	4 cm	10 cm	5 cm
b	8 mm	3,5 cm	6 cm	2 cm
u	62 mm	15 cm	32 cm	140 mm

3 10,5 cm Silberdraht reichen, denn:
2,3 cm + 3,3 cm + 4,3 cm = 9,9 cm

4 h = 5,2 cm $A = 6\text{ cm} \cdot 5{,}2\text{ cm} : 2 = 15{,}6\text{ cm}^2$

Berechnungen an Quadern und Prismen

Seite 56/57

1 1. Reihe: Schultüte: Kegel
Ananasdose: Zylinder
Spielwürfel: Würfel
Turm: Quader und Pyramide
Haus: Quader und Prisma
Käseschachtel: Zylinder
2. Reihe: Zündhölzer: Quader
Garnrolle: Zylinder
Bleistift: Zylinder und Kegel
Tennisball: Kugel
Eis: Kegel und Kugeln
Mauerstein: Quader

2 Bei den Körpern **1**, **3**, **4**, **5** und **8** besteht die Mantelfläche aus Rechtecken.

Körper	1 Würfel	2 Pyramide	3 Quader
Anzahl Ecken	8	4	8
Anzahl Kanten	12	6	12
Anzahl Flächen	6	4	6
Art der Flächen	nur Quadrate	nur Dreiecke	nur Rechtecke

Körper	4 Zylinder	5 Quader	6 Kugel
Anzahl Ecken	keine	8	keine
Anzahl Kanten	2	12	keine
Anzahl Flächen	3	6	1
Art der Flächen	zwei Kreise, ein Rechteck	nur Rechtecke	gekrümmte Fläche

Körper	7 Kegel	8 Prisma	9 Pyramide
Anzahl Ecken	1	6	5
Anzahl Kanten	1	9	8
Anzahl Flächen	2	5	5
Art der Flächen	ein Kreis, ein Kreisausschnitt	zwei Dreiecke, drei Rechtecke	Ein Rechteck, vier Dreiecke

3 a) In die linke Dose passt mehr Inhalt hinein, da sie bei gleich großer Grundfläche höher ist.
b) In die rechte Dose passt mehr Inhalt hinein, da sie bei gleich großer Höhe den größeren Radius und damit die größere Grundfläche hat.

4

a)	5 m	1 400 cm	5 800 mm	6,2m
b)	$7{,}2\text{ dm}^2$	$3\,700\text{ dm}^2$	$150\,000\text{ mm}^2$	$4{,}5\text{ m}^2$
c)	$8\,000\text{ dm}^3$	$0{,}2\text{ cm}^2$	$42\,000\,000\text{ cm}^3$	$5{,}4\text{ dm}^3$

Seite 67

1 a)/b): Schrägbild und Netz eines Quaders mit a = 2,5 cm (Länge), b = 3 cm (Breite) und c = 2 cm (Höhe):

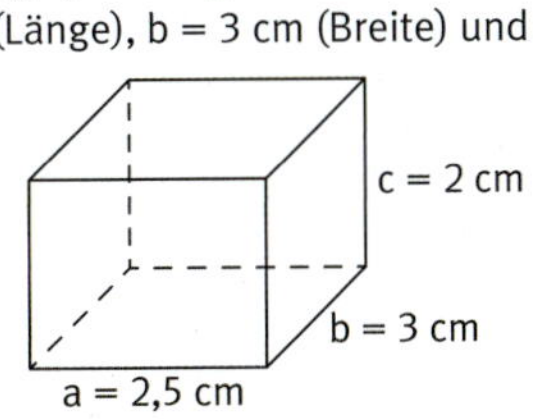

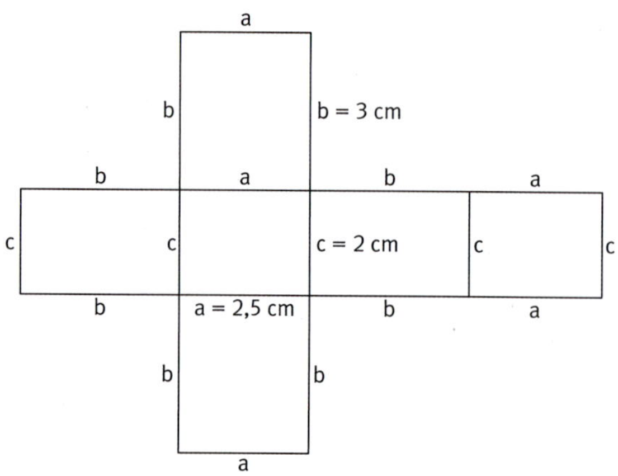

2 a) $V = 210\ cm^3$ $\quad A_O = 214\ cm^2$
b) $V = 48125\ mm^3$ $\quad A_O = 8350\ mm^2$
c) $V = 0{,}54\ m^3$ $\quad A_O = 4{,}47\ m^2$

3 Volumen des Sandes:
$V = 1{,}7\ m \cdot 1{,}7\ m \cdot 0{,}2\ m = 0{,}578\ m^3 \approx 0{,}6\ m^3$

4 Materialbedarf der Folie:
$A_O = 2 \cdot (1{,}1\ m \cdot 1{,}3\ m + 1{,}1\ m \cdot 0{,}9\ m + 1{,}3\ m \cdot 0{,}9\ m)$
$A_O = 7{,}18\ m^2$

Seite 73

1 a) Prisma **1**:

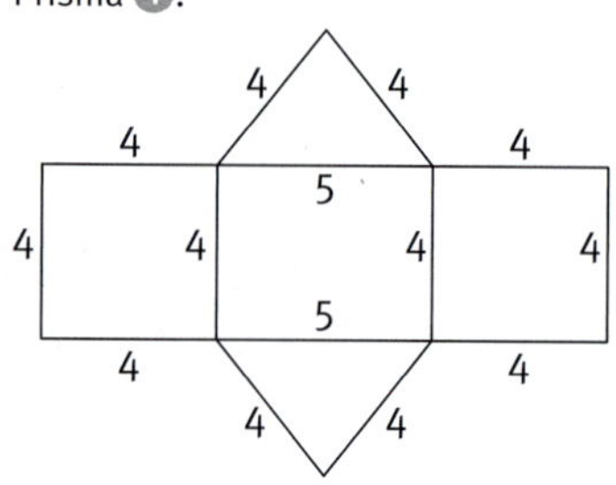

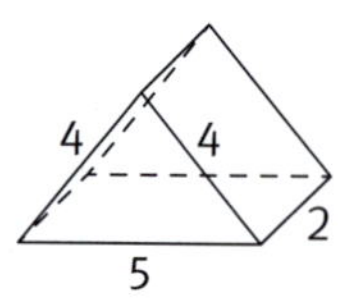

Prisma **2**:

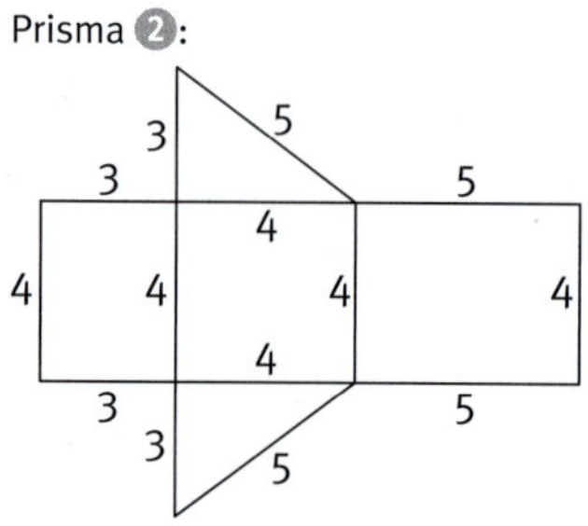

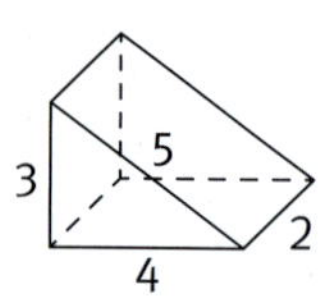

2 a) **1** $A_M = 40\ cm^2$ $\quad A_O = 52\ cm^2$
2 $A_M = 60{,}8\ cm^2$ $\quad A_O = 83{,}3\ cm^2$
3 $A_M = 77{,}2\ cm^2$ $\quad A_O = 109\ cm^2$
4 $A_M = 80\ cm^2$ $\quad A_O = 124\ cm^2$
b) **1** $V = 24\ cm^3$ $\quad$ **2** $V = 45\ cm^3$
3 $V = 63{,}6\ cm^3$ $\quad$ **4** $V = 88\ cm^3$

4 a) $V = 5{,}8\ m \cdot 11\ m \cdot 13\ m + \frac{11\ m \cdot 3{,}5\ m}{2} \cdot 13\ m$
$V = 1\,079{,}65\ m^3$
Kosten: 777 348 €, also rund 780 000 €
b) $V = 10{,}5\ m \cdot 14{,}4\ m \cdot 3{,}2\ m + \frac{10{,}5\ m \cdot 4\ m}{2} \cdot 14{,}4\ m$
$V = 786{,}24\ m^3$
Kosten: 566 093 €, also rund 570 000 €

Terme und Gleichungen

Seite 80/81

1 a) −22 b) −27,2 c) 2,4
d) 30 e) −0,04 f) −3,6

2 a) 53 b) 49 c) 37
d) 67 e) 3 f) −9
g) −250 h) 8 i) $-\frac{1}{16}$

3

x	2	5	0	−7	$\frac{1}{2}$
22 + x	24	27	22	15	22,5
5 · x	10	25	0	−35	2,5
50 − 7x	36	15	50	99	46,5
6 : (x − 1)	6	1,5	−6	−0,75	−12

4 Zusammengehörige Kärtchen:
1 x + 3; vermehrt um 3; Addition; Summe
2 x − 3; vermindert um 3; Subtraktion; Differenz
3 x · 3; das Dreifache; Multiplikation; Produkt
4 x : 3; der dritte Teil; Division; Quotient

5 a) x + 15 b) 7 · x c) 28 − x d) 16 + x
e) x · 12 f) x − 2 g) x : 5 h) x : 3

6 a) x + 14 = 26
x = 12
b) x : 3 = 9
x = 27
c) x · 5 = 40
x = 8
d) x − 27 = 20
x = 47

Seite 91

1 a) 3b b) 4,7y − 7
c) 28 f d) 62q

2 a) 6 − 9x b) 20c − 20
c) 22r + 12 d) 44 − 6q
e) 36a + 1 f) 15,3y + 6,9
g) 11 − 0,3e h) 30 + 2z

3 Angegeben sind nur die Lösungen der Gleichungen:
a) d = 27 b) y = 4 c) x = 14 d) m = −27
e) v = 6 f) u = 2 g) x = 9 h) b = 10
i) s = 1 j) c = 2 k) k = −61

4 a) 3 · 3x + 3 · 11 = 60
9x + 33 = 60 | −33
9x = 27 | : 9
x = 3
b) − 49 : 7 + 14x : 7 = 27
−7 + 2x = 27 | +7
2x = 34 | :2
x = 17

Seite 97

1 Zusammengehörige Teile:

Gleichung	Text	Lösung
4x + 6 = 30	Das Produkt aus x und 4 vermehrt um 6 ergibt 30.	x = 6
4x – 6 = 30	Das Produkt aus x und 4 vermindert um 6 ergibt 30.	x = 9
x : 4 – 6 = 30	Der Quotient aus x und 4 vermindert um 6 ergibt 30.	x = 144
x : 4 + 6 = 30	Der Quotient aus x und 4 vermehrt um 6 ergibt 30.	x = 96

2 Rechenfrage: Wie viel kostet eine mittlere Portion Popcorn?
Preis für eine mittlere Portion Popcorn: x
Gleichung: $5 \cdot 2\,€ + 5 \cdot 4{,}50\,€ + 5 \cdot x = 38\,€$
$x = 1{,}1$
Eine mittlere Portion Popcorn kostet 1,10 €.

3 a) Breite des Rechtecks x:
$50\text{ cm} = 2 \cdot 15\text{ cm} + 2 \cdot x\text{ cm}$
$x = 10\text{ cm}$
b) Länge der Grundseite: x
$196\text{ cm}^2 = x\text{ cm} \cdot 14\text{ cm} : 2$
$x = 28\text{ cm}$

Wahrscheinlichkeitsrechnung

Seite 104/105

1 a) $\frac{3}{4} > \frac{2}{4} = \frac{4}{8} = \frac{1}{2}$
b) $\frac{5}{6} > \frac{1}{2} > \frac{1}{3} = \frac{2}{6}$

2 a) $\frac{1}{4} < \frac{1}{2}$ b) $\frac{3}{5} > \frac{1}{5}$ c) $\frac{3}{3} = \frac{4}{4}$
d) $\frac{3}{4} < \frac{4}{5}$ e) $\frac{4}{5} > \frac{5}{7}$

3 a) $\frac{1}{5} < \frac{1}{4} < \frac{1}{3} < \frac{1}{2}$ b) $\frac{3}{7} < \frac{3}{5} < \frac{3}{4} < \frac{3}{3}$

4 a) $\frac{2}{4} + \frac{1}{4} = \frac{3}{4}$ b) $\frac{1}{5} + \frac{2}{5} + \frac{3}{5} = \frac{6}{5}$
c) $\frac{3}{4} + \frac{2}{3} = \frac{9}{12} + \frac{8}{12} = \frac{17}{12}$ d) $\frac{1}{3} - \frac{2}{7} = \frac{7}{21} - \frac{6}{21} = \frac{1}{21}$
e) $\frac{2}{3} + \frac{5}{8} = \frac{16}{24} + \frac{15}{24} = \frac{31}{24}$ f) $\frac{4}{5} - \frac{7}{10} = \frac{8}{10} - \frac{7}{10} = \frac{1}{10}$

5 a) $\frac{21}{32}$ b) $\frac{21}{80}$ c) $\frac{5}{18}$
d) $\frac{27}{40}$ e) $\frac{36}{49}$

6 a) $\frac{1}{4} = \frac{25}{100} = 0{,}25 = 25\,\%$ b) $\frac{67}{100} = 0{,}67 = 67\,\%$
c) $\frac{1}{25} = \frac{4}{100} = 0{,}04 = 4\,\%$ d) $\frac{6}{50} = \frac{12}{100} = 0{,}12 = 12\,\%$
e) $\frac{2}{5} = \frac{40}{100} = 0{,}40 = 40\,\%$ f) $\frac{75}{300} = \frac{25}{100} = 0{,}25 = 25\,\%$

7 a) Das Ereignis ist sicher.
b) Das Ereignis ist unwahrscheinlich.
c) Das Ereignis ist wahrscheinlich
d) Das Ereignis ist unmöglich.
e) Das Ereignis ist sicher.

8 Für die Glücksräder a); c) und e). Hier ist jeweils die Hälfte der Flächen „rot". Die Wahrscheinlichkeit „rot" zu drehen beträgt $\frac{1}{2} = 0{,}5 = 50\,\%$.

9 a) sicher, dass ein gelber (roter) Bonbon gezogen wird: Schüssel ④ (keine Schüssel)
b) unmöglich, dass ein gelber (roter) Bonbon gezogen wird: keine Schüssel (Schüssel ④)
c) wahrscheinlich, dass ein gelber (roter) Bonbon gezogen wird: Schüssel ①, Schüssel ⑥ (Schüssel ③, Schüssel ⑤)
d) gleich wahrscheinlich, dass ein roter oder gelber Bonbon gezogen wird: Schüssel ②
e) unwahrscheinlich, dass ein gelber (roter) Bonbon gezogen wird: Schüssel ③, Schüssel ⑤ (Schüssel ①, Schüssel ⑥)

10 a) 100 % b) 70 % c) 30 % d) 0 %
e) 80 % f) 10 % g) 0 %

Seite 111

1 a)

Augenzahl	absolute Häufigkeit	relative Häufigkeit
1	12	$\frac{12}{50} = 0{,}24 = 24\,\%$
2	7	$\frac{7}{50} = 0{,}14 = 14\,\%$
3	9	$\frac{9}{50} = 0{,}18 = 18\,\%$
4	6	$\frac{6}{50} = 0{,}12 = 12\,\%$
5	6	$\frac{6}{50} = 0{,}12 = 12\,\%$
6	10	$\frac{10}{50} = 0{,}2 = 20\,\%$

b)

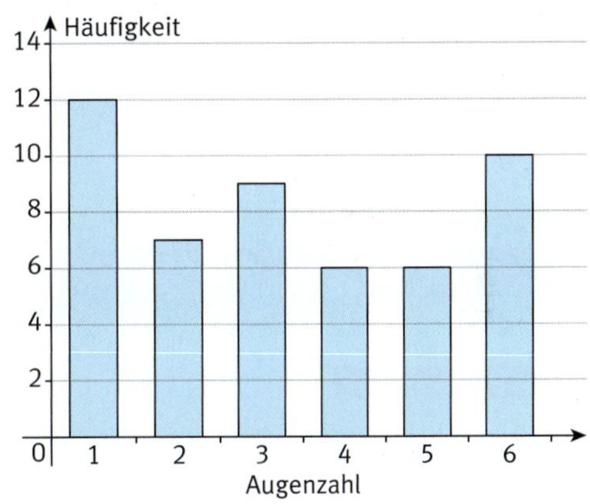

c) Modalwert: 1

2 a) Ja, da das Ergebnis nicht vorhersagbar ist und mindestens zwei verschiedene Ergebnisse möglich sind. Die Ergebnisse sind Abhängig von der Gestaltung des Glücksrads.
b) Nein, da das Ergebnis in der Regel nicht nur vom Zufall abhängig ist, sondern auch von Pauls Übung und Geschick.
c) Es ist ein Zufallsversuch wie beim Glücksrad, wenn Isaak keine Übung damit hat.

3 a) Mögliche Ergebnisse zu E_1: 2; 4; 6
P(„gerade Augenzahl") $= \frac{3}{6} = \frac{1}{2} = 50\,\%$
b) P(„Augenzahl 5") $= \frac{1}{6} = 0{,}1\overline{6} \approx 16{,}7\,\%$

c) Mögliche Ergebnisse zu E_3: 1; 2
P(„Augenzahl kleiner als 3") = $\frac{2}{6} = \frac{1}{3} = 0,\overline{3} \approx 33,3\,\%$

d) Mögliche Ergebnisse zu E_4: 3; 4; 5; 6
P(„Augenzahl größer als 2") = $\frac{4}{6} = \frac{2}{3} = 0,\overline{6} \approx 66,7\,\%$

e) Mögliche Ergebnisse zu E_5: 2; 3; 5
P(„Primzahl") = $\frac{3}{6} = \frac{1}{2} = 50\,\%$

f) Mögliche Ergebnisse zu E_6: 3; 6
P(„Augenzahl durch 3 teilbar") = $\frac{2}{6} = \frac{1}{3} = 0,\overline{3} \approx 33,3\,\%$

Seite 115

1 a) E = {bb; bw; bg; wb; ww; wg; gb; gw}

b)

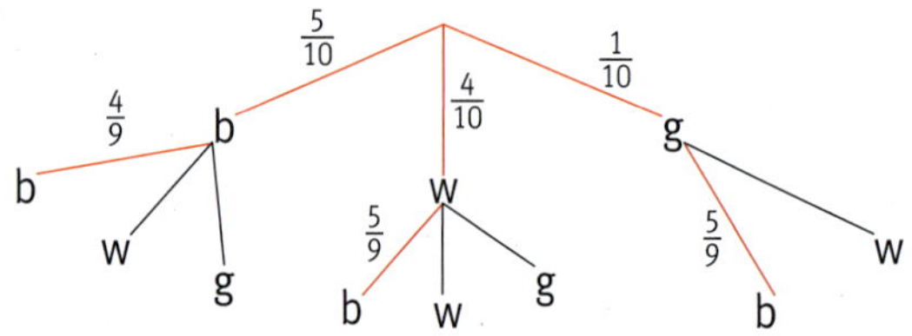

Zweite gezogene Kugel ist blau: 3 Möglichkeiten
P („zweite Kugel ist blau") = $\frac{5}{10} \cdot \frac{4}{9} + \frac{4}{10} \cdot \frac{5}{9} + \frac{1}{10} \cdot \frac{5}{9} = \frac{45}{90}$
$= 50\,\%$

2 E = {(1;1); (1;2); ...; (1;5); (1;6); ...; (6;1); ...; (6;6)}
Insgesamt gibt es 36 Möglichkeiten für die Ergebnisse.
P („Augensumme 4")
= P[(1;3); (3;1); (2;2)] = $\frac{3}{36} = \frac{1}{12} = 0,08\overline{3} \approx 8,3\,\%$

3 a)

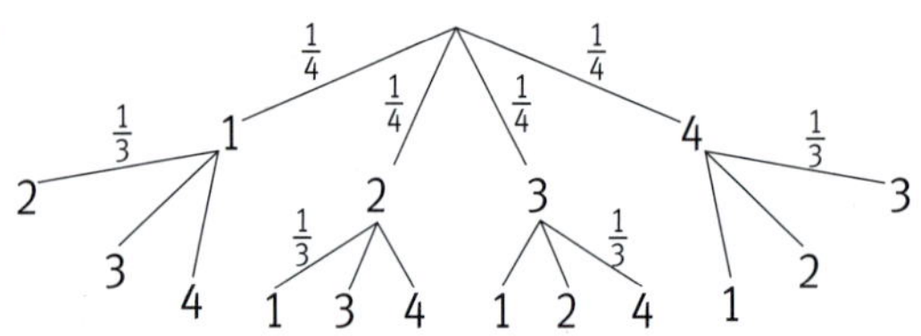

b) Das Ereignis ist unmöglich. P = 0 %

c) P („alle Kugeln haben ungerade Zahlen")
= P[(1;3); (3;1)] = $\frac{1}{4} \cdot \frac{1}{3} + \frac{1}{4} \cdot \frac{1}{3} = \frac{2}{12} = \frac{1}{6} = 0,1\overline{6} \approx 16,7\,\%$

Satz des Pythagoras

Seite 124/125

1 a) Die Eckpunkte eines Dreieckes werden mit großen Buchstaben entgegen dem Uhrzeigersinn benannt.

b) Die Winkel werden entsprechend mit griechischen Buchstaben alpha α, beta β und gamma γ bezeichnet.

c) Die Seiten eines Dreieckes bezeichnet man mit kleinen Buchstaben.

d) Die Seite a liegt gegenüber dem Eckpunkt A, die Seite b gegenüber dem Eckpunkt B, die Seite c gegenüber dem Eckpunkt C.

2 a)

	allgemein	gleichseitig	gleichschenklig
spitzwinklig	G	A	C
rechtwinklig	D	–	B
stumpfwinklig	E	–	F

b) Es schließen sich aus: rechtwinklig und gleichseitig, stumpfwinklig und gleichseitig. Denn in gleichseitigen Dreiecken gilt: $\alpha = \beta = \gamma = 60°$

3 a) Alle Dreiecke sind rechtwinklig.

b) D (2,5|–2); H (–1|–1); L (–4|2,5)

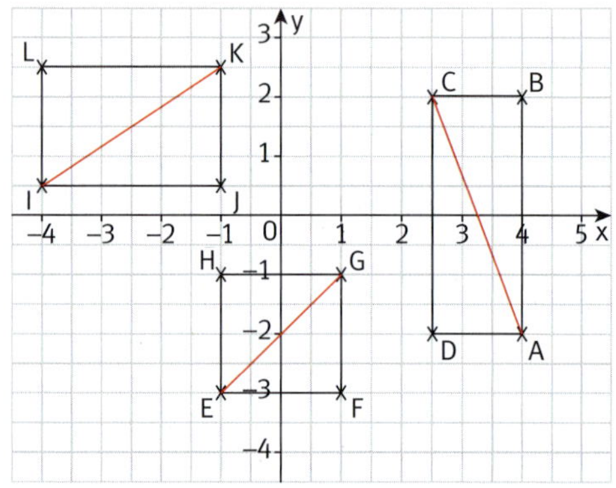

c) Es handelt sich um die Diagonale.

d) $A_{Rechteck\ 1} = 6\ cm^2$ $\quad u_{Rechteck\ 1} = 11\ cm$
$A_{Rechteck\ 2} = 4\ cm^2$ (Quadrat) $\quad u_{Rechteck\ 2} = 8\ cm$
$A_{Rechteck\ 3} = 6\ cm^2$ $\quad u_{Rechteck\ 3} = 16\ cm$

3 a) Die Aussage ist richtig.

b) Die Aussage ist im Allgemeinen falsch. Nur im Quadrat (als Spezialfall des Rechtecks) stehen die Diagonalen senkrecht aufeinander.

c) Die Aussage ist falsch. Die Diagonalen im Rechteck und im Quadrat sind immer länger als die Seitenlängen selbst.

4 a) 4,7 b) 0,7 c) 7,2 d) 12,8 e) 7,9
f) 0,1 g) 8,0 h) 1,1 i) 10,0 j) 3,1

Seite 129

1 a) 256; 25 600; 2,56; 0,0256
b) 49; 4 900; 0,49; 0,0049

2 a) 25 b) 8,7 c) 0,6 d) 18
e) 1,7 f) 90 g) 11,3
a), d), f): natürliche Zahlen, c): rationale Zahl
b), e), g): irrationale Zahlen

3 a) 9 b) 121 c) 169 d) 1,96 e) 0,64

4 a) a ≈ 4,2 cm b) a = 10 cm
c) a ≈ 21,2 cm d) a ≈ 5,5 cm
e) a ≈ 8,2 cm

Seite 137

1 a) Das Dreieck ist rechtwinklig.
b) Das Dreieck ist nicht rechtwinklig.

2 a) Länge der Hypotenuse im Dreieck 1: ≈ 13,8 cm
b) Länge der Kathete 1 im Dreieck 2: ≈ 29,7 cm
c) Länge der Kathete 2 im Dreieck 3: ≈ 76,0 cm
d) Länge der Katheten im Dreieck 4: jeweils ≈ 16,3 cm

3 a) Gesucht ist die Hypotenuse:
$e = \sqrt{(13\ m)^2 + (7\ m)^2} = \sqrt{218}\ m \approx 14,8\ m$
b) Gesucht ist die Kathete:
$h = \sqrt{(5\ m)^2 - (1,7\ m)^2} = \sqrt{22,11}\ m \approx 4,7\ m$

Berechnungen an Kreisen und Zylindern

Seite 144/145

1 Übrig bleiben: Höhe, Volumen

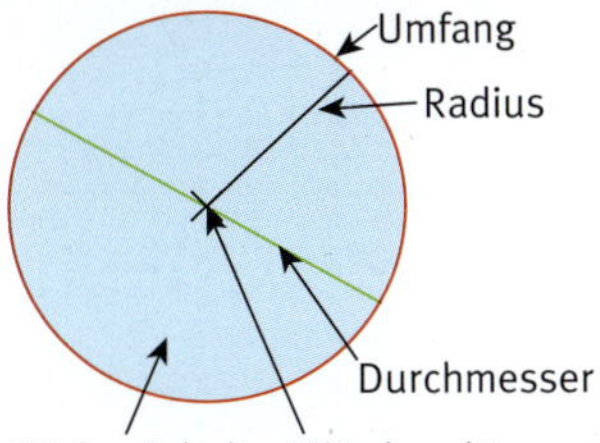

2 a) r = 1,1 cm; d = 2,2 cm   b) r = 1,3 cm; d = 2,6 cm
c) r = 1,5 cm; d = 3,0 cm

3 Zu zeichnen sind Kreise mit:
a) r = 3 cm (6 Kästchen)   b) r = 4,5 cm (9 Kästchen)
c) r = 5 cm (10 Kästchen)   d) r = 6,5 cm (13 Kästchen)

4 Die Fortsetzung erfolgt entsprechend der Vorlage.

5 a) $V = 64\ cm^3$ $A_O = 96\ cm^2$
b) $V = 42\ cm^3$ $A_O = 82\ cm^2$

6 a) 350 cm   24 cm   4,2 cm   103 000 cm
b) 1 500 dm^2 25,2 dm^2 0,4536 dm^2 37 000 000 dm^2
c) 2 900 cm^3 0,007 cm^3 540 000 cm^3 1 000 cm^3

Seite 153

1 a)/b)
r = 2 cm   r = 1,7 cm   r = 3,5 cm
u ≈ 12,57 cm   u ≈ 10,68 cm   u ≈ 21,99 cm
A ≈ 12,57 cm^2 A ≈ 9,08 cm^2 A ≈ 38,48 cm^2

2

r_1	3 cm	2,7 cm	4,5 cm
r_2	2 cm	1,7 cm	3,5 cm
A	≈ 15,71 cm^2	≈ 13,82 cm^2	≈ 25,13 cm^2

3 r = 1,40 m
a) Umfang des vollen Kreises: ≈ 8,80 m
Weg in $\frac{1}{2}$ Stunde: 4,4 m   Weg in $\frac{1}{4}$ Stunde: 2,2 m
b) Flächeninhalt des vollen Kreises: ≈ 6,16 m^2
Fläche in $\frac{1}{2}$ Stunde: 3,08 m^2 Fläche in $\frac{1}{4}$ Stunde: 1,54 m^2

4 $A_{Rechteck} = 1\,368\ cm^2$ $A_{Kreisscheibe} \approx 248{,}85\ cm^2$
$A_{Reststück} = A_{Rechteck} - 4 \cdot A_{Kreisscheibe} = 372{,}6\ cm^2$

Seite 157

1 Die Zeichnung der Schrägbilder erfolgt analog S. 154.
a) $V \approx 113{,}10\ cm^3$ b) $V \approx 147{,}78\ cm^3$
c) $V \approx 443{,}34\ cm^3$

2 a) Die Mantelfläche ist ein Rechteck der Länge
$u = 4 \cdot \pi \approx 12{,}6$ cm und der Höhe
$h_K = 50\ cm^2 : 12{,}6\ cm \approx 4$ cm.
Das Netz besteht aus diesem Rechteck und zwei Kreisen mit dem Radius 2 cm.
b) $A_O \approx 75{,}40\ cm^2$

3 a) Ja, die Farbe reicht.
Zylinder (A): $A_O \approx 1005{,}31\ cm^2$
Zylinder (B): $A_O \approx 736{,}70\ cm^2$
Gesamte Oberfläche: 1 742,01 cm^2 ≈ 0,2 m^2
b) Zylinder (A): $V \approx 2412{,}74\ cm^3 \approx 0{,}0024\ m^3$
$m = 0{,}0024\ m^3 \cdot 690\ \frac{kg}{m^3}$
$m = 1{,}656\ kg \approx 1{,}7\ kg$
Zylinder (B): $V \approx 1154{,}54\ cm^3 \approx 0{,}0011\ m^3$
$m = 0{,}0011\ m^3 \cdot 690\ \frac{kg}{m^3}$
$m = 0{,}759\ kg \approx 760\ g$

Lineare Funktionen

Seite 164/165

1 A (–4 | –3)   B (–1 | –3)   C (0 | –2)
D (2 | –2)   E (4 | 0)   F (2 | 2)
G (0 | 2)   H (–1 | 3)   I (–4 | 3)

2

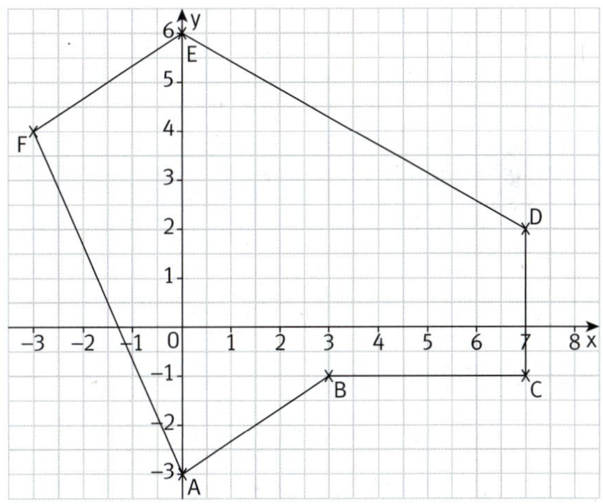

3 a) Der Uhrzeit (unabhängige Größe) wird die Temperatur in °C (abhängige Größe) zugeordnet.
Uhrzeit → Temperatur in °C
b) Höchstwert: 24° C
Tiefstwert: 2 °C
c) 8:00 Uhr und 21:20 Uhr: 12 °C
6:00 Uhr und 24:00 Uhr: 6 °C
d)

Uhrzeit	4 Uhr	6 Uhr	8 Uhr	10 Uhr	12 Uhr	14 Uhr
Temp. (°C)	4	6	12	16	18	20

Uhrzeit	16 Uhr	18 Uhr	20 Uhr	22 Uhr	24 Uhr	2 Uhr
Temp. (°C)	24	20	16	10	6	2

4 a) Der Menge in kg (unabhängige Größe) wird der Preis in € (abhängige Größe) zugeordnet.
Menge (kg) → Preis (€)
b)

Menge (kg)	0	1	2	3	4	5	6
Preis (€)	0	1	2	3	4	5	6

c) 3 kg | 1,50 €   6 kg | 3 €
1,5 kg | 0,75 €   4,5 kg | 2,25 €

5 Folgende Angaben passen:
3 kg | 5,40 €   500 g | 0,90 €   1,5 kg | 2,70 €

6 a)

Anzahl Muffins	4	8	32
Menge Mehl in g	50	100	400

b) Der Anzahl der Muffins (unabhängige Größe) wird die Menge in Mehl (abhängige Größe) zugeordnet.
Anzahl Muffins → Menge Mehl in g

c)

d) Für 20 Muffins benötigt man 250 g Mehl.

7 a)

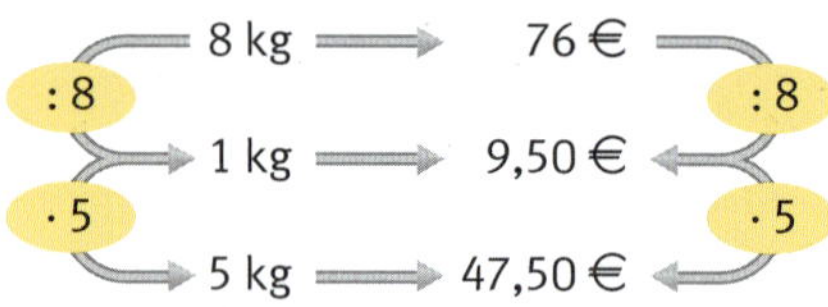

b) 3 kg → 28,50 €
7 kg → 66,50 €
12 kg → 114 €

8 a) Benzinverbrauch

km	100	50	300	550
Liter	7	3,5	21	38,5

b) Getränkekauf

Flaschen	4	3	9	15
Preis (€)	6,20	4,65	13,95	23,25

Seite 175

1 a) Es liegt eine proportionale Funktion vor, da zum Doppelten, Dreifachen, ... Gewicht der Doppelte, Dreifache, ... Preis gehört. Der Graph ist eine vom Nullpunkt ausgehende Halbgerade.

b)

Menge (l)	4	5	20	60
Preis (€)	3,80	4,75	19	57

2 a) x-Achse: 1 cm ≙ 5 Pflanzen
y-Achse: 1 cm ≙ 0,50 €

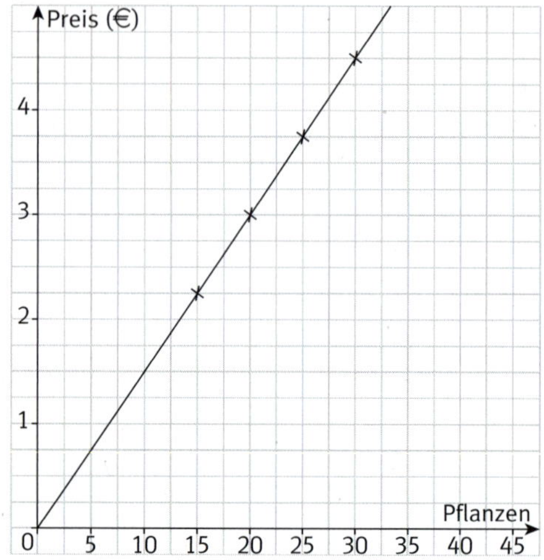

b)

Pflanzen	15	20	25	30
Preis (€)	2,25	3,00	3,75	4,50

c) Funktionsgleichung: $y = 0{,}15x$

3 a)

Fahrstrecke (km)	0	2	4	6	8	10
Kilometerkosten (€)	0	2,50	5	7,50	10	12,50
Gesamtkosten (€)	4	6,50	9	11,50	14	16,50

Fahrstrecke (km)	12	14	16	18	20
Kilometerkosten (€)	15	17,50	20	22,50	25
Gesamtkosten (€)	19	21,50	24	26,50	29

b) x-Achse: 1 cm ≙ 2 km
y-Achse: 1 cm ≙ 4 €

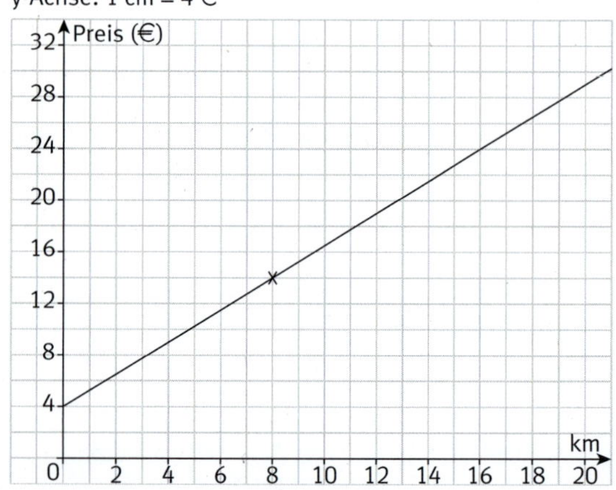

c) Funktionsgleichung: $y = 1{,}25x + 4$

Stichwortverzeichnis

Bildnachweis

Ägyptisches Museum, Kairo – S. 134;

Bannert + Hirzhammer GbR, Raubling – S. 53; Bilderbox / Erwin Wodicka, Thening – S. 161;

dpa picture-alliance / Rainer Jensen, Frankfurt – S. 5, 143; - / ZUMAPRESS.com / Carl Sport Media / Morgan Hancock – S. 97;

Fotolia / Mikkel Bigandt / Troels Kjems – S. 4, 123; - / Max Blain – S. 4, 123; - / H. Brauer – S. 4, 103; - / earthedit – S. 113; - / Gandolf – S. 167; - / Vitalij Goss – S. 65; - / Barbara Helgason – S. 167; - / Sergey Kamshylin – S. 3, 33; - / Robert Kneschke – S. 65; - / Kzenon – S. 116; - / Pavlovs / Taiga – S. 172; - / photo5000 – S. 147; - / photofranz56 – S. 130; - / Peter Pyka – S. 179; - / RRF – S. 111; - / Schulzfoto – S. 3, 79; - / Iuliia Sokolovska – S. 170; - / Stockphoto / graf – S. 116; - / Sunt – S. 112; - / th-photo – S. 174; - / Ralf von Melis – S. 4, 103;

Uwe Kraft, Düsseldorf – Cover;

Gerd-Rudolf Neumann, Berlin – S. 4, 103; Matthias Ludwig, Würzburg – S. 149;

Shutterstock / Ritu Manoj Jethani – S. 41;

Thinkstock / Digital Vision, Nick White – S. 126; - / Hemera / Oleksiy Mark – S. 3, 55; - / Hemera / Alexander Yurkinskiy – S. 3, 55; - / iStockphoto / al_la – S. 12; - / iStockphoto / Iconic Bestiary – S. 3, 55; - / iStockphoto / Bigmouse108 – S. 76; - / iStockphoto / Boarding1Now – S. 153; - / iStockphoto / demerzel21 – S. 160; - / iStockphoto / Elisanth - S. 153; - / iStockphoto / Hans Joachim Hoos – S. 136; - / iStockphoto / horse1asia – S. 28; - / iStockphoto / Issaurinko – S. 153; - / iStockphoto / lucky-photographer – S. 113; - / iStockphoto / Maya23k – S. 136; - / iStockphoto / mypicksy / Sandra Henderson – S. 4, 123; - / iStockphoto / Palto – S. 155; - / iStockphoto / Alex Raths – S. 14; - / iStockphoto / Somatuscani – S. 112; - / iStockphoto / stlee000 – S. 153; - / iStockphoto / Vasmila – S. 142; - / iStockphoto / yvdavyd – S. 116; - / Stockbyte / Jupiterimages – S. 152;

www.wikimedia.org – S. 135; www.wikimedia.org / Bibliothek der Fakultät für Rechts- und Arbeitswissenschaften der Universität Sevilla / CCBY SA 2.0 – S. 111; www.wikimedia.org / Manfred Bückels, CCBY SA 3.0 - S. 5, 163; www.wikimedia.org / Galilea, CCBY SA 3.0 – S. 134; www.wikimedia.org / Jensk369 / Jens Koßmagk, CCBY SA 3.0 – S. 5, 163; www.wikimedia.org / Khamtran / CCBY SA 3.0 – S. 147; www.wikimedia.org / Eric Pancer / Photo by Vxla / CCBY SA 3.0 – S. 5, 143.